Le droit des installations nucléaires de base

Contribution à l'étude du risque, de l'incertitude et des principes du droit de l'environnement

Logiques Juridiques

Fondée par Gérard Marcou

Dirigée par Jean-Claude Némery et Thomas Perroud

Le droit n'est pas seulement un savoir, il est d'abord un ensemble de rapports et pratiques que l'on rencontre dans presque toutes les formes de sociétés. C'est pourquoi il a toujours donné lieu à la fois à une littérature de juristes professionnels, produisant le savoir juridique, et à une littérature sur le droit, produite par des philosophes, des sociologues ou des économistes notamment.

Parce que le domaine du droit s'étend sans cesse et rend de plus en plus souvent nécessaire le recours au savoir juridique spécialisé, même dans des matières où il n'avait jadis qu'une importance secondaire, les ouvrages juridiques à caractère professionnel ou pédagogique dominent l'édition, et ils tendent à réduire la recherche en droit à sa seule dimension positive. À l'inverse de cette tendance, la collection « Logiques juridiques » des éditions L'Harmattan est ouverte à toutes les approches du droit. Tout en publiant aussi des ouvrages à vocation professionnelle ou pédagogique, elle se fixe avant tout pour but de contribuer à la publication et à la diffusion des recherches en droit, ainsi qu'au dialogue scientifique sur le droit. Comme son nom l'indique, elle se veut plurielle.

Dernières parutions

Henri BOUILLON, *Droit de la laïcité*, 2024.

Nadine NAJEM, *Théorie des intérêts moratoires*, 2024.

Caroline PELOSO, *L'autorité de la chose jugée au pénal à l'égard des décisions européennes, Essai de droit comparé franco-italien*, 2023.

Bamba Nonféni Michel ZARATIONON, *Les mesures provisoires de la CourADHD. Le contentieux du provisoire devant la Cour Africaine des droits de l'Homme et des Peuples*, 2023.

Jean LEFEBVRE, *Le droit du financement participatif (crowdfunding). Deuxième édition*, 2023.

Sandra Russo

Le droit des installations nucléaires de base

Contribution à l'étude du risque, de l'incertitude et des principes du droit de l'environnement

Préface de Pascale Steichen

L'Harmattan

5-7, rue de l'École-Polytechnique ; 75005 Paris

http://www.editions-harmattan.fr/

ISBN : 978-2-336-44651-6
EAN : 9782336446516

REMERCIEMENTS

Toute ma gratitude s'adresse à ma Directrice de thèse, Madame Pascale STEICHEN. Je vous remercie pour votre supervision, votre accompagnement et nos discussions qui, avant et après soutenance, ont été une source d'inspiration et de réflexion, sans parler du courage procuré par ces échanges.

J'ai aussi une pensée reconnaissante pour les membres de mon jury de soutenance. En particulier, je remercie Madame Maryse DEGUERGUE BOURGOIN qui a eu la patience et la bienveillance de relire mes corrections. Nos échanges et votre positionnement ont effacé mes doutes et orienté ma réflexion définitive ; elle aboutit à cet ouvrage. Merci infiniment. Je remercie Monsieur Jean-Marie PONTIER qui a bien voulu m'accorder de son temps précieux après la soutenance et à plusieurs reprises. Un grand merci également à Madame Anne MILLET-DEVALLE, à Monsieur Grégoire LERAY et à Monsieur Hubert DELZANGLES pour leurs conseils inestimables.

Je remercie les membres du Centre Européen de recherche sur le Risque, le Droit des Accidents Collectifs et des Catastrophes (CERDACC) de l'Université Haute-Alsace, pour m'avoir si gentiment accueillie en 2018 et permis, en 2023, de participer à leurs travaux sur le nucléaire.

Merci à Monsieur le Doyen Roger BERNARDINI, sans qui je ne serais pas à achever ce travail et à qui je voue une reconnaissance absolue. Merci.

Je termine en remerciant ma Tante, qui m'a encouragée à prendre le chemin de la thèse, pour son affection et son soutien sans faille tout au long de ces longues années. Pas de mots assez forts pour le dire !

PRÉFACE

Préface
Pascale Steichen
Professeure agrégée de droit privé,
Groupe de Recherche en Droit, Économie et Gestion (UMR GREDEG, UNICA, CNRS)

Au moment où Sandra Russo entamait sa thèse de doctorat, le gouvernement français prévoyait de diminuer de moitié, à l'horizon 2025, la part de l'énergie nucléaire dans le « mix énergétique ». Tout laissait présager un arrêt progressif des centrales, aucun projet de construction n'étant alors programmé.
Au moment où elle la terminait, le Président Macron annonçait, lors de son discours de Belfort du 10 février 2022, la reprise du « fil de la grande aventure du nucléaire civil en France » se matérialisant par la construction de six réacteurs nucléaires de type EPR 2 (réacteur pressurisé européen) et le lancement d'études pour en construire huit autres. Un an plus tard était adoptée la loi du 22 juin 2023 relative à l'accélération des procédures liées à la construction de nouvelles installations nucléaires à proximité de sites nucléaires existants et au fonctionnement des installations existantes.

C'est dire que la publication de la thèse était particulièrement souhaitable. Elle l'est d'autant plus que la doctrine en droit nucléaire est rare. Cela est sans doute dû à la complexité des règles -que l'on songe à la superposition des conventions internationales- et à leur caractère technique que Sandra Russo s'emploie à nous rendre accessible.

Deux grands thèmes sont abordés dans cet ouvrage. La première porte sur le risque nucléaire dans sa dimension matérielle. Des développements indispensables nous éclairent sur la matérialité du danger radiologique ignoré au départ, en particulier des professions médicales, premières victimes des rayons ionisants. La coopération scientifique était indispensable pour qu'émergent des normes de radioprotection. La gestion du risque nucléaire s'est progressivement construite avec la révélation des risques induits par la radioactivité, aboutissant à la construction d'une véritable culture de la sûreté nucléaire. Celle-ci se manifeste à tous les stades de l'exploitation d'une installation nucléaire de base, depuis l'ouverture de l'installation jusqu'au démantèlement en passant par les diverses phases d'évolution de l'activité. Le droit a beaucoup évolué depuis la loi du 2 août 1961 et son décret d'application du 11 décembre 1963 ayant servi de fondement juridique à la plupart des autorisations du parc nucléaire français. En particulier, la loi du 13 juin 2006 relative à la transparence et à la sécurité en matière nucléaire, et son décret d'application du 2 novembre 2007 amorcent ce que Sandra Russo nomme le « verdissement » du droit nucléaire dont on peut deviner qu'il prendra toute son ampleur avec les futures installations nucléaires programmées à l'horizon 2035.

Reste une interrogation à laquelle Sandra Russo consacre la seconde partie de ses réflexions. Qu'en est-il de l'acceptabilité du risque nucléaire ? L'acceptabilité économique tout d'abord devrait se fonder sur une information complète des enjeux du nucléaire et en particulier des enjeux financiers. Au-delà du coût de construction des installations et du coût de fonctionnement, la filière maitrise-t-elle réellement le coût du provisionnement des charges liées au démantèlement, au coût du traitement et du stockage des déchets nucléaires ? Comme l'explique Sandra Russo, l'impact économique du risque nucléaire réside, pour partie, dans la prévention de sa réalisation et, pour une autre, dans ses conséquences. Les coûts dans les deux cas s'avèrent prohibitifs. Le financement de la recherche, indispensable au maintien de la compétitivité de la filière, peut certes reposer sur des partenariats public/privé. Mais les conséquences dommageables d'un accident nucléaire, elles, restent encore difficiles à évaluer. Le coût direct de l'accident de Fukushima, estimé à plus de 100 milliards d'euros, donne à réfléchir. D'où la nécessité du recours à des mécanismes de réassurances et à la mutualisation des risques.

La dernière partie de l'ouvrage pose la question essentielle de l'acceptabilité sociale du risque nucléaire. L'information des populations est un préalable indispensable au consentement, mais cette information est-elle complète, le consentement est-il éclairé ? Si le droit nucléaire d'aujourd'hui ne ressemble en rien à celui d'hier, des zones d'ombre perdurent, tenant à la sécurité intérieure, au secret défense ou tout simplement à des considérations d'ordre privé. Enfin, cette information alimente-t-elle réellement la participation du public au processus décisionnel ? Se réduit-elle à un simple transfert d'informations ou à une réelle consultation donnant lieu à la prise en compte des avis du public dans le débat, avant que la décision ne soit entérinée par l'autorité compétente ?

Sandra Russo démêle l'écheveau complexe du droit nucléaire sans jamais tomber dans la polémique. La neutralité du propos rend l'ouvrage accessible à toute personne désireuse de s'informer sur cette activité particulière désormais relancée à l'aube du XXIème siècle.

TABLE DES ABRÉVIATIONS[1]

AEN	Agence pour l'énergie nucléaire
AIEA	Agence internationale de l'énergie atomique
ALARA	*As low as reasonably achievable*
ANCLI	Association nationale des commissions locales d'information
ANDRA	Agence nationale pour la gestion des déchets radioactifs
ASN	Autorité de sûreté nucléaire
BDN	Bulletin de droit nucléaire
Bq	Becquerel
BSS	*Basic Safety Standards* (normes radioprotection)
CADA	Commission d'accès aux documents administratifs
Cass.	Cour de cassation
CEA	Commissariat à l'énergie atomique et aux énergies alternatives
CECA	Communauté européenne du charbon et de l'acier
CEEA	Communauté européenne de l'énergie atomique
Cigéo	Centre industriel de stockage géologique
CIPR	Commission internationale de protection radiologique
CLI	Commission locale d'information
CNDP	Commission nationale du débat public
CODIRPA	Comité directeur pour la gestion de la phase post-accidentelle d'un accident nucléaire
CPDP	Commission particulière de débat public
CRIIRAD	Commission de recherche et d'information indépendante sur la radioactivité
CSSIN	Conseil supérieur de la sûreté et de l'information nucléaires
DAC	Décret d'autorisation de création
DEM	démantèlement
DGSNR	Direction générale de la sûreté nucléaire et de la radioprotection
DSIN	Direction de la sûreté des installations nucléaires
DSNR	Division de la sûreté nucléaire et de la radioprotection
DTS	Droit de tirage spécial
DUP	Déclaration d'utilité publique
ECS	Evaluations complémentaires de sûreté
ENSREG	*European nuclear safety regulators group* (groupe à haut niveau de l'UE sur la sûreté nucléaire et la gestion des déchets)

[1] Voir le guide de rédaction des références juridiques du Syndicat national de l'édition [en ligne] https://reflex.sne.fr/abreviations-courantes

EPR	*Evolutionary Pressurized water Reactor* (réacteur à eau pressurisée)
FA-VC	Faible activité à vie courte
FA-VL	Faible activité à vie longue
FA-VTC	Faible activité à vie très courte
FGAO	Fonds de garantie des assurances obligatoires de dommages
FMA-VC	Faible et moyenne activités à vie courte (déchets)
GIP	Groupement d'intérêt public
Gy	Gray
HA-MAVL	Haute activité et moyenne activité à vie longue (déchets)
HCTISN	Haut Comité pour la Transparence et l'Information sur la Sécurité Nucléaire
ICPE	Installation classée pour la protection de l'environnement
INB	Installation nucléaire de base
IPSN	Institut de protection et de sûreté nucléaire
IRSN	Institut de radioprotection et de sûreté nucléaire
JORF	Journal Officiel de la République française
MA-VL	Moyenne activité à vie longue
mSv	Millisievert
OPECST	Office Parlementaire d'Evaluation des Choix Scientifiques et Technologiques
OPRI	Office de Protection contre les Rayonnements Ionisants
ORSEC	Plan d'ORganisation des SECours
PNGMDR	Plan national de gestion des matières et des déchets radioactifs
PPI	Plan particulier d'intervention
PRI	Protection radiologique intégrée
PUI	Plan d'urgence interne
RCN	Responsabilité civile nucléaire
REP	Réacteur à eau pressurisée
RFS	Règles fondamentales de sûreté
SCPRI	Service central de protection contre les rayonnements ionisants
SCSIN	Service central de sûreté des installations nucléaires
Sv	Sievert
TSN	Transparence et sécurité nucléaire
UNSCEAR	*United Nations Scientific Committee on the Effects of Atomic Radiation* (comité scientifique des Nations unies pour l'étude des effets des rayonnements ionisants)
UOX	Combustible standard des réacteurs à eau légère constitué d'oxyde d'uranium enrichi en uranium 235
URE	Uranium de retraitement enrichi
ZPP	Zone de Protection de la Population
ZST	Zone de Surveillance renforcée des Territoire

SOMMAIRE

À Françoise.

« Vivre, c'est naviguer dans une mer d'incertitudes,
à travers des îlots et des archipels de certitudes
sur lesquels on se ravitaille. »
Edgar MORIN[2]

[2] MORIN (E.), sociologue et philosophe, voir LECOMPTE (F.), Nous devons vivre avec l'incertitude, entretien CNRS le Journal, avril 2020 [en ligne] https://lejournal.cnrs.fr/articles/edgar-morin-nous-devons-vivre-avec-lincertitude

INTRODUCTION

1. Dans l'industrie électronucléaire, grâce aux réactions de la nature, « un accident entraînant des effets graves et étendus sur la santé du public ne peut pas arriver [car] ce sont les phénomènes naturels qui évitent les catastrophes »[1]. Cette affirmation date du début des années 1980. À cette époque, il était largement admis qu'en cas d'accident nucléaire, l'action des « mécanismes de dispersion » -tels les réactions chimiques, la coalescence des aérosols ou les effets de l'humidité- agirait suffisamment pour limiter le potentiel dommageable des rejets de radioactivité dans l'environnement. En d'autres mots, les procédés naturels rempliraient la fonction d'empêcher la dispersion significative de radioactivité à proximité du lieu de l'accident. Selon cette théorie, une « catastrophe publique » ne pouvait pas se produire et cela n'avait rien à voir avec « une question de compétence, de chance ou de probabilité »[2]. Fort de ce que cette industrie peut apporter au progrès économique et social, ce discours suranné dénote la volonté de rassurer et l'optique de promotion du nucléaire civil qui prévalait alors. L'événement Tchernobyl, l'accident nucléaire intervenu en Ukraine en 1986, a contredit cette croyance. Ladite catastrophe a conduit, d'une part, à remettre sur le devant de la scène internationale les installations nucléaires de base (INB), la catégorie juridique à laquelle appartiennent les réacteurs de centrales nucléaires et, d'autre part, à revoir les dispositifs juridiques au sein des différents ordres. L'accident de Tchernobyl cristallise le moment où le droit des INB devient un droit des risques technologiques majeurs.

2. **Le choix du cadre de l'analyse des risques**. En droit, la notion de risque relève de mécanismes qui ouvrent des champs d'interrogations fertiles. De manière générale, tout risque recouvre des occurrences, de nature scientifique et technique, sanitaire et environnementale, économique et financière, mais aussi sociale et sociétale, dont la maîtrise requiert l'anticipation juridique. C'est d'autant plus vrai avec les risques de l'exploitation des INB. Nous ciblerons volontairement les aspects qui constituent encore un défi pour le secteur, afin de mettre à l'épreuve le droit du risque nucléaire envisagé sous l'angle des installations nucléaires de base.

3. Comme n'importe quel risque, mais avec une dimension spécifique aux tenants et aux aboutissants du risque radioactif, les moyens juridiques de l'anticipation et du contrôle produits par les incertitudes résistantes de l'exploitation électronucléaire forment le fil conducteur de notre réflexion. Ainsi, cet ouvrage offre une étude sur l'appréhension par le droit

---

[1] LEVENSON (M.) et RAHN (F.), *Electric Power Research Institute*, États-Unis, « Estimations réalistes des conséquences des accidents nucléaires », *Le nucléaire et le droit*, *RGN*, n° 2, mars-avr., 1981, p. 121.

[2] *Ibid.*

des INB du risque électronucléaire sous les divers aspects de l'incertitude, de nature environnementale, scientifique, technique, financière, sociale. La première partie traitera du risque nucléaire dans sa dimension matérielle. Y seront abordées toutes les mesures préventives pour évaluer et gérer les risques de l'exploitation des installations, en temps normal comme en cas de crise. La seconde partie examinera le risque nucléaire dans une double dimension, celle « économique » avec l'anticipation des coûts de la prévention et de la réparation, puis celle « sociétale » sous l'angle de l'acceptabilité sociale du risque électronucléaire. Il s'agira d'examiner dans quelle mesure et sous quelles contraintes la prudence opère en droit des installations nucléaires.

4. À titre liminaire, une petite rétrospective s'impose, puisque le droit des INB s'avère à l'origine un droit de promotion en faveur du nucléaire civil.

5. **Le CEA dans la promotion du nucléaire**. En France, cette promotion démarre en 1945 avec la création du Commissariat à l'énergie atomique (CEA) sur ordre du Président de la République, Charles DE GAULLE[1]. Devenu le Commissariat à l'énergie atomique et aux énergies alternatives[2], le CEA est un organe public[3] décrit comme « un acteur de la recherche, du développement et de l'innovation en matière d'énergie, de défense, de technologies de l'information, ainsi que de santé »[4]. Il a notamment pour mission de poursuivre les recherches scientifiques et techniques nécessaires, de participer à la protection des personnes et des biens contre les effets de l'énergie atomique, d'exercer des activités de recherche, de production, de stockage, de transport, de transformation et de commerce de matières premières nucléaires[5]. Soumis aux directives du gouvernement, le CEA se trouvait jusqu'à peu « sous la tutelle des ministres chargés de l'énergie, de la recherche, de l'industrie et de la défense »[6]. Les premières règlementations nucléaires provenaient de ces ministères. Elles encadrent l'utilisation d'une substance naturelle particulière : la radioactivité.

6. **La découverte de la radioactivité**. Avant d'être technologique, le risque radioactif est naturel. L'être humain n'a pas inventé la radioactivité. On a simplement commencé à comprendre, à la fin du XIXe siècle, une partie de la mécanique universelle qui participe des formes de vie sur Terre et les particularités de cet élément chimique qui a contribué à la formation de l'Univers. Tout commence avec la découverte des rayons X par un physicien

---

[1] Il confie la mission à F. JOLIOT-CURIE : nommé 1er Haut-commissaire à l'énergie atomique, il est révoqué en 1950 après son appel contre la bombe atomique (appel de Stockholm).

[2] Décret n° 2016-311 du 17 mars 2016 relatif à l'organisation et au fonctionnement du Commissariat à l'énergie atomique et aux énergies alternatives (JORF n° 66 du 18 mars 2016).

[3] Organisme public de recherche à caractère scientifique, technique et industriel (EPIC).

[4] Définition dans le Lexique ASN : https://www.asn.fr/Lexique/C/CEA

[5] Article L. 332-2 du Code de la recherche.

[66] Selon les termes des articles 1 et 2 du décret n° 2016-311 du 17 mars 2016 précité, abrogés par le décret n° 2023-1321 du 27 décembre 2023 portant partie réglementaire du code de la recherche, art. 9 (V).

allemand, Wilhelm RÖNTGEN. S'ensuit un bouleversement sans précédent dans l'approche de la matière scientifique et la perception du monde vivant. Sans que personne n'en ait encore conscience, l'aventure atomique venait de débuter. Dès le milieu des années 1950, le terme « nucléaire » a peu à peu commencé à remplacer celui de « atomique » lié dans l'inconscient collectif à la bombe tombée, en août 1945, sur les villes japonaises de Hiroshima et de Nagasaki. En réalité, les deux mots veulent dire la même chose, à savoir l'usage qui est fait de la radioactivité naturelle.

7. Le phénomène proprement dit de la radioactivité forme un processus naturel décrit en 1896 par le physicien français Henri BECQUEREL[1]. Ce dernier donne d'ailleurs son nom à une des unités de mesure de la radioactivité, le becquerel (Bq)[2]. Un an après les rayons X et dans l'esprit de ces recherches, BECQUEREL découvre, un peu par hasard, le phénomène radioactif des sels d'uranium. Sans mauvais jeu de mots, puisque c'est justement dans le noir le plus total que s'est produite la réaction observée, le physicien met au jour le rayonnement spontané de ce matériau, un phénomène que Marie CURIE baptise « radioactivité ». En effet, trois ans plus tard, les époux CURIE isolent deux autres éléments radioactifs dans le minerai d'uranium, le radium et le polonium. Ajoutés à la liste des éléments chimiques connus, ceux-là ont la particularité d'être composés d'atomes aux noyaux radioactifs. Ils sont naturellement présents dans la nature[3].

8. **Les premières victimes de l'atome** furent les radiologues, dès le début du XXe siècle, qui manipulaient la matière radioactive sans précautions et chez qui sont apparus les premiers effets physiques dommageables de cette ressource naturelle. C'est pourquoi le besoin d'une réglementation protectrice s'est rapidement imposé. Le risque atomique, dit nucléaire quand il se rattache à l'exploitation des activités nucléaires, se révèle dans ses conséquences radiologiques et rapidement, les effets de l'ionisation sont connus.

9. Pour comprendre la nature du risque et les raisons d'une réglementation adaptée à la spécificité du danger, dès les premiers développements, nous présenterons le danger radiologique, c'est-à-dire le risque sanitaire de l'ionisation lors de l'utilisation de la matière radioactive.

10. **L'exploitation de la radioactivité.** Dès 1938, des chercheurs mettent au point les « process » tant pour utiliser la radioactivité naturelle que pour fabriquer de la radioactivité, dès lors artificielle et ainsi, inventer des techniques[4] et des technologies[5] qui en usent. L'une et l'autre, naturelle et artificielle, ont investi le domaine médical, puis le militaire et rapidement

---

[1] CEA, « Des radioéléments aux activités scientifiques », Livret 2, *La radioactivité*, La Coll. de la recherche à l'industrie, 2002, 10 p., spéc. p. 2.

[2] Avec le Curie (Ci) remplacé depuis par le Gray (Gy) et le Sievert (Sv).

[3] Voir la revue d'information scientifique Elémentaire, n° 1, p. 4 s. [en ligne] http://elementaire.web.lal.in2p3.fr/

[4] Le(s) procédé(s).

[5] L'instrumentation du procédé.

l'industrie. Issu de la réaction d'un noyau atomique, cet élément chimique naturel a, certes permis la « bombe H », mais également trouvé une application civile avec les installations nucléaires de base.

11. De fait, l'industrie « du nucléaire civil » voit le jour bien après l'utilisation médicale de l'atome et dans la continuité de celle qui est militaire.

12. **Les motivations de la promotion du nucléaire civil**. Rayonnant sur la scène internationale, l'atome sert initialement la médecine. Alors que Marie CURIE avait refusé de "marchander" sa découverte, qu'elle souhaitait au bénéfice du plus grand nombre, son petit-fils Pierre JOLIOT-CURIE[1] participe, dès le milieu des années 1940, au développement industriel de la technologie[2] et contre toute attente, à son développement militaire. Ainsi, la Seconde Guerre mondiale introduit la première époque charnière, celle de la promotion du nucléaire civil, au moment où l'utilisation militaire de l'atome, avec la bombe H, produit un renversement de situation. Échaudés par sa capacité de destruction massive, des États optent pour le développement du versant civil de la technologie, celle qui consiste à fabriquer de l'énergie électrique à partir de l'exploitation de la radioactivité.

13. Dans les faits, l'industrie civile nucléaire prend véritablement son essor après le célèbre discours, intitulé « [l]'atome au service de la paix », du Président EISENHOWER, aux États-Unis en 1953. De ce discours découle l'ordre nucléaire mondial toujours valable. À cette occasion, le Président des États d'Amérique propose la création de l'Agence internationale de l'énergie atomique (AIEA), après avoir exposé toutes les possibilités d'une exploitation pacifique de l'atome, aux fins d'un développement économique sans précédent, dans des domaines aussi variés que l'agriculture, la médecine et la production d'énergie nucléaire[3]. C'est le cadre juridique de ce dernier versant du nucléaire civil qui sera analysé dans le présent ouvrage. Afin de délimiter l'objet de notre étude, quelques précisions et exclusions s'imposent.

14. **L'exclusion du nucléaire militaire et médical**. D'abord, le droit nucléaire se divise entre, d'un côté, le nucléaire civil, auquel appartient celui des centrales nucléaires, et de l'autre, le nucléaire militaire, celui de la dissuasion nucléaire[4]. Si le premier est né du second, seul le droit du nucléaire civil sera abordé et plus précisément, les régimes juridiques réservés à la production de l'énergie nucléaire, c'est-à-dire l'exploitation électronucléaire. L'étude du nucléaire militaire aurait conduit à des questions de sécurité nationale et donc, à un sujet de thèse différent. Sur le fondement d'autres régimes du droit nucléaire, il nous aurait entraînés vers un axe éloigné de notre

---

[1] Il est le fils de sa fille Irène et de son gendre, le physicien-chimiste Frédéric Joliot (dit Joliot-Curie).

[2] La 1ère pile atomique, à eau lourde (« *zoé* »), est le fruit du travail de son équipe en 1946 au sein du CEA.

[3] AIEA, Bull. 54-4, déc. 2013, pp. 3-4 [en ligne] https://www.iaea.org/sites/default/files/54401210304_fr.pdf

[4] Dont il a beaucoup été question en 2022 et depuis, avec le conflit russo-ukrainien.

ambition de privilégier les moyens juridiques de l'anticipation des risques sous l'angle de la prudence et des mécanismes relatifs aux principes juridiques ciblés par l'étude, sur lesquels nous reviendrons.

15. Ensuite, au sein même du nucléaire civil, plusieurs divisions sont à distinguer, dont celle de la médecine nucléaire. L'exclusion du nucléaire médical fut motivée par l'existence d'une thèse récente où sont spécifiquement confrontés le droit nucléaire et le droit médical[1]. Nous avons dans cet ouvrage choisi de viser le droit des INB pour dégager les éventuelles similitudes et divergences avec le droit de l'environnement, dans le cadre de l'utilisation pacifique de l'atome : celle aux fins de production d'énergie.

16. En conséquence, nous focaliserons tout ce qui ne relève pas du secteur militaire[2], tandis que le droit de la médecine nucléaire sous toutes ses occurrences, une fois posés les principes généraux et transversaux de la radioprotection, sera également occulté.

17. Enfin, nous commencerons par définir le danger radiologique qui sera tout au long de l'ouvrage apprécié au regard de la prévention des risques majeurs et des différents mécanismes juridiques de l'anticipation.

18. **Le risque radioactif.** En matière de radioactivité, nous pouvons déjà dire que le degré de risque n'est pas le même selon la dose reçue, les éléments en présence et les temps d'exposition. Par exemple, n'ont pas les mêmes effets une forte dose reçue pendant quelques secondes, en cas de rejets massifs ou d'administration accidentelle et les doses faibles, celles reçues de façon continue par les travailleurs du nucléaire ou les populations à proximité immédiate des centrales. Il en est de même si la contamination -la présence non intentionnelle ou non souhaitée de substances radioactives sur les surfaces ou à l'intérieur des solides, liquides ou gaz ou sur le corps humain[3]- et/ou l'irradiation -l'exposition volontaire ou accidentelle d'un organisme, d'une substance, d'un corps, à des rayonnements ionisants- touche(nt) tout le corps, uniquement une parcelle limitée ou un organe particulier. Tous ces paramètres déterminent l'étendue du danger que l'institution des normes de base -mettant en place des limites de dose spécifiques- anticipe et encadre.

19. **Les limites de dose** définissent des « valeurs maximales de référence pour les doses résultant de l'exposition aux rayonnements ionisants des travailleurs, des femmes enceintes ou allaitant, des apprentis et des étudiants, ainsi que des autres personnes mentionnées à l'article R. 1333-11 [du Code de la santé publique] et qui s'appliquent à la somme des doses

---

[1] JAEGER (L.) *Nucléaire et santé. Recherche sur la relation entre le droit nucléaire et le droit de la santé*, Thèse soutenue en 2014 à Aix-Marseille, sous la direction de VIRIOT-BARRIAL (D.) et de PONTIER (J-M.).

[2] Qui ne sera mentionné que de manière incidente.

[3] Selon la définition de la directive 2013/59/Euratom du Conseil du 5 décembre 2013 fixant les normes de base relatives à la protection sanitaire contre les dangers résultant de l'exposition aux rayonnements ionisants et abrogeant les directives 89/618/Euratom, 90/641/Euratom, 96/29/Euratom, 97/43/Euratom et 2003/122/Euratom, voir le pt. 18) de l'art. 4 du chap. II.

concernées résultant de sources externes de rayonnements ionisants pendant la période spécifiée et des doses engagées résultant de l'incorporation pendant la même période »[1]. En clair, à défaut d'éviter, il s'agit de limiter le danger avec les règles de radioprotection qui seront présentées au début de l'ouvrage.

20. **La définition classique du « danger »**. Le danger, du latin « *dominus*, seigneur, [s'entend de la] situation où l'on a à redouter un mal quelconque »[2]. Celui-ci menace « la sûreté, l'existence de quelqu'un ou de quelque chose [avec l'idée de] péril »[3]. Cela revient à craindre un inconvénient ou un « risque provoqué par quelque chose »[4]. Le plus souvent, au sens des dictionnaires, le danger est assimilé au risque qui qualifie un danger, c'est-à-dire un « inconvénient possible »[5].

21. **Pour les « cindyniques »**, la discipline des sciences du danger, celui-ci formalise la « situation d'un système où sont réunis tous les facteurs pouvant conduire à la réalisation d'un accident potentiel » : le *hazard* anglais[6]. Au sens de cette nouvelle science, le danger caractérise le risque qui est lui-même « le produit de la cindynométrie [au travers de] la mesure du niveau de danger »[7]. Le danger, c'est la source du risque à laquelle est associée la potentialité d'un dommage plus ou moins grave : la probabilité du dommage. Le premier, le danger, serait la cause du second, le dommage en cause : le risque. En d'autres mots, le danger existe par lui-même. Instantané, propre à une situation ou une chose, il nourrit le risque.

22. Appliquée à la radioactivité, intrinsèquement dangereuse et produite par l'ionisation du noyau atomique, l'activité ionisante matérialise le danger radiologique.

23. **Les manifestations du danger radiologique**. Le danger requiert une exposition dans des conditions particulières qui caractérisent le risque. Comme un feu de cheminée produit la combustion, l'activité radioactive produit l'ionisation. Dans le premier cas, la chaleur qui se dégage du feu peut causer des brûlures voire un incendie ou simplement réchauffer une pièce. Dans le même temps, la chaleur se dissipe sous forme de gaz susceptible de provoquer aussi des asphyxies. Avec la radioactivité le même cheminement se profile, mais à partir d'éléments chimiques différents. L'activité atomique du noyau forme la réaction d'ionisation.

---

[1] Voir la définition dans l'annexe 13-7 introduite dans le Code de la santé publique (CSP) par le décret 2018-434 du 4 juin 2018 sur transposition de la directive « normes de base » de 2013 précitée.

[2] Définition du Nouveau Petit Larousse, Ed. 1970, sous « danger », p. 284.

[3] Le Robert Illustré d'Aujourd'hui, Ed., Paris, 1997, sous « danger », p. 372.

[4] Nouveau Petit Larousse, Ed. 1970, sous « danger ».

[5] *Ibid.*, sous « risque », p. 900.

[6] KERVERN (G-Y.), « Les Cindyniques – Une science découverte à la fin du XXème siècle », *Risques*, n° 4, *La prévention*, janv. 1991, pp.37-45.

[7] Annexe III, La prévention, *Risques*, n° 4, janv. 1991, p. 46.

24. Comme le gaz de combustion, l'ionisation produit de la chaleur qui s'échappe sous la forme d'une énergie dont la force de propagation dépend de l'élément en cause. Quant aux modes d'expulsion, ils concrétisent, d'une part, le risque d'irradiation et, d'autre part, celui de contamination. En tout état de cause, le danger réside dans l'exposition aux rayonnements ionisants et dans le contact avec la matière radioactive. Chaque source de rayonnement dispose de caractéristiques particulières et engendre un niveau de dangerosité qui dépend de son pouvoir de pénétration dans la matière. Par exemple, il est scientifiquement établi que le rayon de type alpha est le plus dangereux, en raison du fait qu'il est stoppé par le corps et s'y dépose. Les autres types ne font que le traverser. Ils ne sont pas pour autant sans danger. Selon la nature du rayonnement, le niveau de protection ne nécessite pas les mêmes procédures de sécurité. Nous utilisons le sens générique du terme « sécurité » qui a une définition précise en droit nucléaire. En réalité, sous cet angle, nous verrons qu'il faudrait plutôt parler de radioprotection.

25. Du type de rayonnement dépend l'intensité de la radioactivité et donc l'ampleur du danger. Il s'agira, dès le premier chapitre, de déterminer si tout peut se prévoir avec le danger radiologique ou si des indéterminations compliquent la gestion juridique du risque nucléaire.

26. **Une exposition réglementée**. Au cours de l'activité d'un noyau, radioactif ou non, une transformation chimique se produit. Le processus est connu. Par exemple, l'uranium 238 au noyau instable donne, au fil du processus chimique, du plomb 206 au noyau stable. Chaque transformation du noyau émet naturellement des rayonnements du fait de la désintégration et modifie définitivement la composition chimique de la matière. En l'état jusqu'au stade suivant, chaque transformation est définitive. La désintégration empêche de revenir à l'état précédent. Cette irréversibilité du processus donne un indice sur la peur que génère le nucléaire dans l'inconscient collectif. Pourtant, chaque élément organique et minéral dégage naturellement une certaine dose de radioactivité.

27. Les dispositifs juridiques transversaux de la radioprotection seront présentés dès le début de l'ouvrage afin d'apprécier la prudence sanitaire en droit nucléaire. Par exemple, ce n'est que depuis peu que le droit français prend en compte le risque radon, la forme gazeuse de la radioactivité.

28. **L'exemple du radon**. Dans le but de protéger les personnes et prévenir le risque émanant d'une source naturelle de rayonnements ionisants[1], l'exposition au radon est réglementée. Mais, l'exposition à la radioactivité n'est pas seulement naturelle, elle est aussi la résultante de l'exploitation anthropique. Celle des installations nucléaires de base est évidemment soumise à la réglementation des niveaux de dose, des dispositifs qui ont évolué

---

[1] Conf. art. 38 de l'ordonnance n° 2016-128 du 10 févr. 2016, codifié aux 2° et 3° de l'al. 1 de l'art. L. 1333-3 CSP.

au gré des connaissances. Les principes de radioprotection sont codifiés dans le Code de la santé publique.

29. Pour toutes les sources de rayonnements ionisants, naturelles comme artificielles, les normes visent à protéger la population en général, mais aussi les travailleurs et l'environnement. Le droit interne a pris acte de la directive dite Euratom de 2013 qui préconise la mise en place de « plans d'action nationaux de gestion des risques à long terme dus à l'exposition au radon »[1]. Les niveaux de concentration nationaux de référence sont décidés par les États membres[2]. En France, les normes sont fixées par décret en Conseil d'État après avis de l'Autorité de sûreté nucléaire (ASN). Le dispositif est récent, il forme l'illustration parfaite de l'évolution des dispositifs juridiques dans le prolongement de l'avancée des connaissances et de la collaboration internationale des experts et des acteurs décisionnels. L'objectif central consiste à protéger du danger radiologique.

30. **L'épicentre du danger à éviter**. En traversant la matière vivante et non vivante, les radionucléides produisent des ions émetteurs de rayonnements. Ces rayonnements ionisants peuvent entraîner des lésions et des transformations dommageables. Selon leur type[3], des mesures de prévention s'appliquent pour protéger la santé, l'environnement et *in fine* les biens. Par exemple, en droit interne, selon le troisième alinéa de l'article L. 221-7 du Code de l'environnement, des niveaux de références pour le radon participent à la prévention et à la gestion de la pollution de l'air. Nous voyons là une application de la « relation triangulaire » entre le droit nucléaire, le droit de l'environnement et le droit de la santé[4].

31. Ces niveaux de référence sont « régulièrement réévalués pour prendre en compte les résultats des études médicales et épidémiologiques »[5]. Cette réévaluation périodique, programmée par la norme juridique, reflète l'optique des domaines où les choses ne sont pas figées. Les données changent parce que les connaissances évoluent. Une approche classique en droit de l'environnement, cette démarche s'avère fréquente dans les différents régimes de l'exploitation des INB présentés tout au long de la première partie. Le droit nucléaire apparaît souvent novateur sur ces questions. Cependant, le chemin a été long avant d'arriver à ce niveau de protection et de prudence.

---

[1] Considérant 20 et article 103 de la Directive 2013/59/Euratom du 5 déc. 2013 (dite normes de base ou BSS) fixant les normes de base relatives à la protection sanitaire contre les dangers résultant de l'exposition aux rayonnements ionisants et abrogeant les directives 89/618/Euratom, 90/641/Euratom, 96/29/Euratom, 97/43/Euratom et 2003/122/Euratom.

[2] Par ex. à l'intérieur des bâtiments comme les logements, les bâtiments accueillant du public ou les entreprises, la concentration d'activité moyenne annuelle de radon dans l'air ne doit pas excéder 300 Bq m^{-3}, v. *ibid.*, art. 74 pt. 1).

[3] Essentiellement alpha, bêta, gamma, X et neutronique (source IRSN).

[4] DEGUERGUE (M.), « La relation entre le droit nucléaire et le droit de l'environnement », dans *Droit nucléaire – La santé environnementale*, sous la Dir. PONTIER (J-M.), JAEGER (L.) et DENOLLE (A-S.), PUAM, 2019, pp. 49-65, spéc. p. 60.

[5] Al. 4 de l'art. L. 221-7 Code de l'environnement.

32. **La reconnaissance judiciaire du risque nucléaire**. La démonstration des conséquences dommageables dues aux rayonnements ionisants a suivi de près leur découverte. Elle a parfois eu lieu en public, à l'instar de la radiodermite apparue sur le corps d'un adolescent, alors que ce dernier servait de cobaye, lors d'une foire commerciale américaine en 1896, pour une « transillumination des poumons et du cœur », autrement dit l'ancêtre de la radiologie[1]. La France ne fut pas épargnée par ces pratiques. Il n'est guère étonnant que des tribunaux aient été saisis. Par exemple, en 1901, le Tribunal Civil de la Seine qualifia un médecin « d'industriel d'un genre particulier » parce qu'il s'était servi des rayonnements ionisants au cours d'un spectacle organisé dans un grand magasin parisien[2]. La foule se pressait pour participer et admirer sur écran les os de leurs pieds ou de leurs mains, contre rémunération et sans aucune protection. D'ailleurs, la célèbre décision « Mercier » de 1936[3], qui établit la nature contractuelle de la responsabilité médicale, concernait la réparation des suites d'un traitement par des rayons X.

33. La mention de ces exemples suffit à expliciter le besoin d'encadrement et de protection juridique à l'égard des risques radiologiques. Le danger pour la santé est rapidement connu ; la nécessité d'éviter ces situations ne porte pas à discussion. Situation accidentelle ou pas, seules des mesures de protection adéquates permettent de limiter l'impact dommageable possible de l'exploitation civile de l'atome.

34. **Le besoin d'une réglementation nucléaire**. Au niveau européen, après la Seconde Guerre mondiale, les décideurs optèrent pour l'énergie nucléaire dans le but d'une paix durable entre les peuples. Ils souhaitaient ainsi assurer plus de progrès et de bien-être. Le nucléaire civil a effectivement produit cet effet sociétal. Toutefois, la nécessité de prévoir des conditions de sécurité destinées à écarter les périls pour la vie et la santé des populations, du fait de l'exploitation de la radioactivité, s'est imposée. C'est sous l'angle de la production électronucléaire -l'exploitation des centrales nucléaires- que les risques et l'incertitude dans le traitement juridique des installations nucléaires de base seront appréhendés pour mettre en lumière les principes juridiques sur la base desquels la prudence encadre toutes les activités nucléaires.

35. **La classification des activités nucléaires**. Récemment, en droit français, aux termes de l'article trente-huit de l'ordonnance 2016-128 du 10 février 2016 portant diverses dispositions en matière nucléaire[4], la définition des activités nucléaires, par transposition de plusieurs directives européennes, a été précisée[5]. Dans le cadre de ces activités, sont manipulées, exploitées, stockées, transportées, d'une part les sources naturelles, par le biais des

---

[1] HEBERT (J.), « Le droit et l'emploi des rayonnements ionisants » dans *Le nucléaire et le droit*, *RGN*, n° 2, mars-avr., 1981, pp. 109-120, spéc. p. 109.
[2] *Ibid.*
[3] Cass. Civ. du 20 mai 1936, *Dr. Nicolas ct/ Mercier*.
[4] JORF n° 0035 du 11 févr. 2016.
[5] Article L. 1333-1, Code de la santé publique (CSP).

substances radioactives et des matériaux contenant des radionucléides naturels et, d'autre part les sources artificielles, par le biais des substances et des dispositifs. À ce stade, il y a lieu de préciser que les activités nucléaires[1] concernent différents domaines liés à l'industrie militaire et également civile, au médical -y compris le secteur vétérinaire- et aussi, la recherche.

36. **Les INB, la cible de notre analyse**. La diversité de ces activités dites « nucléaires » a constitué l'une des premières difficultés pour délimiter le champ de notre étude. Car, une fois opérée la distinction entre le nucléaire civil et le nucléaire militaire, il fallait à nouveau scinder le nucléaire civil entre les installations nucléaires de base et les activités nucléaires de proximité. Nous avons choisi de cibler les installations nucléaires et le développement du droit éponyme depuis son origine pour apprécier la notion de risque majeur et les mécanismes de la prudence opérée avec les instruments du droit pour anticiper et gérer le danger radiologique et son corollaire, le risque nucléaire. En conséquence, plusieurs disciplines du droit devaient être abordées.

37. **Les matières utiles à l'analyse**. Bien que l'ensemble des activités nucléaires, celles qui utilisent des substances et des procédés aux propriétés radioactives, expose à des dangers, c'est donc par l'approche des installations nucléaires de base (INB) que seront analysés le droit de la prévention du risque nucléaire et sous ses diverses modalités, la prise en compte par le droit des défis auxquels l'industrie électronucléaire est encore exposée. Étant donné que les régimes juridiques concernés sont le plus souvent élaborés par des instances gouvernementales, notre étude du droit nucléaire aborde forcément de nombreux dispositifs de droit public. Malgré tout, il s'est agi d'envisager des instruments de droit privé. Remaniés et adaptés du fait de la mainmise des pouvoirs publics sur l'exploitation des installations nucléaires de base, ce sera le cas avec les questions financières, d'assurances et de responsabilité civile nucléaire. Bien que les décisions sur les dispositions juridiques réglementant le domaine aient longtemps déserté la procédure démocratique parlementaire, un corps de règles spécifiques régit le droit des installations nucléaires de base.

38. **Dans le champ visé par notre étude**, les hypothèses soulevées par l'exploitation électronucléaire engendrent la mise en œuvre d'une grande diversité de dispositifs, tels ceux en lien avec la protection de l'environnement, l'aménagement des territoires, la sûreté sous les diverses occurrences de la prévention, les assurances, la responsabilité civile ou encore, tout un panel de procédures administratives.

39. **L'objectif de sécurité nucléaire**. Au départ, l'Agence internationale de l'énergie atomique (AIEA) estimait que les normes internes générales devaient pouvoir s'appliquer aux activités nucléaires et ne pas nécessiter une législation nouvelle dans les États qui faisaient le choix de l'énergie nucléaire. Toutefois, dès les premiers temps de l'exploitation

---

[1] La classification à laquelle appartiennent les installations nucléaires de base : catégorie qui englobe les réacteurs de nos centrales nucléaires, voir *infra*.

électronucléaire, l'exigence de dispositions juridiques spéciales s'est imposée pour assurer une gestion efficace et sûre de la technologie[1]. Ce sont ces dispositions, soumises à notre analyse, qui nécessiteront de préciser rapidement dans l'ouvrage les notions de sécurité et de sûreté affectées au nucléaire. Au sens du droit interne, la sécurité nucléaire « comprend la sûreté nucléaire, la radioprotection, la prévention et la lutte contre les actes de malveillance ainsi que les actions de sécurité civile en cas d'accident »[2]. À partir de cette distinction normative, il sera plus aisé d'expliquer pourquoi la sûreté nucléaire constituera le terrain privilégié de notre réflexion.

40. **Les objets de la sûreté nucléaire**. En droit interne, la sûreté nucléaire vise l'ensemble des dispositions techniques ainsi que les mesures d'organisation prises pour prévenir les accidents ou en limiter les effets. Elles concernent la conception, la construction, le fonctionnement, l'arrêt et le démantèlement des installations, ainsi que le transport des substances radioactives. La sûreté forme donc une composante de la sécurité nucléaire qui comprend la radioprotection, la prévention et la lutte contre les actions de malveillance, ainsi que les actions de sécurité civile en cas d'accident. C'est ce pan du droit des INB, avec les différentes composantes de la sûreté nucléaire et les actions de la prévention du risque d'accident, que nous ciblons.

41. **Le droit des INB**. Au sens de l'Agence internationale de l'énergie atomique, le droit des installations nucléaires de base se définit comme un « ensemble de normes juridiques spéciales formulées en vue de réglementer la conduite de personnes morales ou physiques menant des activités se rapportant aux matières fissiles, aux rayonnements ionisants et à l'exposition aux sources naturelles de rayonnement »[3]. En France, l'exploitation des INB a reposé jusqu'en 2006 sur le décret n° 63-1228 du 11 décembre 1963[4].

42. **La nomenclature des INB**. Les INB répondent à une nomenclature dont la désignation actuelle n'a guère varié par rapport à l'énumération qu'en faisaient le décret originaire n° 63-1228 du 11 décembre 1963 relatif aux installations nucléaires, puis la loi n° 2006-686 relative à la transparence et à la sécurité en matière nucléaire (loi TSN, ci-après)[5]. Cette désignation des installations nucléaires de type INB, dans le droit interne, est également très similaire à l'énumération opérée au niveau supranational[6]. Il s'agit des réacteurs nucléaires, des accélérateurs de particules, des usines de

---

[1] STOIBER (C.), BAER (A.), PELZER (N.), TONHAUSER (W.), *Manuel de droit nucléaire*, AIEA, Vienne, sept. 2006, 191 p., spéc. 4.

[2] Art. L. 591-1, C. environnement.

[3] AIEA, *loc. cit.*

[4] JORF du 14 décembre 1963 ; fondé sur la loi n° 61-842 du 2 août 1961 relative à la lutte contre la pollution atmosphérique et les odeurs (JORF du 3 août 1961).

[5] JORF n° 136 du 14 juin 2006, texte n° 2.

[6] Art. 1, a), ii, de la Convention sur la responsabilité civile dans le domaine de l'énergie nucléaire du 29 juill. 1960 amendée le 28 janv. 1964 et le 16 nov. 1982 (dite Convention de Paris - OCDE).

préparation, de fabrication ou de transformation de substances radioactives, des installations destinées au stockage, au dépôt ou à l'utilisation de substances radioactives, y compris les différentes catégories de déchets nucléaires. Toutes les INB ne seront pas visées dans la suite de nos propos. Néanmoins, chacune correspond aux mêmes exigences légales, réglementaires et administratives.

43. Les réacteurs nucléaires et les centres de stockages de déchets radioactifs ne posent pas de difficulté de caractérisation. C'est pourquoi nous les privilégierons pour expliciter le sens et la portée des régimes. Quant aux autres catégories d'installations de type INB, elles se conforment en général à des caractéristiques réglementaires.

44. Dans ce dernier cas, pour obtenir la qualification d'INB, l'installation doit détenir un certain « coefficient » de substances, de matières et/ou de déchets radioactifs, c'est-à-dire dépasser le seuil établi par arrêté interministériel. En dessous de ce seuil, dès lors qu'elle relève de ces classifications, l'installation est soumise au régime des installations classées pour la protection de l'environnement (ICPE) et/ou à celui des installations, ouvrages, travaux et activités relatifs au droit de l'eau (IOTA). Pour le dire autrement, en matière d'exploitation électronucléaire, en dehors des installations utilisant des substances radioactives référencées dans la nomenclature ICPE et au-delà du seuil réglementaire, le droit des INB s'applique. Sans entrer dans les subtilités de la nomenclature ni les calculs nécessaires pour remplir les critères d'identification, nous précisons que si tous les réacteurs nucléaires sont des INB, l'inverse n'est pas vrai.

45. **La catégorisation légale**. Le décret 2007-830 du 11 mai 2007 relatif à la nomenclature des installations nucléaires de base[1] n'avait modifié que sensiblement la désignation originaire. Aujourd'hui abrogé, du fait de sa codification, il a simplement permis de compléter avec des critères techniques[2] l'article 28 de la loi précitée sur la transparence et la sûreté nucléaire de juin 2006 (TSN). Selon cet article, les INB « sont : 1° les réacteurs nucléaires ; 2° les installations, répondant à des caractéristiques définies par décret en Conseil d'État, de préparation, d'enrichissement, de fabrication, de traitement ou d'entreposage de combustibles nucléaires ou de traitement, d'entreposage ou de stockage de déchets radioactifs ; 3° les installations contenant des substances radioactives ou fissiles et répondant à des caractéristiques définies par décret en Conseil d'État ; 4° les accélérateurs de particules répondant à des caractéristiques définies par décret en Conseil d'État »[3]. Abrogé par le décret du 14 mars 2019[4], cette nomenclature a été

---

[1] JORF n° 110 du 12 mai 2007, p. 8766, texte n° 82.

[2] Notamment sur les activités nucléaires à risque et les principes applicables (art. 2).

[3] III de l'art. 28 de la loi TSN.

[4] Art. 5, décret n° 2019-190 codifiant les dispositions réglementaires applicables aux INB, au transport de substances radioactives et à la transparence en matière nucléaire (JORF n° 064 du 16 mars 2019, Texte n° 3).

intégrée[1] dans la partie réglementaire du Code de l'environnement[2] où sont désormais répertoriés et définis les différents types d'INB[3]. Cela ne change rien au dispositif ; il s'agit d'une codification à droit constant. Ainsi, le principe de l'autorisation de création d'une INB et les modalités de son exploitation ont très longtemps reposé sur le décret originaire précité de 1963.

46. **L'évolution du socle normatif.** En France, le droit nucléaire originaire a réglementé l'autorisation et le contrôle des INB sur le fondement du décret du 11 décembre 1963 relatif aux installations nucléaires jusqu'à la loi TSN précitée de 2006. Or, ce décret originaire ne comportait aucune référence ni à la sûreté ni à l'environnement jusqu'à la triple intervention législative de 2006 ; une année déterminante pour le droit des installations nucléaires de base. Ces trois lois concernent respectivement, premièrement la transparence et la sécurité en matière nucléaire (la loi dite « TSN »), deuxièmement la gestion des déchets (ladite « deuxième loi de programme sur les déchets »)[4] et troisièmement, la responsabilité civile nucléaire (RCN)[5].

47. De manière générale, cette refonte du droit des INB a reposé sur l'objectif de l'acceptabilité sociale pour autoriser la filière à continuer d'exploiter la technologie productrice d'énergie nucléaire. Avec ce rapide passage en revue des principaux premiers textes légaux du droit interne des installations nucléaires de base, le cadre de notre analyse est posé.

48. **Les champs de l'étude.** En effet, chacune de ces lois confronte à un ou plusieurs des défis posés par l'exploitation des installations nucléaires de base dont les dispositifs mettent en œuvre la prudence nécessaire à l'anticipation des risques et à l'acceptabilité sociale. Comme dit, cette étude du droit des INB se basera le plus souvent sur le cas emblématique des réacteurs et celui des installations de stockage des déchets nucléaires, dans le but d'aborder de manière plus didactique et stratégique l'ensemble des défis qui se pose encore au secteur. Ces défis ont motivé le renouvellement des dispositifs juridiques, à un moment ou un autre.

49. Révélateurs du besoin de prévention et de la force du contrôle appliqué au domaine électronucléaire, l'anticipation et le contrôle apparaissent notamment avec les diverses autorisations qui jalonnent la vie d'une installation de type INB, à chaque étape de l'exploitation, de l'extraction du minerai d'uranium dans les mines -dont le régime juridique ne sera pas présenté, en dehors de quelques mentions illustratives- jusqu'au recyclage de la matière radioactive, à chaque usage de la substance au sein des

---

[1] Décret n° 2019-190 précité du 14 mars 2019, art. 2 (en vigueur depuis le 1er avr. 2019).

[2] Art. R. 593-1 à R. 593-4, C. environnement.

[3] Art. L. 593-2 codifié par l'art. 3 de l'ordonnance n° 2012-6 du 5 janv. 2012 modifiant les livres Ier et V du Code de l'environnement (JORF n° 005 du 6 janvier 2012, texte n°4).

[4] Loi de programme n° 2006-739 du 28 juin 2006 relative à la gestion durable des matières et déchets radioactifs (JORF n° 149 du 29 juin 2006, texte n° 1).

[5] Loi n°2006-786 du 5 juillet 2006 autorisant l'approbation d'accords internationaux sur la responsabilité civile dans le domaine de l'énergie nucléaire (JORF du 6 juillet 2006, texte n° 4).

activités nucléaires. À tous les stades, l'exploitation des installations nucléaires de base produit des risques. C'est ceux attachés aux différentes phases de la vie des installations, à partir de la demande d'autorisation de création, qui nous occuperont en priorité pour appréhender les risques.

50. **Un droit de prévention**. Peu importe le mode de contact avec la radioactivité, du fait de la décision politique et sociale d'utiliser la ressource atomique, le droit pose des règles dans le but d'éviter le danger radiologique et d'encadrer le risque nucléaire. En cas d'échec de la prévention, il faut pouvoir limiter et compenser les effets dommageables. C'est tout l'enjeu du droit des installations nucléaires de base dont l'efficacité dépend de l'anticipation, le défi principal qui a conduit à l'établissement des différents régimes juridiques. Au fil du temps et des événements, la prudence a été renforcée. Ainsi, nous verrons pourquoi l'évolution vers le verdissement des dispositifs du droit des installations nucléaires de base était inéluctable.

51. **Le prisme des principes du droit de l'environnement**. Avec en toile de fond l'influence du droit de l'environnement et des principes généraux du Code éponyme, la prudence nucléaire dépend, d'un côté, des connaissances évolutives relatives aux risques de l'exploitation électronucléaire et répond, de l'autre, à l'impératif sociétal de leur acceptabilité. Pour prévenir, notamment les pollutions, les risques et les nuisances, en droit de l'environnement, un socle de principes généraux a été initié et codifié. Ceux-ci régentent les différents régimes présents dans le Code de l'environnement. Or, l'étude du droit des risques électronucléaires, celui des centrales nucléaires, tend à montrer, d'une part, que les dispositifs du droit des INB appliquaient déjà certains de ces mécanismes au moyen d'un droit de prévention dépendant des avancées technico-scientifiques et, d'autre part, que l'obligation d'obtenir l'acceptabilité sociale de ce risque particulier a conduit à adapter les régimes juridiques pour encadrer et limiter, autant que faire se peut, les difficultés et les aléas générés par l'exploitation électronucléaire.

52. À défaut d'empêcher le risque nucléaire, des réglementations encadrent l'utilisation de la radioactivité de manière stricte, car le danger s'avère sans commune mesure par rapport à la plupart des risques. Entourées du secret nécessaire aux décisions de hautes stratégies militaires, puis également industrielles, les normes nucléaires sont à l'origine prises dans le confinement des alcôves ministérielles du pouvoir. En premier lieu, le droit nucléaire a été conçu, puis ponctuellement réformé, dans le but de faciliter l'utilisation civile et industrielle de la radioactivité à des fins de marchandisation. Si l'exploitation électronucléaire est proclamée sûre et maîtrisée, en dépit des efforts des promoteurs du nucléaire civil pour le cacher, au fil des événements, la Société civile prend conscience du risque nucléaire. D'ailleurs, la deuxième époque décisive pour le nucléaire civil, c'est celle de l'acceptabilité sociale. Celle-ci intervient en répercussion des accidents de type catastrophique, à partir des années 1980 et conduit, en France, à la triple

législation de 2006 susmentionnée. Les régimes seront codifiés dans le Code de l'environnement et par suite, ils sont soumis à ses principes généraux.

53. En tout état de cause et dès le départ, rapidement il s'est avéré que pour un développement pérenne de l'industrie électronucléaire, ses promoteurs avaient autant besoin du droit que de la science.

54. **Le nucléaire, un domaine lié aux sciences et techniques**. À notre époque, la science reflète l'état de la connaissance humaine. Souvent, elle a un lien fort avec les différentes technologies annonciatrices de techniques diverses. La science « viserait la découverte de lois objectives des phénomènes du monde réel et leur explication théorique » auxquelles la méthode et l'expérimentation donnent une valeur universelle, tandis que les techniques portent plutôt sur le « savoir-faire [par] la production et la transformation d'objets concrets » formant la technologie associée[1]. Très souvent, les deux aspects sont associés à l'idée que « les théories scientifiques conditionnent les applications techniques »[2]. Dans tous les cas, les unes et les autres sont les résultats de la recherche et la technologie électronucléaire en est un exemple topique. Non seulement le domaine sert les sciences, mais en plus la technologie nucléaire est devenue une industrie productrice d'énergie.

55. **Le besoin de collaboration**. En outre, dès l'origine, une constante apparaît. C'est celle de la collaboration -scientifique et technique voire juridique- entre les États et les entités nucléaires aux fins d'une protection aussi large et opérationnelle que possible. À une époque où aucun accident majeur n'était encore à déplorer, face aux inquiétudes écologistes, la coopération est apparue comme une priorité pour tous les axes de la sûreté. En réalité, dans le nucléaire, elle existait déjà et nous verrons que son expression passe bien souvent par des instruments novateurs. Historiquement, le maître mot reste l'acceptabilité de la prise du risque nucléaire et très vite, nucléaire et environnement sont mis en confrontation.

56. **Écologie, nucléaire et références communes**. En France, après la crise sociétale de 1968, les revendications se déplacent. Le terme « écologie » apparaît et avec lui, la lutte contre le nucléaire civil[3].

57. Les centrales électronucléaires auraient servi de fer de lance aux premiers écologistes. Les militants outre-Atlantique -ceux qui refusaient la guerre (celle de Corée puis celle du Vietnam), la bombe atomique et les essais nucléaires- une fois la guerre finie et les essais abandonnés, se seraient reconvertis, d'une part, pour rejeter la « Société de consommation »[4] et,

---

[1] JOURDAIN (L.), Recherche scientifique et construction européenne. Enjeux et usages nationaux d'une politique communautaire, L'Harmattan, Logiques Politiques, 1985, 292 p., spéc. p. 21.

[2] *Ibid.*

[3] TIMBAL-DUCLAUX (L.), « La peur des nouvelles énergies et la contestation nucléaire : aperçu historique » dans *Nucléaire et opinion publique*, RGN, n° 2, mars-avr., 1982, pp. 126-131, spéc. p. 130.

[4] Un mouvement venu des États-Unis et débarqué à Paris en mai 1968.

d'autre part, pour protéger l'environnement contre toutes les formes de pollutions. De cette convergence des luttes, seraient nées la mouvance écologiste et les premières associations toujours très actives sur le sujet du nucléaire civil, à savoir Greenpeace et Les Amis de la Terre[1].

58. **L'expression du verdissement du droit des INB**. Sous l'office des défis de l'industrie électronucléaire, l'évolution des divers savoirs et des perceptions sociales a nécessité le renouvellement des régimes juridiques correspondants et ainsi, produit le « verdissement » de la matière. Le rapprochement avec le traitement des risques opéré par le droit de l'environnement s'est imposé à nous. Les régimes de prévention des risques du droit des INB sont désormais placés dans le Code de l'environnement. Cette codification formalise le verdissement du droit des INB. Dans son sens basique, la notion de « verdissement » tend à caractériser l'action de prendre en compte la protection de l'environnement. Plus particulièrement, il s'agit des décisions, le plus souvent techniques et procédurales, destinées à limiter les répercussions du fonctionnement de l'administration et des institutions sur l'environnement. En l'occurrence, l'exploitation électronucléaire s'avère un choix étatique. Nous verrons dans quelles conditions le droit des installations nucléaires de base a fini par prendre en compte cette dimension.

59. Néanmoins, une question revient souvent : pourquoi le droit des INB est-il codifié dans le Code de l'environnement et non dans le Code de l'énergie ? L'interrogation peut de prime abord paraître justifiée, puisque ce droit régit la production d'une énergie : l'électricité d'origine nucléaire.

60. **Le choix de la codification**. Nous verrons, dès les premiers développements, que le droit de la radioprotection, pour rappel un des axes de la sécurité nucléaire, est codifié dans le Code de la santé publique. Les régimes de la radioprotection concernent la protection sanitaire qui s'applique, de manière transversale, à tous les usages de la radioactivité et pas seulement dans les centrales nucléaires. Par exemple, en cancérologie, des éléments radioactifs sont utilisés pour soigner et leur usage est strictement encadré. Spécifique au nucléaire, sans entrer ici dans le détail, nous insistons simplement sur le caractère transversal de la protection radiologique. En revanche, les dispositifs codifiés du droit des INB, ceux qui traitent de la sûreté nucléaire, le sont dans le Code de l'environnement.

61. La justification est simple. Comme dit, le droit des installations nucléaires de base est devenu un droit des risques technologiques majeurs. Concrètement, il fournit des dispositions relatives à la prévention et à la gestion des risques en cause. Ses régimes sont pour l'essentiel des dispositifs d'anticipation des risques. C'est pourquoi le simple passage en revue du sommaire du Code de l'énergie tend à fournir une réponse évidente au choix de codifier le droit des installations nucléaires de base dans le Code de l'environnement. Selon nous, ce choix est logique ; il s'imposait. En effet, le

[1] TIMBAL-DUCLAUX (L.), *ibid.*

Code de l'énergie a vocation à régir le marché de l'énergie. Si besoin est, la lecture des rares articles relatifs à l'énergie nucléaire dans ce code le conforte.

62. Le droit des INB organise la protection contre le risque nucléaire, il est un droit d'autorisations et de police administrative. Il avait donc toute sa place dans le Code de l'environnement. Pourtant, il garde son autonomie.

63. **Entre autonomie et interférences**. Selon nous, le droit des installations nucléaires de base peut être vu et qualifié comme un droit spécial des installations classées pour la protection de l'environnement et le droit des ICPE bénéficie parfois de l'expertise nucléaire. Aussi, nous partons de l'hypothèse que ces deux droits dits jeunes, droit nucléaire et droit de l'environnement, s'autoalimentent dans le but d'accroître la protection et l'anticipation contre les risques majeurs et les pollutions. Effectivement, si les normes et les règles du droit électronucléaire visent à organiser la production d'énergie, cette production est cause de pollutions. Sur ce seul constat, l'objectif de protection qui en découle devient commun à celui poursuivi en droit de l'environnement, ce qui conduit à constater la présence de divers intérêts favorables à un rapprochement entre les deux disciplines.

64. **Un objectif commun.** Le droit de l'environnement poursuit tout autant un objectif de sauvegarde et de restauration que de développement durable des éléments. Droit transversal par excellence, au même titre que la notion d'environnement ne peut se définir sous une seule occurrence, son système ne se réduit pas à une unique ambition. Malgré tout, il reste cantonné à l'idée générale de la protection de l'environnement, son objet. Quant au droit des installations nucléaires de base, son office consiste principalement à « offrir un cadre juridique permettant de mener des activités ayant trait à l'énergie nucléaire et aux rayonnements ionisants d'une manière qui protège convenablement les individus, les biens et l'environnement »[1]. Un point d'interférence, une base commune, apparaît. D'ailleurs, dans l'ordre international, il est considéré que le droit nucléaire et le droit de l'environnement poursuivent des objectifs similaires visant « la protection contre la limitation et la compensation des atteintes à l'environnement »[2].

65. Le droit des INB, que nous désignerons souvent sous le vocable droit nucléaire, tend aussi à la prise en compte des dispositifs non nucléaires susceptibles d'influer sur la « législation nucléaire »[3]. En partant de l'exemple d'une centrale, sa conception, son fonctionnement et son démantèlement nécessitent de se référer à des normes légales et réglementaires relatives, certes à l'environnement, mais également et au minimum, à l'occupation des sols, à la prévention des accidents, aux transports des matières nucléaires, à la gestion des déchets[4]. Au niveau supranational, il est préconisé aux États

---

[1] STOIBER (C.), BAER (A.), PELZER (N.), TONHAUSER (W.), *op. cit.*, spéc. p. 5, pt. 1.3.

[2] EMMERECHTS (S.), « Droit de l'environnement et droit nucléaire : une symbiose croissante », *BDN*, n° 82, déc. 2008, pp. 95-115, spéc. p. 96.

[3] *Ibid.*, p. 22, pt. 1.5.8.

[4] *Ibidem*, p. 23.

nucléarisés de mettre en place le savoir-faire et les cadres techniques, juridiques et institutionnels nécessaires aux spécificités de l'énergie nucléaire afin d'assurer un développement responsable, propre et sûr[1].

66. **Énergie nucléaire et pollutions**. Au démarrage de la production électronucléaire, considéré comme synonyme de pollutions, « le développement quantitatif de l'énergie ne pouvait s'accompagner que d'une dégradation qualitative du milieu naturel et de la santé »[2]. C'est pourquoi, dès les années 1970, les politiques mises en place dans les deux domaines, environnemental et nucléaire, deviennent liées[3] en France comme en Europe[4]. Par exemple, un tableau comparatif de 1982 établit que, si les centrales nucléaires n'ont « pas d'impact » sur la pollution de l'air, la pollution radioactive relative à la faune et la flore s'avère en revanche « importante », tandis que les atteintes aux sites par le biais des sols et la production de déchets constituent une pollution « très importante »[5]. Le constat reste d'actualité.

67. Le droit des installations nucléaires de base tend parfois à organiser la protection à partir d'autres systèmes, à l'instar de la radioprotection de l'environnement même si, nous le verrons, son étude reste encore embryonnaire. Pour autant, des dispositifs de protection existent dans le *corpus* nucléaire. Mais, la pollution due à l'exploitation nucléaire ne se limite pas aux dégagements radioactifs. Nous le constaterons avec le régime d'autorisation de rejets des INB. C'est l'une des raisons pour lesquelles nous nous sommes demandé si, pour réaliser son office, le droit nucléaire s'est seulement adapté aux autres systèmes ou s'il a juridiquement innové.

68. **La problématique générale**. En dépit ou plutôt en raison des incertitudes de l'exploitation de la radioactivité, le droit des installations nucléaires de base dispose d'instruments spécifiques, parfois novateurs, pour anticiper les risques et leur gestion dans le temps et l'espace, en temps normal comme en temps de crise et tout au long de la vie des installations.

69. Assurément, le droit de l'environnement et le droit nucléaire sont des matières d'exception qui invitent à la prudence. Sous leur office, il s'agit de prévoir les risques et de prévenir leurs effets ; ceux à encadrer et traiter dans le but ultime de protéger les intérêts en jeu. Ainsi, malgré sa codification et son verdissement, le droit des installations nucléaires de base reste un système autonome, avec ses propres procédures d'autorisations, ses institutions de contrôle et ses principes généraux. Notre objectif initial consistait à mettre en exergue les points de divergence et de convergence entre ces deux branches du droit. Dans l'application de principes juridiques

---

[1] Le droit nucléaire international : Histoire, évolution et perspectives, OCDE, 2010, p. 3.

[2] PRIEUR (M.), « L'énergie et la prise en compte de l'environnement », *RJE*, n° 3, 1982, pp. 231-274, spéc. p. 231.

[3] *Ibid.*, p. 232.

[4] Par ex. la Résolution C 168/2 du Conseil du 3 mars 1975 sur l'énergie et l'environnement (JOCE du 25 juill. 1975, annexe 1, p. 259).

[5] PRIEUR (M.) *loc. cit.*, voir annexe 2, spéc. p. 263.

centralisateurs et dévolus au traitement prudent des risques majeurs, une interrogation s'est posée : le droit des installations nucléaires de base ne s'avèrerait-il pas plus protecteur que le droit de l'environnement ?

70. Cette question transcendera l'analyse de la thèse qui aboutit au constat d'une interférence mutuelle entre ces deux droits. D'un côté, les principes du droit de l'environnement ont apporté une contribution indispensable à la démocratisation du secteur électronucléaire. De l'autre, le besoin impérieux des connaissances scientifiques et techniques pour anticiper, gérer et protéger en situations de risque nucléaire a également participé à l'enrichissement des instruments du droit de l'environnement. Il s'agira de constater dans quelle mesure ces deux droits s'auto-alimentent.

71. **Nos hypothèses**. En tout état de cause, l'exploitation de la radioactivité met au défi la protection sanitaire des générations présentes et futures. Dans le secteur électronucléaire, en dépit du déni apparent des incertitudes et de l'affirmation d'une maîtrise sûre et quasi complète, le droit nucléaire tend à traiter la contrainte de l'anticipation d'un temps long -très long- hors norme ; ce en quoi le droit en général n'est pas outillé. La démonstration sera bâtie à partir d'hypothèses relatives à des situations d'incertitude qui expriment principalement quatre défis auxquels le secteur est confronté : les effets du temps long, la gestion des déchets radioactifs, les accidents majeurs et l'après nucléaire. Ces défis seront relayés sous un double angle, celui technico-scientifique et celui socio-économique.

72. **L'amorce des résultats de l'analyse**. La construction du droit des INB a été initiée dans un déni affiché des incertitudes. Pourtant, l'analyse des dispositifs montre que la prise en compte de l'incertain est prégnante dès le départ. Selon nous, le droit des installations nucléaires de base tend à mettre en œuvre une prévention des risques le plus souvent renforcée par des obligations programmées. Celles-ci ressemblent parfois à de la précaution qui ne dit pas son nom. En tout état de cause, la connaissance est au cœur du système juridique de la prévention nucléaire. Dans ce cadre, le droit nucléaire programme les modalités de la recherche et organise l'insertion future des évolutions du savoir scientifique et technique dans le droit positif. En matière de prévention des risques majeurs et en situation d'incertitude, le droit des INB combine des instruments performants. En outre, la prudence du droit nucléaire n'a rien à envier à celle du droit de l'environnement. L'un et l'autre disposent de principes qui visent à encadrer la prise de risques, sa gestion et sa régulation. Finalement, le véritable apport du second sur le premier s'inscrit dans la transposition de la transparence au sein du droit des INB. En effet, ce principe à vocation démocratique est né en droit de l'environnement.

73. L'analyse transversale des dispositifs du droit des installations nucléaires de base mettra en évidence, en premier lieu, les différents versants de ce qui caractérise un risque technologique majeur que la prudence enjoint d'anticiper en toute connaissance de cause et, en second lieu, la nécessité de rendre l'exploitation des installations nucléaires socialement acceptable. Par

ces biais, le *corpus* juridique et les instruments du droit sont mis à l'épreuve des incertitudes du temps long et des risques de large portée géographique. Ces caractéristiques justifient la prévention renforcée mise en œuvre et expliquent la nature spéciale des dispositions juridiques applicables.

74. **Des dispositifs spéciaux**. À la suite de la codification opérée à partir de 2012, nous constaterons que les régimes du droit des installations nucléaires de base ne sont pas rassemblés en un seul et unique endroit du Code de l'environnement. Pour l'essentiel, les dispositions font l'objet d'un titre IX (la sécurité nucléaire et les INB) au sein du livre V sur la prévention des pollutions, des risques et des nuisances. S'y trouvent des dispositions générales sur la sécurité nucléaire (chapitre I) et les dispositifs pour l'exploitation d'une installation de type INB (chapitre II), mais également, les dispositions à caractère financier relatives aux installations nucléaires de base (chapitre IV) et celles applicables à la responsabilité civile dans le domaine de l'énergie nucléaire (chapitre VII), en plus de celles sur le transport de substances radioactives et des équipements sous pression nucléaire (chapitre V). En revanche, les dispositions relatives à la gestion des déchets nucléaires ne sont pas dans ce titre IX spécifique à l'exploitation des installations nucléaires de base. Elles sont placées, de manière logique d'ailleurs, dans le titre IV sur les déchets. Ce titre IV se dédouble entre, d'une part, la prévention et la gestion des déchets (chapitre I) et, d'autre part, les dispositions particulières à la gestion durable des matières et des déchets radioactifs (chapitre II). C'est le propre des dispositions du droit des INB, dans le Code de l'environnement, elles sont spéciales.

75. Le dispositif a été codifié, mais le droit nucléaire garde sa spécificité. À part les questions de transports, abordées de manière ponctuelle et illustrative, tous ces régimes seront appréciés au regard de principes juridiques –ceux relatifs à la prévention, à la précaution, au pollueur-payeur et à la transparence- analysés sous l'office d'une prudence mise en lien, soit avec l'état des connaissances, soit avec l'acceptabilité du risque nucléaire.

76. **Intérêt du sujet**. Le sujet, autrement formulé dans la version de soutenance[1], nous est apparu pertinent, d'une part, en raison de son actualité et, d'autre part, du fait des enjeux auxquels soumet l'exploitation des installations nucléaires de base en termes de risques. De plus, le constat des trop rares travaux sur le droit des installations nucléaires de base et sur la prévention des risques afférents a semblé propice à une étude approfondie.

77. **L'intérêt de la recherche était double**. D'un côté, la seule mention des déchets radioactifs à vie longue ou la surprise engendrée par les accidents de Tchernobyl en 1986 et Fukushima en 2011 donnait à s'interroger. À l'aune des défis posés, il semblait légitime de vérifier, premièrement, si la maîtrise du risque nucléaire se suffit des préventions juridiques classiques et deuxièmement, en quoi le droit des INB reste un droit spécial. D'un autre côté,

[1] https://theses.fr/2021COAZ0005

pour affronter tous les aléas du risque nucléaire, il fallait appréhender chacun des aspects et leurs occurrences. Ceux-ci, toute nature confondue, nécessitent le plus souvent une collaboration large, en partie nourrie par le retour d'expérience, que le droit des INB met en œuvre de manière innovante. Aussi, l'intérêt du sujet porte, d'une part, sur la rétrospective des mécanismes du droit confrontés aux défis posés par l'anticipation prudente de l'exploitation des INB et, d'autre part, sur une mise en perspective des mécanismes évolutifs de la protection des intérêts face aux risques créés ; le tout avec l'ambition de constater comment le droit permet d'anticiper les risques encore incertains et jusqu'où la prudence s'avère opérationnelle à l'égard de la connaissance du risque nucléaire et de son acceptabilité.

78. De manière générale, le sujet sort ponctuellement de la seule matière juridique et il ne peut se voir enfermer ni dans l'un des deux ordres ni dans le droit interne. Si le droit de l'environnement est vu comme « un droit au carrefour du droit public et du droit privé d'une part, du droit interne et du droit international d'autre part, ceci dans la perspective d'une recherche de régulation des rapports entre science et droit »[1], nous montrerons qu'il en est de même du droit nucléaire. Qu'il se soit agi de chercher la protection sanitaire ou celle environnementale nécessaire pour anticiper et faire face au risque technologique électronucléaire, son appréhension juridique demandait l'apport de notions en dehors du droit, notamment de nature scientifique, voire philosophique. Quant aux aspects économiques et sociaux, ils ont renforcé l'intérêt et orienté la recherche. Accès sur les dispositifs de sûreté, dans le cadre de l'exploitation des installations nucléaires de base, les développements de la première partie présentent, d'une part, les modes de prévention mis en œuvre avec le droit des INB et, d'autre part, le renouvellement des dispositifs en adéquation avec les enjeux eux-mêmes renouvelés au gré de l'évolution des connaissances sur les risques en jeu.

79. **La nature technologique du risque**. Le risque est nucléaire quand le danger représente la contrepartie de l'exploitation de l'activité nucléaire. Le risque est radiologique quand la menace s'attache à la manipulation de la radioactivité. La distinction sera opérée et clarifiée dans le cadre du premier titre de la thèse où, le danger radiologique d'abord et le risque nucléaire ensuite seront exposés dans leurs subtilités pour faire le lien avec le besoin de connaissances scientifiques et techniques spéciales. Dans tous les cas, pour éviter les conséquences de ce type de risque, que nous appellerons et réduirons souvent au terme « nucléaire » par commodité de langage, il faut maîtriser la réaction du noyau atomique et veiller à établir des barrières de sécurité suffisantes qui seront présentées dans leur matérialité.

80. En raison du danger pour la santé humaine, l'amplitude du risque a rapidement convoqué le besoin d'une collaboration élargie, celle d'instances

---

[1] SORIA (O.), *Droit de l'environnement industriel*, Presses Univ. Grenoble, 2013, spéc. p. 28.

et d'experts scientifiques pour intensifier le savoir et pour fournir les données nécessaires à l'établissement de seuils d'innocuité.

81. **La protection radiologique, un défi scientifique**. Le risque, intrinsèque aux dangers de la radioactivité, touche toute personne à proximité de la substance. Des dispositifs visent à empêcher leur contamination et/ou leur irradiation. Par exemple, une situation radiologique peut impacter à divers degrés les travailleurs du nucléaire comme la population. Quelle que soit l'activité nucléaire en cause et tout au long de son existence, les moyens de la sûreté passent par des mesures de radioprotection. Celles-ci œuvrent à « la protection de la santé publique, de la salubrité et de la sécurité publiques, ainsi que de l'environnement, contre les risques ou inconvénients »[1]. Les mesures sont adaptées à la gravité des rayonnements ionisants sous toutes les occurrences, y compris les actes de malveillance dont il ne sera pas fait mention dans ces travaux sur la prévention des risques du nucléaire.

82. Nous venons d'amorcer le caractère scientifique du droit nucléaire. Ses modalités particulières seront donc exposées dans le premier titre de l'ouvrage, au sein d'une première partie où l'objectif principal consistera à montrer que la prudence nucléaire s'avère tributaire des connaissances et que le droit des INB s'est formé avec ce paramètre. À ce stade de l'analyse, nous exposerons les interférences avec les données scientifiques et notamment, les aspects incertains relatifs aux effets des faibles doses de radioactivité. Or, le droit des installations nucléaires de base, outre l'assise transversale de la connaissance scientifique, a également pour objet le défi technologique posé par l'exploitation électronucléaire.

83. **Le défi technologique**. L'incertitude scientifique porte essentiellement sur l'impact à long terme des faibles doses de rayonnement sur les populations, les travailleurs du nucléaire et l'environnement. Mais, le défi est aussi, et peut-être surtout, de nature technique. En effet, la technologie pour stocker en sécurité les déchets à vie longue est toujours en phase de recherche, tandis que l'expérience des techniques de démantèlement des installations et celle des choix postnucléaires restent à conforter. C'est ce que nous constaterons dans le titre deux de la première partie. Celui-ci tendra à mettre en évidence le caractère précautionneux du droit qui régit l'exploitation des installations nucléaires de base dépendante de l'état des connaissances techniques. Au regard de ces régimes, le droit des INB conforte l'influence d'une prévention renforcée. Celle-ci caractérise un régime qui organise la recherche et anticipe la prise en compte de l'évolution des connaissances.

84. L'incertitude technique n'est pas explicitement juridicisée, mais selon nous, le traitement juridique se rapproche de la définition du principe de précaution ; celle de la version contenue dans le Code de l'environnement français « selon lequel l'absence de certitudes, compte tenu des connaissances scientifiques et techniques du moment, ne doit pas retarder l'adoption de

---

[1] Ce sont les intérêts à protéger du risque nucléaire au sens du Code de la santé publique (CSP).

mesures effectives et proportionnées visant à prévenir un risque de dommages graves et irréversibles à l'environnement à un coût économiquement acceptable »[1] . Cette version est la seule à mentionner des « connaissances scientifiques et techniques » et pas seulement celles de nature scientifique, comme dans la Charte de l'environnement ou au niveau supranational.

85. La réalité des faits conduit à constater que la gestion de long terme et certaines techniques interrogent encore le secteur électronucléaire. Le Droit en a pris acte. De manière générale, la protection juridique a été renforcée, notamment à l'égard des éléments naturels, avec le verdissement du droit des installations nucléaires de base à partir de 2006. Il ne faut cependant pas penser que l'environnement ne bénéficiait d'aucune protection avant cela.

86. **Les sujets et les objets de la protection**. Avec ou sans défi, le droit a pour objet de réguler les relations. Dans le cadre qui nous occupe, il s'agit de protéger du danger radiologique et du risque nucléaire. En la matière, les régimes juridiques visent en priorité à protéger les personnes. Une doctrine bien établie considère que protéger les êtres humains revient automatiquement à protéger la Nature. En réalité, cela reste à prouver. De nos jours, la recherche sur la protection radiologique de l'environnement (pour lui-même) n'en est qu'à ses balbutiements. Seuls les rejets ionisants -solides et liquides- dans la nature et les prélèvements de la ressource « eau » sont réglementés sur la base des dispositifs dévolus à la sûreté des installations.

87. Plus largement, l'anticipation nucléaire sera présentée en prenant pour référence l'exigence de sûreté, et donc de prévention, tout au long de l'exploitation des installations nucléaires, en temps normal comme en temps de crise. Le verdissement des dispositifs révèle la rigueur de la planification des risques. Le droit des INB édicte et conduit une gestion programmatique et opérationnelle de manière similaire à ce qui est opéré sur le fondement du droit de l'environnement. Toutefois, il serait réducteur d'en attribuer tous les mérites au verdissement[2]. En effet, peu importe la phase d'exploitation d'une installation de type INB, elle repose sur le principe de la défense en profondeur qui trouve son origine dans la technique militaire défensive.

88. **Le principe de la défense en profondeur**. Fondamental, le principe de la défense en profondeur est un concept[3]. Propre à la doctrine nucléaire, la défense en profondeur consiste à mettre en œuvre une prévention renforcée par un cumul de procédures et d'équipements stratégique adapté à la mesure du danger radiologique. Au moyen d'une série de cinq niveaux de défenses de nature matérielle, organisationnelle et humaine, le concept caractérise, d'une part, les barrières matérielles interposées entre le milieu ambiant et les éléments radioactifs -tels ceux dégagés par l'opération de

[1] 1° du II de l'article L. 110-1, C. environnement.
[2] Formalisé avec la codification des régimes dans le Code de l'environnement.
[3] Art. 3.1 de l'arrêté dit « INB » du 7 décembre 2012 fixant les règles générales relatives aux installations nucléaires de base (JORF n° 033 du 8 février 2012, texte n° 12).

fission nucléaire dans la chaudière d'un réacteur- et, d'autre part, les opérations et les procédures organisationnelles pour contenir les effets de la dispersion radioactive. Ce sont par exemple les mesures préventives et programmatiques destinées à empêcher ou au moins limiter les conséquences d'un accident/incident nucléaire. Ce dispositif préventif matérialise l'optique de la sûreté nucléaire. En outre, le concept central de la défense en profondeur apparaît, d'une manière ou d'une autre, dans toutes les procédures du droit des installations nucléaires de base, en raison des risques ou des inconvénients que ces installations peuvent présenter pour la sécurité, la santé et la salubrité publiques ou la protection de la nature et de l'environnement, c'est-à-dire les intérêts à protéger énoncés dans le Code de l'environnement depuis 2012[1].

89. **Les instruments de la prudence**. Toutes les mesures de prévention font l'objet d'une réévaluation périodique, tout au long de la vie des installations. La motivation à la base de cette méthode -le contrôle du risque- n'est pas propre au nucléaire. Au minimum, on la retrouve dans plusieurs dispositifs de prévention des pollutions, des risques et des nuisances du Code de l'environnement. Toutefois, c'est ce contrôle renouvelé à des échéances anticipées qui motive notre hypothèse d'une prudence renforcée en droit des installations nucléaires de base. Ce droit spécial de la prévention des risques majeurs opère avec des instruments novateurs qui régissent l'évaluation et la gestion préventive en fonction de l'avancée des connaissances où la collaboration s'avère déterminante et organisée.

90. En répercussion des contraintes de la prévention des risques, tant matérielles que juridiques, des incertitudes apparaissent aussi dans la gestion économique et financière de la sûreté des installations. L'acceptabilité sociale des risques convoque la transparence. Par conséquent, la seconde partie de l'ouvrage tendra à faire observer comment la prudence motive l'acceptabilité de l'exploitation électronucléaire et les limites qui contraignent les dispositifs juridiques. Car, en matière nucléaire, le Droit ne peut pas tout.

91. **Les défis économiques et financiers**. Sous couvert d'acceptabilité, ce sont d'abord les règles relatives au financement de l'exploitation électronucléaire qui seront traitées : le financement des installations nucléaires de base tout au long de leur exploitation, mais également des coûts du risque d'accident avec les questions d'assurance et bien sûr, la responsabilité civile nucléaire. Dans le premier titre de la seconde partie, ce sont les défis économiques et financiers qui retiendront. Sans un dispositif juridique complet, l'exploitation du nucléaire civil n'aurait pas été possible ni du côté des investisseurs ni du côté de la Société civile. Pourtant, des interrogations demeurent. Le coût des accidents majeurs est aussi un des défis financiers à anticiper. Malgré les tentatives pour constituer un régime mondial des accidents nucléaires et l'élargissement récent à la couverture des dommages à l'environnement, les incertitudes du temps long persistent. Le

[1] Art. L. 593-1 du Code de l'environnement, codifié par l'arrêté INB, *ibid.*, art. 3.

système juridique y trouve ses limites. Enfin, le dernier titre focalisera la transparence, directement impactée par le verdissement du droit des INB.

92. C'est vraisemblablement ce pan du droit des installations nucléaires de base, entre transparence et acceptabilité, qui justifie son verdissement. Si le nucléaire civil est encore marqué par le secret, ce qui peut s'entendre en raison des risques d'atteintes à la sécurité du pays, pendant longtemps et au moins jusqu'à l'accident de Tchernobyl en 1986, l'information et la communication se réduisaient à peau de chagrin. Le droit des INB devait être revu pour s'ouvrir à la transparence et stopper les prises de décisions dans le secret des alcôves du pouvoir.

93. **Du défi technique au risque financier**. L'approche méthodologique globale du risque, en droit nucléaire, répond à des conditions et des effets plutôt spécifiques, liés au caractère particulier d'un risque à la capacité dommageable extrême. Portée par une obligation de vigilance peu commune, l'industrie électronucléaire fait le pari de relever les défis d'un principe de sûreté renforcé par un besoin de sécurité légitime et exacerbé par les incertitudes qui demeurent. Néanmoins, tout est mis en œuvre pour une maîtrise optimale et pragmatique des risques.

94. Les outils comptables sont mis à profit. Mais, en raison des coûts du risque nucléaire, le doute s'insinue. Face à ce constat, nous nous demanderons jusqu'où les instruments du droit permettent d'affronter la perspective des coûts induits par le besoin de sûreté tout au long de la vie d'une centrale et *a fortiori*, après son démantèlement. Qu'ils s'agissent des coûts de la prévention avec des mesures de sûreté de plus en plus drastiques, de la gestion technique des déchets nucléaires présents et à venir ou de l'anticipation financière des accidents, la collectivisation du risque s'est imposée. Nous observerons comment l'exploitation de la radioactivité a révélé, dès le départ, un besoin de mutualisation, non seulement des connaissances scientifiques, mais également des modes de financement relatifs aux dispositifs de prévention à mettre en œuvre. La révélation du besoin de collaboration, tant nationale qu'internationale, s'est renforcée pour affronter les conséquences d'un risque à potentiel catastrophique. Il fallait assurer un développement apaisé de la technologie. De plus, toute prise de risque au niveau sociétal demande l'adhésion du public. En cas d'échec de la prévention, des responsabilités doivent pouvoir être établies et engagées.

95. **Un régime de responsabilité idoine**. Alors que la technologie n'en était qu'à ses balbutiements, les premiers régimes de responsabilité civile nucléaire voyaient le jour tant au niveau international que régional. À défaut, cette industrie n'aurait pas pu se développer ni prospérer. Malgré un discours rassurant, on savait déjà ce que le risque d'accident nucléaire fait courir. Les événements d'Hiroshima et de Nagasaki en avaient fait la preuve. Dès lors, les conséquences de ces « impossibles » accidents devaient être anticipées et de(s) responsable(s) désigné(s). En France, comme dans la plupart des pays nucléarisés, la responsabilité civile nucléaire est canalisée sur l'exploitant.

Cela veut dire qu'en cas d'événement dommageable, les victimes savent vers qui se tourner pour demander réparation. L'application du droit commun n'aurait pas permis d'y parvenir sans heurts. En droit nucléaire, la responsabilité ne se dilue pas entre les différents protagonistes, une condition *sine qua non* pour, d'une part, rassurer les investisseurs sur la prise du risque financier en matière nucléaire et, d'autre part, faciliter l'acceptabilité sociale.

96. Comme pour les autres anticipations financières, le droit des installations nucléaires de base fait œuvre d'un pragmatisme précautionneux. Dans ce cadre, les moyens de la coopération en cas d'accident majeur sont prévus. Ce type d'accident a la particularité de représenter une faible probabilité d'occurrence, mais un potentiel de gravité extrême. Au fil du temps, le régime de la responsabilité civile nucléaire a subi de nombreuses réformes. Par exemple, jusqu'en 2022, la réparation des dommages à l'environnement restait incertaine. Il n'en demeure pas moins que le droit nucléaire prévoit des financements destinés à conforter la maîtrise des risques.

97. **La prévision financière**. L'industrie électronucléaire dispose d'instruments juridiques nécessaires à la planification du risque nucléaire, à sa prévention pour réguler une gestion en temps normal comme de crise, en amont comme en aval de l'exploitation des INB et en cas d'accidents de toute nature. Les instruments ont été perfectionnés avec l'expérience de ce risque particulier. Le coût des investissements de l'exploitation électronucléaire invite à anticiper sur plusieurs décennies et à sécuriser de lourdes dépenses futures. Toutefois, on n'est pas encore sûr de pouvoir réellement les provisionner tant les considérations temporelles sont longues et les données factuelles parfois incertaines. Sous l'angle de la transparence financière et au regard du principe pollueur-payeur, nous nous demanderons qui est débiteur du coût de la sûreté et comment la prévention et la réparation des risques de l'exploitation électronucléaire sont financées.

98. L'ère industrielle a fait prendre conscience que l'être humain joue un rôle prépondérant dans la production et la réalisation des risques. L'exploitation technologique de la radioactivité en fait la démonstration. Mais l'évidence qu'il faut agir de manière active, pour empêcher ou au moins limiter les risques, est bien plus ancienne. Elle a d'ailleurs concouru à démocratiser un outil de prévoyance sans lequel le nucléaire civil n'aurait pas pu prospérer : l'assurance.

99. **L'assurance, au service du risque**. Ses prémisses remontent à l'Antiquité et celle que l'on connaît a vu le jour avec la science des statistiques. Au XVIIIe siècle, Voltaire appréhendait les probabilités comme une constante de la vie humaine. Néanmoins, le philosophe utilisait le terme « moins dans son sens technique que par opposition à la certitude [en précisant qu'] il n'y a la plupart du temps que des probabilités parce que l'action

omniprésente du hasard rend impossibles les certitudes »[1]. On a fini par admettre qu'il n'est guère nécessaire d'avoir « une grande expérience pour se rendre compte de l'action du hasard »[2]. Les probabilités ont fourni les bases de statistiques indispensables aux dispositifs assuranciels. Mais, comment prévoir ce qui ne dispose pas des bases statistiques nécessaires au calcul du risque pour une prévoyance financière ? En effet, le nucléaire civil bénéficie de peu de recul puisque les accidents sont heureusement rares.

100. Sans le dispositif de l'assurance nucléaire réfléchi et adapté pour l'exploitation civile de l'atome, la filière électronucléaire n'aurait pas vu le jour. Son existence même en dépendait. En principe, les dispositifs juridiques sont la réponse à ce qui existe. En droit nucléaire, c'est l'inverse qui s'est passé. Conjointement à la responsabilité civile nucléaire, le dispositif juridique a été créé dans le but d'un développement économique et financier pérenne. De nos jours, en dehors du nucléaire et des fonds de pension, les acteurs financiers n'ont pas l'expertise du temps long. Le droit des assurances nucléaires a donc conduit à anticiper les risques d'une temporalité hors du commun. Des instruments ont été proposés. Les mécanismes développés par le secteur des assurances devaient conduire à tenir compte des particularités nucléaires. Ce constat tend à conforter notre hypothèse centrale du caractère novateur des instruments qui renforcent la prudence nucléaire. Néanmoins, l'acceptabilité de la prise de risques reste au cœur des débats.

101. **L'impératif de la transparence**. C'est dans ce cadre que les principes du droit de l'environnement, celui de la transparence et son corollaire, le droit à l'information, ont véritablement contribué au renouvellement du droit des installations nucléaires de base et à son verdissement. Concernant l'anticipation des risques, le droit des INB disposait de principes propres avec ceux de la sûreté nucléaire et de la radioprotection. Quant au principe pollueur-payeur, les dispositifs du droit nucléaire tendaient aussi à le mettre en œuvre ; outre sa mention dans les principes généraux du Code de l'environnement, en réalité il vient des sciences économiques.

102. **Des défis également sociétaux**. Dans cette seconde partie de l'ouvrage, nous envisagerons le principe de transparence, en premier lieu, sous son expression financière, en second lieu, dans son sens classique en lien avec l'idée de démocratie sociale. Notre dernière hypothèse concerne la demande sociale d'une information plus transparente et d'une participation plus effective. Le besoin de transparence sera l'occasion de constater les limites du droit dans l'anticipation et l'acceptabilité des risques majeurs. Comme dit, la problématique du risque nucléaire pose la question du temps long et notamment, celle de la mesure du poids financier de nos choix présents pour

[1] BENABENT (A.), *La chance et le droit*, Librairie Générale de Droit et de Jurisprudence, 1973, spéc. p. 6.
[2] *Ibid.*

les générations futures. C'est une autre des particularités qui participent aux défis sociétaux posés par l'exploitation des INB.

103. **L'exclusion des accidents de transport**. Tout au long de l'ouvrage, le droit positif sera apprécié sous l'angle des défis qui soumettent encore le secteur électronucléaire à des difficultés, des aléas et parfois de l'incertitude. C'est pourquoi les dispositions relatives au transport ne seront abordées que de manière accessoire. Un accident de la route reste un accident de transport, même si la marchandise à bord s'avère contenir de la matière radioactive. Aucun défi particulier ne se pose ni ne nécessite d'envisager un quelconque renouvellement des règles juridiques à l'aune des connaissances et de l'acceptabilité. Dans le pire des cas, la problématique renvoie à celle des accidents majeurs abordés sous l'angle de la responsabilité civile nucléaire.

104. **La démonstration de la prudence nucléaire.** Quelle que soit la nature des défis auxquels expose l'exploitation de la radioactivité, le droit des INB met en œuvre les dispositifs de la sécurité nucléaire, sous différents aspects qui recouvrent la radioprotection et la sûreté nucléaire. Souvent, nous chercherons à rapprocher les principes du droit nucléaire et du droit de l'environnement. Selon nous, la sûreté nucléaire est un régime de prévention classique, parfois renforcée en raison de la nature radioactive du danger ; quant au régime de radioprotection, il présente des similitudes avec le principe de précaution. Dans tous les cas, l'obligation de prévention est constante.

105. **Un principe général de prévention**. Conformément au modèle de la loi n° 95-101 du 2 février 1995 relative au renforcement de la protection de l'environnement, ladite « loi Barnier »[1] qui réforme la loi n° 76-629 du 10 juillet 1976 relative à la protection de la nature[2], l'article L. 110-1 II. 2° du Code de l'environnement édicte « le principe d'action préventive et de correction, par priorité à la source, des atteintes à l'environnement » ; en cette matière, la prévention s'avère centrale. « Les limitations et interdictions doivent être étendues pour réduire le problème à la source »[3]. Cela implique que tout soit mis en œuvre en prévision des risques, c'est-à-dire dans le but de les éviter. Ce principe général chapeaute l'ensemble des régimes du Code de l'environnement. Le droit des installations nucléaires est désormais concerné.

106. Depuis leur codification, en plus de principes propres, les régimes relatifs à la gestion des déchets nucléaires, à la sécurité (sûreté incluse), au financement de l'exploitation des installations nucléaires, à l'information nucléaire et à la responsabilité civile nucléaire sont impactés, d'une part, par le principe général de prévention et, d'autre part, par les autres principes généraux du Code de l'environnement. Pour l'essentiel, le droit de l'environnement représente « un droit de police, un droit qui accumule les réglementations administratives secondées par des dispositions pénales, un

---

[1] JORF n° 29 du 3 fév. 1995, p. 1840.
[2] JORF du 13 juillet 1976.
[3] PEYEN (L.), « Le défi plastique », *D.*, 2018, p. 1815.

droit d'interdictions et d'autorisations, un droit de seuils et de mesures »[1]. Comme le droit nucléaire, il participe à prévenir les risques.

107. **La protection sur fond de principes directeurs**. Les principes de « prévention », « précaution », « pollueur-payeur » ont un rôle « d'intégration des préoccupations de protection de l'environnement »[2]. Les principes généraux, vus comme la « colonne vertébrale du droit de l'environnement », ont une double fonction : structurer ce droit et légitimer les politiques de l'environnement[3]. Si le droit nucléaire dispose de ses propres principes, dans le but d'amorcer la réflexion sur leurs éventuelles similitudes et divergences, il est intéressant de mentionner que la protection légale et réglementaire de l'environnement ne peut faire l'objet que d'une amélioration constante, compte tenu des connaissances scientifiques et techniques du moment par l'application du principe de non-régression. Comme le droit nucléaire, le droit de l'environnement évolue au rythme des connaissances.

108. **Les résultats de la confrontation**. L'interrogation de l'autonomie du droit nucléaire par rapport au droit de l'environnement s'était déjà posée dans la doctrine[4]. Au fil de l'analyse, nous montrerons que le droit des installations nucléaires de base est un droit spécial des installations classées de type ICPE. L'étude du droit des installations nucléaires conduit à mettre en évidence les interférences avec le droit de l'environnement. Soumis à un objet relativement similaire, ils sont confrontés de la même manière aux risques et surtout, les régimes du droit des installations nucléaires de base sont pour la plupart à présent codifiés dans le Code de l'environnement.

109. Le droit de l'environnement impose des restrictions et il dispose des outils pour anticiper des situations, extérieures, car non créées par lui, dans le but de protéger l'environnement de l'impact humain -dans toutes ses dimensions. Quant au droit nucléaire, s'il vise aussi cet objectif de protection, ses dispositifs ne s'y limitent pas. À l'origine, centrés sur l'exploitation de la matière radioactive et l'organisation des activités qui en découlent, ses dispositifs ne portaient que sur la protection des individus. Puis, ils ont intégré, dans les intérêts à protéger, la nature et l'environnement[5]. Les instruments du droit des installations nucléaires de base protègent diversement, mais cette fois, du risque que l'exploitation électronucléaire crée.

---

[1] MARTIN (G. J.), « Environnement : nouveau droit ou non-droit ? » dans BOURG (D.), *La nature en politique ou l'enjeu philosophique de l'écologie,* L'Harmattan, 1993, spéc. p. 89.

[2] BOISSON de CHAZOURNES (L.), « La mise en œuvre du développement durable » dans La mise en œuvre du Droit international dans le domaine de la protection de l'environnement : enjeux et défis, INIST, CNRS, 2006, p. 65.

[3] JEGOUZO (Y.) « Les principes généraux du droit de l'environnement », *RFDA*, 1996, p. 209.

[4] MARTIQUET (Y.), *L'autonomie du droit nucléaire : Contribution à l'étude de la nature et des caractères d'un droit nouveau*, (Dir.) ROUX (E.) et PONTIER (J-M.), Ecole doctorale Risques et Société, Université de Nîmes, 2015, 490 p.

[5] Avec la loi TSN précitée.

110. En d'autres mots, le droit de l'environnement protège des risques qui ont justement conduit au développement de ses instruments, quand le droit nucléaire tend à répondre des inconvénients dont il est à l'origine, c'est-à-dire des risques issus d'une exploitation dont ses dispositifs organisent et réglementent la promotion et le développement. L'apport fondamental du droit de l'environnement à la politique de l'énergie a résidé dans la prise en compte de l'environnement devenue une obligation juridique[1]. Aussi, nous nous sommes parfois demandé si la politique environnementale n'a pas, elle aussi, subi l'influence du droit nucléaire. En effet, certains instruments du droit des installations nucléaires de base, notamment ceux relatifs à la collaboration, ont été saisis par le droit commun de la prévention des risques des installations classées pour la protection de l'environnement.

111. **Droit nucléaire et droit de l'environnement**. Les différents dispositifs du droit des installations nucléaires de base ne relèvent pas d'une codification propre et nombre de ses régimes sont incorporés dans différents codes. Cette dispersion dans divers droits communs a pu être interprétée comme la volonté de ne pas attirer l'attention sur les aspects dangereux ou incertains d'une industrie qui nourrit depuis toujours des inquiétudes[2]. Puis, une partie des normes a intégré le Code de l'environnement et cela laisse à penser que ce constat garde tout son sens. Nous soulèverons, de manière incidente, les modalités d'une quelconque dépendance ou autonomie du droit nucléaire. Il faudra pourtant constater, au fil des développements, que ces *corpus* de règles juridiques se sont mutuellement enrichis.

112. L'objet des présents travaux vise les installations nucléaires et les risques produits par leur exploitation. L'absence d'un Code spécifique à la matière milite pour le refus d'en faire un droit spécial et la « volonté de banaliser le droit nucléaire »[3]. Pourtant, nous apprécierons comment et pourquoi, à côté des procédures dont les industriels sont en général tenus sur la base des régimes de protection de l'environnement et de la santé publique, un droit spécial a quand même été conçu.

113. Ces activités, aux composantes variées et liées au phénomène radioactif, étaient d'abord qualifiées d'atomiques[4] ; aujourd'hui elles sont dites nucléaires. En réalité synonymes, elles concernent l'utilisation de la radioactivité autant que la production de matières radioactives. Dès le début de la technologie, la nécessité de promouvoir un droit spécifique pour assurer une gestion convenablement protectrice est apparue évidente[5].

---

[1] PRIEUR (M.), « L'énergie et la prise en compte de l'environnement », *RJE*, n° 3, 1982, p. 231-274, spéc. p. 233.

[2] MILLET-DEVALLE (A.), *L'invention d'un système juridique : nucléaire et droit*, Thèse de doctorat, Droit public, Nice, (Dir.) RAINAUD (J-M.), 1991, spéc. p. 115.

[3] *Ibid.*, spéc. p. 560.

[4] Cette dénomination représentait surtout le secteur militaire et la « bombe H ».

[5] STOIBER (C.), BAER (A.), PELZER (N.), TONHAUSER (W.), *Manuel de droit nucléaire*, AIEA, Vienne, sept. 2006, 191 p., spéc. p. 4.

114. **Faire accepter l'idée de l'utilisation civile du nucléaire**. Dès le départ, le risque nucléaire nécessite un cadre juridique adapté à la hiérarchie des risques[1]. Pour atteindre un haut niveau de maîtrise, le droit organise la prévention des aléas dans le cadre d'une protection adaptée aux comportements spécifiques de la radioactivité. Par suite, le système juridique repose, d'une part, sur un ensemble de réglementations techniques et, d'autre part, sur le besoin économique et social de mesures permettant leur financement, l'information et la concertation.

115. Articulées sur l'évaluation des données scientifiques et techniques disponibles, ainsi que l'inventaire des besoins financiers, en dépit des défis colorés par des incertitudes, tant la prévention que la gestion de l'exploitation des installations nucléaires exigent un traitement juridique proportionné aux enjeux. La collaboration des parties prenantes aux différents niveaux d'analyse des besoins forme l'épicentre de la prudence orchestrée par les régimes juridiques. Au regard de l'avancée des connaissances scientifiques et techniques, la prévention renforcée par l'amplitude du danger se manifeste dans une anticipation programmée du contrôle des risques. La prudence est de mise tout au long de la vie des installations nucléaires, en temps de crise comme en temps normal. Rien n'est laissé au hasard, il en va de l'acceptabilité d'une technologie où la transparence constitue un enjeu.

116. Il reste à espérer que le caractère novateur des instruments de ce droit spécial des installations classées pour la protection de l'environnement donnera les moyens d'une participation de la population civile plus effective et donc renforcée ; cela afin de donner pleine mesure à l'acceptabilité démocratique de la relance du nucléaire civil envisagée par le président de la République française en 2022. D'ailleurs, les principales hypothèses soulevées dans cet ouvrage ont été plus ou moins impactées par les dernières réformes du droit des installations nucléaires de base, particulièrement en 2023. En dernier lieu, la transparence démocratique fait partie du très récent projet de loi relatif à l'organisation de la gouvernance de la sûreté nucléaire et de la radioprotection pour répondre au défi de la relance de la filière nucléaire[2]. Le 9 avril 2024, le Sénat a définitivement adopté le texte[3].

117. En tout état de cause, la prudence constitue le leitmotiv.

118. **Annonce du plan.** Le droit des installations nucléaires de base fournit une application juridique théorique et pratique de la mécanique des principes du droit de l'environnement. Leur confrontation tend à faire constater le pragmatisme des moyens mis en œuvre pour maîtriser toutes les envergures du risque nucléaire ; un danger hors norme engendré par le monde

---

[1] *Ibid.*, p. 7.

[2] Procédure accélérée engagée par le Gouvernement le 20 décembre 2023 [en ligne] https://www.senat.fr/leg/pjl23-229.pdf

[3] En séance publique, les conclusions de la commission mixte sur la fusion entre l'Autorité de sûreté nucléaire (ASN) et l'Institut de radioprotection de sûreté nucléaire (IRSN) ont été approuvées par 233 voix pour et 109 voix contre.

moderne. L'exigence de prudence inhérente au droit des installations nucléaires de base aboutit à des instruments novateurs où la collaboration se révèle centrale. D'une part, face aux défis scientifiques et techniques toujours agissants, la première partie de l'ouvrage incline à montrer comment la prudence opérée avec le droit des installations nucléaires de base anticipe les risques et l'incertitude au rythme de l'évolution des connaissances (**I**). D'autre part, au regard des aléas économiques et sociétaux, la seconde partie de l'ouvrage conforte le besoin de coopération et l'influence des principes du droit de l'environnement pour rendre le choix de l'option nucléaire financièrement et socialement acceptable (**II**).

1e Partie : La prudence du droit nucléaire à l'aune des connaissances

119. Courant XXe siècle, bien après la bombe atomique, la production d'énergie nucléaire est vue comme le moyen d'accéder à un « nouveau bonheur »[1]. En même temps, l'envergure du risque est connue, par les autorités publiques et les décideurs nucléaires, depuis les premières utilisations de la radioactivité. Cette réalité invitait à penser les rapports science / droit avec « une nouvelle philosophie pour que les juristes puissent inventer un nouveau droit et, peut-être, les savants une nouvelle science »[2].

120. Au cours de son développement, force est de constater que le droit des installations nucléaires de base démontre une propension novatrice à l'anticipation. Le droit et la science y sont inextricablement liés pour une exploitation pérenne de l'industrie électronucléaire. Or, le droit historique, embryonnaire, n'est rien moins qu'une compilation d'instruments juridiques de nature et de portée variables, un « droit d'ingénieur » destiné à trouver un juste équilibre entre les avantages et les risques de la technologie. Pour garantir la sécurité nucléaire, en l'état des connaissances du danger radioactif, l'exploitation électronucléaire devait être juridiquement encadrée. La mise en place de mesures de prévention est apparue indispensable, après que la radioactivité eut fait la preuve de sa toxicité. Face au risque de troubles potentiellement mortels et de séquelles parfois irréversibles, le système juridique est mis à contribution. Or, les connaissances sur le risque nucléaire continuent de se développer au fil de l'expérience des usages anthropiques de la radioactivité. Le droit nucléaire n'a cessé d'être adapté à l'évolution des connaissances scientifiques et techniques afin de permettre l'exploitation en toute sécurité des installations nucléaires de base (INB) et d'anticiper le risque d'accident majeur auquel expose cette industrie. Dans tous les cas, la prudence est de mise. Aussi, l'exploitation nucléaire constitue un formidable laboratoire qui met à l'épreuve les instruments juridiques de la prévention des risques.

121. Comme n'importe quel risque, le risque nucléaire exige des mesures de protection et de gestion adaptées. En outre, la prudence que le droit des installations nucléaires de base met en œuvre permet de tester l'étendue des interférences avec la prévention des risques qui prévaut en droit de l'environnement. L'essentiel du droit des INB a intégré le Code de

---

[1] Par ex. HEIDEGGER (M.), *Questions III et IV*, Gallimard, Paris, 1959, spéc. p. 140.

[2] SERRES (M.), *Eclaircissements*, Bourin, Paris, 1992 cité par BOEHLER (M-C.), « Le principe de précaution et la radioprotection » dans *Radioprotection et droit nucléaire. Entre les contraintes économiques et écologiques, politiques et éthiques*, Coll. Stratégies énergétiques, Biosphère et Société (SEBES), 1998, spéc. p. 143, note 4.

l'environnement. Il n'en demeure pas moins un droit spécial contraint par une dépendance étroite à des données scientifiques et techniques pas toujours certaines. En plus du risque d'accident majeur à large portée géographique, l'usage de la radioactivité met le monde nucléaire au défi du temps long. Principalement, l'incertitude scientifique plane sur les effets sanitaires des faibles doses d'exposition à long terme. D'un point de vue plus technique, c'est surtout le vieillissement des installations et le traitement des déchets à vie longue qui restent partiellement incertains. En dépit des défis qui se posent encore et en raison des réalités opérationnelles, les instruments du droit nucléaire apparaissent souvent novateurs.

122. L'interaction de la dépendance aux connaissances scientifiques et techniques dans le droit nucléaire conduit à un droit de prévention renforcé par une précaution qui ne dit pas son nom. La prudence, en premier lieu, caractérise l'anticipation scientifique du danger radiologique avec un droit spécial dévolu à l'encadrement du risque nucléaire (**titre 1**) qui, en second lieu, répond à des contraintes techniques spécifiques à l'exploitation des installations nucléaires de base (**titre 2**).

Titre 1. La prévention renforcée du risque nucléaire en l'état des connaissances scientifiques

123. Lors de la découverte de la radioactivité, le monde, notamment scientifique et technique, a cru posséder la clé du savoir vers un progrès sans limites au bénéfice de l'Humanité. Pourtant, très vite, il a fallu se rendre à l'évidence, la technologie nucléaire ne présente pas que des avantages. Des événements majeurs ont renouvelé les bases juridiques d'une prudence accrue.

124. Le domaine nucléaire a, depuis le départ, la réputation d'être dangereux. En réponse à la dangerosité intrinsèque à l'exploitation de la substance radioactive, bien avant celle des installations nucléaires de base et presque concomitamment à la découverte de la radioactivité, le droit transversal de la radioprotection est institué. Dépendant de l'état des connaissances scientifiques sur le danger radiologique, le régime relatif à la radioprotection constitue la branche sanitaire du droit de la sécurité nucléaire qui inclut également le droit de la sûreté nucléaire. Celui-ci représente le dispositif de prévention des risques induits par l'exploitation nucléaire. Dans ce cadre, la délimitation du risque et de l'incertitude scientifique interroge la capacité du droit positif à assurer l'anticipation du danger radiologique et le lien avec les instruments du droit de l'environnement. En application des principes originaux du droit nucléaire, que les principes généraux du Code de l'environnement confortent désormais, la prudence nucléaire est corrélée aux évolutions de la connaissance scientifique.

125. Une fois le danger radiologique scientifiquement identifié, les particularités du traitement juridique du risque nucléaire deviennent plus évidentes. Au rythme de l'avancée des connaissances, la prudence se manifeste, d'une part, dans la caractérisation juridique du danger radiologique qui induit une large collaboration scientifique (**chapitre 1**) et, d'autre part, dans l'instrumentation du droit nucléaire dont l'évolution formalise le verdissement des dispositifs qui renforce la prévention (**chapitre 2**).

Chapitre 1. Les manifestations de la connaissance dans la matérialité du danger

126. Afin de comprendre la raison d'être du caractère spécial de la prudence nucléaire, il faut montrer en quoi l'exploitation de la radioactivité est dangereuse. Examinée dans son versant relatif à la production d'énergie électronucléaire, l'analyse juridique de la prévention du risque nucléaire commande de commencer par celle de l'anticipation du danger radiologique. En effet, le dispositif de la radioprotection forme un droit transversal qui s'impose dans toutes les situations d'utilisation de la radioactivité. Il s'agira de mettre en évidence pourquoi la connaissance scientifique y tient une place importante et son impact sur la nature juridique du régime de radioprotection.

127. Le danger radiologique à court et moyen termes est dans l'ensemble connu. Dès l'aube du XXe siècle, les premières victimes furent les radiologues qui manipulaient la radioactivité sans précaution et chez qui sont apparus les premiers effets corporels dommageables de cette substance naturelle. Il faudra toutefois constater que des incertitudes scientifiques subsistent en ce qui concerne le danger d'une exposition à la radioactivité mettant en jeu le temps long. En tout état de cause, la collaboration scientifique s'avère le moteur qui alimente le droit de la prévention sanitaire nucléaire. La radioprotection repose sur une mise à jour ponctuelle et organisée des connaissances qui incline à voir un dispositif de précaution. Mais, au moment de son élaboration, le principe de précaution n'existe pas encore. Tributaire des connaissances scientifiques, le droit de la radioprotection dispose d'institutions et de principes idoines au sein d'instruments flexibles ayant vocation à intégrer les avancées du savoir.

128. Risque avéré ou non, le régime transversal de la radioprotection vise une protection optimale contre les dangers de la radioactivité, quels que soient ses usages et utilités. Une fois présentée l'interférence des connaissances scientifiques dans l'identification du danger radiologique (**section 1**), il faudra constater les tenants et les aboutissants de la collaboration scientifique dans la prévention juridique transversale et spéciale qui caractérise le droit de la radioprotection (**section 2**).

Section 1. L'état des connaissances dans l'identification scientifique du danger radiologique

129. Au moment de sa découverte, les recherches des célèbres époux Curie ont fini par faire comprendre qu'en traversant la matière, en fonction de

ses propriétés chimiques et des caractéristiques ambiantes, la radioactivité produit un dégagement d'énergie qui forme les rayonnements ionisants susceptibles de transformer la matière : l'action dite d'ionisation. Aussi, des barrières matérielles doivent être instituées entre la source radioactive, l'environnement et les individus pour protéger des effets de l'ionisation qui constituent le danger radiologique. Quoi qu'on en pense, celui-ci n'a pas révélé tous ses effets. Des incertitudes scientifiques subsistent.

130. La recherche scientifique nucléaire continue et le droit de la radioprotection permet d'en tenir compte. C'est ce qui nous fait dire que la radioprotection est aussi un droit de précaution. La connaissance sur la toxicité de la radioactivité, absolument nécessaire, s'est renforcée au fil des utilisations de la technologie nucléaire.

131. La dépendance du droit de la radioprotection à l'état des connaissances scientifiques caractérise, en premier lieu, le danger (**§1**) et, en second lieu, la nécessaire distinction entre les différents effets radiologiques (**§2**).

§.1 La scientificité du danger radioactif

132. Avec la découverte de la radioactivé, les chercheurs mettent en exergue diverses potentialités de cette ressource naturelle, d'abord pour le domaine médical et le militaire puis, rapidement pour le secteur industriel. La radioactivité reproduite en laboratoire devient aussi une source artificielle. Tout commence avec la découverte des rayons X par un physicien allemand, Wilhelm Röntgen. De là s'en suit un bouleversement sans précédent dans l'approche scientifique et la perception du monde vivant. Sans que personne n'en ait encore conscience, l'aventure atomique était enclenchée. Dès le milieu des années 1950, le vocable « nucléaire » commence à remplacer celui de « atomique » lié dans l'inconscient collectif à la bombe H tombée, en août 1945, sur les villes japonaises de Hiroshima et Nagasaki. Les deux mots veulent donc dire la même chose, à savoir l'usage anthropique de la radioactivité naturelle qui, peu à peu, révèle des dangers pour la santé.

133. Si la substance radioactive est d'origine naturelle, elle est devenue pour une large part artificielle, ce qui ne veut pas dire que le danger est différent. Au gré des connaissances sur le danger radiologique, sa caractérisation scientifique tend à se préciser.

134. En premier lieu, pour circonscrire le champ de la connaissance scientifique, il faut identifier le siège du danger radiologique qui, d'une part, réside dans l'intensité de l'activité radioactive dont l'expression naturelle (**A**) trouve, d'autre part, à se diversifier dans les utilisations anthropiques (**B**).

A. Les causes naturelles de la radioactivité

135. L'être humain n'a pas inventé la radioactivité. Il a simplement commencé à comprendre, à la fin du XIXe siècle, une partie de la mécanique universelle qui participe des formes de vie sur Terre auxquelles la radioactivité a contribué. Le premier danger des éléments chimiques radioactifs se révèle dans le fait qu'ils sont inodores et incolores. Invisibles à l'œil nu, seuls des instruments de mesure particuliers les détectent. De plus, en matière de radioactivité, le temps s'avère une donnée cruciale et pas seulement en ce qui concerne la durée pendant laquelle le sujet impacté subit le rayonnement[1].

136. Une fois le caractère naturel du danger radiologique identifié (**1**), il s'agira de mettre en évidence le facteur temps dans la mesure de l'intensité du risque pour la santé (**2**).

1) Le préalable de l'identification radiologique

137. **La découverte de la radioactivité**. Le phénomène proprement dit de la radioactivité forme un processus naturel décrit en 1896 par le physicien français Henri Becquerel[2]. Ce dernier donne d'ailleurs son nom à une des unités de mesure de la radioactivité, le becquerel (Bq)[3]. Un an après les rayons X, Becquerel découvre un peu par hasard le phénomène radioactif des sels d'uranium. Il met au jour[4] le rayonnement spontané de ce matériau. Un phénomène naturel que Marie Curie baptise « radioactivité ». En effet, trois ans plus tard, les époux Curie isolent deux autres éléments radioactifs dans le minerai d'uranium, le radium et le polonium. Ajoutés à la liste des éléments chimiques connus, ceux-là ont la particularité d'être composés d'atomes aux noyaux radioactifs. Ils sont naturellement présents dans l'environnement[5].

138. **Le mécanisme naturel**. Toute matière est composée de molécules contenant des atomes reliés entre eux par les électrons qui forment la « liaison chimique » fournisseur d'énergie. Au niveau de l'atome, si la force nucléaire est suffisante pour tenir les particules agglomérées, le noyau est dit stable[6].

---

[1] Les mesures de dose n'ont du sens que si elles prennent en compte l'échelle de temps, c'est-à-dire la durée du rayonnement sur un sujet donné. Par ex. 1 Sv/mn et 1 Sv/an n'ont absolument pas les mêmes effets ; comme les effets d'une dose d'alcool sont différents si elle est ingérée en une heure ou en un an.

[2] CEA, « Des radioéléments aux activités scientifiques », Livret 2, *La radioactivité*, La Coll. de la recherche à l'industrie, 2002, 10 p., spéc. p. 2.

[3] Avec le Curie (Ci) remplacé depuis par le Gray (Gy) et le Sievert (Sv).

[4] Sans mauvais jeu de mots puisque c'est justement dans le noir le plus total que se produit la réaction observée.

[5] Not. la revue d'information scientifique Elémentaire, n° 1, p. 4 s. [en ligne] http://elementaire.web.lal.in2p3.fr/

[6] Situation majoritaire des atomes dans la nature ; tout du moins, ils le sont devenus avec le temps, car ce n'était pas le cas après le « big-bang », le phénomène astrophysique-chimique à l'origine de la création de l'univers.

Dans le cas contraire, il est instable. On parle alors de radionucléide ou radio-isotope, c'est-à-dire des éléments radioactifs[1]. En raison de cette instabilité, le noyau se désintègre en libérant une énergie sous forme de rayonnement[2]. C'est ce rayonnement naturel qui transporte la radioactivité dont l'intensité énergétique varie. Le danger réside essentiellement dans les émissions de particules et les rayons électromagnétiques lors de la désintégration des noyaux instables : les atomes radioactifs.

139. Littéralement, la radioactivité constitue le résultat de l'activité[3] d'un atome radioactif. Pour mesurer la radioactivité, il faut des unités et le secteur nucléaire a les siennes. Selon l'objet de la mesure, le système change.

140. **Les unités de mesure du rayonnement**. L'activité du noyau radioactif, c'est-à-dire l'intervalle et le nombre de désintégrations sur un temps donné, se mesure en unité becquerel (Bq)[4]. Par exemple, un gramme de radium produit 37 milliards de désintégrations à la seconde[5]. Le décret n° 2018-434 du 4 juin 2018 a introduit l'annexe 13-7 dans la partie réglementaire du Code de la Santé Publique[6] (CSP). Celle-ci énonce une série de définitions[7] en lien avec les termes utilisés en matière de protection contre les rayonnements ionisants et notamment, le Becquerel[8]. Autre unité spécifique au nucléaire, le Gray (Gy) sert à mesurer la « dose absorbée »[9], c'est-à-dire la dose reçue[10] par une cible[11] sur la trajectoire des émissions au moment de la désintégration du noyau radioactif. Une certaine quantité d'énergie est transmise par le rayonnement[12]. Quant au Sievert (Sv), il mesure les effets biologiques sur le corps entier en « dose efficace » dans l'organisme ou une partie du corps exposé en « équivalent de dose ». Toutes ces unités se combinent et se complètent afin de renseigner sur l'intensité de la radioactivé. Mais, encore faut-il localiser le danger pour, à terme, envisager de le gérer.

---

[1] Ou radioélément(s) – mais un élément chimique instable peut aussi avoir son pendant stable dans la nature.

[2] Telles des explosions répétées à intervalle régulier dépendant de l'activité du radioélément.

[3] Phénomène chimique notamment défini dans le tableau 1 de l'annexe 13-8 introduite au CSP par l'art. 1 du décret n° 2018-434 du 4 juin 2018 (en vigueur depuis le 1er juill. 2018).

[4] 1 Bq = une désintégration du noyau à la seconde, cette unité plus petite a remplacé le Curie (Ci).

[5] Equivalent à 1 Ci.

[6] Codif. à l'art. R. 1333-1, CSP.

[7] Du fait de la transposition de la directive 2013/59/Euratom fixant les normes de base relatives à la protection sanitaire contre les dangers résultant de l'exposition aux rayonnements ionisants, dite normes de base et abrogeant les directives 89/618/Euratom, 90/641/Euratom, 96/29/Euratom, 97/43/Euratom et 2003/122/Euratom (JOUE n° L 13 du 14 janv. 2014).

[8] « nom de l'unité d'activité. Un becquerel équivaut à une transition nucléaire par seconde ».

[9] Également défini au titre des définitions de l'annexe 13-7 précitée.

[10] L'impact, la transmission d'énergie à la matière par l'effet du rayonnement.

[11] Quelle que soit la nature de cette cible, vivante comme non vivante.

[12] C'est cette transmission d'énergie qui produit les effets sur la matière irradiée.

2) La temporalité du danger radiologique

141. De désintégration en désintégration, la matière radioactive se transforme, ce qui implique une diminution du danger radioactif avec le temps, conformément aux lois de la chimie[1].

142. **La loi de la décroissance radioactive**. Par période, l'intensité radioactive de l'élément décroît et *de facto*, le danger pour la santé. Par période, il faut entendre la durée de temps nécessaire pour que la radioactivité perde la moitié de son intensité. À chaque période, appelée aussi « demi-vie », la radioactivité diminue de moitié. Sur un temps T, en fonction du radio-isotope et donc de l'élément radioactif en cause, la radioactivité perd en intensité selon un barème connu seulement dans la graduation du phénomène.

143. En fonction du noyau radioactif, la demi-vie court de quelques secondes à plusieurs milliards d'années[2]. Par exemple, l'uranium, élément nécessaire à l'exploitation électronucléaire, se partage essentiellement entre deux isotopes : l'uranium 235 et l'uranium 238[3]. Pour l'uranium 235, une période correspond à 704 millions d'années. C'est le temps de sa « demi-vie » au cours de laquelle l'intensité de la radioactivité se réduit de moitié pour, au fil du processus, devenir autre chose. Pour l'uranium 238, la même période représente 4.47 milliards d'années. Si la perte d'intensité de tout élément radioactif est spontanée, elle reste totalement aléatoire. Le gaz radon en constitue un autre exemple.

144. **L'exemple du radon**. Le radon 222, gaz radioactif présent partout, a la particularité de s'échapper plus facilement de la roche granitique[4]. Il n'est rien d'autre qu'un descendant de l'uranium 238. À force de désintégrations, l'uranium 238 devient d'abord du radium 226. Celui-ci se transforme ensuite en radon 222, dont la demi-vie est de 3.82 jours. Ceci implique qu'en moins de quatre jours, la potentialité radioactive de ce gaz diminue de moitié. Puis, sur la période suivante de 3.82 jours, une autre moitié des noyaux radioactifs restants se désintègre à nouveau, etc. En une semaine, le radon 222, en un endroit donné, perd 75 % de sa radioactivité devenue autre chose[5]. Si ce gaz est présent jusque dans l'eau, il l'est à plus forte raison en région granitique[6]. Dans ces lieux, toute construction fermée, telle une maison, contient à coup sûr trop de gaz radon 222.

---

[1] V. la classification des éléments chimiques dans « *la table périodique* » conçue en 1869 par un chimiste russe, MENDELEÏEV (D.).

[2] Source CEA.

[3] Au gré des éléments qui le composent, c'est-à-dire le nombre de protons et neutrons du noyau.

[4] Son terrain de concentration idéal.

[5] Comme pour tout élément chimique au sein de la chaîne des transformations, en devenant un élément chimique autrement composé et pas forcément radioactif.

[6] Le territoire français est désormais découpé en trois zones, celles à « potentiel radon faible » ou « significatif » et entre les deux celle « à potentiel radon faible mais sur lesquelles des facteurs géologiques particuliers peuvent faciliter le transfert du radon vers les bâtiments » (zone 2), v. art. R. 1333-29, CSP.

145. En vigueur depuis le 1er juillet 2018, le décret n° 2018-434 du 4 juin 2018 précise que le niveau de référence de l'activité volumique moyenne annuelle en radon est fixé à 300 Bq.m^3 dans les immeubles bâtis[1]. Dans la pratique, le plus sûr moyen de limiter le risque radon consiste à renforcer l'étanchéité et à dissiper sa concentration, source du danger, par une ventilation manuelle[2]. Car, après inhalation, puisqu'il s'agit ici d'un gaz, la désintégration radiochimique se poursuit dans l'organisme.

146. **Le mode de transport de la radioactivité**. En matière d'éléments radioactifs, la source du danger est véhiculée de deux manières : par irradiation et/ou contamination. Ainsi, pour mieux appréhender le processus dangereux, il faut distinguer la contamination[3] par ingestion de l'irradiation, en plus des différentes sources de rayonnement du fait des radioéléments ou radionucléides émetteurs.

147. **Les sources de rayonnement ionisant naturel**. L'activité radiologique participe au développement du vivant. Ainsi, la radioactivité émane de tout être et de toute chose dans des proportions diverses scientifiquement connues. Sur Terre, deux terrains sont transmetteurs de la radioactivité. Le premier est d'origine tellurique, celle produite par les sols terrestres[4]. La deuxième source provient de l'espace extra-atmosphérique, les rayonnements cosmiques. La dernière est d'origine gazeuse, le fameux radon. Mais naturel ne veut pas dire sans danger. Nous verrons dans quelle mesure ces sources sont prises en compte dans le cadre des normes de radioprotection destinées à protéger des doses de rayonnements ionisants auxquels nous sommes toutes et tous diversement soumis. Or, c'est l'intensité de la dose qui engendre le danger pour la santé.

148. **La diversité des expositions naturelles**. La protection juridique est d'autant plus nécessaire que chaque être humain est naturellement irradié de toute part, sous-sols et espace compris, pour environ 65 % de la totalité de la dose reçue sur une année[5]. En France, la dose efficace[6] réglementaire

---

[1] Art. R. 1333-28, CSP.

[2] Dans certains lieux, il faut impérativement aérer chaque jour les locaux pour limiter la toxicité de ce gaz radioactif naturel, descendant chimique de l'uranium 238 et du radium.

[3] La « présence non intentionnelle ou non souhaitée de substances radioactives sur les surfaces ou à l'intérieur des solides, liquides ou gaz ou sur le corps humain », pt. 18 de l'art. 4 du chapitre II de la directive 2013/59/Euratom du Conseil du 5 décembre 2013 fixant les normes de base relatives à la protection sanitaire contre les dangers résultant de l'exposition aux rayonnements ionisants et abrogeant les directives 89/618/Euratom, 90/641/Euratom, 96/29/Euratom, 97/43/Euratom et 2003/122/Euratom (JOUE L 13 du 17 janvier 2014).

[4] Où tout dégage naturellement de la radioactivité – toute matière biologique et minérale – de l'eau que nous buvons aux aliments que nous mangeons.

[5] Les 35 % restants reviennent à la radioactivité artificielle comprenant les doses d'origine médicale, les rejets accidentels, les effluents de l'industrie et les retombées des essais nucléaires passés (source ASN).

[6] Mesure de grandeur pour une exposition de tout le corps - à ne pas confondre avec les « estimations de doses » reçues par certaines parties du corps aux moyens de modèles et calculs (en « dose équivalente »).

maximale autorisée équivaut à 1 mSv/an[1]. Le danger étant dans l'exposition, le cumul de doses est surveillé et les situations d'exposition réglementées. À cet égard, l'annexe 13-8 précitée comporte deux tableaux qui répertorient, d'une part, les radionucléides naturels[2] et, d'autre part, une succession de sigles chimiques et de valeurs numériques[3]. Le tout est difficilement lisible et compréhensible pour les non-initiés. Aussi, cette annexe reflète parfaitement le lien indéfectible entre le droit nucléaire et la science. Dans le Code de la santé publique, certains valeurs et niveaux ont été précisés. Ils sont destinés à réglementer des limites de dose[4] à ne pas dépasser pour des raisons évidentes de protection sanitaire.

149. Depuis la découverte de cette substance naturelle, l'Humanité a compris qu'elle pouvait se servir du procédé ionisant comme source d'innovation et de progrès, mais pas sans danger.

B. Les dangers de l'utilisation anthropique

150. En dépit du danger, les procédés mis au point ont permis d'énormes progrès de la recherche et de la médecine au cours du XXe siècle ; une réalité dont n'ont pas forcément conscience la plupart des gens qui associe la radioactivité au nucléaire et le nucléaire soit à la bombe, soit aux centrales de production électrique. L'industrie énergétique n'est pas la seule à user de la radioactivité.

151. Au sein des activités anthropiques, la scientificité du danger radiologique transparaît, d'une part, quel que soit le mode d'artificialisation de la radioactivité (**1**) et, d'autre part, dans la classification juridique de ses éléments naturels (**2**).

1) L'utilisation artificielle de la radioactivité naturelle

152. C'est en 1934 que Irène Curie et son mari, Frédéric Joliot[5], découvrent la radioactivité artificielle. Il faut entendre par là qu'ils sont parvenus à recréer un isotope qui n'existait plus à l'état naturel et à contrôler les réactions du noyau[6]. De nombreuses avancées scientifiques ont suivi.

---

[1] Art. R. 1333-11, CSP.

[2] Avec leur valeur limite de concentration au titre de la « radioactivité naturelle dans les matières solides » (tableau 1).

[3] Correspondants notamment aux valeurs limites et niveaux d'activité (en Bq) des radionucléides, c'est-à-dire les éléments radioactifs (tableau 2).

[4] Que la dernière réforme européenne sur les normes de base qualifie aussi en valeurs de référence (pour les situations non prévues, notamment en cas d'accident), v. *infra*.

[5] Ils reçoivent le prix Nobel de chimie en 1935.

[6] Voir la revue Elémentaire précitée, p. 44.

153. Peu importe la forme et le choix de ces activités, elles sont toutes susceptibles d'exposer, volontairement ou non, les personnes et leur environnement aux rayonnements ionisants, en plus de produire de la matière radioactive. Une fois enrichi ou appauvri par la technologie adéquate, le minerai d'uranium, ressource naturelle, permet l'exploitation de la matière radioactive et de ses rayonnements. Les activités sont dites nucléaires quand elles exposent aux risques engendrés par l'exploitation de la radioactivité.

154. **L'utilisation des sources et rayonnements ionisants**. En matière médicale, la radiographie (diagnostic) et la radiothérapie (thérapeutique) sont directement liées à l'utilisation des sources radioactives et rayonnements ionisants. En matière industrielle, ce sont les réacteurs nucléaires, notamment, qui usent et recréent des matières radioactives aux fins de produire de l'énergie. Dans les deux cas, ces domaines relèvent du nucléaire civil, objet de cet ouvrage[1]. Il ne s'agit là que d'exemples, puisque la radioactivité artificielle a de multiples utilisations au quotidien, même les plus inattendues. Toutes n'ont pas le même degré de dangerosité, mais leur utilisation nécessite toujours la vigilance.

155. Très vite, après les premières utilisations de la matière radioactive sont apparus des effets néfastes. Ceux-ci ont fait prendre conscience, à la communauté scientifique, de la réalité du risque radiologique[2]. Rapidement, les conséquences sanitaires de la manipulation de matières radioactives et de l'exposition à ces sources sans précaution sont connues. La causalité directe est démontrée. Par la suite, il a fallu inventer un système de protection suffisant pour prévenir et empêcher les liens de cause à effet constatés[3].

156. L'exposition à la radiotoxicité des rayonnements ionisants, des corps radioactifs comme des éléments radioactifs artificiels[4], caractérise le risque radiologique. Les fuites radioactives dans l'environnement ambiant constituent un danger sanitaire. L'anticipation des effets passe par la classification des substances radioactives.

---

[1] Nous laissons de côté le nucléaire militaire qui ne sera jamais abordé qu'en aparté.

[2] RAINAUD (A.), « Introduction à la problématique juridique de la radioprotection en Droit international » dans *Radioprotection et droit nucléaire – Entre les contraintes économiques et écologiques, politiques et éthiques*, (Dir.) De RENS (I.) et JAKUBEC (J.), Ed. Georg, Coll. Stratégies énergétiques, Biosphère et Société, 1998, spéc. p. 125.

[3] *Ibid.*

[4] C'est-à-dire la toxicité inhérente à la radioactivité du fait de sa nature et ses réactions en chaine – peu importe que la source soit naturelle ou artificielle la réaction reste la même.

2) La scientificité de la typologie des éléments radioactifs

157. **La diversité des sources de rayonnements ionisants**[1]. Les rayonnements ionisants proviennent de la Nature avant de devenir des sources pour l'industrie et la recherche. Dans ces sources, il faut englober les émissions et libérations de matières radioactives, les sources scellées[2] et non scellées, ainsi que tous les appareils les produisant du fait des activités nucléaires[3]. Tous les secteurs concernés utilisent des dispositifs et installations, tels des accélérateurs de particules ou des générateurs électriques, émetteurs de rayonnements ionisants dont il faut se protéger. Cela nécessite la mise en place de mesures de prévention. Pour protéger la santé et l'environnement, les consignes normatives convergent. Le régime transversal de la radioprotection, celui de la protection contre les rayonnements ionisants et les substances radioactives, s'applique.

158. **La qualification de substance radioactive**. Ces substances sont de deux ordres, soit de la matière, soit du déchet. Le Code de l'environnement les définit comme toute « substance qui contient des radionucléides, naturels ou artificiels, dont l'activité ou la concentration justifie un contrôle de radioprotection »[4]. La substance nucléaire engendre des matières[5] et des déchets[6], mais également du combustible[7], le matériau nécessaire à l'exploitation électronucléaire. Le traitement juridique relatif à leur usage, après usage et gestion dépend des spécificités biochimiques de chacune de ces substances. Dans tous les cas, elles constituent des sources ionisantes.

159. **Un catalogue de sources radioactives**. Aux termes du décret n° 2018-434 du 4 juin 2018 portant diverses modifications en matière nucléaire, « les sources de rayonnements ionisants et les lots de sources radioactives font l'objet d'une classification en catégorie A, B, C ou D définie dans les annexes

---

[1] Une « entité susceptible de provoquer une exposition, par exemple en émettant des rayonnements ionisants ou en rejetant des matières radioactives » aux termes du pt. 77 de l'art. 4 « définitions » du chap. 2 de la directive 2013/59 Euratom du Conseil du 5 déc. 2013 fixant les normes de base précitée ; Annexe 13-7 précitée, Partie réglementaire, CSP.

[2] Une « source radioactive dont les substances radioactives sont enfermées d'une manière permanente dans une capsule ou incorporées sous forme solide dans le but d'empêcher, dans des conditions d'utilisation normales, toute dispersion de substances radioactives » aux termes de l'annexe 13-7 précitée.

[3] Not. STOIBER (C.), BAER (A.), PELZER (N.), TONHAUSER (W.), *Manuel de droit nucléaire*, AIEA, Vienne, sept. 2006, 192 p., spéc. p.66

[4] Art. L. 542-1-1, al. 2, Code de l'environnement dont l'al. 1, en application de l'art. 5 de la loi n° 2006-739 du 28 juin 2006 de programme relative à la gestion durable des matières et déchets radioactifs, précise qu'elles proviennent des activités nucléaires dont fait mention l'article L. 1333-1 Code de la santé publique.

[5] Susceptible de faire l'objet d'une « utilisation ultérieure », v. *ibid.*, al. 3.

[6] À l'inverse dans ce cas « aucune utilisation ultérieure n'est prévue ou envisagée » (al. 5).

[7] Qui après usage devient du « combustible usé » (al. 4).

13-7 et 13-8 »[1]. Sans distinguer entre sources naturelles ou artificielles, un chapitre entier du Code de la santé publique encadre l'exposition aux rayonnements ionisants. À ce titre, les sources radioactives font l'objet d'un inventaire national qui comporte notamment la tenue à jour d'un fichier national réglementé[2]. Quant au Code de l'environnement, il établit que l'Agence nationale pour la gestion des déchets radioactifs (ANDRA) se charge, tous les trois ans, de répertorier l'état des stocks de matières et de déchets radioactifs sur déclaration de ceux qui les produisent[3]. Toutes ces sources et matières ont en commun l'usage des rayonnements ionisants.

160. Le domaine nucléaire est vaste. De nos jours, les sources de rayonnement s'avèrent majoritairement artificielles. Une réglementation constamment susceptible d'évoluer encadre leur détention, leur utilisation et le recyclage. En outre, à tous les stades de l'exploitation de la radioactivité, le droit applicable dépend de l'activité et de la nature de la source du danger.

161. **Transition**. Les activités nucléaires, c'est-à-dire celles usant de substances et procédés aux propriétés radioactives, exposent à des risques. Peu importe le contexte, le danger radiologique est réel. Les rayonnements émettent énergie et particules. Ce sont ces émissions qui entraînent les réactions physico-chimiques en chaîne. Celles-ci s'avèrent susceptibles d'incidences sanitaires dans l'ensemble prévisibles. Toutefois, les effets doivent être différenciés pour en apprécier le degré de certitude absolu.

§2. La nécessaire différenciation des effets dangereux

162. Selon le type de rayonnement, le matériau et la dose reçue, l'impact diffère. Les effets biologiques de l'exposition à la radioactivité, à court et moyen termes, sont connus. Ils caractérisent un risque avéré. Toutefois, la connaissance relative tant aux effets des faibles doses qu'à l'impact sanitaire à long terme reste encore scientifiquement incertaine.

163. Afin d'apprécier en quoi les notions de dose et de temps sont cruciales en termes de conséquences dommageables à anticiper, il faut saisir les nuances scientifiques du danger radiologique inhérent au risque nucléaire.

164. C'est pourquoi, en second lieu, pour délimiter l'étendue de la connaissance scientifique et mettre en évidence le champ de l'incertitude, l'identification du danger radiologique s'avère tributaire de la connaissance scientifique sur les effets de la radioactivité (**A**) et des données de l'expérience pour une modélisation optimale des situations dangereuses (**B**).

[1] Art. R. 1333-14.-I., al. 1, CSP.

[2] Art. L. 1333-5 CSP, introduit par l'ordonnance n° 2016-128 du 10 fév. 2016, art. 38.

[3] Par une mise à jour de l'inventaire national, voir le site de l'Andra (https://www.andra.fr/).

A. La connaissance scientifique relative des effets

165. Les effets sanitaires de la radioactivité trouvent leur cause dans la perturbation moléculaire des cellules. À partir d'un seuil de dose, dépendant tout autant du terrain[1] soumis aux matières et rayonnements radioactifs que du délai de contact[2], des effets biologiques apparaissent. Leur gravité varie en fonction de ces divers paramètres dont la maîtrise scientifique reste relative.

166. En tout état de cause, ces effets forment une double catégorie. Celle-ci concerne, d'une part, les effets déterministes, ceux scientifiquement connus (**1**) et, d'autre part, les effets stochastiques, ceux qui sont aléatoires et scientifiquement incertains (**2**).

1) Les effets biologiques avérés du danger radioactif

167. **Les perturbations chimiques**. La matière vivante et ses tissus sont constitués de cellules dans lesquelles s'agglomèrent des molécules. En les traversant, le rayon modifie la composition chimique du milieu. Comme les substances chimiques peuvent polluer, les éléments radioactifs entraînent des conséquences sur l'équilibre biologique traumatisé. Cela peut être préjudiciable pour la cible, mais pas seulement et pas systématiquement. Quoi qu'il en soit, le processus commence par une transformation du milieu, celui dans et autour duquel le phénomène se produit. D'irradiations en contaminations, génération après génération, la matière subit les aléas des transformations chimiques successives et, aujourd'hui comme hier, toutes les espèces vivantes évoluent au gré de leur résistance et de leur capacité à surmonter les changements biologiques dans leur milieu physique.

168. Quand une cellule connaît des perturbations radiologiques, soit elle meurt, soit elle parvient à les surmonter avec de potentielles séquelles pour le corps auquel cette cellule appartient. Lorsqu'une anomalie apparaît, une mutation se produit. Elle peut s'étendre jusqu'à former une lésion qui affaiblit l'organisme diversement touché. Les conséquences dommageables pour le corps humain sont variables. Elles vont de la simple rougeur à la mort, en passant par des brûlures et autre nécrose. Parfois, la lésion crée la maladie. Par exemple, une modification de l'ADN[3] peut provoquer un cancer. Ces pathologies sont dites radio-induites. À l'inverse, la découverte de la radioactivité va de pair avec l'apparition de techniques permettant de soigner notamment les cancers, grâce à la compréhension du phénomène radioactif. En effet, le processus radiologique conduit à la destruction des cellules malades et potentiellement, à la guérison de certaines maladies.

---

[1] Sa radiosensibilité, certaines parties du corps humain s'avèrent plus sensibles que d'autres.

[2] Par ex. la valeur Sv se mesure en seconde, heure et année (Sv/s - Sv/h – Sv/an).

[3] A défaut d'assimilation naturelle.

169. Le danger est connu depuis le début de « l'aventure atomique »[1]. Les effets sont d'abord déterministes.

170. **Les effets déterministes.** La manipulation de la radioactivité a manifesté très vite ses effets déterministes. Non aléatoires, ils se manifestent sans délai, à court terme et systématiquement à partir de la dose dépassant le seuil déterminant : le seuil critique. Les effets déterministes n'apparaissent donc qu'en cas de fortes doses, au-delà d'un certain seuil.

171. **L'origine des premiers effets avérés.** Après la découverte des rayons X, tout est allé très vite. Utilisés sans précaution par les premiers radiologues, les effets biologiques sont apparus. La prise de clichés à mains nues a généré des lésions allant de simples rougeurs à des brûlures et parfois, des amputations. Plus la dose est massive, plus les cellules touchées sont nombreuses et plus les effets ionisants sont graves pour les tissus et les organes humains. Par exemple, à partir d'une certaine dose de radioactivité, la mort de l'individu irradié ou contaminé est à craindre à plus ou moins brève échéance.

172. **La mesure du danger**. La gravité des effets augmente avec la dose reçue et la fragilité du milieu[2] du fait de sa radiosensibilité[3]. Ces effets ont la particularité de pouvoir apparaître de manière précoce. Il suffit de quelques heures à quelques semaines après l'événement radioactif pour que les premières manifestations se fassent sentir. Selon l'Institut de radioprotection et de sûreté nucléaire (IRSN), le principal organisme public expert de la radioactivité en France, la mort d'une cellule[4], pas encore celle de la personne, est inévitable après une exposition de plus de dix sieverts (Sv). Aucun effet ne se produirait en dessous du seuil de 0.25 Sv. Entre ces deux limites de dose, des paliers prévoient certaines conséquences, par exemple[5] une modification de la formule sanguine[6], des vomissements[7] ou de la fièvre[8]. Mais, énoncer des seuils de dose sans plus de référence n'a à vrai dire que peu de sens.

173. La durée d'exposition est cruciale en matière d'effets. Comme dit, quand la radioactivité touche la cible, l'impact se mesure en Gray (Gy) et en dose absorbée[9]. Quant aux effets produits, ils se calculent en millisievert

---

[1] Alors que les rayons X sont découverts en 1895 et la radioactivité naturelle en 1896, la première décision de justice relative à l'utilisation dommageable des rayonnements ionisants intervient le 29 mars 1899, voir Tribunal Civil de la Seine, *Dame Macquaire c/ Dr. Renault* ; HEBERT (J.), « Le droit et l'emploi des rayonnements ionisants » dans *Le nucléaire et le droit*, *RGN*, n° 2, mars-avr., 1981, pp. 109-120, spéc. p. 109.

[2] Par ex. les tissus de la main n'ont pas la même fragilité que le cerveau. A dose et temps égaux, le processus d'ionisation n'aura pas le même impact selon la matière attaquée

[3] DE CHOUDENS (H.), *Le risque nucléaire*, Les Dossiers de l'Institut des Risques Majeurs, DREAL Rhône-Alpes, juin 2013, 75 p., spéc. p. 9.

[4] La destruction des cellules peut engendrer le dysfonctionnement des organes et la mort.

[5] Voir pour le détail DE CHOUDENS (H.), *op.cit.*, spéc. p. 10.

[6] Entre 0.25 et 1 Sv.

[7] Entre 1 à 2 Sv.

[8] Entre 2 à 4 Sv.

[9] Le Gray est l'étalon qui mesure la dose physiquement absorbée par la matière (source IRSN).

(mSv)[1]. Cette unité établit, d'une part, la dose équivalente[2] quand tout le corps est impacté et, d'autre part, la dose efficace[3] quand la radioactivité n'atteint qu'une partie d'un corps, telles les mains. Une échelle des effets cliniques consécutifs aux doses observées a été établie, notamment par le CNRS.

174. **Les effets connus et la limite de dose.** Lors d'une irradiation aux rayonnements Gamma et X supérieure à 4.5 Gy, sans traitement, la mort intervient dans la moitié des cas[4]. Toutefois, le risque de mort n'est pas systématique. Seulement aléatoire, il ne relève pas de la catégorie des effets déterministes qui nécessitent, au minimum, une dose de 0.15 Gy. Cette limite de dose est appelée effet de seuil. L'IRSN a établi qu'à court terme et en dessous de cette dose, la radioactivité est sans conséquence clinique ou pathologique. C'est justement ce qui n'est pas scientifiquement démontré pour les effets stochastiques, ceux dits aléatoires et sans seuil.

2) Les interrogations scientifiques relatives aux effets stochastiques

175. **Les effets stochastiques**. Le terme désigne les effets produits sur une cellule unique[5]. Ces effets sont aléatoires et donc, non systématiques. Ils symbolisent les cas où, au sein d'une population donnée ayant subi la même dose de radiations, seule une portion des individus déclare à long terme une pathologie, tel un cancer[6]. Lesdits effets ont la particularité d'engager le pronostic vital et de survenir après un long délai. Leur temps de latence court sur des années, voire des décennies, après l'événement radioactif, ce qui complique leur identification. Processus aléatoire, l'occurrence du dommage n'en demeure pas moins probable, même à très faible dose[7].

176. En lien direct avec la problématique des faibles doses, cela ne signifie pas que les effets aléatoires et sans seuil ne se manifestent pas en cas de fortes doses. Dans ce dernier cas, les effets déterministes, précoces, prennent le pas sur les effets stochastiques, tel l'arbre qui cache la forêt. À leur égard, tout n'est pas avéré et des incertitudes scientifiques persistent. La Commission internationale de protection radiologique considère comme impossible de distinguer ce qui est « sûr » de ce qui est « dangereux ». Selon ses recommandations, la protection devient acceptable à partir du moment où tous les risques sont pris en compte, aussi infimes soient-ils.

---

[1] 1 Sv = 1 000 mSv = 1 000 000 μSv (microsievert).

[2] Dépendant de la force du rayonnement.

[3] Dépendant de la fragilité des tissus impactés.

[4] Source IRSN.

[5] Tandis que le « non-stochastique » concerne les effets provoqués par des lésions portant sur des populations de cellules, Publication 41, CIPR, 1984. Jugé inapproprié, il a été remplacé par le terme déterministe dans la Publication 60, CIPR 1991b.

[6] Telle la leucémie chez les enfants.

[7] CIPR, Publication 103, 2007, p. 179, pt. (A54).

177. On sait que plus la dose est importante, plus les effets sont destructeurs et que les effets sur le vivant s'avèrent tout aussi déterministes qu'aléatoires. Or, pour que le danger caractérise un risque, encore faut-il pouvoir relier une cause à un effet. En matière nucléaire, la démonstration passe par le lien dose-effet. Pour les effets déterministes, il est connu. Contrairement aux effets stochastiques dont il s'avère souvent bien précaire d'affirmer catégoriquement le lien avec l'événement nucléaire considéré.

178. **L'incertitude de la relation dose-effet**. Le principal problème des effets aléatoires réside dans le fait que les dommages de l'ionisation peuvent ne pas être immédiatement identifiables[1]. D'abord, à l'état latent, la maladie couve silencieusement pendant longtemps. Ensuite, les doses d'irradiation reçues par des cellules vivantes produisent des effets cumulatifs et les dommages induits ont alors pour cause divers rayonnements[2]. De plus, les pathologies susceptibles de se déclarer dans ces cas n'ont pas de marqueurs biologiques spécifiques. Aucune signature radio-induite ne permet de les différencier par rapport à la même maladie apparue dans un autre contexte. Prenons l'exemple du cancer des poumons. Cette pathologie ne se déclare pas instantanément. Elle peut avoir différentes causes. Si le malade est fumeur, la difficulté est double puisque rien ne permet de distinguer le cancer du fait de la cigarette du cancer des suites d'une exposition à la radioactivité[3]. Dans les deux cas, la maladie matérialise un cancer pulmonaire dont l'origine reste incertaine. Qu'est-ce qui a endommagé les poumons ? C'est tout l'enjeu de la démonstration de l'impact des faibles doses de radiations.

179. **Le cas particulier des faibles doses**. Puisque les effets déterministes ne se déclarent qu'à fortes doses, les faibles doses supposent des effets stochastiques. Il faut les voir comme des transformations plutôt que des destructions et « c'est la <u>probabilité d'apparition de l'effet</u>[4] qui augmente avec la dose »[5]. Les pathologies radio-induites n'ont aucune signature particulière[6]. Dès lors, l'incertitude scientifique prévaut en matière de faibles doses. Face à l'incertitude des effets stochastiques relatifs aux expositions répétées à des faibles doses et des faibles débits de dose, la Commission internationale de protection radiologique (CIPR) a choisi la prudence. L'UNESCO a considéré, en 2005, que le modèle « linéaire et sans seuil »[7] institué par la CIPR, c'est-à-

---

[1] STOIBER (C.), BAER (A.), PELZER (N.), TONHAUSER (W.), *op. cit.*, AIEA, Vienne, sept. 2006, 192 p., spéc. p. 121.

[2] *Ibid.*

[3] *Ibidem.*

[4] La probabilité du risque de maladie, pas la maladie elle-même - nous soulignons pour mettre en évidence pourquoi les effets stochastiques relèvent d'une probabilité statistique hors de la catégorie des risques avérés – une probabilité de la probabilité.

[5] IRSN, Rayonnements ionisants et santé, Coll. Livrets des professionnels, 2004, 20 p.

[6] Source IRSN.

[7] CIPR 2005d, mentionnée dans la Publication 103 précitée, p. 38.

dire le mécanisme de la relation linéaire sans seuil[1] -dit modèle « LNT »[2]- est respectueux du principe de précaution. Nous adhérons à ce constat.

180. **Le modèle linéaire sans seuil**. Cette approche contrecarre l'incertitude scientifique à partir du principe que les effets stochastiques sont proportionnels à la dose reçue. C'est aussi parce que l'impératif de sécurité publique n'a pas permis d'établir un seuil consensuel en dessous duquel aucun effet sur la santé ne serait à redouter. Bien que l'effet de seuil ne soit pas scientifiquement démontré, il est quand même admis que la probabilité d'apparition des maladies, du fait de l'exposition à la radioactivité, augmente linéairement à la dose reçue. En plus d'expertises diverses qui comprennent des expériences scientifiques et des études épidémiologiques sur les risques en cause, ledit modèle intègre des données de nature économique et sociale afin de parvenir à un équilibre entre la prise de risque et les avantages escomptés. C'est l'objet du principe de justification[3]. Tous les effets engendrés nécessitent de l'être vis-à-vis de la mesure choisie.

181. En d'autres mots, ce modèle est un outil de gestion des risques destiné à réglementer les niveaux de dose, telle « une base prudente utilisable pour les besoins de la radioprotection, c'est-à-dire pour la gestion des risques dus aux expositions à de faibles doses »[4]. Néanmoins, la Commission internationale de protection radiologique, chef de fil de l'expertise scientifique mondiale en la matière, a reconnu que l'impact des très faibles doses reste scientifiquement incertain et « que le modèle linéaire sans seuil n'est pas une vérité biologique universellement reconnue »[5]. À défaut de certitude, cette méthode sert de référence.

B. La modélisation de l'exposition au danger

182. Le danger radiologique se manifeste le plus souvent dans ses effets dommageables dont l'identification découle, d'une part, des différents modes de contact avec la radioactivité (**1**) et, d'autre part, de la modélisation de l'expérience scientifique (**2**).

---

[1] « En 1954, le soutien en faveur d'un seuil a diminué en raison des preuves épidémiologiques provenant des maladies malignes en excès apparues chez les radiologues américains et de la première indication de leucémies en excès chez les survivants japonais des bombardements atomiques (ICRP, 1955) », CIPR, Publication 103, 2007, p. 26.

[2] Le *Linear Non-Threshold model* est défini comme le « modèle de relation dose-effet reposant sur l'hypothèse que, dans la plage des faibles doses, les doses de rayonnement supérieures à zéro augmentent le risque de cancer en excès et/ou de maladies héréditaires de manière simple et proportionnelle », *ibid.*, p. 386.

[3] Défini par la CIPR comme le principe selon lequel « toute décision qui modifie la situation d'exposition aux rayonnements doit faire plus de bien que de mal ».

[4] OCDE, La contribution de l'AEN à l'évolution du système international de protection radiologique, 2009, p. 10.

[5] *Ibid.*, p. 11.

1) Les différents modes de contact

183. **L'état des connaissances**. En 2007, les études épidémiologiques et expérimentales ont abouti à une estimation scientifique des risques d'expositions aux rayonnements de nature externe et interne[1]. La connaissance des effets biologiques provient des observations et expériences. En ce qui concerne les cancers et effets héréditaires, les études ont permis d'affûter la connaissance et d'estimer plus précisément le risque lié aux faibles doses. Mais, des incertitudes demeurent[2]. Par exemple, la CIPR « est consciente de l'incertitude ou du manque de précision des modèles de dose de rayonnement et tous les efforts sont entrepris pour les évaluer de manière critique et pour les réduire au maximum. À des fins de réglementation, les modèles dosimétriques et les valeurs des paramètres que la Commission recommande sont des valeurs de référence. Ces dernières sont fixées par convention et ainsi ne sont pas sujettes à l'incertitude »[3]. Cette institution a établi qu'au-dessus d'une dose de cent millisieverts (mSv) reçue, sur un laps de temps court ou sur une année entière, tant la probabilité d'effets déterministes que le risque de cancer augmentent de manière significative. Cette dose butoir[4] devient un maximum de référence à ne pas dépasser, sauf dans des cas exceptionnels de l'ordre de la catastrophe ; à défaut, l'exposition ne serait pas justifiée[5]. De plus, une réévaluation des données et des modèles a lieu de manière périodique. Cela permet des modifications ponctuelles, au fil de l'avancée des données recueillies et des conclusions scientifiques établies.

184. **La protection radiologique**. La protection de la santé publique reste l'objectif suprême face au danger radiologique. C'est l'impératif transversal du droit nucléaire. Il s'impose en toute situation et pas seulement dans le cadre des installations nucléaires de base. En outre, la réaction atomique dans l'environnement influe sur le milieu ambiant.

185. **La radioactivité ambiante**. La radioactivité s'active dans toute matière biologique, minérale, organique. Dès lors, elle passe forcément par l'eau, l'air, les sols, la biodiversité et donc, les aliments. Toute chose et toute personne en contact s'avèrent *de facto* contaminées[6] du fait de l'ingestion d'un aliment, d'une eau contaminée ou par inhalation, en respirant un air chargé, du fait du contact physique avec des particules radioactives qui pénètrent dans

---

[1] Publication 103, CIPR 2007, p. 37, pt. (32).

[2] Elles sont diverses et variées. Par ex. dans le chapeau titré « principales conclusions et recommandations » de l'annexe A, le mot incertain/incertitude est mentionné cinq fois sur un peu plus d'une page comportant treize points dont l'un porte sur une « connaissance [..] pas suffisamment développée », soit une proportion de 7 points /13 pour des connaissances certaines, v. pp. 159-160 de la Publication 103 précitée.

[3] *Ibid.*, p. 79, pt. (166).

[4] En dessous de laquelle se situent les faibles doses.

[5] CIPR 2005a, mentionnée dans Publication 103, CIPR 2007, p. 101, pt. 5.9.3. (236).

[6] Exposition dite interne.

le corps de la personne. Dans ce cas, il faut parler de contamination interne ; telle la transmission à l'organisme par le contact de la peau ou une plaie. Quant à l'irradiation ou exposition dite externe, elle découle d'une mise en présence avec les rayonnements ionisants ayant pour source des rejets de particules ionisantes dans l'air ou des dépôts dans la nature ; tels les sols à proximité des êtres vivants. Ces expositions peuvent provenir autant d'une source naturelle que d'une activité nucléaire[1].

186. **Le danger dans les modes de circulation de la radioactivité**. L'ionisation du milieu se fait, soit de manière externe par irradiation, soit interne par contamination. Si les corps sont naturellement soumis à la radioactivité, s'ajoute l'exposition normalement faible aux rayonnements ionisants des sources artificielles[2]. Nul besoin de travailler en médecine nucléaire ou dans une centrale électronucléaire pour que le risque d'exposition soit réel[3]. À la radioactivité naturelle, s'ajoutent celle des activités nucléaires normales et les conséquences radiologiques d'événements accidentels.

187. **Le cas particulier des événements nucléaires accidentels**. Lors d'accident nucléaire, la dose reçue peut s'avérer extrêmement forte. À titre illustratif, dans un rapport de l'Agence internationale de l'énergie atomique sur la catastrophe de Tchernobyl du 26 avril 1986, l'AIEA établit qu'en un point donné, au cours des deux journées qui ont suivi l'événement, le bruit de fond gamma mesuré[4] est passé de 1 mSv/heure, le matin de l'accident, à une fourchette de 20 à 50 mSv/heure le lendemain midi[5]. Cela signifie qu'au matin de la catastrophe, la population dans ce périmètre a subi en l'espace d'une heure la limite de dose d'irradiations préconisée pour une année entière dans certains pays telle la France.

188. **Les limites statistiques**. Le danger pour la santé est connu, la nécessité de tout mettre en œuvre pour éviter ces situations ne porte pas à discussion. Situation accidentelle ou autre, des mesures de protection tendent à éviter et limiter l'impact dommageable possible de l'exploitation de l'atome. Qu'il s'agisse de limite de dose[6] pour les expositions planifiées[7] ou de niveau

---

[1] Qui peut être industrielle, médicale ou militaire.

[2] En général la majorité des doses d'exposition est d'origine artificielle et provient d'abord des actes médicaux comme les radiographies ou les actes de médecine nucléaire (source IRSN).

[3] Chaque individu reçoit tous les jours une certaine dose de radioactivité sans le réaliser. C'est le cas par exemple lors d'un voyage en avion, une promenade en montagne ou une radiographie.

[4] La radioactivité émet des sons non perceptibles à l'oreille.

[5] Une mesure qui, de plus, ne prenait pas en compte « les contaminations internes et les irradiations de la peau et des muqueuses par les particules bêta », LENOIR (Y.), *La comédie atomique – L'histoire occultée des dangers des radiations*, Éd. La Découverte, 2016, p. 22.

[6] Càd. la dose totale reçue par un individu, due aux sources réglementées dans les situations d'exposition planifiée, autres que l'exposition médicale de patients (et) ne doit pas dépasser les limites appropriées indiquées par la CIPR aux termes de ses recommandations de 2007, v. Publication 103, p. 21, pt. (o).

[7] Qui ne s'appliquent qu'aux expositions dites normales (non accidentelles).

de référence[1] applicable à ce qui était appelé autrefois les interventions[2], l'objectif reste identique. Il vise en priorité à encadrer et limiter les expositions pour protéger les personnes. Toutefois, anticiper les conséquences d'une mise en contact avec la radioactivité, afin de mettre en place les procédures de sécurité adaptées au danger, requiert la connaissance pleine et entière des modalités du risque en jeu. En matière de prévention, les précédents sont souvent d'une grande aide pour déterminer le besoin des modes de protection.

189. En dépit de la peur provoquée par l'atome dans l'inconscient collectif, l'électronucléaire est un secteur industriel qui n'a connu que peu d'accidents radiologiques graves. Le constat conduit à une évidence. Le manque de recul statistique, celui des précédents, laisse persister des zones d'ombre. Celles-ci ne permettent pas d'établir avec certitude le calcul de l'amplitude scientifique relative aux risques de l'exploitation civile de l'atome.

2) L'expérience limitée des conséquences

190. **Estimation du danger et méthode dosimétrique**. Le danger radiologique est dans la dose d'exposition qui fait le risque. Par exemple, le calcul de la « dose efficace »[3] repose sur une moyenne dépendant de plusieurs facteurs emprunts pour certains d'incertitude. Des coefficients de risque sont appliqués. Ils correspondent à un savant calcul mettant en œuvre une formule basée sur le concept de la personne de référence[4]. Des différences ont été constatées ; non seulement entre hommes et femmes, mais aussi selon l'âge auquel la personne est exposée. Ainsi, la Commission internationale de protection radiologique reconnaît que l'estimation des conséquences probables, celles dues à l'exposition d'un individu ou d'une population, nécessite d'utiliser des données spécifiques aux situations d'exposition. La difficulté est de taille, car il semble utopique de pouvoir collecter toutes les données nécessaires ; des données parfois tout simplement inconnues, remplacées par des estimations pour établir des modèles de calcul à partir de données collectées, voire extrapolées. En outre et pour rappel, face à

---

[1] A savoir la « valeur utilisée dans les situations mentionnées à l'article L. 1333-3 pour définir le niveau de la dose efficace ou de la dose équivalente ou de concentration d'activité au-dessus duquel il est jugé inapproprié de permettre la survenance d'expositions aux rayonnements ionisants résultant de ladite situation, même s'il ne s'agit pas d'une limite ne pouvant pas être dépassée. L'optimisation de la protection porte prioritairement sur les expositions supérieures au niveau de référence et continue d'être mise en œuvre en dessous de celui-ci pour réduire aussi bas que raisonnablement possible les expositions », voir définition dans annexe 13-7 du CSP précitée.

[2] Relatives aux situations d'urgence et celle existante qui concerne l'exposition naturelle, mais aussi post-accidentelle.

[3] V. *supra*.

[4] À l'instar de l'ancien standard du bon père de famille.

l'incertitude des effets stochastiques d'expositions répétées aux faibles doses et aux faibles débits de dose, la CIPR choisit une prudence respectueuse du principe de précaution[1]. Sur la base du modèle linéaire et sans seuil, il est impossible de distinguer ce qui est sûr de ce qui est dangereux. La protection devient acceptable à partir du moment où tous les risques sont pris en compte.

191. **Une modélisation scientifique spécifique**. La Commission internationale de protection radiologique énonce dans ses recommandations de 2007 que l'objectif principal consiste à trouver le juste équilibre entre la protection radiologique et le développement des activités nucléaires à ne pas compromettre. Le besoin d'un modèle prenant en compte les différents paramètres s'est imposé. Les connaissances scientifiques relatives aux effets sanitaires des expositions ne suffisent pas. En plus d'expertises diverses, comprenant expériences scientifiques et études épidémiologiques, le modèle intègre des données de nature économique et sociale afin de parvenir à un juste équilibre entre la prise de risque et les avantages escomptés. Nous verrons que c'est l'objet du principe de justification du droit nucléaire.

192. Tous les effets engendrés nécessitent de l'être vis-à-vis de la mesure choisie. En tout état de cause, peu importe la nature des effets, évaluer le niveau de risque demande de connaître l'étendue du danger. Il apparaît en effet bien difficile de vouloir se protéger d'un risque dont on ne connaît pas toutes les spécificités matérielles. Pour l'anticiper, il faut le calculer. Lorsque le résultat d'un événement ne peut pas être démontré avec certitude, il faut malgré tout prévoir ses conséquences. À cet égard, les probabilités sont déterminantes. Or, l'exploitation nucléaire a démarré depuis moins d'un siècle et dans la plus grande opacité des données pendant plus de la moitié de ce temps, ce qui ne pouvait perdurer.

193. **Statistiques et surveillance épidémiologique**. En matière de compilations statistiques, la surveillance épidémiologique s'avère essentielle. Le retour d'expérience permet de constituer les recueils de données. Sur ceux-ci reposent les statistiques nécessaires au calcul des probabilités du risque. Les premières recherches ayant permis d'appréhender les modalités d'impact sur la santé remontent aux cohortes étudiées à la suite des bombardements sur les villes de Hiroshima et Nagasaki[2]. Depuis, chaque événement catastrophique[3] ou simplement incidentel[4] a permis d'affiner la connaissance des effets ionisants. Par exemple, après Tchernobyl, une étude des années 2000 a établi qu'environ mille huit cents des enfants contaminés, de moins de 17 ans et sur

[1] Source UNESCO, 2005.

[2] Sur une cohorte de 86000 rescapés, un bilan comptabilise en 2003 un excédent de décès d'environ 440 par cancers et 75 par leucémie (Source IRSN).

[3] *Three Mile Island* en 1979, Tchernobyl en 1986 et Fukushima en 2011.

[4] Notamment les incidents et accidents dans le domaine médical.

un territoire donné, lors de l'accident ont déclaré un cancer de la thyroïde[1]. La France recensait, fin 2018, trente-deux registres de cancer[2].

194. Concernant les travailleurs du nucléaire, en 2015, l'Institut de radioprotection et de sûreté nucléaire publiait les résultats d'une étude internationale[3] qui confirme le lien entre le cancer et les expositions professionnelles à la radioactivité. En 2023, un article scientifique confirme que cette catégorie de travailleurs subit un taux de mortalité au cancer plus important que la moyenne[4]. Au regard de ce constat, il faudra probablement revoir les normes juridiques de la radioprotection et la limite de dose actuellement prévue par la réglementation[5].

195. **Transition**. Plus ou moins générales et localisées, ces observations compilées contribuent à la connaissance scientifique du phénomène atomique et des risques induits. Peu importe le contexte, le danger est réel. Les rayonnements[6] émettent énergie et particules. Ce sont ces émissions qui entraînent les réactions physico-chimiques en chaîne à l'origine de la production de chaleur créatrice d'énergie dans les installations nucléaires de base. Sans remettre en cause son utilité, notamment dans la lutte contre le dérèglement climatique provoqué par les gaz à effet de serre, l'utilisation anthropique de la radioactivité naturelle est susceptible d'incidences dommageables aux conséquences telles qu'un besoin de coopération scientifique large s'est imposé pour optimiser l'anticipation du danger créé.

Section 2. La coopération scientifique dans l'anticipation juridique du danger radiologique

196. Dès le début de l'histoire nucléaire, l'expérience a motivé la mise en place et l'évolution d'instruments juridiques destinés à encadrer le danger radiologique. Risque avéré ou non, le danger radioactif est, quasiment instantanément à la découverte de l'atome, une réalité. *Ubi societas, ibi ius*, la nécessité de s'en prémunir à l'aide d'instruments juridiques spéciaux est apparue. La coopération scientifique s'est avérée centrale face au danger.

---

[1] Source UNSCEAR.

[2] Dont l'ambition vise à recueillir des données quantitatives, pour une population et un territoire précis, ASN, Rapp. 2018 sur l'état de la sûreté et de la radioprotection en France précité, spéc. p. 91.

[3] Etude internationale sur les travailleurs du nucléaire, dite *Inworks*, relative à une cohorte de 300 000 travailleurs (de nationalité française, britannique, américaine) sur une période d'environ 35 ans.

[4] Cancer mortality after low dose exposure to ionising radiation in workers in France, the United Kingdom, and the United States (INWORKS): cohort study [en ligne] https://doi.org/10.1136/bmj-2022-074520 (consulté le 4 sept. 2023).

[5] V. *infra*.

[6] Lors de la réaction nucléaire par l'activité du noyau instable.

197. Des institutions idoines ont rapidement vu le jour. Au niveau international et communautaire, bien que la norme nucléaire reste de la compétence de chaque État souverain, ces institutions sont à l'origine des recommandations scientifiques qui, devenues avec le temps des normes juridiques, régissent l'usage de la radioactivité. La connaissance est au cœur de la protection radiologique qui dispose de ses propres principes juridiques. Ceux de la radioprotection, ainsi que d'autres, abordés sous l'angle de l'exploitation des installations nucléaires de base, permettront d'éprouver notre hypothèse d'un droit innovant où le régime de la prévention sanitaire se décline avec la précaution. En collaboration avec les experts et les scientifiques d'organisations nationales et supranationales (**§1**), la réglementation de la dose d'exposition forme le droit spécial et transversal de la radioprotection (**§2**).

§1. L'institutionnalisation rapide en faveur d'une coopération scientifique

198. L'idée de coopération, au sens large, trouve ses racines originelles dans la peur générée par la « bombe H ». Par exemple, quelques mois après le largage sur les villes japonaises d'Hiroshima et de Nagasaki, trois pays nucléarisés[1] formèrent une déclaration commune relative à l'énergie atomique. Dans celle-ci, ils envisageaient la possibilité de formaliser l'échange de littérature scientifique fondamentale à des fins pacifiques sous réserve de réciprocité[2]. Il s'agissait d'œuvrer à l'évitement de la prolifération d'armes de destruction massive et *in fine*, à la promotion de l'énergie nucléaire dans le cadre de l'exploitation civile de l'atome. En effet, la Communauté internationale prend très tôt conscience de l'impact dommageable transfrontière possible des activités nucléaires[3].

199. La coopération scientifique guide les premiers pas du développement de l'industrie électronucléaire[4]. Elle se matérialise, d'une part, au sein de différentes institutions dédiées au nucléaire (**A**) et, d'autre part, dans le caractère précurseur de l'institution des pairs (**B**).

---

[1] États-Unis, Canada, Royaume-Uni.

[2] JOURDAIN (L.), Recherche scientifique et construction européenne. Enjeux et usages nationaux d'une politique communautaire, L'Harmattan, Logiques Politiques, 1985, 292 p., spéc. p. 90.

[3] EMMERECHTS (S.), « La protection de l'environnement par le droit nucléaire : un long chemin reste à parcourir », *Le droit nucléaire international : Histoire, évolution et perspectives*, OCDE/AEN, 2010, pp. 136-176, spéc. p. 156.

[4] STROHL (P.), « La Convention de l'AIEA sur la sûreté nucléaire », *Annuaire Français de Droit international*, Éd. CNRS, 1994, n° 40, pp. 804-822, spéc. p. 804.

A. La coopération dans le nucléaire : des institutions idoines

200. Les apports scientifiques des différents organes détenteurs de la connaissance sur le risque nucléaire sont cruciaux en matière d'exploitation civile de la ressource radioactive.

201. Plusieurs institutions ont vu le jour et la coopération se décline, d'une part, au niveau international (**1**) et, d'autre part, au niveau national (**2**).

1) La coopération d'instances supranationales

202. **Le socle de la coopération nucléaire internationale**. Dès le début de l'histoire nucléaire, la communauté scientifique internationale a la conviction que la protection radiologique doit se jouer à l'échelle du monde. En priorité, la nécessaire protection des médecins et des chercheurs, par rapport aux effets sanitaires délétères de la radioactivité, s'impose. C'est pourquoi, dès le début des années 1920, est formé le Comité international de radiologie duquel vont naître deux comités, l'un sur les unités et mesures radiologiques (CIUR)[1] et l'autre sur la protection contre les rayons x et le radium. C'est en 1950 que ce second comité devient la Commission internationale de protection radiologique (CIPR)[2].

203. **La CIPR, l'expert nucléaire international**. En même temps que le changement de dénomination, son champ de compétence s'élargit. Le principal objectif des recherches de la Commission internationale de protection radiologique vise la santé[3] sous l'angle du risque, d'une part, de la propagation des effets déterministes et, d'autre part, des effets stochastiques[4]. Mais, la CIPR n'est pas le seul organe supranational voué à cette ambition.

204. **L'UNSCEAR**. Le Comité scientifique des Nations-Unis pour l'étude des effets des rayonnements ionisants est l'autre expert supranational. Il a pour mission de collecter, évaluer et diffuser tous les éléments d'information relatifs aux effets et aux différents niveaux de dose. Comme la CIPR, l'UNSCEAR contribue à la recherche et produit des recommandations pour renforcer la pertinence juridique, telles les normes de sûreté de l'AIEA.

205. **L'AIEA.** L'Agence internationale pour l'énergie atomique est une organisation intergouvernementale créée en 1957 dans le but de traiter des

[1] Après avoir été brièvement le Comité international sur l'unité du rayon x.

[2] LAZO (E.N.), « Le système international de protection radiologique », dans *Le droit nucléaire international : Histoire, évolution et perspectives*, OCDE/AEN, 2010, pp. 119-136, spéc. p. 123.

[3] La CIPR a originairement été instituée pour assurer la protection radiologique des êtres humains ; ce n'est que récemment que son attention scientifique tente de prendre en compte l'environnement et sa protection, v. *infra*.

[4] CIPR, Publication 103, 2007, Pt. (29), p. 36.

utilisations pacifiques de l'atome[1]. Elle a compétence en matière de normes [*Safety*] techniques internationales de sécurité nucléaire. Ces normes , bien que non contraignantes, forment un socle pour tous les États parties et participent à l'harmonisation[2]. Elles incluent les guides, recommandations et codes de bonnes pratiques. Ces normes ont la valeur du « droit mou » qui fournit l'avantage d'une adaptation facilitée lors des mises à jour relatives à l'avancée des connaissances scientifiques et techniques. Contrairement au « droit dur » dont les dispositifs nécessitent des processus procéduraux longs et des négociations encore plus fastidieuses au niveau international.

206. L'AIEA n'est pas la seule entité à collaborer avec la CIPR et l'UNSCEAR. L'Organisation de coopération et de développement économiques (OCDE) y a également recours.

207. **L'OCDE/AEN**. Avec l'Agence de l'énergie nucléaire (AEN)[3] et ses différents comités, l'OCDE représente un autre acteur important du droit nucléaire international. Par exemple, pour la décennie 2000-2010, l'Agence de l'énergie nucléaire de l'OCDE adopte son deuxième « plan stratégique » destiné à faire valoir son rôle d'intermédiaire dans la coopération internationale[4]. L'AEN est vue comme un lieu d'échange d'informations et d'expériences pour coordonner les politiques nucléaires des différents pays[5]. Ainsi, elle participe au développement de la connaissance scientifique sur le risque nucléaire. Dans ce cadre, les premiers accords entre l'AIEA, au niveau international et Euratom, au niveau européen, se forment en 1973[6]. La Communauté internationale a reconnu « la nécessité de conduire en tout lieu les activités nucléaires selon les mêmes normes harmonisées et transparentes, élaborées et certifiées par des équipes internationales d'experts nationaux »[7]. Si, majoritairement, nul outil contraignant n'est en vigueur à l'échelon

---

[1] Protocole, 3ème paragraphe, INFCIRC/11, p. 9.

[2] Le plus souvent fondées sur les recommandations de la CIPR, dont s'est servi aussi la Communauté européenne pour l'énergie atomique (CEEA) pour établir ses directives qui sont, elles, contraignantes pour les États membres.

[3] L'AEN collabore souvent avec la CIPR pour réfléchir, notamment, aux enjeux de l'évolution des données scientifiques et techniques et fournir des recommandations optimisées en matière de protection radiologique.

[4] Le 1er concernait la période 1999-2004. Not. le 4e plan stratégique (2017-2022) explicite le rôle de guide de l'AEN par rapport aux besoins évolutifs des pays membres dans l'étude et l'application des sciences et technologies nucléaires, v. p. 3 [en ligne] https://www.oecd-nea.org/general/about/plan-strategique2017-2022.pdf (consulté le 21/11/2022).

[5] SCHWARTZ (J. A.), « L'agence de l'OCDE pour l'énergie nucléaire » dans *Le droit nucléaire international : Histoire, évolution et perspectives*, OCDE/AEN, 2010, pp. 35-48, spéc. p. 45.

[6] Dès 1976, ces deux organismes s'allient pour une coopération scientifique et technique, v. JANKOWITSCH-PREVOR (O.), « La compétence normative de l'AIEA – Bases juridiques et sources du droit » dans *Le droit nucléaire international : Histoire, évolution et perspectives*, OCDE/AEN, 2010, pp. 15-34, spéc. p. 21.

[7] JANKOWITSCH-PREVOR (O.), *ibid.*, spéc. p. 25.

international, les États ont la possibilité d'introduire ces normes dans leur droit interne et nous verrons qu'en général, ils le font.

208. **Des acteurs promoteurs**. Plusieurs secteurs du droit nucléaire sont en partie régis à l'échelon supranational. La raison réside dans le fait que, très tôt, les acteurs du domaine ont compris que les effets dépassaient le seul cadre des frontières territoriales de chaque État, ce qui les a incités à prévoir des régimes juridiques de préférence communs, avec l'ambition d'assurer la sécurité nucléaire[1] sur toute la planète. Par exemple, le traité Euratom précité de 1957 pose le principe d'une coopération scientifique et technique, sur le fondement duquel découle la mise en place d'un Centre Commun de Recherche (CCR). Créé cette même année, dans le but d'améliorer la connaissance pour une utilisation civile de l'atome[2], le Centre Commun de Recherche Nucléaire perd sa spécificité nucléaire[3] dans les années 1970[4].

209. À l'instar de cet organisme communautaire, pour promouvoir l'exploitation civile de l'atome et faire accepter la production électronucléaire, il fallait certes des institutions dédiées à la recherche scientifique internationale, mais également nationale.

2) La scientificité des institutions nationales

210. **De l'IPSN à l'IRSN.** En France, l'Institut de protection et de sûreté nucléaire (IPSN) est créé par un arrêté du 2 novembre 1976 pour seconder le Commissariat à l'énergie atomique (CEA)[5] sur les questions scientifiques et techniques. Si l'IPSN représentait le versant scientifique et le contrôleur, le CEA était l'acteur clé du nucléaire civil, son promoteur et également, l'exploitant originaire principal. Le CEA initiait tout ce qui touche à l'exploitation nucléaire et décidait de tout ; l'IPSN prodiguait des conseils et vérifiait leur application. Mais, son manque d'indépendance subissait la critique[6]. Juge et partie, décideur/promoteur, contrôleur/contrôlé, la scission intervient avec l'Institut de radioprotection et de sûreté nucléaire.

211. **L'IRSN**. En France, sous couvert de la responsabilité première des exploitants, l'expertise nucléaire incombe en priorité à l'Institut de

---

[1] Au sens générique du terme, englobant la sûreté et la radioprotection.
[2] https://ec.europa.eu/info/departments/joint-research-centre_fr
[3] Le CCRN devient alors le CCN que l'on connait aujourd'hui.
[4] Il répond depuis, *via* ses différents établissements, à l'ensemble des politiques scientifiques et techniques de la Communauté européenne (CE devenue UE), en soutenant la Commission européenne dans des projets de recherche, en plus des conseils d'ordre scientifique et technique au bénéfice des États membres.
[5] Créé en 1945, désormais l'acronyme CEA signifie Commissariat à l'énergie atomique et aux énergies renouvelables.
[6] LE DEAUT (J-Y.), Rapport au 1er ministre sur Le système français de radioprotection, de contrôle et de sécurité nucléaire : la longue marche vers l'indépendance et la transparence, *La Documentation française*, 1998, 179 p.

radioprotection et de sûreté nucléaire (IRSN)[1]. Créé par la loi en 2001[2], ses missions sont précisées par décret en 2002[3]. Cet Institut[4] fusionne deux organes, ledit IPSN et l'Office de protection contre les rayonnements ionisants (OPRI)[5]. L'IRSN, désormais défini à l'article L. 592-45 du Code de l'environnement, exerce des missions d'expertise et de recherche dans le domaine de la sécurité nucléaire. Cette institution représente le pendant français de la CIPR, qui est l'organe scientifique expert de l'Agence internationale de l'énergie atomique et accessoirement, de toutes les instances du nucléaire. Exclu de la qualification d'exploitant nucléaire, L'IRSN est un établissement public industriel et commercial[6]. Présenté comme « le premier expert français dans le domaine des risques et le leader européen, voire mondial, de la recherche sur le risque nucléaire »[7], cet Institut forme le bras scientifique de l'Autorité de sûreté nucléaire française[8].

212. **L'ASN.** L'Autorité de sûreté nucléaire est centrale dans la gestion et le contrôle des installations nucléaires de base. Sa compétence est d'abord administrative, mais l'institution est amenée à se positionner vis-à-vis du risque nucléaire dont il lui incombe de traiter tous les pendants. Nous verrons que l'information constitue une des missions statutaires fondamentales de l'ASN. Particulièrement, elle doit rendre lisibles des données scientifiques et techniques souvent peu compréhensibles pour les non-initiés. Globalement, elle supervise tout ce qui touche à la sûreté et à la radioprotection. Plusieurs organisations ont été fusionnées en son sein. Ce processus de fusion, initié en 2002[9], introduit l'expertise de la radioprotection et de la sûreté au sein même de cette institution qui obtient une reconnaissance légale en 2006. En dépit d'une envergure moindre et de pouvoirs plus limités, l'Autorité existait avant la loi n° 2006-686 du 13 juin 2006 relative à la transparence et à la sécurité en

---

[1] En plus des laboratoires agréés, aux termes de la procédure de l'art. R. 1333-26, CSP.

[2] Art. 5 de la loi n° 2001-398 du 9 mai 2001 instaurant une Agence française de sécurité sanitaire environnementale dite « loi AFSSE » (JORF n° 108 du 10 mai 2001, texte n° 2).

[3] Décret n° 2002-254 du 22 février 2002 relatif à l'IRSN, abrogé par l'art. 2 du décret n° 2016-283 du 10 mars 2016 (JORF n° 60 du 11 mars 2016, texte n° 3).

[4] Dont le régime juridique est, avec la loi n° 2015-992 du 17 août 2015 relative à la transition énergétique pour une croissance verte (JORF n° 189 du 18 août 2015, texte n° 1), codifié dans le Code de l'environnement aux art. L. 592-45 à L. 592-49 (Sect. VII « *IRSN* » instituée par l'Ord. n° 2016-128 du 10 févr. 2016, art. 35-XXIV) et R. 592-39 à R. 592-61 (avec le décret n° 2019-190 du 14 mars 2019, art. 2).

[5] Fusion de l'OPRI (expert de la radioprotection et chargé de prendre les normes en collaboration avec la DDASS et la DRASS dépendant du ministère de la Santé) et de l'IPSN, permettant ainsi de concentrer les moyens et le contrôle de la radioprotection avec ceux de la sûreté au sein de la Direction générale de la sûreté nucléaire et de la radioprotection (DGSNR).

[6] Placé sous la tutelle conjointe du ministre chargé de l'Environnement, du ministre de la Défense et des ministres chargés de l'Énergie, de la Recherche et de la Santé, art. R. 592-2 (nouveau), C. environnement.

[7] https://www.irsn.fr/FR/IRSN/presentation/Pages/Presentation.aspx#.XiiTGshKiM8

[8] Ses missions ont été codifiées à l'article R. 592-39 du Code de l'environnement.

[9] Décret n° 2002-254 du 22 févr. 2002 relatif à l'IRSN (JORF n° 48 du 26 févr. 2002).

matière nucléaire qui a seulement renforcé les attributions de l'ASN. Depuis quelque temps, le gouvernement français cherche à fusionner l'IRSN et l'ASN en une institution unique qui deviendrait l'Autorité de sûreté nucléaire et de radioprotection (ASNR). Un projet de loi est en cours de discussion.

213. **Le projet de loi de fusion entre l'IRSN et l'ASN**. Lors des discussions parlementaires sur le projet à l'origine de la loi n° 2023-49 du 22 juin 2023 relative à l'accélération des procédures liées à la construction de nouvelles installations nucléaires à proximité de sites nucléaires existants et au fonctionnement des installations existantes, un amendement avait remis en cause l'objectif gouvernemental de fusionner les deux institutions. Finalement, l'organisation duale ASN / IRSN a été réaffirmée par cette loi de juin 2023. Mais, le gouvernement n'a pas abandonné l'idée.

214. Après diverses concertations, un rapport d'information sénatorial a été déposé en mai 2023[1] et un autre produit par l'Office parlementaire des choix scientifiques et technologiques (OPECST) [2]en juillet 2023, favorables à la fusion. S'en est suivi un nouveau projet de loi relatif à l'organisation de la gouvernance de la sûreté nucléaire et de la radioprotection. Ce projet de loi a été déposé le 20 décembre 2023 [3]pour répondre au défi de la relance de la filière nucléaire. Il prévoit la réorganisation de la gouvernance nucléaire entre expertise et contrôle de la sûreté nucléaire et de la radioprotection. Deux jours plus tard, le Conseil d'État a rendu un avis consultatif sur ledit projet de loi que le gouvernement a rendu public[4]. Ce projet vise surtout à optimiser les coûts. Son entrée en vigueur est prévue pour janvier 2025. Des voix se sont élevées pour dénoncer le risque de conflits entre le contrôle de l'ASN et la recherche dévolue à l'IRSN. L'exposé des motifs du projet affirme la conservation de leur champ de compétences. Il faudra néanmoins surveiller l'évolution du texte, car chercher l'efficience ne doit pas mettre en péril un système qui a fait ses preuves. Pour le moment, rien ne laisse supposer que la coopération scientifique, entre l'IRSN et l'ASN, soit défavorablement impactée. Dans ce cadre et plus largement, d'autres acteurs et entités participent au développement des connaissances en matière nucléaire[5]. C'est le cas des associations[6].

215. **Les associations**. Elles sont diverses. En France, l'Association pour le contrôle de la radioactivité dans l'Ouest et la Commission de recherche

---

[1] RAPIN (J-F.), Rapport d'information n° 629 (2022-2023), déposé le 24 mai 2023 [en ligne] https://www.senat.fr/rap/r22-629/r22-629.html

[2] Sur les conséquences d'une éventuelle réorganisation de l'ASN et de l'IRSN sur les plans scientifiques et technologiques ainsi que sur la sûreté nucléaire et la radioprotection [en ligne] https://www.assemblee-nationale.fr/dyn/16/rapports/ots/l16b1519_rapport-information#

[3] N° 229, Sénat, session ordinaire 2023-2024 (procédure accélérée).

[4] https://www.conseil-etat.fr/avis-consultatifs/derniers-avis-rendus/au-gouvernement/avis-sur-un-projet-de-loi-relatif-a-l-organisation-de-la-gouvernance-de-la-surete-nucleaire-et-de-la-radioprotection-pour-repondre-au-defi-de-la-re

[5] Not. l'information et le contrôle de la radioactivité dans l'environnement.

[6] Actives tant au niveau du risque nucléaire que de la protection de l'environnement.

et d'information indépendante sur la radioactivité se sont spécialisées dans la surveillance de la radioactivité dans l'environnement. Elles procèdent à des relevés de mesures[1], soit de leur propre chef, soit à la demande d'autres associations, notamment écologistes, ou de certaines collectivités territoriales. Elles collectent notamment des données qui alimentent la connaissance sur le risque nucléaire. La transparence de l'information renforce la coopération scientifique à laquelle participent les CLI.

216. **Les CLI**. Les Commissions locales d'information[2] existent depuis les années 1980[3]. Regroupées en Association nationale des comités et commissions locales d'information (Anccli), leur mission contribue aux expertises et à la connaissance sur le risque nucléaire. Les informations sont fournies par les exploitants, l'ASN et les services concernés de l'État. En outre, le renfort de certains établissements publics peut s'avérer crucial.

217. **Le concours de certains établissements publics**. L'Agence de l'environnement et de la maîtrise de l'énergie (ADEME) joue par exemple un rôle de coordinateur technique[4]. Elle met son expertise à la disposition des pouvoirs publics qui décident *in fine* de la politique nucléaire. Un autre exemple, et non des moindres, réside dans la mise en place de l'Office Parlementaire d'Evaluation des Choix Scientifiques et Techniques (OPECST). Aux termes de la loi n° 83-609 du 8 juillet 1983[5], ce dernier met notamment en œuvre des programmes d'études et il est régulièrement saisi par les parlementaires des problématiques nucléaires. Cette institution, destinée à éclairer les choix scientifiques et techniques du législateur, « constitue un intermédiaire entre le monde politique et le monde de la recherche »[6]. Par le biais de son Conseil scientifique, l'OPECST participe aux réflexions relatives aux problèmes des risques induits par certains choix sociétaux, « car pour prouver l'existence d'un risque, encore faut-il disposer des preuves scientifiques suffisantes »[7]. C'est également au travers des enjeux de la recherche que cette institution révèle l'intensité du lien entre la politique, la science et le droit, qu'il s'agisse des politiques environnementales ou des options gouvernementales comme l'électronucléaire.

218. Outre ces différentes organisations plus ou moins spécifiques au domaine nucléaire, le droit éponyme intronise une institution novatrice qui met en œuvre l'examen des pairs.

---

[1] Analysés dans des laboratoires indépendants, les résultats sont généralement rendus publics.
[2] Dont chaque INB dispose et auxquelles la loi TSN a donné un statut légal.
[3] À la suite d'une circulaire du 15 déc. 1981 et par l'entremise des Conseils Généraux.
[4] Établissement public industriel et commercial (EPIC) sous la tutelle des ministères de l'environnement, de l'industrie et de la recherche.
[5] Portant création d'une délégation parlementaire dénommée OPECST, JORF du 9 juill. 1983.
[6] « Présentation de l'OPECST » [en ligne] https://www.senat.fr/opecst/presentation.html (consulté le 25/08/2023).
[7] ERNE-HEINTZ (V.), « Le côté obscur du risque : son invisibilité ! », *Riséo*, *Les risques invisibles*, 2017-2, spéc. p. 21.

B. L'institution des pairs : un aspect précurseur du droit nucléaire

219. Au plus haut niveau territorial et depuis le début, la coopération scientifique nourrit les instruments de la protection juridique au rythme de l'évolution des connaissances sur le danger radiologique et *a fortiori*, le risque nucléaire. Dans un but de sécurité sanitaire, la branche professionnelle de l'énergie nucléaire dispose de sa propre communauté dont la force réside dans une coopération scientifique supranationale dont les attributions mettent en exergue le défi technologique posé par le nucléaire civil.

220. Le caractère novateur de la prévention nucléaire rejaillit des instruments d'une coopération élargie qui s'est toutefois imposée pour affronter les potentialités extraordinaires du risque nucléaire. L'amplitude majeure du danger radiologique a conduit, d'une part, à l'institution novatrice de l'examen des pairs **(1)** et, d'autre part, à la recherche constante d'un savoir scientifique et technique optimisé **(2)**.

1) L'institution originale de l'examen des pairs

221. La radioprotection constitue l'objectif central des normes juridiques pour la sûreté des personnes face au risque de l'exploitation des substances radioactives. Or, ces normes reposent partiellement sur des concepts scientifiques et techniques peu accessibles aux non-initiés. Cette réalité représente une difficulté supplémentaire dans l'élaboration des règles de droit. C'est pourquoi leurs rédacteurs ne s'écartent pas en général des prescriptions et recommandations internationales pourtant non contraignantes. Telles les normes de l'Agence internationale pour l'énergie atomique (AIEA) sous l'égide de laquelle a notamment été adoptée la Convention sur la sûreté nucléaire de 1994[1]. Dans le but de maintenir un haut niveau de sûreté dans le monde, cette convention fixe certains objectifs de sûreté. Mais, les moyens d'y parvenir restent de la compétence des États souverains. En outre, c'est cette Convention qui fournit une véritable innovation juridique avec l'institution de l'examen des pairs.

222. **L'institution des pairs**. Cette institution initiée dans le secteur nucléaire semble, avec le temps, avoir inspiré d'autres domaines également pourvoyeurs de risques majeurs. À cet égard, nous citons l'Agence européenne des produits chimiques (ECHA)[2] attachée à la législation dite « REACH »[3] et plus particulièrement, son Forum d'échange d'informations. Celui-ci constitue un réseau d'autorités chargé de mettre en œuvre la

[1] [en ligne] https://www.iaea.org/sites/default/files/infcirc449_fr.pdf
[2] European Chemicals Agency (AEPC).
[3] Registration, Evaluation, Autorisation and Restriction of Chemicals.

réglementation européenne[1] adoptée pour renforcer la protection de la santé humaine et de l'environnement contre les risques des produits chimiques. Le droit de l'environnement prévoit aussi des dispositifs de retour d'expérience et des réunions ponctuelles pour faire le point entre les Parties à des conventions par exemple. Mais, le nucléaire reste précurseur. En plus d'établir des principes de sûreté dont le champ d'application porte sur les installations nucléaires, comme dit, la Convention sur la sûreté nucléaire (CSN) a instauré les « réunions d'examen ». Celles-ci sont prévues pour avoir lieu au moins tous les trois ans[2]. Systématiquement, chaque État contractant doit remettre un rapport dans lequel sont présentées les mesures prises en vue de répondre aux obligations préconisées par la CSN[3]. À ce dispositif conventionnel s'est ajoutée, en février 2015, la Déclaration de Vienne sur la sûreté nucléaire[4] justement adoptée au cours d'une de ces réunions périodiques[5].

223. Avec le processus d'examen par les pairs, la Convention sur la sûreté nucléaire de 1994 formalise la volonté de renforcer le dispositif de collaboration par l'expérience et l'échange d'informations entre les pays[6]. Depuis, l'Union européenne a instauré des outils spécifiques. Aux termes de la "directive sûreté" de 2009[7], l'importance de son évaluation exige l'organisation d'un examen international par des pairs tributaires du cadre national de chaque État membre et de leur autorité réglementaire[8].

224. **Évaluation de la sûreté et expérience des pairs**. Parallèlement à l'évolution des outils internationaux, les États membres de l'Union européenne (UE) ne sont donc pas restés inactifs. Conformément au constat fait en 2009, « la communauté internationale évalue les cadres juridiques nationaux en les comparant aux obligations contenues dans les instruments

---

[1] Règlement REACH signé le 18 déc. 2006 et entré en vigueur le 1er juin 2007, auquel s'ajoutent les règlements n° 1272/2008 (dit CLP pour les classification, étiquetage et emballage des substances et des mélanges et n° 649/2012 (dit PIC sur le consentement préalable informé) applicables au sein de l'UE, en Norvège, en Islande et au Liechtenstein, source ECHA [en ligne] https://echa.europa.eu/fr/about-us/who-we-are/enforcement-forum

[2] Selon la procédure et les modalités des art. 20 et s. de la Convention sur la sûreté nucléaire (CSN) précitée.

[3] Art. 5 CSN précit.

[4] AIEA, INFCIRC/872, Vienne, 23 fév. 2015, v. Annexe 3, p. 51 de la Brochure sur la CSN précitée, CNS/DC/2015/2/Rev.1.

[5] Cette révision de 2015 initiée par les parties contractantes, alors que la Convention sûreté était restée en l'état depuis son adoption en 1994, est une réaction à l'accident de Fukushima.

[6] À laquelle Euratom a adhéré en 1999 ; Euratom est membre de la CSN depuis le 30 avr. 2000 et, de fait, tous les membres d'Euratom le sont aussi ; v. Décision 1999/819/Euratom de la Commission du 16 nov. 1999 concernant l'adhésion de la CEEA (devenue Euratom) à la Convention de 1994 sur la sûreté nucléaire (JO L 318 du 11 déc. 1999), p. 20.

[7] Directive 2009/71/Euratom du Conseil du 25 juin 2009 établissant un cadre communautaire pour la sûreté nucléaire des installations nucléaires (JOUE n° L 172 du 2 juill. 2009).

[8] *Ibid.*, article 9(3).

internationaux »[1]. En 2014, la Directive 2014/87/Euratom du Conseil du 8 juillet 2014 modifiant la directive 2009/71/Euratom établissant un cadre communautaire pour la sûreté nucléaire des installations nucléaires[2] introduit un nouveau chapitre deux bis relatif aux examens par les pairs et à l'établissement de rapports. Par des « autoévaluations périodiques », au minimum décennales, les États confrontent leur cadre juridique et leurs autorités de réglementation[3] pour veiller à une sûreté maximale[4].

225. Des évaluations thématiques de sûreté sont coordonnées. Donnant lieu à la publication de rapports, le premier examen thématique devait être initié en 2017, puis au moins tous les six ans[5]. Pour l'avenir, il est prévu qu'en cas d'accident aboutissant à des situations qui nécessiteraient tant des mesures d'intervention d'urgence hors site que des mesures de protection de la population, les États membres concernés veillent à ce qu'un examen international par les pairs soit organisé sans retard injustifié[6]. Ces dispositions ne s'appliquent toutefois qu'aux États disposant d'installations[7].

226. En tout état de cause, la mise à jour et l'échange des données scientifiques et techniques contribuent au renouvellement des dispositions juridiques mises en œuvre pour répondre au défi planétaire que représente la sécurité, au sens commun du terme, de l'exploitation électronucléaire.

2) La recherche d'un savoir optimisé

227. Tout en conservant une attitude humble, il ne faut jamais cesser de réfléchir aux conséquences de l'exploitation de la radioactivité. Régulièrement, il est procédé à des réévaluations sur la base des connaissances scientifiques de cette innovation technologique. La directive sûreté précitée de 2014 réitère l'obligation du réexamen périodique de la sûreté au moins tous les dix ans[8]. Celui-ci conduit à évaluer la sûreté des installations conformément aux dernières améliorations (état de l'art) et aux expériences de terrain ; le tout en tenant compte de l'évolution de la recherche et des normes internationales les plus récentes[9]. Cet impératif n'est pas

[1] PELZER (N.), « Le renouveau du nucléaire – un nouveau droit nucléaire ? », *BDN*, n° 84, Vol. 2009/2, OCDE/AEN, déc. 2009, pp. 5-24, spéc. p. 12.
[2] JOUE L 219 du 25 juillet 2014.
[3] L'ASN en France.
[4] Directive sûreté 2014, Art. 8 sexies 1.
[5] Pt. 3, *ibid.*
[6] Pt. 4 *ibidem.*
[7] La Directive devait être transposée avant le 15 août 2017, celle du 8 juillet 2014 précitée impose que « les États membres communiquent à la Commission le texte des dispositions essentielles de droit interne qu'ils adoptent dans le domaine régi par la présente directive, ainsi que de toute modification ultérieure de ces dispositions ».
[8] Directive sûreté 2014 précitée, art. 8 quater b) al. 1, conformément aux modalités énoncées à l'article 6, point c).
[9] *Ibid.*, art. 8, quater b), al. 2.

complètement nouveau. En effet, le droit nucléaire international s'est façonné avec l'objectif d'actualisation par le retour d'expériences.

228. **Le besoin de recul des pairs sur les données incertaines**. Il revient en priorité aux États de prendre les dispositions adéquates pour assurer la sûreté des populations et des travailleurs face au danger radiologique. Cela vaut à tous les stades de l'exploitation et pour tous les intérêts à protéger. Quel que soit le fondement juridique de l'expression des pairs, ceux-ci cherchent et travaillent à la réunion des forces et des faiblesses de tous les pays impliqués pour veiller à la sûreté nucléaire planétaire.

229. Le traitement du risque repose sur un modèle préventif classique. À cet égard, il manque des bases de données pour probabiliser tous les aléas et optimiser l'anticipation. Bien que le risque nucléaire soit avéré, chaque accident majeur a bousculé les certitudes des scientifiques et *de facto*, des décideurs. Néanmoins, une analyse succincte des régimes de droit nucléaire montre l'attention portée à l'expérience et à l'évolution des connaissances. Le droit nucléaire n'est évidemment pas la seule branche du droit à tenir compte des précédents. Nous pouvons même dire que c'est un point saillant de tout système juridique. Pourtant, au regard des dispositifs de la coopération des pairs, dans l'office d'anticiper scientifiquement le risque et l'évolution nécessaire de la protection juridique, le droit nucléaire apparaît précurseur. La mise en place rapide, après Fukushima, de la procédure des tests de résistance en fournit un exemple.

230. **Les tests de résistance**. Immédiatement après la catastrophe, les instances européennes ont réagi en instaurant des *crash tests*. Dits tests de résistance en français, ils visent à mettre en place, dans toute la Communauté, des évaluations globales des risques pour renforcer la sûreté des centrales. L'accident japonais a montré des défaillances et par suite, le besoin de renforcer la sûreté nucléaire dans les pays concernés[1]. Il est apparu que le cadre juridique communautaire relatif à la sûreté des installations devait être revu afin de respecter l'objectif conventionnel fondamental du haut niveau de sûreté[2] préconisé à l'échelle internationale depuis 1994. La directive sûreté modifiée de 2014 traduit cet objectif[3]. La spécificité du droit nucléaire réside

---

[1] Considérant 5, al. 1, Directive 2014/87/Euratom du 8 juill. 2014 précitée.

[2] « le Conseil européen a aussi demandé à la Commission de procéder à l'examen, le cas échéant, du cadre législatif et réglementaire existant en matière de sûreté des installations nucléaires et de proposer toute amélioration qui pourrait se révéler nécessaire. Le Conseil européen a également souligné que les normes les plus élevées en matière de sûreté nucléaire devaient être appliquées et améliorées de manière continue dans l'Union », *ibid.*, Consid. 5.

[3] « Au vu des progrès techniques accomplis grâce aux dispositions de l'AIEA et par l'Association des responsables des autorités de sûreté nucléaire des pays d'Europe de l'Ouest (WENRA), et en réponse aux leçons tirées des tests de résistance et des enquêtes liées à l'accident nucléaire de Fukushima, la directive 2009/71/Euratom devrait être modifiée de façon à inclure un objectif élevé en matière de sûreté nucléaire à l'échelon de la Communauté couvrant toutes les étapes du cycle de vie des installations nucléaires (choix du site, conception, construction, mise en service, exploitation, déclassement) », Considérant 15, directive précitée.

dans le fait que le secteur anticipe les modalités d'apprentissage des erreurs pour le présent comme pour l'avenir[1]. Dès qu'un événement n'a pas pu être évité, il faut comprendre et tirer les conséquences. Après quoi, les dispositifs concernés sont remaniés. La logique vaut qu'il y ait eu erreur humaine ou pas[2].

231. **Transition**. Chaque cas de figure a permis de tirer les conséquences de l'expérience radiologique. De manière générale, comme n'importe quel secteur industriel, en plus des contraintes de sûreté partiellement, mais toujours tributaires des évolutions de la connaissance, le secteur mise sur sa capacité de recherche et de développement. En droit nucléaire, des institutions ont vu le jour. Elles sont le terreau de la coopération scientifique sans laquelle l'industrie électronucléaire n'aurait pas pu prospérer. Le danger radiologique est un exemple du lien science/droit. Le droit de la radioprotection manifeste ce rapport.

§2. L'expression de la science dans le droit transversal de la radioprotection

232. Dès les années 1900, le danger sanitaire de l'exposition aux rayonnements ionisants est connu. Les experts du nucléaire ont peu à peu[3] constitué une base scientifique décrivant les risques, dans le but de fournir des recommandations pratiques dont certaines seront appréciées au fil des développements. Des principes juridiques de protection en découlent. Ils forment le socle des diverses règlementations du droit nucléaire international dont, le plus souvent, le droit national est inspiré[4].

233. Les connaissances sur le danger radiologique optimisent la prudence recherchée avec le droit de la radioprotection. Ce dispositif du droit nucléaire est transversal. Il vise l'optimisation de la protection sanitaire dans toutes les situations de mise en contact avec la substance radioactive. Les normes juridiques de la radioprotection reposent sur une ossature de principes généraux. L'ensemble permet de consolider la protection contre les conséquences, plus ou moins prévisibles, du danger d'exposition aux rayonnements ionisants en temps normal comme en cas de crise.

234. La science est au cœur de la radioprotection, elle-même intrinsèque à la sûreté nucléaire. L'anticipation scientifique du danger radiologique est corrélée, d'une part, à la direction juridique opérée par des

---

[1] « cet objectif nécessite d'apporter des améliorations significatives en matière de sûreté dans la conception des nouveaux réacteurs et de recourir à cette fin aux connaissances et aux technologies les plus récentes, en tenant compte des exigences internationales les plus récentes en matière de sûreté », *ibid.*

[2] Toutefois, dans les cas d'accidents nucléaires majeurs, il a systématiquement été fait état d'erreurs humaines.

[3] Et ils continuent à le faire.

[4] LAZO (E.N.), « Le système international de protection radiologique », *Le droit nucléaire international : Histoire, évolution et perspectives*, OCDE, 2010, pp. 119-136, spéc. p. 120.

principes transversaux (**A**) et, d'autre part, aux normes de base de la radioprotection (**B**).

A. Les lignes juridiques directrices de la science radiologique

235. Aux fins de la protection radiologique, le droit nucléaire, comme le droit de l'environnement, énonce des principes généraux à la base des normes que les règlementations sectorielles prescrivent. La protection radiologique recouvre *a minima* les règles de sûreté et de radioprotection. Pour assurer la protection adéquate face au danger radiologique, les principes généraux du droit nucléaire (**1**) forment un socle transversal à toutes les situations d'usage de la radioactivité (**2**).

1) Les principes généraux de la radioprotection

236. **L'exégèse de la radioprotection**. Le danger radiologique s'avère la contrepartie des usages d'une technologie qui a permis de faire entrer le monde dans la modernité et d'enclencher les progrès favorables à de nombreux secteurs. Il concrétise la contrepartie d'une technologie, pourrait-on ajouter, sans laquelle rien de cela n'eût été possible. Le traité instituant la Communauté européenne de l'énergie atomique (CEEA ou Euratom) de mars 1957 formalise cet état d'esprit dans son chapitre dévolu à la protection radiologique[1]. Aux termes du droit interne, la radioprotection est définie comme « la protection contre les rayonnements ionisants, c'est-à-dire l'ensemble des règles, des procédures et des moyens de prévention et de surveillance visant à empêcher ou à réduire les effets nocifs des rayonnements ionisants produits sur les personnes, directement ou indirectement, y compris par les atteintes portées à l'environnement »[2]. Quoi que chacun de nous pense du choix sociétal nucléaire, corrélativement aux avancées scientifiques et techniques, le juste milieu est à trouver entre le développement des activités nucléaires et une protection renouvelée qui s'inscrit dans la continuité de l'impératif de la sécurité publique. De là l'instauration dans le droit nucléaire de trois principes généraux de radioprotection, ils se déclinent dans les différents régimes afin de répondre au niveau élevé de protection recherché contre les effets sanitaires des radioéléments.

237. **Le socle des principes de radioprotection**. Ces trois principes généraux conditionnent tant les activités que les installations nucléaires. Ils font « considérer la protection radiologique comme coiffant ou englobant

---

[1] Voir chap. II du traité de 1957 précité.
[2] Art. L. 591-1, al. 3, C. environnement.

toute la législation nucléaire »[1]. D'un, la réglementation des doses d'exposition à la radioactivité respecte le « principe de limitation » qui participe à rendre le risque acceptable. De deux, le « principe d'optimisation », dit ALARA[2], veille à circonscrire le risque en vertu, notamment des connaissances scientifiques du moment. De trois, la « justification » pose le principe d'un rapport équilibré entre, d'une part, les avantages escomptés par les différentes activités et installations et, d'autre part, leurs inconvénients. Ces trois principes spécifiques à la radioprotection sont définis en droit interne à l'article L. 1333-2 du Code de la santé publique.

238. **Principe de limitation et normes de radioprotection.** En France et au moins dans l'Union européenne, en dehors de toute exposition à des fins médicales ou de recherche biomédicale, les personnes ne doivent pas être exposées aux rayonnements ionisants au-delà des limites normatives[3]. Des limites de dose - efficace et équivalente - sont réglementées dans le droit interne à l'article R. 1333-11 du Code de la santé publique. Le débit d'exposition doit donc être surveillé. En dehors des situations accidentelles où d'autres normes s'appliquent, la plupart des expositions artificielles sont réglementées. Les normes de radioprotection imposent un décompte des expositions afin de ne pas dépasser le niveau de dose prévu pour le groupe de populations concerné. En France, par exemple, la limite de dose pour la population civile en temps normal[4] s'élève à 1 mSv/an[5].

239. **Le principe d'optimisation**. Le principe ALARA tend à l'anticipation du taux d'exposition des personnes aux rayonnements ionisants. Ainsi, le nombre d'expositions et la probabilité d'exposition doivent être maintenus au niveau le plus faible qu'il est raisonnablement possible d'atteindre compte tenu de l'état des connaissances. La référence à la science est explicitement énoncée. Pour la Commission internationale de protection radiologique (CIPR), ce principe n'est rien d'autre qu'un « état d'esprit » consistant à se demander si l'option choisie reste la meilleure ; la plus raisonnable pour la protection radiologique future compte tenu des

---

[1] STOIBER (C.), BAER (A.), PELZER (N.), TONHAUSER (W.), *Manuel de droit nucléaire*, AIEA, Vienne, sept. 2006, 191 p., spéc. p. 55.

[2] *As Low As Reasonably Achievable.*

[3] Art. L. 1333-2, 3°, CSP.

[4] La directive Euratom précitée distingue les situations « d'exposition existante » et « d'exposition d'urgence », tandis que le CSP définit la « situation d'urgence radiologique » à l'art. L. 1333-3 3°, al. 2, comme « toute situation impliquant une source de rayonnements ionisants et nécessitant une réaction rapide pour atténuer des conséquences négatives graves pour la santé, l'environnement ou les biens, ou un risque qui pourrait entraîner de telles conséquences négatives graves ».

[5] Not. art. 12, pt. 2, directive 2013/59/Euratom du Conseil du 5 décembre 2013 fixant les normes de base relatives à la protection sanitaire contre les dangers résultant de l'exposition aux rayonnements ionisants et abrogeant les directives 89/618/Euratom, 90/641/Euratom, 96/29/Euratom, 97/43/Euratom et 2003/122/Euratom (dite « directive normes de base ») ; le pt.3 ajoute les « limites de doses équivalentes » pour le cristallin, la peau et les extrémités.

circonstances présentes[1]. Pourtant, l'optimisation va de pair avec les concepts de contrainte de dose (situations planifiées) et de niveau de référence (situations d'urgence et existantes). Conformément au principe de limitation, l'objectif du principe ALARA vise la protection avec l'instauration des niveaux de dose réglementaires[2]. Et, indépendamment de l'optimisation, ou plutôt conjointement, chaque choix en la matière doit par principe être justifié.

240. **Le principe de justification**. La justification implique, d'une part, l'anticipation d'une juste application des choix entrepris dans le cadre de l'exploitation nucléaire et, d'autre part, un contrôle régulier. Aux termes de ce principe fondateur, quel que soit le motif d'exposition à la radioactivité, pour être autorisée, le bénéfice recherché par la prise de risque doit contrebalancer son coût[3]. En France, une activité nucléaire ne peut être entreprise ou exercée que si elle est justifiée par les avantages qu'elle procure sur le plan individuel ou collectif, notamment du point de vue sanitaire, social, économique ou scientifique[4]. Divers contrôles veillent au respect de cette justification.

241. À l'instar du calcul coût/avantage familier aux préconisations du droit de l'environnement, dans la balance avantages/risques que met en œuvre ce principe, toutes les données à prendre en compte ne s'avèrent pas purement et seulement scientifiques. En cela, le nucléaire n'est pas différent d'autres domaines à risques. Qu'il s'agisse du risque, d'une incertitude scientifique ou des deux, il faut décider des modes de gestion pour assurer la meilleure protection, en toute circonstance. Rien n'est figé. Selon l'ASN, en 2019, « une réévaluation de la justification peut être lancée si l'état des connaissances et des techniques le justifie »[5]. C'est valable pour la sûreté nucléaire.

242. **Les principes généraux dévolus à la sûreté**. Aux principes de radioprotection s'ajoutent ceux spécifiques à la sûreté qui, eux aussi, forment la base de la réglementation nucléaire analysée au fur et à mesure des développements. Nous nous limitons ici à leur énonciation, car les moyens de la sûreté participent à la protection radiologique, seul le principe de responsabilité de l'exploitant s'avère spécifique au domaine nucléaire. Les autres sont, entre autres, les principes de prévention, de précaution et du pollueur-payeur du droit de l'environnement. La présente étude cherche à montrer que le droit nucléaire les met en œuvre pour anticiper les risques et assurer la sûreté. Au préalable, pour clarifier comment les connaissances scientifiques se manifestent dans la matérialité du risque nucléaire, il faut mettre en exergue la transversalité du champ de la protection radiologique.

---

[1] Publication 103, CIPR 2007, p. 98, pt. (217).

[2] ALARA est aussi intrinsèquement lié aux effets stochastiques, ceux qui relèvent de l'aléatoire lors d'expositions répétées aux faibles doses, v. *supra*.

[3] Entendu au sens large et pas seulement du point de vue financier.

[4] Par rapport aux risques inhérents à l'exposition aux rayonnements ionisants auxquels elle est susceptible de soumettre les personnes, art. L. 1333-2, al. 1, Code de la santé publique.

[5] ASN, Rapport 2018 sur l'état de la sûreté et de la radioprotection en France, mai 2019, 382 p., spéc. p. 109, pt. 1.1.5.

2) Le champ transversal de la sûreté radiologique

243. **Principes de sûreté et « normes BSS »**[1]. Dans son acception générale, la sûreté[2] représente « l'ensemble des mesures qui ont pour objet la protection de l'homme et de l'environnement contre les risques des applications de l'énergie nucléaire »[3]. Elle englobe la protection radiologique au moyen des normes de radioprotection et de sûreté. Or, pour l'Agence internationale de l'énergie atomique (AIEA), les deux aspects sont imbriqués[4]. Radioprotection et sûreté sont les deux faces d'une même médaille. La sûreté participe à la protection sanitaire dans le cadre des activités usant de la radioactivité et vise à réduire les dangers du risque nucléaire. Le droit de la sûreté nucléaire sera explicité sous l'angle de l'exploitation des installations nucléaires. Pour le moment, il s'agit de mettre en évidence son inextricabilité avec le droit de la protection radiologique et le caractère spécial du droit de la prévention nucléaire, à commencer par ses règles de protection sanitaire.

244. **Le lien entre sûreté et radioprotection**. Au niveau européen, alors que tout un chapitre organise la protection sanitaire[5], la sûreté ne faisait l'objet d'aucune disposition directe jusqu'à la directive sur la sûreté de 2009[6]. Jusque-là, elle relevait du seul office des États[7]. Toutefois, comme l'AIEA[8], la Cour de justice des Communautés européennes (CJCE) établit, en 2002, un lien intrinsèque entre la protection radiologique et la sûreté nucléaire[9]. Dans cette affaire, l'avocat général admet qu'en l'état « des connaissances scientifiques actuelles, il n'est ni possible ni souhaitable de maintenir des frontières artificielles entre les deux disciplines que sont la radioprotection et

---

[1] Ou *Basic Savety Standards*, en français les normes de base de la radioprotection.

[2] Dans le sens anglo-saxon de *safety*.

[3] STROHL (P.), « La Convention de l'AIEA sur la sûreté nucléaire », *loc. cit*, spéc. p. 806.

[4] Entrée « Protection et sûreté » dans le Glossaire de sûreté de l'AIEA - Terminologie employée en sûreté nucléaire et radioprotection, Vienne, Éd. 2007, 240 p., spéc. p. 145.

[5] Duquel découle toutes les normes « BSS » successives : les directive dites « normes de base » dont la directive 2013/59 Euratom du Conseil du 5 décembre 2013 fixant les normes de base relatives à la protection sanitaire contre les dangers résultant de l'exposition aux rayonnements ionisants et abrogeant les directives 89/618/Euratom, 90/641/Euratom, 96/29/Euratom, 97/43/Euratom et 2003/122/Euratom (JOUE n° L 13 du 14 janv. 2014) ; la directive 80/836/Euratom du Conseil du 15 juillet 1980, portant modification des directives fixant les normes de base relatives à la protection sanitaire de la population et des travailleurs contre les dangers résultant des rayonnements ionisants (JOCE n° L 246/1 du 17 sept. 1980).

[6] Directive 2009/71/Euratom du Conseil du 25 juin 2009 établissant un cadre communautaire pour la sûreté nucléaire des installations nucléaires (JOUE n° L 172 du 2 juill. 2009).

[7] Il existait quand même des instruments non contraignants, telles les résolutions de 1975 et 1992 du Conseil relatives aux problèmes technologiques de sécurité nucléaire.

[8] Qui a reconnu que « la distinction usuelle entre la sûreté nucléaire et la protection radiologique ne se justifie guère au niveau conceptuel » dans la préface de ses Principes fondamentaux de sûreté. Voir AIEA, Glossaire de sûreté, Terminologie employée en sûreté nucléaire et radioprotection, Vienne, Ed. 2007, 240 p.

[9] Aff. n° C-29/99, Commission c/Conseil du 10 déc. 2002 (JOCE 19 du 25 janv. 2003).

la sûreté nucléaire »[1]. Se pose quand même le dilemme de distinguer la radioprotection des règles de sûreté.

245. Les règles de radioprotection veillent à la sécurité sanitaire ; celles de sûreté, aux risques d'utilisation des rayonnements ionisants et matières nucléaires. Au premier chef, la sûreté concerne le maintien du contrôle sur les sources radioactives, tandis que la protection radiologique tend principalement au contrôle des expositions aux rayonnements et de leurs conséquences[2]. Ainsi, l'un ne semble pas aller sans l'autre. Le lien se renforce avec la directive sûreté modifiée de 2014[3]. Dans la suite de notre étude, les différents régimes voués à la protection par l'anticipation seront donc présentés comme un tout, chaque fois qu'une distinction ne s'impose pas.

246. **Un impératif de protection.** Qu'il s'agisse de sûreté ou de radioprotection, l'objectif vise à protéger du danger radiologique inhérent au risque nucléaire tant la santé des individus que leur environnement social et naturel[4]. C'est l'un des principaux défis qui s'impose, en général, aux utilisateurs de la radioactivité et, en particulier, aux exploitants des installations nucléaires de base. Dans la publication relative aux principes fondamentaux de sûreté, en 2007, l'Agence internationale de l'énergie atomique annonce que la protection juridique, des personnes et de l'environnement confrontés aux risques radiologiques, repose sur un efficace éventail de textes[5]. Selon son directeur général, les normes de sûreté[6] reflètent « les meilleures pratiques en vigueur dans les États Membres »[7].

247. Dès 1994, la préconisation du haut niveau de sûreté est formalisée au niveau supranational[8]. Concrètement, l'objectif porte sur tout le domaine nucléaire, à chaque étape des activités et installations. La sûreté s'applique

---

[1] Voir pt. 166 des conclusions de l'Avocat général JACOBS du 13 déc. 2001, Aff. C-29/99.

[2] GARRIBBA (M.), CHIRTES (A.) et NAUDUZAITE (M.), « La directive établissant un cadre communautaire pour la sûreté nucléaire des installations nucléaires : L'approche européenne de la sûreté nucléaire », *BDN*, n° 84, Vol. 2009/2, OCDE, déc. 2009, pp. 25-36, spéc. p. 29.

[3] Elle complète « les normes de base visées à l'article 30 du traité en ce qui concerne la sûreté nucléaire des installations nucléaires et est sans préjudice de la législation communautaire en vigueur sur la protection de la santé des travailleurs et de la population contre les dangers résultant des rayonnements ionisants, notamment la directive 2013/59/Euratom », Art. 2, Paragraphe 3 nouveau, Directive sûreté 2014 précitée.

[4] Le lien entre la santé et environnement a été fait dès l'Antiquité, puis occulté jusqu'à récemment, avec l'émergence de la prise de conscience des problématiques liant santé et environnement, not. en France, JAEGER (L.), « Propos liminaires sur le concept de santé environnementale » dans *Droit nucléaire – La santé environnementale*, sous la Dir. PONTIER (J-M.), JAEGER (L.) et DENOLLE (A-S.), PUAM, 2019, pp. 7-19, spéc. pp. 8-9 et p. 14.

[5] Les conventions internationales, les normes de sûreté de l'AIEA, les normes industrielles et les prescriptions nationales diverses forment une base cohérente et exhaustive pour une protection adéquate (introduction, pt. 1.5).

[6] Non contraignantes mais généralement pris en compte par les États Parties.

[7] ELBARADEI (M.), avant-propos dans les Principes fondamentaux de sûreté de l'AIEA de 2007, réf. précitée.

[8] Convention sur la sûreté nucléaire, AIEA, INFCIRC/449, juill. 1994, 15 p.

aux installations nucléaires, à la radioprotection, aux transports des matières dangereuses et à la gestion des déchets ; en prévision des situations d'urgence. Chacun de ces pans de la sûreté relève d'une convention internationale[1]. Sous toutes ces occurrences, les règles de radioprotection s'appliquent.

B. Les normes de base de la radioprotection

248. Tant dans la Communauté européenne qu'en France, les normes de radioprotection ont été élaborées à partir des recommandations de la Commission internationale de protection radiologique (CIPR). Celles-ci fondent l'origine scientifique de cette réglementation (**1**) qui constitue le dispositif juridique des normes de base de la radioprotection (**2**).

1) L'origine scientifique des normes de radioprotection

249. **La raison d'être des normes de base**. Dès le départ, les normes de radioprotection caractérisent les doses relatives aux expositions et contaminations maximales admissibles, pour tout le monde et les principes fondamentaux de surveillance médicale, pour les travailleurs. Les niveaux de doses réglementaires, comme prévu par ces normes de base, en temps normal et en situation d'urgence radiologique, permettent d'appréhender le danger pour encadrer le risque nucléaire et limiter le risque radiologique. Il s'agit, d'une part, de prendre en compte toutes les formes d'exposition sur une période donnée et, d'autre part, d'additionner les doses reçues par le sujet à protéger, afin de limiter les effets de la radioactivité. Le risque d'impact radiologique n'est pas le même, selon la dose reçue, les éléments en présence et les temps d'exposition. En effet, n'ont pas les mêmes conséquences une forte dose de quelques secondes -par exemple avec des rejets massifs ou une administration accidentelle- et les doses faibles reçues de façon continue -par exemple par les travailleurs du nucléaire ou les populations à proximité immédiate des centrales. Il en est de même si la contamination ou l'irradiation touche tout le corps, uniquement une parcelle limitée ou un organe particulier. Tous ces paramètres déterminent l'ampleur du risque, d'où l'institution des normes de base qui établissent des limites de dose spécifiques.

250. **Le fondement des normes de base**. Dans les pays nucléarisés, les normes de base découlent de celles instituées sur le fondement du traité dit Euratom du 29 mars 1957 instituant la Communauté Européenne de l'Energie Atomique (CEEA). En 1959, la Commission internationale de protection

---

[1] Convention commune sur la sûreté de la gestion du combustible usé et sur la sûreté de la gestion des déchets radioactifs (Convention commune) ; Convention sur la notification rapide d'un accident nucléaire (Convention sur la notification rapide) ; Convention sur l'assistance en cas d'accident nucléaire ou de situation d'urgence radiologique (Convention sur l'assistance).

radiologique publie ses premières recommandations sur la limite de dose officielle[1]. L'origine supranationale de cette réglementation vise à protéger la santé des populations et des travailleurs contre les dangers des radiations ionisantes et la nature scientifique des préconisations.

251. Pour encadrer juridiquement la dose reçue du fait du nucléaire, il incombait aux États membres[2] de prendre toutes les dispositions législatives, réglementaires et administratives nécessaires à l'application nationale de ces normes de base[3]. Par la suite, conformément au traité Euratom, des normes chiffrées ont été décidées par le Conseil[4]. Plusieurs fois[5] et encore dernièrement modifié[6], le droit nucléaire interne applique ce système.

2) Le contenu scientifique des normes de base

252. **Contrôle du niveau et contexte de la dose reçue.** Dès 1957, il revient aux États membres[7] de pourvoir à un contrôle permanent du respect des normes de base et de, régulièrement, communiquer les résultats à la Commission[8]. Dans la continuité du traité, la directive 2013/59 Euratom[9], relative à la radioprotection et transposée en droit français dans plusieurs dispositifs[10], prévoit que « dans les situations d'exposition planifiées, la somme des doses reçues par une personne ne dépasse pas les limites de dose fixées pour l'exposition professionnelle ou l'exposition du public. Les limites

[1] Publication 1 où elle procède à un abaissement par rapport à ce qu'elle préconisait depuis la fin de la seconde guerre mondiale ; quand elle avait abaissé la limite initiale de 1938 qui ne concernait alors que les professionnels.

[2] C'est toujours le cas.

[3] Art. 33, al. 1, du traité précité.

[4] Voir la procédure des 2 alinéas de l'art. 31 du traité de 1957 tandis que l'art. 218 prévoyait un délai d'un an à compter de son entrée en vigueur pour donner plein effet à la procédure de l'art. 31 et fixer les normes de base.

[5] Les 1ère normes ont été prises par les directives communautaires du 2 févr. 1959 pour la protection sanitaire de la population et des travailleurs contre les dangers résultant des radiations ionisantes (JOCE L 11 du 20 févr. 1959, p. 221).

[6] Par la directive 2013/59/Euratom précitée qui remplace la directive 96/29/Euratom du Conseil qui elle-même abrogeait les précédentes relatives aux normes de base applicables aux situations normales et d'urgence radiologique (complétées par d'autres dispositions).

[7] Six États lors de la signature du traité (Belgique, Allemagne, France, Italie, Luxembourg, Pays-Bas).

[8] Art. 35, al. 1 et art. 36 du traité de 1957 précité.

[9] Fixant les normes de base pour la protection sanitaire contre les dangers résultant de l'exposition aux rayonnements ionisants précitée (JOUE L 13 du 17 janv. 2014).

[10] Conformément au domaine concerné : la loi n° 2015-992 du 17 août 2015 relative à la transition énergétique pour la croissance verte (art. 128) ; ordonnance n° 2016-128 du 10 févr. 2016 portant diverses dispositions en matière nucléaire ; décret n° 2018-434 du 4 juin 2018 portant diverses dispositions en matière nucléaire, n° 2018-437 du 4 juin 2018 relatif à la protection des travailleurs contre les risques dus aux rayonnements ionisants et décret n° 2018-438 du 4 juin 2018 relatif à la protection contre les risques dus aux rayonnements ionisants auxquels sont soumis certains travailleurs.

de dose ne s'appliquent pas aux expositions à des fins médicales »[1]. En outre, cette directive de 2013 réitère que les États membres s'assurent que « les limites de dose pour l'exposition du public s'appliquent à la somme des expositions annuelles d'une personne du public du fait de toutes les pratiques autorisées »[2]. Ce taux ne comptabilisait, jusqu'à récemment, ni les expositions à la radioactivité naturelle[3] ni les expositions médicales[4].

253. **Le champ de la radioprotection**. L'exclusion de la prise en compte dans le décompte des doses médicales reçues peut surprendre ; vu les chiffres transmis à l'Autorité de sûreté où il apparaît que l'exposition médicale regroupe la plus forte part[5] de l'exposition artificielle annuelle en France. Les choses ont toutefois évolué, même si la question fait encore débat[6]. Désormais, la directive normes de base de 2013 précitée impose aux États membres de recenser aussi les pratiques impliquant des matières radioactives naturelles susceptibles d'exposer les travailleurs et le public de manière non négligeable du point de vue de la radioprotection[7]. Le droit national s'en est donc saisi.

254. Selon le décret du 4 juin 2018 portant diverses dispositions en matière nucléaire, est prévue, en plus du radon, la réduction de l'exposition aux matières contenant des radionucléides naturels en concentration significative[8] et des personnes aux rayonnements gamma émis par les matériaux de construction dans les bâtiments[9]. Dès lors, il n'est plus tout à fait juste de dire que la radioactivité naturelle n'est pas prise en compte. D'autant moins que le Code de l'environnement répertorie dorénavant la liste[10] des installations industrielles dont les activités nécessitent la caractérisation radiologique et donc, l'identification des substances susceptibles de contenir des radionucléides naturels[11]. Dans tous les cas, les modèles de protection reposent sur les données scientifiques et la connaissance du danger.

255. **Transition**. Au regard des dispositifs installés dans le droit des États ayant fait le choix d'une réglementation nucléaire, « l'action du droit ne

---

[1] Pt. c) de l'art. 5 (principes généraux de radioprotection) du chap. III.

[2] Pt. 1 de l'art. 12 Euratom 2013 précité.

[3] Selon le dernier rapp. IRSN la dose moyenne annuelle de radioactivité naturelle en France est de 2 mSv, v. Bilan de l'état radiologique de l'environnement français de 2015 à 2017, janv. 2019, 354 p. spéc. p. 324.

[4] Selon le même rapp. IRSN une radiographie des poumons engendre une dose de 0.02 mSv et une mammographie 0.1 mSv.

[5] Env. 2.4 mSv/an tandis que la valeur d'exposition toute source confondue a été estimée par l'IRSN en 2010 à env. 4.5 mSv/an, v. rapp. ASN 2015 sur l'État de la sûreté et radioprotection en France, not. p. 18.

[6] Voir le rapport ASN de mai 2019 précité.

[7] Art. 23, directive Euratom du 5 déc. 2013 précitée.

[8] Art. R. 1333-37, CSP - régime applicable seulement pour la détention de substances radioactives naturelles supérieure à une tonne.

[9] Art. R. 1333-38 à R. 1333-44, CSP.

[10] Art. D. 515-111, Code de l'environnement, institué par l'art. 9 du Décret n° 2018-434 du 4 juin 2018 précité.

[11] Art. R. 515-110, Code de l'environnement.

représente qu'une composante [..] de portée limitée, parmi les actions des scientifiques, des ingénieurs et des opérateurs qui concourent à cette discipline »[1]. La collaboration est au cœur d'un système qui dispose de ses propres instruments dans le cadre d'une anticipation juridique tributaire des organes détenteurs de la connaissance radiologique. Le droit du risque nucléaire fournit une « symbiose entre le droit national, le droit international et le contrôle international par les pairs »[2]. Dès le départ, au regard des complexités, la prudence nucléaire motive une approche préventive qui vise à tirer parti de chaque alternative connue afin de défier l'inconnu.

---

[1] STROHL (P.), « La Convention de l'AIEA sur la sûreté nucléaire », *Annuaire Français de Droit international*, Ed. CNRS, 1994, n° 40, pp.804-822, spéc. p. 807.

[2] PELZER (N.), « Le renouveau du nucléaire – un nouveau droit nucléaire ? », *BDN*, n° 84, Vol. 2009/2, OCDE/AEN, déc. 2009, p. 5-24, spéc. p. 6

Chapitre 2. Les manifestations de la prudence dans l'anticipation du risque

256. Des mesures de prévention renforcées et adaptées se sont avérées indispensables. Dès l'apparition des premiers effets, le risque est identifié comme de vaste portée géographique et temporelle. Sous la contrainte de la connaissance des causes et des conséquences du danger radiologique, l'exploitation civile de l'atome devait être encadrée.

257. Le dispositif originaire constitue un droit de promotion. Le chemin a été long avant de parvenir aux régimes actuels. Par la force des événements, le droit des installations nucléaires de base est devenu un droit des risques technologiques majeurs. L'accident de Tchernobyl cristallise le moment charnière de la bascule vers son « verdissement ». Malgré une autonomie des dispositifs, la prudence environnementale renouvelle une partie des instruments. Cette évolution contribue au renforcement d'une prévention dont les particularités se justifient par la nature du risque en cause.

258. Dès l'origine, des principes spécifiques au droit nucléaire chapeautent les régimes juridiques qui ont, hormis ceux de la radioprotection, intégré le Code de l'environnement. Afin de nourrir la réflexion sur l'hypothèse d'un droit nucléaire potentiellement plus protecteur que le droit de l'environnement, la présentation des fondements de la prudence inhérente au droit du risque nucléaire (**section 1**) conduira à constater l'influence des interférences avec le droit de l'environnement (**section 2**).

Section 1. Les fondements de la prudence dans le droit du risque nucléaire

259. Le droit nucléaire s'est construit sur l'impératif de sécurité qui motive la prudence du secteur. En droit des installations nucléaires, outre la radioprotection, la sécurité se décline sous l'angle de la sûreté.

260. À l'instar de la protection de l'environnement, la sûreté était absente de la réglementation nucléaire française originaire[1]. Celle-ci visait surtout à promouvoir l'utilisation pacifique de l'atome. Aujourd'hui, le risque nucléaire appartient à la catégorie des risques technologiques majeurs. Sous le leitmotiv de la sécurité, les dispositifs de prévention mettent en œuvre la sûreté. Une fois définis le sens et les modes d'expression de la sécurité, puis de la sûreté, il s'agira de constater que la collaboration supranationale intervient aussi au niveau juridique. C'est un point prégnant du droit nucléaire.

---

[1] Décret n° 63-1228 du 11 déc. 1963 relatif aux installations nucléaires (JORF du 14 déc. 1963, p. 11089, rectif. JORF 5 fév. 1964) modifié par le décret n°73-405 du 27 mars 1973.

261. Comme en droit de l'environnement, des principes généraux forment la ligne directrice de la prudence nucléaire. Le droit des installations nucléaires de base a pour objet d'anticiper les risques induits par l'exploitation de la radioactivité à des fins de production d'électricité. La prudence repose, de manière générale, sur le principe de la sécurité nucléaire (**§1**) qui recouvre, en particulier, la prévention inhérente au principe de la sûreté nucléaire (**§2**).

§1. La sécurité nucléaire, l'anticipation multiforme d'un risque majeur

262. Le droit de la sécurité nucléaire a évolué en concertation avec des institutions supranationales et sous l'office d'une collaboration qui ne remet pas en cause la souveraineté nationale de ce secteur industriel stratégique.

263. Dès 1957, au niveau international, alors que l'industrialisation de l'atome n'en est qu'à ses balbutiements, un rapport mentionne que les dommages en cas d'accident nucléaire peuvent être de grande ampleur[1]. Le risque apparaît majeur. Pour poser les bases du cadre juridique d'une prévention renforcée par l'amplitude des risques en cause, le droit du nucléaire civil invite à constater le caractère multiforme de la sécurité nucléaire.

264. Le principe de la sécurité nucléaire transcende le droit des installations nucléaires de base. Il répond, d'une part, au panel des enjeux du risque induit par l'exploitation de l'atome (**A**) et, d'autre part, au besoin d'une institutionnalisation spéciale pour garantir la sécurité planétaire (**B**).

A. Le panel des enjeux de la sécurité nucléaire

265. Afin de comprendre les enjeux de la sécurité nucléaire, il faut distinguer l'étendue des occurrences du risque dont l'une des expressions trouve son origine dans l'exploitation des installations nucléaires de base. L'échelle internationale des événements nucléaires, dite échelle INES[2], établit une graduation des différents niveaux du risque nucléaire civil (**1**) qui a fini par caractériser l'existence d'un risque technologique majeur (**2**).

1) La graduation des risques du nucléaire civil

266. **L'échelle des risques du nucléaire**. Elle hiérarchise les conséquences d'un événement, du fait d'une installation ou d'une activité, en fonction de sa gravité par rapport à ce qui se doit d'être sûr. Elle répertorie huit niveaux, de zéro à sept, afin de faciliter la compréhension du public.

---

[1] Rapport : *Brookhaven Theoretical Possibilities of Major Accidents in Large Nuclear Power Plants, Washington*, D.C., 1957, WASH-740.

[2] AIEA, Glossaire de sûreté, Terminologie employée en sûreté nucléaire et radioprotection, Vienne, Ed. 2007, 240 p., spéc. pp. 101-102.

267. **Les incidents.** Les premiers degrés de l'échelle visent les situations d'incident que, notamment, la directive européenne dite « sûreté » de 2014 définit comme « tout événement involontaire dont les conséquences réelles ou potentielles ne sont pas négligeables du point de vue de la radioprotection ou de la sûreté nucléaire »[1]. Le niveau zéro vise les « écarts » réputés sans incidence sur la sûreté. Les simples « anomalies » de l'installation constituent le niveau un. Le niveau deux regroupe les « incidents », soit du fait d'une défaillance ou d'une exposition des travailleurs excédant la limite de dose statutaire, soit parce que l'événement appelle des mesures correctives. Ces incidents peuvent être indépendants ou cumulatifs. Le niveau trois répertorie les « incidents graves » susceptibles de n'induire la résistance que de la dernière barrière de protection, en plus de produire une grave contamination *in situ* ou des effets déterministes pour un travailleur, voire un très faible rejet de matière radioactive en dehors du site. Les niveaux supérieurs de l'échelle référencent les différents accidents.

268. **Les accidents**. Au sens du droit de la sûreté de l'UE, l'accident englobe « tout événement involontaire dont les conséquences réelles ou potentielles sont significatives du point de vue de la radioprotection ou de la sûreté nucléaire »[2]. Le niveau quatre concerne les « accidents » sans grande incidence à l'extérieur du site de l'exploitation. Toutefois, c'est à partir de ce niveau que le public est potentiellement exposé aux éventuels rejets. Si dans ce cas l'installation peut être gravement endommagée, les rejets éventuels à l'extérieur du site restent sans gravité. C'est ce qu'il s'est passé en 1979 avec l'événement survenu à *Three Mile Island* aux États-Unis. Les accidents de niveau cinq, en revanche, sont porteurs de risques en dehors du site.

269. Comme pour le niveau précédent, les dommages causés à l'installation conduisent à une fuite de matières à l'extérieur ; cette fois dans des proportions susceptibles de nécessiter l'enclenchement du plan d'urgence. Ce cas de figure est arrivé en 1957 dans la Centrale de *Windscale* au Royaume-Uni ; l'accident est peu connu. L'avant-dernier échelon, le niveau six, réunit les « accidents graves ». Ceux où se produisent d'importants rejets nécessitant des mesures d'urgence, mais dans une proportion moindre par rapport aux « accidents majeurs » du niveau sept, le dernier de l'échelle.

270. **Les accidents majeurs**. Le niveau sept caractérise les conséquences catastrophiques pour la santé et l'environnement, celles de Tchernobyl et Fukushima. La catastrophe de Tchernobyl de 1986 est à l'origine de la reconnaissance d'un risque technologique et majeur.

---

[1] Art. 3, §1, b) 7 nouveau de la directive 2014/87/Euratom du 08 juill. 2014 modifiant la directive 2009/71/Euratom établissant un cadre communautaire pour la sûreté nucléaire des installations nucléaires (JOUE n° L 219 du 25 juill. 2014).

[2] Directive 2014/87/Euratom précitée, Art. 3, §.1, b) 6 nouveau.

2) Un risque technologique majeur

271. Significatives ou simplement non négligeables, quel que soit le niveau auquel est référencé l'événement après coup, les conséquences d'un risque majeur découlent d'une situation d'urgence. Il faut répondre aux divers degrés de risque, du simple aléa aux conséquences les plus graves.

272. **Les aléas du nucléaire civil**. Peu importe l'aléa -le fait qui produit l'événement potentiellement dommageable, tels un incendie, une erreur humaine ou une coupure de courant, et concrétise ainsi le risque en jeu- l'action répond au danger pour limiter les éventuelles conséquences sur la santé et la sûreté des personnes, leurs biens et l'environnement. L'aléa peut provenir d'un vice de l'installation ou de la manipulation défectueuse des matières radioactives utilisées, d'un événement ''classique'' comme un incendie, une tempête ou une inondation, voire un tsunami associé à un séisme comme ce fut le cas à Fukushima au Japon, en 2011. Naturel ou pas, l'aléa attaché au risque nucléaire se réalise et concrétise la situation d'urgence dont les conséquences peuvent être majeures.

273. **Un risque majeur**. Cette caractérisation découle de deux occurrences : une faible probabilité à laquelle des conséquences gravissimes s'ajoutent en cas de réalisation. C'est le cas du nucléaire civil où le risque s'avère potentiellement majeur. D'une part, la probabilité de réalisation du risque est considérée particulièrement faible et, d'autre part, en cas d'accident nucléaire, les conséquences sont d'une gravité exceptionnelle, de type catastrophique. En outre, réels ou supposés, les effets de tels événements sont d'envergure internationale avec de possibles conséquences transnationales.

274. Aux effets déterministes corrélés aux irradiations et contaminations, il faut ajouter les rejets radioactifs transfrontières dans l'atmosphère et les dépôts de matières dans l'environnement, tels les sols et l'eau ; autant de conséquences préjudiciables, au-delà des frontières du lieu de l'accident, que le danger sanitaire soit avéré ou simplement suspecté et les dommages réels ou simplement perçus. Par exemple, nous verrons dans la seconde partie de cet ouvrage qu'en cas de suspicion de pollution radioactive, les agriculteurs ne peuvent plus, entre autres, vendre leurs fruits et légumes ni le lait des vaches nourries en extérieur, tandis que la peur de l'atome peut provoquer des angoisses préjudiciables. Un constat que ne contrediront pas les tenants de la thèse selon laquelle une partie non négligeable des victimes sanitaires de Tchernobyl l'ont été du fait des inquiétudes que la catastrophe leur a causées[1] ; en plus de transmettre ces « conséquences socio-

---

[1] Rapport du « Forum Tchernobyl » de 2005 produit par une centaine d'experts internationaux missionnés par l'AIEA et sous couvert d'organismes dépendant de l'ONU.

psychologiques » à leur descendance[1]. En tout état de cause, l'exploitation électronucléaire caractérise un risque de nature technologique.

275. **La catégorie des risques technologiques**. Traditionnellement, depuis plus d'un siècle, la classification des risques distingue entre fait naturel et fait technologique. Mais, un risque peut tout à fait appartenir à plusieurs types et passer d'une catégorie à l'autre. Concernant le risque technologique, la catégorie répertorie ceux « liés à la production d'énergie nucléaire et à l'exploitation des produits chimiques »[2]. Elle englobe « les dangers et les risques générés par le secteur énergétique et le secteur productif à tous ses stades (élaboration, transports, stockage de produits dangereux) »[3].

276. Comme pour n'importe quel risque, le nucléaire nécessite l'anticipation aux fins de protéger. Face à l'ampleur sanitaire et matérielle encourue, bien avant la caractérisation en un risque technologique majeur, le droit nucléaire est construit sur l'impératif de la sécurité.

B. L'impératif institutionnalisé de la sécurité

277. Mettre en sécurité réclame d'anticiper le danger pour intervenir face à la menace : l'action en amont et la réaction en aval. Agir et réagir efficacement pour protéger les intérêts en présence demande une réflexion préalable dont l'efficience dépend des connaissances et de l'expérience du risque en jeu. Une fois le concept de sécurité défini et apprécié sous l'angle du droit nucléaire (**1**), il s'agira à nouveau de constater l'interférence de la collaboration supranationale pour garantir la sécurité nucléaire (**2**).

1) La conception générale et les définitions juridiques de la sécurité nucléaire

278. **La sécurité nucléaire**. En 2007, l'Agence internationale de l'énergie atomique (AIEA) fournit un travail d'uniformisation des termes. Elle met sous celui de la « sécurité nucléaire [..] la prévention et la détection des vols, sabotages, accès non autorisés, transferts illégaux ou autres actes malveillants mettant en jeu des matières nucléaires, d'autres substances radioactives ou les installations associées, ainsi que les mesures d'intervention »[4]. La sécurité nucléaire internationale ne consiste pas seulement à veiller à la non-prolifération des armes. Il s'agit également d'empêcher tout usage criminel voire terroriste des matières et installations

---

[1] DUPUY (J-P.), « Tchernobyl et l'invisibilité du mal », *Esprit*, 2008/3, mars-avr., pp. 67-79, spéc. pp. 71 s.
[2] LE GARS (A.), « Risque et principe de précaution », *BDEI*, 1er nov. 2011, n° 36.
[3] GUETTIER (C.), La distinction entre risques naturels et risques industriels – Prévention des risques la loi du 30 juill. 2003, Actes colloque, Nîmes, 2 avr. 2004, p. 45.
[4] p. ii, introduction, Glossaire de sûreté de l'AIEA précité.

nucléaires. Toutefois, la responsabilité de cette sécurité incombe aux États, attachés à leur souveraineté, en cette matière plus que dans tout autre.

279. **Un monopole d'État**. En droit interne, la « sécurité nucléaire comprend la sûreté nucléaire, la radioprotection, la prévention et la lutte contre les actes de malveillance ainsi que les actions de sécurité civile en cas d'accident »[1]. Il y a donc deux définitions et un champ international dévolu à la sécurité nucléaire plus restreint que celui du droit interne. La sécurité nucléaire au sens du droit français veille à la sûreté, à la radioprotection, à la sécurité civile et au contrôle des actes de malveillance. L'ensemble suppose des actions de protection publique, fonction régalienne.

280. **La sécurité civile dévolue à la puissance publique**. L'ordre public nécessite des mesures et des actions propres à prévenir autant les risques d'accidents, de dommages aux personnes et aux biens que les risques de désordres et les risques de maladies[2]. De la même manière qu'assurer la sécurité constitue un élément de l'ordre public dévolu aux autorités compétentes, l'innovation nucléaire a conduit à instaurer, sous le contrôle de l'État, une sécurité spécifique avec ses composants et ses propres institutions. Toutefois, elle est l'affaire de tous.

281. **La culture de sécurité.** Ce concept, non spécifique au domaine nucléaire, représente autant un état d'esprit que les attitudes d'une population ou d'un groupe de personnes ; une philosophie dans la pleine conscience du danger et l'attention apportée tant aux situations qu'aux métiers et technologies desquels découle le risque. Cette culture de la sécurité s'adapte à tous les secteurs dangereux. Elle formalise la mise en œuvre d'automatismes de protection pour assurer la sécurité des personnes, de l'environnement et des biens.

282. En matière nucléaire, la culture de sécurité s'attache à la prise de conscience, pour toutes les parties prenantes, du caractère prioritaire de la sécurité, dès que des radioéléments sont manipulés ; peu importe leur forme et expression. Il faut leur réserver l'attention adéquate, suivant l'ampleur du risque en cause, non de manière mécanique, mais avec toute la rigueur d'un réalisme conscient des enjeux[3]. Sous le concept de la culture de sécurité, il est entendu que les entités, organisations et personnes concernées, veillent à la protection physique des matières et des installations nucléaires.

283. **La sécurité des matières et installations nucléaires**. La sécurité est recherchée aussi bien en temps normal qu'en cas de crise, à l'intérieur des sites, aux abords comme en dehors. Bien que la mise en danger se joue à l'échelle de la planète, jusqu'à présent « aucun instrument international

---

[1] Art. L. 591-1, al. 1, Code de l'environnement.

[2] CHAPUS (R.), *Droit administratif général*, Tome 1, Montchrestien, 15e Ed., 2001, p. 702.

[3] STOIBER (C.), BAER (A.), PELZER (N.), TONHAUSER (W.), *op. cit.*, spéc. p. 175.

unique ne traite de façon globale la sécurité nucléaire »[1]. Toutefois, nous verrons que des conventions spéciales lui sont dévolues. C'est le cas de la Convention sur la protection physique des matières nucléaires[2] « et des installations nucléaires »[3]. Destinée à « faciliter la coopération internationale pour les applications pacifiques de l'énergie nucléaire »[4], cette convention organise le transport transnational de ces matières afin d'assurer « la protection de la santé du public, la sûreté, l'environnement et la sécurité nationale et internationale »[5]. Elle est l'exemple idoine de la coopération large et active en droit nucléaire.

2) Le besoin de coopération internationale et de garantie du droit nucléaire

284. **Coopérer**. Le secteur électronucléaire est à double tranchant. Si sa promotion a longtemps prévalu, les accidents majeurs de la décennie 1980 ont conforté l'action internationale et le besoin de consensus pour la sécurité nucléaire mondiale. Sous l'égide de l'Agence internationale de l'énergie atomique (AIEA), au niveau communautaire, une résolution de 1992 « encourage les États membres et la Commission à agir de façon coordonnée dans les enceintes internationales sur la base des résultats obtenus dans la Communauté en vue de définir un système de critères et d'exigences de sécurité nucléaire acceptés à un niveau international »[6]. La motivation est de travailler en commun dans le respect du traité Euratom de 1957. L'un des objectifs consiste à établir des normes de sécurité uniformes pour la protection sanitaire de la population et des travailleurs, également de veiller à leur application dans l'ensemble des États[7]. Il s'agit de garantir la sécurité nucléaire.

---

[1] STROIBER (C.), « Sécurité nucléaire : Aspects juridiques de la protection physique ainsi que de la lutte contre le trafic illicite et le terrorisme nucléaire » dans *Le droit nucléaire international : Histoire, évolution et perspectives*, OCDE, 2010, pp. 241-270, spéc. p. 245.

[2] Adoptée le 26 oct. 1979, elle est ouverte à la signature le 3 mars 1980, v. doc. INFCIRC/274/Rev.1, mai 1980.

[3] Depuis un amendement de 2005 introduit par le décret n° 2016-1149 du 24 août 2016 portant publication de l'amendement à la convention sur la protection physique des matières nucléaires, adopté à Vienne le 8 juillet 2005 (JORF n° 0198 du 26 août 2016, texte n° 7).

[4] Al. 2 de l'introduction de la Convention précitée, devenu en 2005 « la nécessité de faciliter la coopération internationale et le transfert de technologies nucléaires pour les applications pacifiques de l'énergie nucléaire ».

[5] Al. 4, pt. 2 de l'amendement précité ; annexe du décret n° 2016-1149 du 24 août 2016 précité.

[6] Résolution du Conseil relative aux problèmes technologiques de sécurité nucléaire du 18 juin 1992, JOCE n° C 172/2 du 8 juill. 1992, citée par GARRIBBA (M.), CHIRTES (A.) et NAUDUZAITE (M.), « La directive établissant un cadre communautaire pour la sûreté nucléaire des installations nucléaires : L'approche européenne de la sûreté nucléaire », *BDN*, n° 84, Vol. 2009/2, OCDE/AEN, déc. 2009, pp. 25-36, spéc. p. 30.

[7] Art. 2 (b) du traité CEEA du 29 mars 1957 dit Euratom précité.

285. **Garantir**. De manière générale, à l'instar du chapitre sept dudit traité de 1957, l'idée de garantie nucléaire repose sur des « mécanismes institutionnels, juridiques et techniques conçus en vue de prévenir l'usage détourné de technologies et matières nucléaires pour des applications militaires »[1]. C'est l'objectif de départ, centré sur la peur de la bombe. Par la suite, élargi au nucléaire civil et donc, à la sûreté des installations nucléaires, les régimes juridiques de la sécurité nucléaire reposent en priorité sur la responsabilité des autorités publiques et le droit souverain des États.

286. **De la sécurité à la sûreté**. Au sens philosophique, la sécurité est d'abord spirituelle[2]. Elle représente « l'absence de trouble ou d'inquiétude »[3]. Le mot a longtemps conservé cette connotation subjective. Il faut attendre le XIXe siècle, en tout cas en France, pour qu'il signifie également « une absence de dangers ou une protection objective contre des menaces possibles », ce qui correspond désormais au sens politique de la « sûreté ». Par conséquent et fort logiquement, cette définition simple illustre parfaitement l'objectif du principe de la sûreté nucléaire. Sa finalité et sa raison d'être consistent à anticiper le danger radiologique pour réguler le risque nucléaire.

287. **Transition**. Pour répondre à la spécificité des enjeux de l'exploitation de la radioactivité, sous l'office de coopération pour une sécurité optimale à l'échelle mondiale, conformément aux dispositions supranationales, les normes de sûreté régulent une prévention spéciale.

§2. La sûreté nucléaire, l'instrument de la régulation d'un risque technologique

288. Par sûreté, *a minima*, il faut entendre la mise en place d'un cumul de barrières matérielles et organisationnelles destiné à empêcher, contenir et réduire les effets dangereux d'une situation ou d'une chose. Or, dans tout domaine, peut-être davantage dans celui du nucléaire, s'accorder sur la définition des termes reste crucial. C'est d'autant plus vrai lorsque des nations, qui ne parlent pas la même langue, collaborent. En 2007, l'Agence internationale de l'énergie atomique a réévalué les aspects de la sûreté pour offrir une base juridique unifiée à tous les concepteurs du droit nucléaire. Nous verrons que le droit interne est souvent précurseur.

289. Les risques connus de l'exploitation industrielle de l'atome ont conduit à un socle de normes renouvelé au fil de l'expérience et des accidents. Sous l'office de la sécurité, le principe de la sûreté nucléaire tend à réguler l'anticipation d'un risque technologique, celui des installations nucléaires.

---

[1] DOYLE (J.), Nuclear Safeguards, Security and Nonproliferation, 2008, p. 17.

[2] Dès l'antiquité avec les Ecoles de pensée des philosophes (les stoïciens notamment).

[3] GROS (F.), « Désastre humanitaire et sécurité humaine. Le 3ème âge de la sécurité », *Esprit*, 2008/3, pp. 51 à 66.

290. Une fois établies les caractéristiques propres à la sûreté nucléaire (**A**), il s'agira de constater comment la coopération internationale transparaît dans les différents instruments juridiques, normes et conventions, qui ont évolué pour assurer toujours plus de sûreté (**B**).

A. Les caractéristiques nucléaires de la sûreté

291. La sûreté nucléaire ne matérialise pas une attente nouvelle. Elle appelle « une réflexion approfondie, en vue de garantir, par des mesures appropriées, le plus haut degré de sûreté aux citoyens »[1]. Ses instruments formalisent le besoin d'une prévention adaptée au danger radiologique pour éviter le risque nucléaire. Dans l'objectif de mettre en évidence les particularités de la sûreté nucléaire, il faut préciser, d'une part, son sens terminologique qui fait apparaître sa raison d'être (**1**) et, d'autre part, les parties prenantes destinataires de la culture de sûreté (**2**).

1) Le sens terminologique et la raison d'être de la sûreté nucléaire

292. Dans son sens générique, la notion de sûreté s'attache à l'état des installations de notre époque et *a fortiori* aux installations nucléaires. Cette notion de sûreté est même devenue une considération particulière du fait de ces installations. Face à la nature radioactive du danger, il a fallu instaurer un régime juridique spécial de sûreté dont les instruments disposent de plusieurs fondements. Comme pour la sécurité, chacun dispose de sa définition. Mais, contrairement à la sécurité, la notion de sûreté est définie de manière assez similaire par les institutions des différents niveaux institutionnels.

293. **Les définitions juridiques de la sûreté nucléaire**. Au sens de l'Agence internationale pour l'énergie atomique, la sûreté vise l'obtention de conditions d'exploitation correctes en plus de prévenir les accidents ou l'atténuation de leurs conséquences, avec pour résultat la protection des travailleurs, du public et de l'environnement contre des risques radiologiques indus[2]. En outre, l'AIEA distingue la sûreté nucléaire de la sûreté radiologique[3]. La première consiste à exploiter la radioactivité des matières et rayonnements de la façon la plus sûre, afin de limiter la probabilité d'accident à l'aide de normes de sûreté. Pour rappel, la seconde exige des limites à l'exposition pour protéger les personnes du danger des rayonnements ionisants. Il s'agit ni plus ni moins de distinguer les règles de sûreté, pour une

---

[1] PONTIER (J-M.) et ROUX (E.), *Droit nucléaire. La sûreté nucléaire*, PUF, Aix-Marseille, 2012, 189 p., spéc. p. 8.

[2] AIEA, Infrastructure législative et gouvernementale pour la sûreté nucléaire, la sûreté radiologique, la sûreté des déchets radioactifs et la sûreté du transport, Coll. Normes de sûreté, Prescript° n° GS-R-1, nov. 2004, 34 p., spéc. p. 30.

[3] AIEA, Manuel droit nucléaire précité, p. 76.

exploitation sûre du nucléaire, des règles de radioprotection, pour une exposition sécurisée avec l'instauration des limites de dose spécifiques. Le tout tend à protéger du risque, à chaque étape de la chaîne des installations et des activités nucléaires. Dans ce contexte, le droit nucléaire énonce les règles juridiques nécessaires à cet objectif essentiel et prioritaire de protection.

294. Dans l'ordre international, la Convention précitée sur la sûreté nucléaire de 1994 (CSN) ne donne pas de définition précise de la sûreté. Il faut se référer au glossaire de l'AIEA. C'est d'ailleurs ce qu'ont fait les rédacteurs de la « directive sûreté » de 2009 pour définir ce « terme technique et juridique abstrait »[1]. Cette directive constitue le premier instrument communautaire contraignant en matière de sûreté nucléaire[2]. Celle-ci y est définie comme « la réalisation de conditions d'exploitations adéquates, la prévention des accidents et l'atténuation des conséquences des accidents permettant de protéger la population et les travailleurs contre les dangers résultant des rayonnements ionisants émis par les installations nucléaires »[3]. La directive sûreté fournit aux ressortissants européens le cadre juridique qui manquait pour compléter l'ensemble du dispositif acquis à la radioprotection[4]. En harmonie avec les normes fondamentales internationales, il est revenu aux États membres de choisir les instruments.

295. En droit interne, la sûreté recouvre « l'ensemble des dispositions techniques et des mesures d'organisation relatives à la conception, à la construction, au fonctionnement, à l'arrêt et au démantèlement des installations nucléaires de base, ainsi qu'au transport des substances radioactives, prises en vue de prévenir les accidents ou d'en limiter les effets »[5]. Il faut constater que la définition est similaire à celle de niveau supranational. Le régime a été codifié dans le Code de l'environnement.

296. **Le contenu de la sûreté nucléaire**. Garantir la sûreté nucléaire signifie autant prévenir que gérer les conséquences n'ayant pas pu être évitées. Sous l'égide de plusieurs entités supranationales[6] d'envergure mondiale, à cet échelon, la sûreté comprend celle des installations de type INB, mais également, la sûreté radiologique (la radioprotection), la sûreté de la gestion des déchets nucléaires et celle des transports de matières radioactives. Bien

---

[1] POULEUR (Y.) et KRS (P.), « L'impulsion de la directive européenne sur la sûreté nucléaire. De la complexité de la sûreté nucléaire aux messages clés adressés aux citoyens européens », *BDN*, n° 85, Vol. 2010/1, AEN/OCDE, juin 2010, pp. 5-35, spéc. p. 18.

[2] Dir. 2009/71/Euratom du Conseil du 25 juin 2009 établissant un cadre communautaire pour la sûreté nucléaire des installations nucléaires (JOUE n° L 172 du 2 juill. 2009).

[3] Art. 3 (2) *ibid.*

[4] Initié avec la Dir. 96/29/Euratom du Conseil du 13 mai 1996 fixant les normes de base relatives à la protection sanitaire de la population et des travailleurs contre les dangers résultant des rayonnements ionisants (JOCE n°159, du 29 juin 1996, p. 1).

[5] art. 1er, al. 2, loi TSN précitée.

[6] CEEA, ONU pour l'Alimentation et l'Agriculture, AIEA, OIT, Organisation Maritime Internationale (OMI), OCDE/AEN, Organisation Panaméricaine de la Santé, Programme des Nations-Unis pour environnement (PNUM), OMS.

que chacun de ces champs dispose de ses propres instruments juridiques, au national comme à l'international, tous reposent sur des principes de sûreté unifiés par l'Agence internationale pour l'énergie atomique.

297. La plupart des dispositifs internes des pays nucléarisés s'appuient sur les dispositions et recommandations de cette dernière. Nous verrons aussi que les États doivent s'accorder pour optimiser la protection face au risque nucléaire en temps normal comme en situation d'urgence. En dernier lieu, c'est l'accident de Fukushima de 2011 qui a ravivé l'attention du monde entier sur le besoin de mesures destinées à garantir les niveaux de sûreté nucléaire les plus robustes[1]. Par suite, les règles européennes ont été remaniées.

298. **L'expérience de la sûreté**. La directive précitée de 2014 a renouvelé le cadre européen de la sûreté[2]. Forts de chaque événement incidentel à catastrophique, les États membres veillent à ce que les conception, situation, construction, mise en œuvre, exploitation et déclassement des installations nucléaires de base répondent à un cadre juridique national propre à assurer la prévention du risque et à défaut, limiter les conséquences.

299. Tout comme après l'accident de Tchernobyl en 1986, les conséquences de Fukushima ont été tirées. Plus largement, chaque accident a montré des failles humaines, ce qui renforce la nécessité d'une conscience sociétale de la sûreté, au minimum des parties prenantes du nucléaire.

2) Les parties prenantes et la cuture de sûreté

300. **Les parties prenantes de la sûreté**. Comme en matière de sécurité, la question se pose d'une culture de sûreté requérant une attitude adaptée des parties prenantes. Avant d'expliciter cette culture spécifique, il faut déterminer à qui elle s'adresse. Dans le « Manuel de droit nucléaire » édité en 2006 par l'AIEA, ses auteurs remarquent qu'aucune définition unanime n'a pu être arrêtée pour dire qui sont précisément ces parties prenantes; une fois établi que, « être partie prenante à des événements signifie avoir quelque chose à perdre ou à gagner », selon la manière dont ces événements évoluent et au gré de l'intérêt porté à leur déroulement, il faut pouvoir déterminer qui est intéressé ou au moins concerné[3].

301. Il semble admis que les parties prenantes à la sûreté nucléaire regroupent finalement beaucoup de monde : « l'industrie réglementée ou les professionnels, les organismes scientifiques, les services publics (aux niveaux local, régional et national) dont le champ d'action peut englober l'énergie nucléaire, les médias, le public (individus, associations locales et groupes de pression) et les autres États (en particulier les États voisins qui ont conclu des accords d'échange d'informations sur les impacts transfrontières éventuels, ou

---

[1] Considérant 5, directive n° 2014/87/Euratom du 08 juill. 2014 précitée.
[2] Art. 8 bis, *ibid.*
[3] Sous partie-prenante dans le Glossaire de sûreté de l'AIEA précité, spéc. p. 135.

les États participant à l'exportation ou à l'importation de certaines technologies ou matières) »[1]. Chacun doit être informé et conscient des enjeux. À cet effet, trois niveaux d'exigence sont préconisés pour une gestion en adéquation avec la culture de sûreté[2].

302. **La notion de culture de sûreté**. En 1986, une succession d'événements conduit à la catastrophe de Tchernobyl. Elle conforte l'importance du facteur humain dans la prévention du risque nucléaire[3]. Par suite, la culture de sûreté est définie comme « l'ensemble des caractéristiques et des attitudes qui, dans les organismes et chez les individus, fait que les questions relatives à la sûreté des centrales nucléaires bénéficient, en priorité, de l'attention qu'elles méritent en raison de leur importance »[4]. À l'époque, le concept implique le professionnalisme des organes et des responsables de la sûreté. Depuis, cette définition a été actualisée.

303. Toutes et tous, à différents degrés, individuellement ou au moins collectivement, nous sommes concernés par les mesures de sûreté. En effet, chaque individu détient, à son niveau, la responsabilité de cette culture du risque ; les uns décident de l'application, les autres la respectent. Cela nécessite la mise à jour des informations et l'assurance de leur transmission pour une exploitation adéquate. Transparaît ici un aspect du droit nucléaire qui est marqué par l'importance des mises à jour dans la connaissance du risque et la nécessaire prise en compte des évolutions. Par exemple, la directive sûreté de 2009 établit que la mise en place d'une solide culture de sûreté au sein d'une installation nucléaire est l'un des principes fondamentaux de gestion de la sûreté nécessaires pour assurer une exploitation sûre[5]. La directive de 2014 a précisé les moyens d'une culture de sûreté efficace[6].

304. **La recherche d'un consensus**. En dépit des insuffisances, les forums d'organismes de réglementation, d'appui technique et scientifique et les « titulaires de licences peuvent jouer un rôle important dans l'avancement de la culture de sûreté »[7]. Conjuguée aux instruments de la défense en profondeur[8], sa mise en œuvre poursuit l'objectif du haut niveau de sûreté et

---

[1] STOIBER (C.), BAER (A.), PELZER (N.), TONHAUSER (W.), *Manuel de droit nucléaire* précité, p. 17.

[2] *Ibid.*, p. 80.

[3] L'accident de *Three Miles Island* en 1979 avait déjà ouvert la brèche.

[4] Groupe consultatif international pour la sûreté nucléaire (INSAG), Rapport sur la Culture de sûreté, Coll. Sécurité de l'AIEA, n° 75-INSAG-4, Vienne, 1991, p. 5.

[5] Considérant 19) de l'intro de la directive 2009/71/Euratom du Conseil du 25 juin 2009 établissant un cadre communautaire pour la sûreté des installations nucléaires (JO n° L 172 du 2 juill. 2009, p. 0018 – 0022).

[6] Avec les 4 pts (a, b, c, d) du nouvel art. 8 ter, 2., directive 2014/87/Euratom du 08 juill. 2014 modifiant la directive 2009/71/Euratom établissant un cadre communautaire pour la sûreté nucléaire des installations nucléaires.

[7] Annexe du rapport du 31 août 2012, CNS/ExM/2012/04/Rev.2 (2e réunion extraordinaire des Parties contractantes à la CSN).

[8] Principe central de la sûreté nucléaire, v. *infra*.

son efficience permanente[1]. L'efficacité du système repose, d'une part, sur des indicateurs et, d'autre part, sur le besoin de rester à l'affût du moindre détail susceptible de renforcer la sûreté nucléaire.

305. Par le passé, la culture de sûreté a fait défaut. Ce fut le cas lors d'accidents majeurs qui ont participé au renforcement de la régulation électronucléaire. La culture de sûreté contribue au retour d'expériences sur les risques. À l'échelle internationale, la mutualisation des connaissances a concouru au choix des instruments juridiques de la sûreté nucléaire.

B. Le socle élargi du droit de la sûreté nucléaire

306. De manière générale, face au risque nucléaire, une option de sûreté est requise pour protéger la vie, la santé et l'environnement. Sur la base d'une collaboration large en réponse à l'envergure géographique et aux particularités du danger, l'option concrétise, d'une part, un objectif fondamental de sûreté auquel sont attachés différents principes (**1**) et, d'autre part, l'évolution ponctuelle des normes de sûreté dans les différents ordres juridiques (**2**).

1) La coopération et les principes de la sûreté

307. La Convention précitée sur la sûreté[2] de 1994[3] « semble avoir pour origine politique et pour motivation l'intention de prévenir plutôt que de guérir »[4]. Au niveau européen, la directive sûreté[5] décline les principes fondamentaux internationaux[6] régulièrement mis à jour par l'AIEA[7]. Afin d'optimiser l'anticipation nucléaire, les États ont choisi de collaborer pour, d'une part, évaluer les besoins de sûreté et, d'autre part, décider des instruments juridiques. Initialement confinées au national et au domaine professionnel, les premières règles de protection ciblaient uniquement les effets sanitaires des matières et rayonnements sur leurs utilisateurs. Si la coopération s'est rapidement imposée, au début de l'histoire nucléaire, il n'était toutefois pas question d'internationaliser des instruments juridiques.

308. **L'origine du principe de coopération**. La coopération, principe familier au droit de l'environnement, est surtout intrinsèque au droit

[1] Considérant 18, art. 8 bis (objectifs de sûreté) et art. 8 ter, directive 2014/87/Euratom du 08 juill. 2014 précitée.

[2] Dont le champ d'application se limite aux INB, à laquelle 80 pays avaient adhéré en mars 2017, mais non encore ratifiée par 10 des États signataires de 1994, voir AIEA, Brochure sur la CSN, *loc. cit.*, p. 4.

[3] Convention sur la sûreté nucléaire du 17 juin 1994, INFCIRC/449

[4] JANKOWITSCH (O.), « La Convention sur la Sûreté Nucléaire », 1994, *loc. cit.*, p. 10.

[5] Et ses différentes déclinaisons formant le « pack sûreté », v. *infra*.

[6] AIEA, La sûreté des installations nucléaires, Coll. Sécurité, n° 110, 1993.

[7] Not. « Principes de sûreté » des Principes fondamentaux de sûreté – Fondements de sûreté, Coll. Normes de sûreté de l'AIEA, n° SF-1, Vienne, oct. 2007, 34 p., spéc, p. 3, pt. 1.9.

international. Dès 1945, la Charte de l'Organisation des Nations Unies établit que les États fondent leur politique « sur le principe général du bon voisinage dans le domaine social, économique et commercial, compte tenu des intérêts et de la prospérité du reste du monde »[1]. Le principe de bon voisinage caractérise une obligation de coopération internationale déclinée notamment, dans la Déclaration de Stockholm[2] et reprise par celle de Rio, dans « le devoir de faire en sorte que les activités exercées dans les limites de leur juridiction ou sous leur contrôle ne causent pas de dommages à l'environnement dans d'autres États »[3]. À cette fin, il vaut mieux coopérer. Le domaine nucléaire est concerné au même titre que les instances environnementales. La sûreté nucléaire constitue l'un des objectifs principaux de la collaboration.

309. **La coopération pour la sûreté**. La sûreté nucléaire est un enjeu planétaire, il valait mieux y réfléchir en commun. C'est un des objets de la réunion d'examen des Parties instituée par la Convention sûreté de 1994 précitée et son complément, la Convention commune sur la sûreté de la gestion du combustible usé et sur la sûreté de la gestion des déchets radioactifs du 29 septembre 1997[4]. Comme dit, le processus d'échange entre les Pairs contribue à l'expression de la prudence nucléaire. La méthode fonctionne au point qu'elle se duplique et se renforce. Par exemple, après l'accident de Fukushima, il est admis que « tout en reconnaissant leurs responsabilités nationales, les Parties contractantes ont à cœur que l'AIEA continue de jouer un rôle important dans le domaine de la sûreté nucléaire »[5]. Les Parties contractantes continuent de se servir des « normes de sûreté de l'AIEA tout en adoptant les meilleures pratiques et en favorisant une amélioration continue »[6]. Ce dernier aspect est intrinsèque à la démarche globale du droit nucléaire et particulièrement, à la sûreté dont l'approche est anticipative.

310. Le droit nucléaire contient des procédures spécifiques sous-tendant l'ambition que ses destinataires ne cessent d'améliorer la sûreté. Les principes et les moyens sont perfectionnés grâce au retour d'expérience, au contrôle et à l'expertise. Ainsi, « l'objectif premier de la sûreté nucléaire est de protéger les individus, la société et l'environnement de tout dommage en établissant et en entretenant dans les installations nucléaires des barrières effectives »[7]. C'est le principe central de la défense en profondeur.

---

[1] Art. 74 de la Charte précitée.

[2] Principe 21.

[3] Principe 2 de la Déclaration de Rio précitée.

[4] AIEA, INFCIRC/546, déc. 1997, 35 p.

[5] Rapport de synthèse de la 5ème Réunion d'examen des Parties contractantes à la Convention sur la sûreté nucléaire, § 10 al. 6, avr. 2011, réf. CNS/RM/2011/6/Final.

[6] Voir l'annexe du rapport final de la deuxième réunion extraordinaire d'août 2012, CNS/ExM/2012/04/Rev.2.

[7] VASMANT (A.), « instruments juridiques internationaux encourageant les synergies dans les domaines de la sûreté, de la sécurité et des garanties : Mythe ou réalité ? », *loc. cit.*, p. 94.

311. **Le principe de la « défense en profondeur »**. Propre au nucléaire, ce principe conceptualise les moyens matériels et organisationnels de la sûreté. Le mécanisme, consacré à tous les niveaux institutionnels, « garantit que les activités liées à la sûreté sont, dans la mesure où cela est raisonnablement possible, soumises à des dispositions de niveau indépendant, de telle sorte que si une défaillance venait à se produire, elle serait détectée et compensée ou corrigée par des mesures appropriées »[1].

312. Les différents niveaux de protection relatifs à la défense en profondeur représentent tous un type de situation qui entraîne son lot de règles, voire son régime juridique particulier. Le principal objectif consiste à prévenir les accidents et à en limiter les conséquences. Institués dans ce but, les niveaux de défense, totalement indépendants, se cumulent. Pour atteindre le haut niveau de sûreté préconisé, l'autorité de réglementation doit disposer de la compétence et des moyens, en plus de faire reposer la responsabilité première sur l'exploitant[2]. En d'autres mots, la responsabilité de l'ensemble des procédures de sûreté revient directement et exclusivement à l'exploitant.

313. **Le principe de la responsabilité première des exploitants**. Ce principe fondateur relié à la sûreté nucléaire ne doit pas être confondu avec la responsabilité civile nucléaire[3]. Aux termes de la Convention sûreté précitée, les États parties sont tenus de faire reposer la responsabilité de la sûreté d'une installation nucléaire sur le titulaire de l'autorisation[4]. Premier responsable, les États prennent les mesures appropriées pour que le titulaire d'une autorisation d'exploiter assume les risques du défaut de sûreté[5]. En France, le principe de la responsabilité centralisé sur l'exploitant vient du décret n° 63-1228 du 11 décembre 1963 relatif aux installations nucléaires. Fondateur du régime actuel des INB, bien que remanié, complété, amélioré, l'essentiel du droit positif de la sûreté nucléaire en découle. Toutefois, l'exploitant n'est pas une instance de savoir, uniquement un transmetteur par lequel passe l'information de l'état de risque et de la démonstration de la sûreté. Dans cette optique, ce dernier doit faire la démonstration de la maîtrise des risques classiques d'inondations, d'incendie ou spécifiques de criticité[6], des nuisances et de l'impact sur la santé et l'environnement, de la gestion des déchets et prévoir la gestion des éventuelles situations d'urgence. Nous verrons que les procédures sont

[1] Considérant 17, directive 2014/87/Euratom du 08 juill. 2014 modifiant la directive 2009/71/Euratom établissant un cadre communautaire pour la sûreté nucléaire des installations nucléaires (JOUE n° L 219 du 25 juill. 2014).

[2] AIEA, Infrastructure législative et gouvernementale pour la sûreté nucléaire, la sûreté radiologique, la sûreté des déchets radioactifs et la sûreté du transport, *loc. cit.*, p. 22, pt. 6.17.

[3] Son corollaire en cas de dommages provoqués par l'installation pour réparer et indemniser.

[4] Art. 9.

[5] « Chaque Partie contractante prend les mesures appropriées pour que toutes les organisations qui mènent des activités concernant directement les installations nucléaires établissent des stratégies accordant la priorité requise à la sûreté nucléaire », *ibid.*, art. 10.

[6] Réaction en chaîne dans le noyau atomique qui, une fois enclenchée, ne peut plus être arrêtée.

longues et complexes. Et, quand la prévention échoue, le droit de la sûreté réglemente la notification des événements potentiellement dommageables.

314. **Le système de notification des incidents**. Conformément aux préconisations supranationales, en droit interne, pour contribuer au retour d'expérience, chaque exploitant nucléaire remonte les données et les événements à l'ASN. Au niveau international, « l'AIEA administre trois différents systèmes de notification des incidents qui permettent de recueillir, d'analyser, de conserver et de diffuser des rapports de pays participants sur des événements relatifs à la sûreté survenant dans les centrales nucléaires, les réacteurs de recherche et les installations du cycle du combustible nucléaire »[1]. Sans entrer ici dans leur détail, il faut surtout y voir le moyen d'améliorer la connaissance en matière de sûreté et, plus largement de sécurité nucléaire, à partir des données de l'expérience transmise par chaque État nucléarisé. En outre, la mise à jour des événements matériels ou des évolutions scientifiques et techniques tend aussi à la performance juridique pour améliorer les pratiques de sûreté au sein des installations.

315. Au fil des événements et de l'expérience, le droit positif de la sûreté est perfectionné et renforcé. C'est surtout l'accident de Tchernobyl de 1986 qui a ébranlé la Communauté internationale et fait admettre la nécessité d'un régime de sûreté nucléaire unifié. Une rétrospective s'impose.

2) L'évolution des normes supranationales de sûreté

316. **Le « pack sûreté »**. En 1962, l'AIEA publie ses premières normes fondamentales. Depuis, trois catégories de documents participent à sa Collection des normes de sûreté[2]. Premièrement, les principes fondamentaux permettent de poser les objectifs et les concepts de base. Deuxièmement, les prescriptions édictent les moyens de la protection en énonçant les conditions d'application des activités et dans les installations nucléaires. Troisièmement, les guides de sûreté instituent des recommandations basées sur la pratique internationale afin de veiller à l'optimisation de ces prescriptions. Au niveau international, plusieurs conventions servent l'objectif de sûreté.

317. **Les conventions pour la sûreté**. Amendée il y a peu, la Convention sur la protection physique des matières nucléaires[3] remonte à 1979. En 1986, la catastrophe de Tchernobyl conduit rapidement à deux conventions : celle sur la notification rapide d'un accident nucléaire[4] et celle sur l'assistance en cas d'accident nucléaire ou de situation d'urgence

---

[1] Source AIEA.

[2] À l'élaboration desquelles collaborent plusieurs organisations internationales, v. *infra*.

[3] Amendement à la Convention sur la protection physique des matières nucléaires, AIEA, Circulaire, information, INFCIRC/274/Rev.1, 19 mai 2016, 29 p. ; après celui du 6 sept. 2005, GOV/INF/2005/10-GC(49)/INF/6 précité.

[4] Convention sur la notification rapide d'un accident nucléaire, prise sous l'égide de l'AIEA, Circulaire, information, INFCIRC/335, 18 nov. 1986 (entrée en vigueur le 27 oct. 1986).

radiologique[1]. La Convention sur la sûreté nucléaire (CSN)[2], plusieurs fois mentionnée, date de juillet 1994. En 1997 arrive sa « sœur »[3], la Convention commune sur la sûreté de la gestion du combustible usé et sur la sûreté de la gestion des déchets radioactifs[4], dite « Convention commune ».

318. En plus d'avoir institué le processus d'examen par les pairs, la Convention commune représente « le seul instrument international juridiquement contraignant qui traite, à l'échelle mondiale, de la sûreté de la gestion du combustible usé et des déchets radioactifs »[5]. Elle n'en reste pas moins une « Convention incitative »[6] dont nous verrons qu'elle introduit explicitement, sous divers aspects novateurs, la prise en compte de l'environnement dans le droit nucléaire international en cours de formation. Certes, les conventions dédiées à la sûreté nucléaire sont juste « incitatives »[7]. Elles ne formalisent pas moins le fruit du consensus international.

319. **Le lien entre conventions et directives**. À partir du moment où les États adhèrent, il semblerait surprenant que leurs dispositifs internes enfreignent le sens et la portée des dites conventions. Quant aux directives, elles établissent le sens de la politique nucléaire dans l'Union européenne (UE). Elles sont transposées dans le droit positif des États membres qui restent cependant libres des moyens de leur mise en œuvre. Par exemple « les parties contractantes qui sont des États membres de l'Union européenne sont tenues de se conformer à la Directive 2011/70/Euratom du Conseil [..] qui établit un cadre communautaire pour la gestion responsable et sûre du combustible usé et des déchets radioactifs, laquelle est étroitement liée à des articles de la Convention commune »[8]. En outre, la directive Euratom précitée de 2014 modifiant le cadre juridique communautaire de la sûreté des installations

[1] AIEA, Circulaire, info, INFCIRC/336, 18 nov. 1986 (adoptée en session extraordinaire les 24 et 26 sept. 1986).

[2] INFCIRC/449 précitée.

[3] Faute de consensus sur l'étendue de son champ d'application lors de l'élaboration de la CSN entre 1990-93, à défaut de pouvoir englober tous les aspects de la sûreté pour la production d'énergie nucléaire, les États ont acté qu'il faudrait rapidement élaborer une convention internationale sur la sûreté de la gestion des déchets radioactifs ; précisément, dès que le processus d'élaboration des fondements de cette sûreté, en cours à l'époque, aurait abouti à un large accord international, voir pt. ix) du Préambule, INFCIRC/449 précité.

[4] Circulaire, info, INFCIRC/546, déc. 1997 (adoptée le 5 sept. 1997 au cours d'une Conférence diplomatique de l'AIEA à Vienne et entrée en vigueur le 18 juin 2001).

[5] Source AIEA, Convention commune sur la sûreté de la gestion du combustible usé et sur la sûreté de la gestion des déchets radioactifs. Aperçu général, brochure, 2017, 12 p., spéc. p. 3.

[6] *Ibid.* p. 3, simplement incitative ou juridiquement contraignante, ne faudrait-il pas choisir ?

[7] « terme créé lors de la négociation de la CSN », TONHAUSER (W.) et JANKOWITSCH-PREVOR (O.), « La Convention commune sur la sûreté de la gestion du combustible usé et sur la sûreté de la gestion des déchets radioactifs » dans Le droit nucléaire international après Tchernobyl, OCDE/AEN, 2006, p. 231.

[8] Voir pt. 24 du « rapport de synthèse – version finale », JC/RM4/04/Rev.2, relatif à la Convention commune sur la sûreté de la gestion du combustible usé et sur la sûreté de la gestion des déchets radioactifs, 14-23 mai 2012, AIEA, Vienne, 4ème réunion d'examen des parties contractantes, 22 p., spécif. p. 6.

nucléaires rappelle que la directive 2009/71/Euratom du Conseil du 25 juin 2009 établissant un cadre communautaire pour la sûreté nucléaire des installations nucléaires[1] impose aux États membres des obligations relatives à l'établissement et au maintien d'un cadre national pour la sûreté.

320. Cette directive reflète les principaux instruments internationaux : la Convention sur la sûreté nucléaire, ainsi que les Fondements de sûreté établis par l'AIEA[2]. Le cadre juridique communautaire ressort des termes des considérants un à quatre de cette directive. Les différents régimes légaux, réglementaires et administratifs de la sûreté des activités et des installations nucléaires dans les États membres de l'UE en découlent.

321. **Transition**. À partir d'instruments simplement incitatifs issus du consensus international, la protection se renforce géographiquement et impérativement avec les directives européennes ponctuellement réformées et intégrées dans le système nucléaire français. En outre, celui-ci évolue au rythme des connaissances sur les risques et des données de l'expérience nucléaire. Pour analyser une situation au plus près de sa réalité et garder le contrôle de l'anticipation, il apparaît primordial de détenir l'expertise des éléments en lien avec la protection recherchée. C'est pourquoi le traitement du risque, quelle que soit sa nature, se départit difficilement de la phase d'évaluation. Formant un tout, l'optimisation de la maîtrise du risque réclame de connaître au maximum les forces et les faiblesses de la cible soumise au danger. Dans cette optique, le droit nucléaire et le droit de l'environnement forment désormais des systèmes juridiques particulièrement imbriqués.

Section 2. L'influence réciproque des interférences avec le droit de l'environnement

322. L'essentiel des instruments du droit de la prévention du risque nucléaire a précédé le fait. Le *corpus* interne découle pour une large part de diverses conventions et/ou recommandations internationales. Incitative pour la plupart, les États nucléarisés se les approprient le plus souvent. Ces normes apparaissent dès les années 1960, soit une bonne dizaine d'années avant les premières dispositions de droit de l'environnement. Celui-ci, droit transversal général, inclut des régimes de droit commun applicables à divers domaines, quand le droit nucléaire ne gère que ses propres affaires. L'exception explicite des régimes relatifs au droit des installations nucléaires dans le Code de l'environnement français n'empêche pas des développements parfois conjoints et des interférences.

---

[1] JOUE L 172 du 2 juillet 2009.

[2] Considérant 2, directive n° 2014/87/Euratom du 08 juill. 2014 précitée.

323. Au niveau international, l'influence du droit de l'environnement sur le secteur nucléaire a été analysée de deux manières : l'une directe, en soumettant les activités nucléaires et l'autre indirecte, par « l'introduction du concept de protection de l'environnement au sein du droit international nucléaire »[1]. Dans le premier cas, les dispositions s'appliquent directement aux activités et installations, même celles non expressément incluses, sauf exclusion. Dans le second cas, en admettant l'environnement comme l'un de ses intérêts à protéger, le droit nucléaire subit cette influence indirecte.

324. Au regard des considérations environnementales dans le droit nucléaire, avancer l'hypothèse d'un droit de prévention des risques potentiellement plus protecteur que le droit de l'environnement peut de prime abord paraître provocateur. Alors que le risque nucléaire a motivé la protection juridique en proportion de l'avancée des connaissances, il faut montrer comment, d'une part, le droit des installations nucléaires a évolué dans la prise en compte des composants de l'environnement (**§1**) et, d'autre part, le droit de l'environnement s'avère un instrument de la prudence nucléaire (**§2**).

§1. La prévention nucléaire, en l'état des interférences avec l'environnement

325. À l'origine, la protection de l'environnement ne figurait pas au rang des intérêts pris en considération par le droit nucléaire et « les impératifs strictement économiques l'ont toujours emporté, même au détriment de l'environnement »[2]. C'est vrai au moins jusqu'à la décennie 1980. L'époque à laquelle des tentatives de rééquilibrage vont aboutir au retrait de quelques projets d'envergure au profit de l'environnement[3]. À partir de l'événement Tchernobyl, les choses vont rapidement évoluer. Le droit de l'environnement apparaît « comme le meilleur outil » pour protéger l'environnement naturel du risque nucléaire[4]. Comme dit, l'exposition à la radioactivité se fait soit par irradiation, soit par contamination.

326. Les éléments naturels sont de potentiels vecteurs radiologiques, des facteurs de risque. La question des modalités de la protection radiologique de l'environnement devient dès lors légitime. Elle conduit à constater l'origine des interférences entre le droit nucléaire et le droit de l'environnement. À l'aune du risque nucléaire et sous divers aspects, la prévention interfère aussi

---

[1] EMMERECHTS (S.), *loc. cit.*, déc. 2008, spéc. p. 96.

[2] PRIEUR (M.), « L'énergie et la prise en compte de l'environnement », *RJE*, n° 3, 1982, pp. 231-274, spéc. p. 232.

[3] Par ex. l'abandon d'un projet de barrage aux États-Unis pour protéger une espèce de poissons rares, SAX (J.), RJE, 1978, p. 368 ; ou le décret du 10 déc. 1981 abrogeant celui du 1er déc. 1980 déclarant d'utilité publique les travaux de construction de la centrale nucléaire de Plogoff (JORF 12 déc. 1981) mettant ainsi fin au projet sur lequel des réserves scientifiques avaient été émises concernant les effets sur le milieu marin (en plus d'autres motifs).

[4] EMMERECHTS (S.), *ibid.*, déc. 2008, spéc. p. 96.

sur l'environnement lui-même, c'est-à-dire la protection de l'environnement *per se*.

327. Les justifications de la prudence trouvent un éclairage, d'une part, au sein des raisons et motivations qui ont conduit à faire évoluer les rapports du risque nucléaire avec la protection juridique environnementale (**A**) et, d'autre part, dans le défi que pose encore la connaissance scientifique des effets de la radioactivité sur l'environnement (**B**).

A. Les rapports entre nucléaire et environnement

328. Le droit nucléaire ne dispose pas d'un *corpus* spécial dédié à la protection de l'environnement. Il n'en demeure pas moins qu'il poursuit l'objectif général d'éviter tout dommage du fait de l'exploitation de la radioactivité. Sous couvert de protection sanitaire, l'environnement naturel en bénéficie. Outre le fait que le choix électronucléaire est entériné dans plusieurs pays, dont la France, au titre d'une énergie décarbonée, cela revient à agir pour la Nature, le risque nucléaire a participé à la conscience sociétale du besoin de protéger notre environnement.

329. La prudence du droit nucléaire révèle une approche, d'une part, précautionneuse favorable à l'évolution des influences de la prévention nucléaire avec la protection de l'environnement (**1**), d'autre part, cohérente avec les enjeux auxquels la production électronucléaire est confrontée (**2**).

1) La précaution dans l'évolution des influences

330. **Environnement et risque nucléaire**. L'Humanité serait entrée dans ce qu'un historien a baptisé « l'âge écologique »[1], consécutivement au premier essai atomique[2] en 1945 ; le moment où, « pour la première fois, la contamination irréversible de l'atmosphère par les produits de la fission nucléaire [a fait] planer la menace d'une catastrophe écologique globale »[3]. Les causes d'atteintes se sont révélées aussi diverses que nombreuses. Mais, « les réformes ou remises en cause nécessaires pour protéger l'environnement [ont été] souvent lentes »[4]. Le temps de la nature n'est pas le temps de nos sociétés humaines. Aussi, c'est principalement au rythme des accidents et catastrophes que la matière environnementale, à l'instar du droit nucléaire, se construit et se peaufine.

331. Nous nous sommes demandé si le droit de l'environnement n'avait pas trouvé, au moins en partie, son impulsion dans des événements relatifs au

---

[1] WORSTER (D.), Les pionniers de l'écologie. Une histoire des idées écologiques, Ed. Sang de la Terre, Paris, 1992, p. 365.

[2] Dans le cadre du *projet Manhattan* initié en 1942 par les Américains.

[3] MATAGNE (P.), « Aux origines de l'écologie », *revue Innovations*, 2003/2, n° 18, p. 27.

[4] LAVIEILLE (J-M.), DELZANGLES (H.), LE BRIS (C.), *Droit international de l'environnement*, Ellipses, 4ème Ed., 2018, 375 p., spéc. p. 20.

risque nucléaire. L'hypothèse reste à conforter, elle mérite d'être soulevée afin que chacun se fasse son opinion. Alors que la plupart des régimes du droit des installations nucléaires de base a intégré le Code de l'environnement, ces deux droits récents ont chacun puisé leurs ressorts dans des motivations particulières à leur domaine. Or, dans l'un comme dans l'autre, l'environnement au sens de la Nature n'était pas véritablement l'objet initial.

332. **Des motivations pas toujours environnementales**. Au niveau international, les premières règles protectrices apparaissent à partir de la fin XIXe siècle. Cependant, leur mise en place révèle plus l'ambition de veiller à la bonne gestion économique de la Nature, pour l'usage humain à court terme, que sa protection en tant que telle. Il faut attendre le XXe siècle bien avancé pour que l'idée de la disparition dommageable d'une espèce s'impose en elle-même[1] et non dans le seul intérêt humain. Quant au décret précité de 1963 qui réglementa les installations nucléaires de base (INB) jusqu'en 2006, comme les lois de 1917 et de 1976 relatives aux installations classées pour la protection de l'environnement (ICPE), il visait en priorité l'acceptation sociale, mais aussi le développement économique de l'énergie nucléaire[2]. Néanmoins, un droit a bien vu le jour pour protéger l'environnement.

333. **Les principes de la prudence**. En matière de risques, « la première ligne de défense contre les atteintes à l'environnement est, bien entendu, la prévention des accidents d'origine nucléaire par le renforcement des efforts en matière de sûreté »[3]. Or, des incertitudes tant scientifiques que techniques persistent en droit nucléaire. Elles concernent exclusivement le temps long, mais elles sont bien réelles. Le droit nucléaire ne contient pas le terme d'incertitude. Cependant, il prévoit depuis longtemps des mécanismes et des institutions dont l'objectif consiste à renforcer la connaissance pour réduire l'incertitude. C'est le cas des groupements d'experts du nucléaire et de l'institution des Pairs qui veillent aussi à la cohérence du droit en fonction de l'avancée des connaissances scientifiques. Selon nous, le droit du risque nucléaire intègre une anticipation précautionneuse.

334. En outre, pour conforter notre hypothèse de l'influence du droit nucléaire sur le droit de l'environnement, il semble que le premier laisse voir une logique de précaution plusieurs décennies avant l'intronisation du principe juridique dans le droit de l'environnement.

335. **De l'idée du principe à l'intronisation de la précaution.** Le principe de précaution équivaut à admettre la potentialité d'un risque en lien

---

[1] Convention relative à la conservation de la faune et de la flore à l'état naturel en Afrique conclue à Londres le 8 nov. 1933 ou la Convention pour la protection de la flore et de la faune et des beautés panoramiques signée à Washington du 12 oct. 1940.

[2] La même motivation incita la Communauté internationale à s'accorder sur un régime de responsabilité civile nucléaire.

[3] EMMERECHTS (S.), *ibidem*, p. 104.

avec une incertitude scientifique[1]. L'innovation réside dans le fait d'engager des mesures de prévention transitoires, dans un cadre temporaire, susceptible d'évoluer au gré des recherches et de l'avancée des connaissances. Ainsi, l'incertitude n'est plus ignorée. Le principe est formellement introduit dans le droit de l'environnement international en 1992 avec la Déclaration de Rio sur l'environnement et le développement. Dès lors, le domaine nucléaire nous apparaît précurseur quant au sens attaché à la précaution.

336. À l'occasion des premières inquiétudes sujettes à débats de l'impact potentiellement irréversible des actions humaines sur l'évolution du climat, la Commission internationale de protection radiologique recommande la prise en compte, par anticipation, des effets incertains à partir de 1950. Dès cette époque, la CIPR exprime l'idée qu'en dépit « du risque faible comparé aux autres risques liés à la vie courante [et parce] que certains effets sont irréversibles et cumulatifs [il faut fournir] tous les efforts [..] pour réduire les expositions à tous les types de rayonnements ionisants au niveau le plus bas possible »[2]. Cette recommandation ne laisse pas augurer une abstention, mais bien une action face à l'incertitude. Le principe ALARA prenait forme et avec lui une approche de précaution face à l'incertitude des risques liés au nucléaire. Il ne s'agit cependant que d'une formulation visant à faire œuvre de prudence dans les actions sociétales par la prise en compte des limites de la connaissance scientifique. Le principe d'optimisation viendra ensuite[3]. Par ce biais, nous décelons une intronisation avant-gardiste de la précaution, motivée par la crainte d'irréversibilités relatives ici au risque nucléaire, dont le principe du droit de l'environnement concrétisera l'effectivité.

337. Après Tchernobyl, pour l'Agence internationale de l'énergie atomique (AIEA), la protection radiologique devient un enjeu prioritaire mettant en œuvre la précaution. Il ne s'agit plus du seul suivi dosimétrique qui consiste à surveiller les doses reçues par les travailleurs du nucléaire, mais bien d'une nouvelle stratégie dans l'approche du risque. Cependant, l'AIEA n'est pas là pour faire le droit, seulement pour aider à le faire.

338. À l'origine simple garante de la sécurité nucléaire et de la non-prolifération des armes atomiques, l'Agence joue un rôle d'incitation et de coordination de la recherche dans le but de promouvoir l'énergie nucléaire. Or, pour faire accepter sa poursuite après Tchernobyl, il a fallu intégrer les considérations environnementales, en plus de s'interroger sur l'opportunité du « combat dans les relations entre le droit de l'énergie nucléaire et le droit de l'environnement »[4]. Les enjeux de l'électronucléaire éclairent à ce propos.

---

[1] Une « incertitude scientifique et technique » au sens de la version du principe de précaution contenu dans le Code de l'environnement français.
[2] BOEHLER (M-C.), *loc. cit.*, p. 150.
[3] Une première ébauche apparaît dans la publication 1 de la CIPR en 1959.
[4] REYNERS (F.), 2007, *loc. cit.*, spéc. p. 149.

2) Le particularisme des enjeux électronucléaires

339. **Les enjeux climatiques.** L'argumentation d'un nucléaire propre s'est installée en réaction aux préoccupations environnementales grandissantes de la Communauté mondiale par rapport au changement climatique. Présentée comme une alternative, la production nucléaire assurerait « à tous les habitants de la planète un accès à une énergie durable »[1]. Au niveau international, il a été rappelé les avantages de la technologie en matière de gaz à effet de serre[2]. Alors que le secteur énergétique est considéré à l'origine de plus des deux tiers d'émissions dans le monde, le nucléaire est affiché comme une « énergie propre » susceptible de « contribuer à la réalisation des objectifs mondiaux en matière de changement climatique et à la prévention des problèmes de santé liés à la pollution de l'air »[3]. Sous la réserve que « tous les acteurs publics et privés de ce secteur parviennent à élaborer et à mettre en œuvre des règles et des pratiques permettant une utilisation sûre et durable de cette source d'énergie »[4], l'enjeu majeur de la prévention du risque nucléaire, sur la base des différents régimes juridiques dévolus à la sûreté des installations, est un préalable impératif. Différents enjeux fondent son expression particulière dans le droit du risque nucléaire.

340. **L'enjeu sécuritaire**. D'abord, l'emprise étatique, c'est-à-dire la mainmise des autorités publiques sur l'exploitation nucléaire et sa réglementation, trouve son origine comme sa raison d'être dans le fait que la technologie nucléaire militaire a précédé les utilisations civiles de l'ionisation et qu'un détournement possible des substances radioactives à des fins terroristes subsistait. Ce risque s'avère plus que jamais réel. Sans même mentionner les événements actuels entre la Russie et l'Ukraine, il fonde l'une des principales revendications contre le nucléaire. Ce constat n'appelle aucune discussion. Ensuite, aux considérations strictement sécuritaires s'ajoutent les enjeux de la sûreté nucléaire soumise à un contrôle strictement encadré d'autorisations administratives. Dans ce champ, « le rôle majeur de la puissance publique explique sans doute la raison pour laquelle le droit nucléaire est fortement empreint de culture ''positiviste'', tandis que le droit de l'environnement est davantage ouvert aux influences doctrinales (*opinio juris*) »[5]. En d'autres mots, le premier reste contraint dans des normes

[1] PRADEL (N.), « Le futur du droit nucléaire international », *L'Observateur des Nations Unies*, Association française pour les Nations-Unies, Vol. 38, 2015-1, pp.191-205, spéc. p. 192.

[2] dont les émissions consécutives à la production d'énergie, « principalement à partir des combustibles fossiles », ont considérablement augmenté au cours des 50 dernières années, KRIKORIAN (S.) et PEEVA (A.), La technologie nucléaire peut contribuer à la lutte contre la pollution de l'air, AIEA, 18 déc. 2020 [en ligne] www.iaea.org/fr/newscenter/news/la-technologie-nucleaire-peut-contribuer-a-la-lutte-contre-la-pollution-de-lair

[3] *Ibid.*

[4] PRADEL (N.), 2015-1, *ibid.*, p. 204.

[5] REYNERS (F.), 2007, *loc. cit.*, spéc. p. 162.

technocratiques[1], dictées par des impératifs sans commune mesure[2] avec le second, qui tend plus facilement à évoluer au gré de la jurisprudence. Il n'en demeure pas moins que les deux domaines se ressemblent sous plus d'un aspect. Enfin, conformément à sa vocation sociétale, le droit régit le risque nucléaire, d'une part, par rapport à la probabilité d'occurrence du danger, l'élément extrinsèque du risque, et d'autre part, en fonction du degré de vulnérabilité de ses conséquences intrinsèques, facteurs d'enjeux.

341. **Des enjeux transversaux**. De ce qui précède, il est possible de déduire grossièrement en quoi le risque nucléaire présente une menace. Sous couvert de la non-prolifération des armes nucléaires, le droit du nucléaire civil met en demeure de veiller aux matières et rayonnements ionisants pour protéger les êtres humains et leur environnement. À tous les stades et à tous les niveaux, à l'intérieur comme à l'extérieur des sites nucléaires, avant, pendant et après transports, en temps normal et *a fortiori* en cas d'urgence, l'évaluation du risque tend à anticiper la gestion des substances *via* la prévisibilité et la probabilité de leurs conséquences. De la source radioactive aux déchets nucléaires, il incombe aux autorités concernées d'assurer la protection physique, tout en prenant des décisions équilibrées et proportionnées aux enjeux, sous l'égide d'une responsabilité juridique spéciale. Car, un accident nucléaire n'est pas un accident comme les autres.

342. Le risque nucléaire appartient à la catégorie des risques catastrophiques. « Bien que distinctes, les notions de catastrophe et de risque sont liées »[3]. Dans chacun des pans ici brièvement énoncés, l'anticipation de la gestion du risque nucléaire forme des dispositifs juridiques particuliers, ceux soumis à notre analyse. Des régimes autonomes, pour l'essentiel codifiés dans le Code de l'environnement, dépendants de l'état de la connaissance sur les risques en jeu. C'est le point commun en droit de la prévention des risques et cela vaut tant en droit nucléaire qu'en droit de l'environnement.

343. Ces précisions avaient pour but de mettre en évidence le besoin de précaution face aux plus gros enjeux relatifs au choix étatique électronucléaire, non sans conséquences pour l'environnement. L'état de la connaissance sur le risque nucléaire détermine le champ et l'amplitude de la prudence à mettre en œuvre. C'est pourquoi il s'agit à présent de constater où en est le domaine nucléaire vis-à-vis de la surveillance radiologique de l'environnement et le chemin qui reste à parcourir pour concrétiser un véritable droit de la protection radiologique de l'environnement.

---

[1] Ce qui ne veut pas dire statique puisque le droit nucléaire ne cesse d'évoluer au gré de l'avancée des connaissances et du perfectionnement de la protection juridique du risque.
[2] Touchant bien souvent à des questions de sécurité intérieure, v. *infra* sur secret nucléaire.
[3] LE GARS (A.), « Risque et principe de précaution », *BDEI*, 1er nov. 2011, n° 36.

B. Le défi des effets de la radioactivité sur l'environnement

344. Jusqu'à récemment, la recherche scientifique relative aux effets de la radioactivité s'est surtout limitée à l'impact sur les êtres humains. Si les choses évoluent, d'une part, la connaissance des conséquences « à long terme sur la biosphère et les populations d'organismes (bactéries, champignons, plantes, animaux) » reste lacunaire[1] et donc, émettrice d'incertitude scientifique (**1**). D'autre part, les effets juridiques d'une prudence strictement environnementale s'avèrent parcellaires (**2**).

1) L'incertitude des effets de la radioactivité

345. **Les effets ionisants sur l'environnement**. La Nature commence à devenir une préoccupation pour l'expert nucléaire scientifique international. En 2007, la Commission internationale de protection radiologique (CIPR) insiste sur le manque de cohérence en matière de protection radiologique de l'environnement[2]. Elle appelle de ses vœux un système voué à apprécier les liens entre les doses d'exposition, leurs effets sur la faune et la flore, à partir d'une « base scientifique commune » dont il faudrait pouvoir tirer les conséquences pratiques, au fur et à mesure de l'avancée des connaissances et de l'expérience, en plus des considérations sociales et culturelles[3]. À l'aune du système pour la protection humaine, la réflexion a démarré en 2005[4]. Il s'agit de fournir des modèles de référence[5] destinés à intégrer des guides méthodologiques et ainsi, prodiguer des conseils à l'attention des États.

346. En France, l'Autorité de sûreté nucléaire, en 2019, concède que le système de radioprotection international s'est formé dans l'objectif de protéger les êtres humains sans autre considération. L'impact de la radioactivité sur l'environnement est pris en compte par l'intermédiaire des effets néfastes pour l'humain. L'ASN reconnaît que les conséquences radiologiques sur l'environnement naturel et les « espèces non humaines » devraient bénéficier d'une approche distincte et autonome ; l'objectif est déjà dans la loi française, mais les « méthodes d'évaluation » ne sont pas toujours

---

[1] GREPPIN (H.), « Effets des radiations ionisantes sur la biosphère » dans Radioprotection et droit nucléaire. Entre les contraintes économiques et écologiques, politiques et éthiques, loc cit., spéc. p. 19.

[2] Publication 103, CIPR 2007, p. 147, chap. 8, pt. (360).

[3] Un système non figé avec des paramètres facilement adaptables aux erreurs, incertitudes et lacunes des diverses bases de données, CIPR 2007, *ibid*, pt. (364) et (365).

[4] PENTREATH (R.J.), 2005, *Concept and use of reference animals and plants* [Concept et utilisation d'animaux et de plantes de référence] dans *Protection of the Environnementonment from the Effects of Ionizing Radiation* [Protection de l'environnement contre les effets des rayonnements ionisants], IAEA-CN–109, AIEA, Vienne, pp. 411-420.

[5] Comme la « personne de référence », il pourrait y avoir des animaux et plantes de référence.

disponibles[1]. Courant 2020, devait être publié un guide méthodologique pour l'évaluation de l'impact des rayonnements ionisants sur la faune et la flore. Il est paru en janvier 2022[2]. Ce guide fournit les principes méthodologiques applicables à une large gamme de situations. Toutefois, selon l'IRSN, l'état actuel des connaissances scientifiques limite son champ d'application.

347. **La radioprotection de l'environnement**. Les espèces les plus anciennes et les moins évoluées seraient les plus « radiorésistantes »[3]. C'est l'inverse chez certains arbres[4]. Au même titre qu'aucune signature radio-induite ne permet d'attribuer un cancer des poumons à la radioactivité plutôt qu'à un tabagisme excessif, il apparaît difficile de conclure sur l'origine du stress subi par les composés naturels. En dehors d'un événement nucléaire, le constat d'un arbre ou de n'importe quel élément de la biodiversité qui se meurt des suites d'une radiation chronique plutôt que d'un fait de sécheresse ou de pollution semble rester aléatoire. Toute la complexité du champ d'études se laisse ici entrevoir. En réalité, le problème est le même que pour les effets des faibles et des très faibles doses sur les humains.

348. **Une approche anthropocentrée**. Les cumuls de dose, le degré de radiosensibilité du sujet et les diverses interactions possibles forment des données qui complexifient l'analyse de la probabilité du risque et par conséquent, sa gestion préventive. En 1977, la CIPR estime que si l'humain est protégé par les mesures de sécurité en place, il est probable que les autres êtres vivants le sont aussi[5]. Sa pensée n'a pas véritablement varié en 1990[6]. En réalité, rien ne prouve cette théorie. La connaissance scientifique en la matière s'avère parcellaire et hypothétique. Cette position a perduré jusqu'à ce que, d'une part, des événements dommageables, extérieurs au nucléaire, montrent le contraire[7] et, d'autre part, l'opinion publique prenne à cœur la protection de l'environnement naturel pour mettre en péril cette industrie.

349. **L'amorce nouvelle**. Au début des années 2000, les pays de l'OCDE font le point sur l'effectivité de la protection et cherchent à concrétiser un processus mettant en œuvre la radioprotection de

[1] ASN, rapport mai 2019 précit., p. 104, pt. 3.4.

[2] IRSN, Guide méthodologique pour l'évaluation du risque radiologique pour la faune et la flore sauvages : Concepts, éléments de base et mise en œuvre au sein de l'étude d'impact, Rapport IRSN/2021-00838 : https://www.irsn.fr/rapport-dexpertise/guide-methodologique-pour-levaluation-risque-radiologique-pour-faune-flore (consulté le 6 sept. 2023).

[3] *Ibid.*, p. 22.

[4] *Ibidem*, p. 23.

[5] CIPR, Publication 26, 1977, § 14.

[6] L'environnement, la nature dans son essence même, n'est pas le sujet. La CIPR « ne s'intéresse à l'environnement qu'en tant que vecteur des radionucléides vers l'homme » et par conséquent, pour son interaction dans la protection humaine, CIPR, Publication 60, 1991, § 16.

[7] Par ex. dans les années 1980, le trou dans la couche d'ozone du fait de certains produits chimiques, les chlorofluorocarbones (CFC), pourtant inoffensifs pour la santé humaine.

l'environnement[1]. De nombreuses questions se sont posées. Elles n'ont pas toutes trouvé leur réponse. Sans lien constaté entre un « niveau de protection »[2] et « le risque pour l'environnement », l'AEN, c'est-à-dire l'Agence de l'énergie nucléaire de l'OCDE, reconnaît[3] l'impossibilité d'affirmer dans quelle proportion le droit nucléaire protège réellement l'environnement[4]. Si en radioprotection humaine la question des faibles doses fait toujours débat, que certaines approximations aient permis d'établir des modèles pertinents et des seuils acceptables faisant consensus, une proposition similaire paraissait difficilement réalisable pour protéger l'environnement et ses composants[5].

350. **Entre naturel et artificiel**. À des degrés divers et selon les lieux, « la terre est naturellement radioactive »[6]. À cette radioactivité ambiante, il faut ajouter les essais et les accidents nucléaires desquels découle « une augmentation des radionucléides naturels et artificiels dans l'environnement »[7]. Les éventuelles conséquences dommageables à l'environnement, dues à une interaction entre les éléments radioactifs naturels, s'apprécient surtout *avec* les modalités de gestion de la radioactivité artificielle. Or, une protection optimale demanderait de tenir compte de toutes les interactions de l'activité ionisante, peu importe la source et l'expression[8].

351. **Les considérations de la pollution radioactive**. Alors que l'AEN réfléchissait en 2003 aux problèmes de cette pollution, l'un des arguments surprend. Dans son rapport sur la radioprotection de l'environnement, il est mentionné qu'une réglementation plus stricte ne protégerait pas plus l'environnement des « rejets délibérés » de ces substances[9]. Toujours est-il que le rapport concluait sur la nécessité de créer un système de protection radiologique de l'environnement suffisamment souple pour pouvoir s'adapter aux évolutions de la connaissance, aux variations des solutions proposées au fil du retour d'expériences et aux impératifs « suivant les niveaux considérés, mondial, régional ou local »[10]. Ces considérations laissent voir une approche

---

[1] Rapport de synthèse du Forum de l'AEN, Protection radiologique de l'environnement : vers une nouvelle politique ?, en collaboration avec la CIPR, OCDE, 2003, 36 p.

[2] Qui « n'est en général pas précisé » par la norme juridique, v. p. 8 du rapp. AEN, Le droit de la protection radiologique de l'environnement. État des lieux, OCDE, 2007.

[3] Comme l'AIEA, la Commission européenne ou par ex. la CIPR à l'origine des études destinées à fixer le cadre d'un « système de protection élargi » incluant l'environnement, v. *supra* et *ibid.*, p. 12 s.

[4] OCDE, Le droit de la protection radiologique de l'environnement. État des lieux, 2007, 66 p., spéc. p. 9.

[5] Rapport de synthèse du Forum de l'AEN de 2003 précité, spéc. p. 18.

[6] *Ibid.*, spéc. p. 22.

[7] Dont l'état des connaissances actuelles ne permet pas de différencier les effets sanitaires respectifs, *ibidem*.

[8] *Ibidem.*, spéc. p. 17.

[9] Rapport de synthèse du Forum de l'AEN précité, spéc. p. 11.

[10] *Ibid.*, spéc. pp. 29-30.

classique du droit nucléaire, celle permettant la prise en compte réglementaire facilitée des évolutions scientifiques et des progrès technologiques.

2) Les effets juridiques contrastés pour la Nature

352. **Les composants de la normativité juridique**. Le droit nucléaire reflète l'état des connaissances et la norme doit pouvoir s'adapter[1]. Par exemple, après l'accident de Tchernobyl, il fut considéré que la pollution n'aurait de toute façon pas pu être évitée avec une réglementation strictement protectrice de l'environnement. C'est-à-dire un droit nucléaire de l'environnement. La leçon à tirer consistait à concilier « la mise en place d'un système intégré associant sûreté des équipements-protection de l'homme et protection de l'environnement »[2]. Ainsi, la protection de la Nature découle en priorité de la sûreté des installations humaines.

353. Une fois cette évidence énoncée, il faut quand même savoir ce que l'on cherche précisément à protéger. En 2007, l'absence « de conception précise de ce qu'est la protection de l'environnement » est admise[3] ; bien que le droit nucléaire organise la protection de certains de ses composants. Depuis les prémisses du système, la norme régule les rejets dans l'eau et l'air. Nous verrons que l'exploitant d'une installation nucléaire doit obtenir une autorisation spécifique pour ces rejets lors de la demande d'autorisation de création. L'AEN, en 2007[4], produit un état des lieux du droit de la radioprotection de l'environnement. Il faut en déduire que de « manière générale, le contrôle des sources de radioactivité, par l'imposition de limites de rejets notamment, garantit une protection très efficace »[5]. Cependant, l'environnement ne doit pas se réduire aux seuls éléments air/eau[6].

354. **La distinction entre les éléments de l'environnement**. À l'instar du concept de « l'homme de référence » servant de repère pour réglementer les seuils d'exposition[7], il semble légitime de se demander si « une flore, une faune de référence ou un écosystème de référence » ont été déterminés, tel que le préconisait le rapport de l'AEN produit en 2003[8]. À vrai dire, un rapport récent de l'IRSN, l'expert nucléaire français, précise que le concept des « organismes de référence » apparaît en 1988, qu'il est depuis « repris et largement partagé sous diverses dénominations dans le domaine de la

---

[1] En plus de la prise en compte des considérations politiques et économiques.
[2] Rapport de synthèse du Forum de l'AEN précité, spéc. 11.
[3] OCDE, État des lieux, *loc. cit.*
[4] Donnant une suite au rapport de 2003 sur la protection radiologique de l'environnement dans la continuité de ses propres travaux et de ceux des CIPR et AIEA.
[5] Rapport OCDE, 2007, *ibidem*, spéc. p. 7.
[6] Ni même aux sols.
[7] Les niveaux et limites de doses de la radioprotection humaine.
[8] Rapport de synthèse du Forum de l'AEN précité, spéc. p. 23.

radioprotection de l'environnement »[1]. Il y est ajouté que, dès 1998, des « valeurs de référence » sont proposées pour prévenir les effets ionisants sur des espèces dites « non humaines »[2]. Elles ont été mises à jour par l'UNSCEAR, l'expert scientifique international, en 2008[3].

355. Une méthodologie est mise en place à partir des comparaisons humain/environnement et substances chimiques/radioactives. Elle permet d'établir une « valeur représentative »[4]. Cette approche tend à évaluer l'impact radiologique sur des éléments choisis de l'environnement[5]. Par suite, l'évaluation du risque nucléaire écologique nécessite des hypothèses simplifiées en raison d'une trop grande diversité écosystémique[6]. À partir de la nature des expositions et de leurs effets, le risque caractérisé représente un « impact probabilisable »[7]. Par exemple, le régime interne actuel de l'étude d'impact en droit nucléaire prévoit le concept de « scénario de référence » ; rien de moins que la projection d'un état d'urgence à planifier avec une mise en perspective. À l'instar des plans d'urgence de la sécurité civile, il s'agit d'anticiper les situations. Ce scénario permet d'établir une synthèse à partir d'un ensemble d'hypothèses évolutives plausibles. Il vise à décrire avec pertinence « l'état de l'environnement » au moment de l'étude[8]. Son évolution probable dépend de la qualité des informations recueillies et de l'état des connaissances scientifiques. Par suite, nous nous sommes demandé si d'autres composants polluants dans le milieu exposé sont évalués en même temps.

356. **La prise en compte des autres polluants**. En 2002, la question se posait de savoir quelles substances, en dehors des radioéléments, sont prises en compte pour déterminer le taux de pollution. En réponse, l'Agence de l'énergie nucléaire (AEN/OCDE) préconisait une gestion intégrée de tous les polluants, afin de parvenir à une protection efficace de l'environnement[9]. Le système devrait tenir compte de toutes les formes de pollutions - radioactives, chimiques et/ou biologiques - pour assurer une performance optimale[10]. Il

---

[1] Radioprotection de l'environnement. État de l'art et recommandations de l'IRSN, n° 2016/3, p. 44, n° 84.
[2] *Ibid.*
[3] Conception introduite dans les publications 108 (2008) et 114 (2009) de la CIPR.
[4] A laquelle est associée « l'incertitude », IRSN, rapport n° 2016/3 précité, spéc. p. 18 et p. 42.
[5] Car « la protection d'une espèce au niveau de chacun de ses individus est en général réservée aux espèces en danger ou à intérêt patrimonial particulier », *ibid.*, spéc. p. 18.
[6] D'où le recours au « concept d'organismes de référence [soit] une espèce-modèle », *ibidem.*
[7] *Ibidem.*
[8] Art. R. 122-5, II., 3° ; Décret n° 2017-626 du 25 avr. 2017 précité, art. 3-3°.
[9] Depuis la méthode a été dupliquée sur la base du système de l'évaluation du risque chimique pour l'environnement, voir Radioprotection de l'environnement. État de l'art et recommandations de l'IRSN, n° 2016/3, p. 42, n° 81.
[10] Afin de favoriser son acceptation sociale ; le rapport AEN/OCDE précité faisant suite au Forum de 2002 conclut sur la nécessité de ne pas « considérer isolément les dangers et agressions que représentent les rayonnements pour l'environnement [mais au contraire] adopter une démarche globale intégrant d'autres polluants et facteurs de perturbation » sous couvert de développement durable (v. p. 29 du rapport de 2003 précité).

amène à vérifier les éventuels progrès sur ce point et, plus globalement, l'état de l'art actuel sur la radioprotection de l'environnement[1].

357. **L'état de l'art**. En 2007, le droit de la protection radiologique de l'environnement fait plutôt état, d'une part, de « compromis »[2] mis en œuvre par la législation[3] et, d'autre part, d'une approche généraliste fondée sur des principes globaux[4]. À l'instar du régime d'autorisations institué par le droit nucléaire français, l'étude d'impact constitue un outil exemplaire en la matière. L'optimisation du principe ALARA et le concept des meilleures techniques disponibles fournissent les moyens de ce compromis. Des législations, notamment internationales et communautaires, organisent le contrôle des rejets dans certains milieux et la protection particulière d'espèces ou d'écosystèmes fragiles. « Toutefois, elles ne concernent pas en général les substances radioactives et, de plus, peuvent être conçues pour protéger l'homme plutôt que l'environnement en soi »[5]. Aujourd'hui encore, le dispositif de la radioprotection de l'environnement reste émergent. En 2016, l'IRSN produit un rapport[6] où il est choisi, en raison du manque d'harmonisation actuel des termes, de désigner cette matière comme « le domaine relatif à la protection des écosystèmes vis-à-vis des rayonnements ionisants »[7]. En conséquence, conformément aux préconisations avancées dans les années 2000 par les différents organismes supranationaux, la recherche scientifique et la réflexion juridique continuent[8].

358. Les choses semblent avancer. Des modèles[9] et des bases de données[10] spécifiques ont vu le jour[11]. Au niveau supranational, la CIPR a substitué la publication de 2007[12] à celle de 1991 en y incorporant un chapitre dédié à l'environnement. Ses recommandations visent à harmoniser santé humaine et santé de l'environnement. Le droit de l'Union européenne s'en est

---

[1] Appelée parfois « radioécologie », v. BAISNEE (O.), « Publiciser le risque nucléaire. La polémique autour de la conduite de rejets en mer de l'usine de La Hague », *Politix*, Vol. 14, n° 54, 2011, pp. 157-181, spéc. p. 160.

[2] Dans la mesure du possible, à proportion de ce qui est raisonnable compte tenu des objectifs poursuivis (protection générale/réduction d'une pollution particulière par ex.) et des moyens financiers, techniques, etc.

[3] De manière assez semblable dans les différents ordres (national/régional/international).

[4] AEN/OCDE, 2007, *loc.cit.*, p. 24 s.

[5] *Ibid.*, p. 43.

[6] A partir des recommandations internationales (connaissance scientifique et méthodes) et du retour d'expérience relatif à toutes les situations de risque nucléaire (internationales ou non, en temps normal comme en situation d'urgence).

[7] Rapport IRSN n° 2016/3 précité, spéc. p. 9.

[8] *Ibid.*, pp. 38 s.

[9] Tel l'outil d'évaluation « *Erica* » (application informatique dédiée à l'évaluation du risque radiologique pour les organismes aquatiques et terrestres), v. http://www.erica-tool.com/ et d'autres modèles sont présentés par l'IRSN dans son rapport de 2016, *ibid.*, pp. 114-120.

[10] Par ex. « *Frederica* », v. http://www.frederica-online.org/mainpage.asp, *ibid.*, pp. 123 s.

[11] Voir *ibidem*, l'illustration pp. 45-46 et la synthèse du tableau 5, pp. 49-50.

[12] Publication 103 précitée.

saisi[1]. En France, l'IRSN fait dix recommandations destinées à conforter le système[2]. La vision reste malgré tout anthropocentrée.

359. **Transition.** Le droit de la radioprotection pour l'environnement montre que tout n'est pas scientifiquement certain. La protection de l'environnement interfère avec l'anticipation juridique du risque nucléaire. En temps normal, les émissions polluantes produites par les installations nucléaires de base sont considérées comme faibles et maîtrisées. Il n'empêche que, pour un projet d'envergure comme une installation de type INB, plusieurs autorisations sont exigées et certaines procédures « ont trait aux répercussions possibles de ce projet sur l'environnement »[3]. Nous venons de voir en quoi la prévention nucléaire rencontre la protection environnementale. Il s'agit à présent de constater qu'en tout état de cause, le droit du risque nucléaire s'est saisi des instruments du droit de l'environnement.

§2. Le droit de l'environnement, un instrument dans la prudence nucléaire

360. Éclairer le poids de l'environnement dans l'évaluation détermine les instruments. Le droit de l'environnement aurait été inspiré de l'impact des installations nucléaires adapté aux « projets non nucléaires »[4]. Il serait un précurseur de l'étude d'impact sur l'environnement (EIE)[5]. Cette affirmation alimente notre hypothèse de l'influence du nucléaire dans la construction du droit de l'environnement. Mais, en pratique, l'influence est réciproque.

361. Les instruments du droit de l'environnement participent à la prudence du droit des installations nucléaires. Ainsi, en premier lieu, le fait d'apprécier le processus de l'étude d'impact en droit de l'environnement (**A**) permet, en second lieu, de faire prendre tout son sens à la réglementation des prélèvements et des rejets de l'exploitation électronucléaire (**B**).

A. La procédure d'impact du droit de l'environnement

362. Comme en droit de la sûreté nucléaire, l'objectif de prévention s'avère central en droit de l'environnement. Il intervient en particulier dans le processus d'évaluation (**1**) qui comporte l'étape de l'étude d'impact à laquelle le droit des installations nucléaires de base a fini par recourir (**2**).

---

[1] Directive 2013/59/Euratom du Conseil de l'Union Européenne du 5 décembre 2013 précitée.
[2] *Ibidem*, récapitulatif explicatif, pp. 140-142.
[3] RAETZKE (C.), 2013, *loc. cit.* spéc. p. 65.
[4] PHUONG (H.V.), Le rôle précurseur du nucléaire dans le développement des études d'impact sur environnement, Actes du congrès biennal, Association internationale du droit nucléaire, Rio de Janeiro, 1993, FORENSE *publishers*, 1995, pp. 45-57.
[5] RAETZKE (C.), *ibid.*, spéc. p. 84.

1) L'évaluation préventive environnementale

363. **La question du droit applicable**. Le projet d'exploiter une installation nucléaire exige plusieurs autorisations. Mais, « au moment où le demandeur a déposé sa demande, et a ainsi lancé la procédure d'autorisation, il est fréquent que l'on ait, au moins en partie, procédé aux évaluations et pris les décisions relatives à l'impact environnemental de l'installation »[1]. Au stade de la demande d'autorisation de création (DAC), l'exploitant fournit des documents. Certains répertorient la nature des risques pour le milieu et les démarches pour protéger des rayonnements ionisants. Or, le risque pour l'environnement ne se limite pas au seul impact radiologique. La radioactivité ne constitue pas l'unique source potentiellement dommageable du fait de l'exploitation électronucléaire. À l'instar d'autres industries, les effets produits sont de plusieurs types. Cette évidence demande de vérifier si les fondements juridiques applicables à cette évaluation proviennent strictement du droit nucléaire ou également, en tout ou partie, du droit de l'environnement.

364. **L'évaluation environnementale**. L'évaluation environnementale de droit commun, à laquelle la plupart des INB ne sont pas soumises en l'état[2], participe à la fonction préventive du droit de l'environnement. En matière d'installations industrielles, le droit de l'évaluation environnementale met en œuvre plusieurs étapes, au sein d'un processus non cloisonné. L'évaluation de l'impact environnemental d'une installation nucléaire de base reste certes dérogatoire, mais constitue un instrument du droit de l'environnement.

365. Dans l'optique de mieux apprécier l'envergure des dispositions nucléaires en lien, il convient de distinguer l'évaluation environnementale de l'étude d'impact proprement dite. Si celle-ci participe au processus évaluatif, elle ne le constitue pas. Plusieurs étapes forment la démarche.

366. **Un processus préventif**. Destinée à appréhender au plus tôt les risques, l'évaluation environnementale tend à assurer une décision de gestion au plus près des enjeux préalablement examinés dans l'étude d'impact. La procédure impose de répertorier toutes les conséquences du projet.

367. L'évaluation environnementale de droit commun répond à des « critères et seuils » réglementaires[3] ou établis « au cas par cas »[4]. En tout état de cause, il doit être tenu compte des données de l'annexe III de la directive 2011/92/UE modifiée du Parlement européen et du Conseil du 13 décembre 2011 concernant l'évaluation des incidences de certains projets publics et privés sur l'environnement[5]. Le droit interne est adapté à cette directive pour

---

[1] RAETZKE (C.), *loc. cit.*, p. 78.

[2] Art. L.593-1, al.2 ; Ordonnance n° 2017-80 du 26 janv. 2017 relative à l'évaluation environnement., art. 5-32°.

[3] C'est en fonction de ces seuils et critères (précisés par un décret en Conseil d'État) que l'on détermine si le projet doit faire l'objet d'une évaluation environnementale ou pas.

[4] Procédure d'examen spécifique.

[5] Art. L. 122-1, II., al. 1 et 2, Code de l'environnement.

décrire et apprécier opportunément, en fonction de chaque cas, les incidences notables -directes et indirectes- d'un projet en fonction des différents facteurs[1]. Sont également englobées « les incidences susceptibles de résulter de la vulnérabilité du projet aux risques d'accident majeur et aux catastrophes pour le projet concerné »[2]. En conséquence, son application aux installations nucléaires de base (INB) est logique.

368. Sans entrer dans les détails du processus d'évaluation dans le droit commun, celui-ci réclame, de manière générale, un rapport destiné à soumettre toutes les incidences potentiellement dommageables pour l'environnement. Une étape réduite en droit français à l'étude d'impact dont le droit nucléaire a fini par être saisi.

2) Le droit de l'étude d'impact applicable aux INB

369. **La procédure de l'étude d'impact.** L'étude d'impact doit précéder la décision d'autoriser ou d'entreprendre l'activité susceptible d'incidences sur l'environnement. L'efficacité du dispositif nécessite d'y recourir le plus en amont possible dans le processus évaluatif et son contenu est strictement encadré. Quel que soit le projet soumis à évaluation, l'impact est étudié à partir des mêmes composantes légales. Adaptable, le socle de l'étude d'impact est prévu dans une sous-section relative à l'évaluation environnementale, dans le Titre deuxième du Code de l'environnement[3].

370. **Une étude d'impact adaptable**. Son contenu est adapté selon que l'étude vise une infrastructure de transport, un projet susceptible d'affecter l'équilibre durable de la ressource « eau », une installation classée de type ICPE ou une INB. Pour certaines installations classées pour la protection de l'environnement (ICPE), l'étude d'impact doit préciser les meilleures techniques disponibles[4]. Quant aux installations nucléaires de base (INB) soumises, c'est le cas des réacteurs nucléaires, l'étude doit notamment comporter une description des prélèvements d'eau, des rejets d'effluents et des déchets prévus pour son exploitation. Il faut anticiper au plus tôt les incidences notables sur l'environnement. Ainsi, le droit de l'environnement participe à l'encadrement du risque nucléaire. Mais, d'un point de vue juridique, en 1987, est regrettée la « qualité prévisionnelle » défaillante des

[1] Art. L. 122-1, III., al. 2, Code de l'environnement ; Comprenant la population et la santé humaine (1°), la biodiversité (2°) les terres, le sol, l'eau, l'air et le climat (3°) les biens matériels, le patrimoine culturel et le paysage (4°) et leurs interactions (5°).

[2] *Ibid.*, al. 3.

[3] Portant sur l'information et la participation des citoyens.

[4] Afin d'apprécier la pertinence des choix opérés, v. Art. R. 515-59, Code de l'environnement ; conf. à l'annexe I de la directive n° 2010/75/UE du 24 novembre 2010 relative aux émissions industrielles transposée dans le droit interne de l'étude d'impact des ICPE avec le décret 2013-374 du 2 mai 2013 (JORF n° 0104 du 4 mai 2013, texte n° 17).

études d'impact manquant « quelquefois [..] de données pertinentes »[1]. C'est le moins que l'on puisse dire puisque plusieurs des réacteurs nucléaires sur le territoire français n'en ont pas profité du tout.

371. **L'application tardive de l'étude d'impact au parc nucléaire**. L'étude d'impact trouve sa forme initiale dans la loi sur la protection de la nature de 1976. Elle « oblige EDF à réaliser une étude d'impact sur chaque site »[2]. Peut-être parce que d'initiative parlementaire, le décret d'application a tardé[3]. celui-ci est entré en vigueur en 1978, les réacteurs ont été construits, pour une grande part, pendant la période 1970-1990[4]. Ce constat explique l'absence d'étude d'impact au moment de la mise en service de certaines centrales[5]. La plupart des réacteurs français avaient déjà leur autorisation de création et ne disposaient pas d'étude d'impact. Il faut en partie relativiser ce constat. Nous verrons que les INB sont soumises à autorisations tout au long de la vie de l'installation et dans ce cadre, susceptibles d'une mise à jour de l'étude d'impact. Si celle-ci n'avait pas été produite, nous supposons qu'elle l'a été à ce moment-là. La mise en service d'une installation sans étude d'impact n'empêche pas le contrôle ultérieur des effets sur l'environnement. D'autant moins que le droit nucléaire n'est pas né vierge de considération environnementale, à commencer par le besoin de réglementer les prélèvements et les rejets.

B. La réglementation des prélèvements et des rejets

372. Si l'impact environnemental tient de plus en plus de place dans la police des installations nucléaires de base, les prélèvements et les rejets dans la Nature de ce type de projet furent en réalité rapidement réglementés (**1**). Mais, en raison des enjeux, le dispositif n'a cessé de se renforcer (**2**).

1) Les prélèvements et les rejets d'effluents

373. **La dimension démesurée des enjeux**. Avec l'apparition de la technologie nucléaire au XXe siècle, la dimension tant géographique que temporelle des enjeux change d'échelle. En la matière, les incidences environnementales tiennent tant aux pollutions des eaux et de l'air que des sols. Outre la capacité de résistance temporelle des éléments ionisants, la

---

[1] LEROND (M.), « Industrie et environnement. Un mariage de raison », *L'industrie de Haute-Normandie face au changement*, Études Normandes, 1987, n° 2, pp. 108-118, spéc. p. 116.

[2] GARRAUD (P.), « Politique électronucléaire et mobilisation : la tentative de constitution d'un enjeu », *Revue française de science politique*, avr. 1979, pp. 448-474.

[3] n° 77-1141 du 12 oct. 1977 pris pour l'application de l'art. 2 de la loi n° 76-629 du 10 juill. 1976 relative à la protection de la nature (JORF 13 oct. 1978).

[4] ASN, La sûreté nucléaire et la radioprotection en France en 2012, rapport du 15 avr. 2012.

[5] Dont celles de Gravelines, de Creys de Malville, de Flamanville, ROMI (R.), *Droit de l'environnement*, Domat, Droit public, 7e Éd., 2010, spéc. p. 78, note 11.

radioactivité est susceptible de se disperser sur de vastes étendues géographiques, générant des conséquences transfrontières. Globalement, les éléments de l'environnement sont interdépendants et les pollutions peuvent avoir divers effets, telles les catastrophes ou les activités polluantes dans une région avec des effets dans une autre[1]. À moindre échelle, le voisinage d'un site nucléaire est forcément impacté[2]. Par exemple, comme toute construction, une installation nucléaire a un impact aux sols[3]. Nous verrons que par souci de protection, le droit nucléaire prévoit des servitudes d'utilité publique. Suivant la procédure relative aux installations classées pour la protection de l'environnement (ICPE), ces servitudes consistent à « prévenir les effets d'une pollution »[4]. Le droit nucléaire en est inspiré afin de veiller aux règles d'urbanisme en matière d'exploitation des sols autour des sites nucléaires.

374. **La diversité des installations**. Un site nucléaire comporte plusieurs types d'installations dont la caractérisation détermine le régime juridique. Une installation nucléaire peut dépendre, soit d'une rubrique de la classification ICPE, soit de la catégorie INB[5]. Par souci de clarté, cette analyse focalise principalement les règles applicables aux réacteurs nucléaires[6]. Un site nucléaire peut aussi comporter plusieurs INB. Chacune se décompose en « unité de production » avec un « îlot » où se trouve le réacteur en plus d'autres installations[7] à l'origine des effluents liquides et gazeux radioactifs et un « bloc usine »[8] qui produit les rejets chimiques et thermiques[9]. C'est au cœur du réacteur[10], la chaudière, que la réaction de fission dégage la chaleur nécessaire à la production d'énergie, siège de la formation des radionucléides dont une infime partie se retrouve dans les effluents liquides et gazeux. Outre ceux-ci et les sols, une ressource essentielle doit être gérée : l'eau.

375. **Les prélèvements**. Sans prélèvements d'eau[11], l'installation ne peut pas fonctionner. Pire, sa mauvaise gestion peut déboucher sur un accident

---

[1] LAVIEILLE (J-M.), DELZANGLES (H.), LE BRIS (C.), *loc. cit.*, 2018, spéc. p. 18.

[2] En ce qui concerne l'utilisation des terrains avoisinants le site, voir la Circulaire du 17 févr. 2010 relative à la maîtrise des activités au voisinage des INB susceptibles de présenter des dangers à l'extérieur de leur site [en ligne] http://circulaire.legifrance.gouv.fr/pdf/2010/06/cir_31314.pdf

[3] Que ce soit dans le cadre de sa conception, son fonctionnement ou sa destruction.

[4] 2° de l'art. 50 du « décret procédure » de 2007 précité.

[5] En fonction de ses caractéristiques (importance de l'installation et risques générés) selon les éléments des nomenclatures respectives.

[6] Ainsi, de la même manière que toutes les INB ne sont pas des centrales nucléaires, toutes les installations du site ne sont pas des INB, v. réglementation de la nomenclature des INB aux articles R. 593-1 à R. 593-4, C. environnement.

[7] Tels des bâtiments auxiliaires, des ateliers, laboratoires, etc.

[8] Avec des bâtiments et installations, comme sur n'importe quel site industriel.

[9] Source EDF.

[10] Un « appareil permettant de produire et de contrôler une réaction nucléaire auto-entretenue », art. R. 593-1 C. environnement ; Décret n° 2019-190 du 14 mars 2019 précité (art. 2).

[11] Le système exige un apport crucial en eau pour alimenter les différents circuits dont le circuit de refroidissement.

de criticité, la fusion du cœur du réacteur. À cette problématique s'ajoute celle liée aux rejets, radioactifs et non radioactifs, vapeur d'eau, résidus et déchets qui ont un impact variable selon leur nature et leur utilisation.

376. **Les rejets dans la nature**. Les rejets sont chimiques, thermiques et radioactifs. Chaque type appelle la mise en œuvre de seuils et limites réglementaires. Le droit nucléaire s'est construit dans l'optique d'une protection centrée sur l'être humain. Il semble légitime de se demander comment ont été réglés ces prélèvements et ces rejets, facteurs de risque.

377. **La référence à l'environnement**. Même si la protection de l'environnement ne faisait pas explicitement partie du droit nucléaire, en réalité, la composante environnement est présente dès les premières normes nucléaires. Il fallait maîtriser l'impact des prélèvements et des rejets dans la Nature. Aux termes du décret originaire sur les installations nucléaires du 11 décembre 1963[1], la charge revenait aux agents du service central de protection contre les rayonnements ionisants (SCPRI)[2] « de surveiller l'application de la réglementation concernant les rejets d'effluents radioactifs en vue de la protection de la santé publique ». Le texte parle de lui-même. Il n'était nullement question de protéger l'environnement en soi.

378. Dans le décret de 1963, une amende était prévue[3] en cas de « pollution radioactive » du fait de l'INB[4]. Toutefois, à partir de 1990[5], il n'est plus fait mention de « pollution »[6]. L'éventualité est remplacée par une liste de quatre points soumis à contraventions de 5e classe qui deviennent, en 2006, les prescriptions de l'ASN[7]. Adressées à l'exploitant, certaines portent sur les prélèvements et les rejets autorisés[8]. Cela signifie que l'exploitant doit obtenir une autorisation séparée pour les prélèvements et les rejets d'effluents.

379. **La réglementation des rejets**. Le dispositif originaire se dédoublait entre, d'une part, le décret n° 74-945 du 6 novembre 1974 relatif aux rejets d'effluents radioactifs gazeux provenant des INB et des installations nucléaires implantées sur le même site[9] et, d'autre part, le décret n° 74-1181 du 31 décembre 1974 relatif aux rejets d'effluents radioactifs liquides

---

[1] 4e alinéa de l'art. 11 tel que modifié par l'article 12 du décret 73-405 du 27 mars 1973.
[2] Auxquels succède l'OPRI en 1994.
[3] De 1300 à 3000 francs (soit entre 195 et 450 € environ), selon le taux institué par l'art. 2 du décret n° 80-567 du 18 juill. 1980 (JORF 23 juill. 1980), ce qui peut sembler bien peu dissuasif.
[4] Art. 12 du décret de 1963 modifié précité.
[5] Art. 8 du décret n° 90-78 du 19 janvier 1990 (JORF n° 18 du 21 janv. 1990, p. 881).
[6] La désignation de « pollution radioactive » ne disparaît pas pour autant des textes, tel par ex. à l'art. 10 du décret 74-945 du 6 nov. 1974 relatif à la procédure d'autorisation de rejets d'effluents gazeux ou encore dès l'art. 1er du décret visant à simplifier le régime des autorisations de rejets du 4 mai 1995.
[7] Dotée désormais d'un pouvoir d'astreinte et de sanctions, voir le 1° du I de l'art. 128 de la loi du 17 août 2015 précitée.
[8] Désormais al. 3 de l'art. L. 593-10 C. environnement (depuis loi TSN, n° 2006-686, du 13 juin 2006, art. 29-I. al. 3).
[9] JORF du 15 novembre 1974.

provenant d'installations nucléaires[1]. Aux termes de ce régime, l'instruction des demandes d'autorisation de rejets gazeux et liquides imposait une double « étude préliminaire »[2]. Celles-ci devaient comporter « l'indication de la nature, de l'importance et des modalités des rejets liés au fonctionnement normal de l'installation nucléaire ainsi que toutes *les* informations disponibles concernant les autres rejets d'effluents radioactifs existants ou prévus »[3]. Jusqu'en 1995, le régime se répartit donc entre sources gazeuses et liquides.

2) L'évolution du droit des prélèvements et rejets

380. **Le champ de la protection recherchée**. Aux termes de l'article deux de ladite loi sur l'eau de 1992, la gestion équilibrée de la ressource « eau » tend à protéger les écosystèmes aquatiques de toute nature. En plus de la santé publique et de la sécurité civile, qu'il s'agisse d'une utilisation pour des besoins vitaux, commerciaux ou/et de loisirs, son article premier annonce d'emblée que l'eau fait partie du patrimoine commun de la nation. Cette reconnaissance explique probablement les nuances constatées entre le traitement des eaux dans le régime des rejets d'effluents institué en 1995 et celui de l'atmosphère[4]. Sa protection se rattache alors à l'article premier de la loi précitée de 1961. Le renvoi à son article deux soumettait à des prescriptions ministérielles, par la voie de décrets en forme de règlements d'administration publique, les cas et les conditions dans lesquels les émissions dans l'atmosphère[5] étaient interdites ou réglementées[6].

381. **La première réforme du droit des autorisations de rejets.** Probablement pour se mettre en conformité avec la nouvelle loi sur l'eau[7], le double régime de 1974 est fusionné et remplacé avec le décret du 4 mai 1995[8] relatif aux rejets d'effluents liquides et gazeux et aux prélèvements d'eau des

---

[1] JORF du 4 janvier 1975.

[2] Soumise par l'exploitant au ministre de l'industrie et de la recherche à qui étaient également adressées les demandes d'autorisation de rejets respectives ; l'étude préliminaire devait être transmise « avant le dépôt de la demande d'autorisation de rejets et, en ce qui concerne les rejets provenant d'une installation nucléaire de base, au plus tard lors du dépôt de la demande d'autorisation de création de ladite installation ».

[3] Alinéa 2 des art. 3 du décret 74-945 du 6 novembre et art. 4 du décret 74-1181 du 31 décembre 1974, modifiés par l'art. 22 (Ab) du décret 94-604 du 19 juillet 1994.

[4] Quand la demande d'autorisation de rejets liquides devait distinguer par rapport à chaque élément de la ressource eau, les autres l'étaient seulement « *s'il y a lieu* », v. §2 du 4° de l'art. 8 décret du 4 mai 1995 précité.

[5] De fumées, suies, poussières ou gaz toxiques, corrosifs, odorants ou radioactifs.

[6] L'étendue d'une protection à laquelle il faut ajouter les principes généraux de radioprotection dont les prescriptions contenues dans l'arrêté d'autorisation de rejet devaient et doivent toujours tenir compte, voir c) du paragraphe 3 de l'art. 11 du décret n° 95-540 du 4 mai 1995 précité.

[7] n° 92-3 du 3 janvier 1992 sur l'eau (JORF n° 03 du 4 janv. 1992).

[8] n° 95-540 et dont l'art. 23 abroge le double dispositif de 1974.

installations[1]. Un dispositif auquel s'ajoutait l'arrêté du 26 novembre 1999[2]. Une des nouveautés avec ce régime simplifié revenait au fait que la demande d'autorisation devait également être adressée, en plus du ministre chargé de l'industrie, au ministre de l'Environnement[3]. Il faut dire qu'en 1974, ce ministère n'en était qu'à ses balbutiements. Quant à la notion d'écologie, elle faisait son entrée dans le discours politique international.

382. [4]Destiné à simplifier, le régime de 1995 n'en était pas moins plus exigeant. La nouvelle procédure de déclaration[5] ressemblait à l'autorisation préalable de 1974[6]. C'est le régime d'autorisation de rejets[7] qui change. Il mettait notamment en œuvre l'avis de nouvelles institutions et ce sera encore plus le cas à partir de 2007[8]. En effet, le dispositif de 1995 fixe le régime jusqu'au décret n° 2007-1557 dit « procédures » de 2007.

383. **La réformation du dispositif en 2007.** Si les autorisations accordées sous l'empire du dispositif de 1995 restaient applicables, le décret de 2007 relatif aux INB et au contrôle, en matière de sûreté nucléaire, du transport de substances radioactives[9] a apporté des modifications[10]. Entre autres choses, l'étude d'impact doit présenter les prélèvements et rejets envisagés. Le décret détaille le contenu[11]. Selon les spécificités et incidences possibles sur les différents milieux, les probabilités sont évaluées sur la base de dispositions juridiques générales qui répercutent et explicitent une des interférences directes du droit de l'environnement sur le droit nucléaire.

384. Sur les effluents liquides, les rejets en « eaux souterraines » sont au fil des réformes systématiquement interdits[12]. En outre, le décret de 2007 prévoyait, dans le cadre de l'étude d'impact, la description des mesures de performance envisagées par l'exploitant pour protéger ces eaux, en plus des

---

[1] JORF n° 107 du 6 mai 1995, p. 7206 ; modifié par le décret n° 2002-460 du 4 avr. 2002.

[2] Fixant les prescriptions techniques générales relatives aux limites et aux modalités des prélèvements et des rejets soumis à autorisation, effectués par les INB.

[3] Art. 8 du décret 95-540 du 4 mai 1995 précité.

[4] Parce qu'il réunit les deux procédures et probablement parce qu'il institue la possibilité d'une déclaration en plus de la procédure d'autorisation.

[5] Titre III du décret 95-540 du 4 mai 1995 précité.

[6] Toutefois renforcée, ne serait-ce qu'au titre du document à joindre, puisque le dossier de déclaration de rejets était susceptible de devoir comporter l'indication des « mesures compensatoires ou correctives » envisageables, *ibid.*, al.2 du 4° de l'art. 11

[7] *Ibid.*, Titre II.

[8] Ex. avec le II de l'art. 18 du décret INB 2007 précité.

[9] JORF n° 255 du 3 nov. 2007, p. 18026, texte n° 3.

[10] « les prélèvements et rejets d'effluents doivent être précisées dans l'étude d'impact. En plus des éléments habituels, l'exploitant soumet une étude d'impact radiologique ; en oct. 2002, l'IRSN a d'ailleurs proposé un « guide d'examen pour l'étude d'impact radiologique d'une INB fournie à l'appui des demandes d'autorisation de rejets », Rapport IRSN/02-24.

[11] « des effets directs et indirects, temporaires et permanents, de l'installation sur l'environnement », Art. 9 du décret procédures précité.

[12] Art. 3 du décret n° 74-1181 du 31 déc. 1974 relatif aux rejets d'effluents radioactifs liquides provenant d'installations nucléaires ; art. 7 du décret n° 95-540 du 4 mai 1995 relatif aux rejets d'effluents liquides et gazeux et aux prélèvements d'eau des installations.

« solutions retenues pour minimiser l'impact des prélèvements »[1]. Les éventuelles difficultés de nature scientifique ou technique des méthodes d'évaluation des effets de l'installation sur l'environnement doivent aussi y être présentées[2]. En réalité, le décret dit « procédures » se colorait sous plus d'un aspect, bien au-delà des seuls prélèvements et effluents, des techniques du droit de l'environnement. Entre 2012 et 2019, l'ensemble du dispositif est codifié dans le Code de l'environnement. Quelques modifications ont été apportées au régime par l'ordonnance codificatrice de 2012, puis notamment par la loi n° 2015-992 du 17 août 2015 relative à la transition énergétique pour la croissance verte[3], mais l'essentiel est posé en 2007. À partir du moment où l'exploitant était autorisé à rejeter des effluents, cela impliquait que l'installation dispose « des moyens permettant de procéder aux prélèvements et aux premières analyses nécessaires ainsi qu'à leur interprétation »[4]. Dans tous les cas, le contrôle profite à l'environnement.

385. **L'évolution du contrôle des rejets**. Divers contrôles étaient prévus, dont « le contrôle technique de la pollution radioactive » de l'OPRI[5] à qui l'exploitant devait rendre compte de son propre contrôle[6] avant tout rejet[7]. À défaut, la procédure des mesures d'urgence pour faire cesser le trouble[8] était susceptible d'être enclenchée pour assurer la sécurité. Depuis le décret « procédures » de 2007, toujours largement applicable, les prescriptions des limites de rejets dans la nature édictées par l'ASN nécessitent une homologation « des ministres chargés de la sûreté nucléaire »[9]. Mais, aujourd'hui comme hier, les moyens du contrôle restent de l'office de l'exploitant[10]. Il lui revient de veiller à la sécurité des installations et par conséquent, à la protection contre le risque de pollution radioactive des milieux naturels. En cela, le droit nucléaire n'est pas fondamentalement différent des autres droits des risques majeurs dont le Code de l'environnement contient les dispositifs juridiques, tel le droit des ICPE et, plus largement, l'ensemble des dispositifs relatifs à la protection de l'utilisation des substances chimiques.

---

[1] Au b) et d) du 4° de l'art. 9 du décret 2007-1557 du 2 nov. 2007 dit « procédures ».
[2] *Ibid.*, 5°.
[3] JORF n° 0189 du 18 août 2015, p. 14263, texte n° 1.
[4] Art. 13 du décret n° 74-945 et art. 14 du décret n° 74-1181 précité.
[5] Art. 10 du décret n° 74-945 et art. 11 du décret n° 74-1181 tels que modifié par l'art. 22 (Ab) du décret n° 94-604 du 19 juill. 1994 portant création de l'OPRI (JORF n° 167, 21 juill. 1994).
[6] Comme prévu par le décret d'autorisation de rejet, voir art. 7 pour l'un et art. 6 pour l'autre.
[7] Conformément à l'art. 11 du décret n° 74-945 et art. 12 du décret n° 74-1181 tels que modifié par l'art. 22 (Ab) du décret n° 94-604 du 19 juill. 1994 précité.
[8] Celle de l'article 13 du décret sur les installations nucléaires du 11 décembre 1963 précité.
[9] Dernier alinéa du III de l'art. 25 du décret « procédures » 2007 précité.
[10] Qui doit se conformer depuis 2007 aux prescriptions de l'ASN, notamment celles établies lors de la procédure d'autorisation de création et toujours susceptibles d'évolutions (voir les articles 18 et 25 du décret « procédures » de 2007 précité).

386. **Une planification nécessaire**. La réglementation relative à la création d'un projet d'installation nucléaire est saisie du système des planifications tant pour prévenir que gérer les conséquences des prélèvements ou des rejets « dans le milieu ambiant, qu'ils soient radioactifs ou non »[1]. Par exemple, dès l'étude d'impact radiologique, le risque est évalué *a priori*[2]. Dans l'évolution du dispositif juridique destinée à réglementer les prélèvements et les rejets dans la Nature, des débuts du droit nucléaire à nos jours, l'influence des instruments du droit de l'environnement est prégnante.

387. **Transition**. En droit de l'environnement, l'instauration de l'étude d'impact change l'approche. Les préoccupations environnementales deviennent un intérêt général à prendre en compte. Le droit nucléaire ne pouvait y être soustrait. L'introduction de cet instrument dans le droit des installations nucléaires s'est avérée déterminante. L'obligation de fournir une étude d'impact renforce la prévention. En matière nucléaire, la tendance doctrinale consistait, et consiste encore parfois, à dire que la protection à l'égard des populations humaines équivaut à protéger l'environnement dans tous ses éléments. En outre, des intérêts communs tendent à rapprocher le droit nucléaire et le droit de l'environnement. Ils s'enrichissent mutuellement. En matière d'installations, « c'est au fil des problèmes à résoudre et des situations à gérer que la technologie nucléaire s'est insérée dans l'ordre juridique, y suscitant un dispositif compatible avec son développement, c'est-à-dire un arbitrage entre l'impulsion techno-industrielle et l'impératif social »[3]. Le droit des INB devait fournir un dispositif capable de promouvoir l'exploitation de la technologie en préservant la santé humaine et la sécurité publique. C'est l'établissement des régimes juridiques qui a permis le développement du nucléaire civil. À défaut, l'exploitation technologique de la radioactivité n'aurait pas pu prospérer.

---

[1] 2° du IV de l'art. 18 du décret « procédures » 2007.

[2] Et la mise en œuvre de marges où l'incertitude doit être prise en compte de manière « explicite », tant en ce qui concerne « l'estimation des rejets attendus » que les moyens de leur contrôle, CHARTIER (M.), DESPRES (A.), SUPERVIL (S.), CONTE (D.), HUBERT (P.), OUDIZ (A.) et CHAMPION (D.), Guide d'examen pour l'étude d'impact radiologique d'une INB fournie à l'appui des demandes d'autorisation de rejets, rapp. IRSN/02-24, oct. 2002, p. 5.

[3] BOUSTANY (K.), « La normativité nucléaire : quelques réflexions », *BDN*, 51, OCDE, juin 1993, pp. 7-24, spéc. p. 9.

Titre 2. L'exploitation précautionneuse des installations nucléaires en l'état des connaissances techniques

388. Depuis l'origine, la prudence est exigée tout au long de la vie des installations. Le droit des installations nucléaires de base (INB) formalise un rapport étroit entre anticipation, état des connaissances et autorisations administratives. Dans la continuité des impératifs radiologiques, il s'agit à présent d'apprécier comment ce droit régit la contrainte technologique.

389. Les principes de la prudence nucléaire, sous l'apanage de la sécurité civile, s'avèrent équivalents aux dispositifs de prévention du droit de l'environnement. Le droit des INB apparaît même parfois plus exigeant. Cependant, des incertitudes techniques mettent encore le secteur au défi de sa technologie. Des instruments juridiques visent à anticiper les incertitudes, à gérer et à intégrer les évolutions du savoir. C'est ce qui conforte la caractérisation d'un droit de prévention particulièrement prudent. Néanmoins, il faudra vérifier que la loi du 22 juin 2023 relative à l'accélération des procédures liées à la construction de nouvelles installations nucléaires à proximité de sites nucléaires existants et au fonctionnement des installations existantes (loi du 22 juin 2023 relative à l'accélération des procédures, ci-après) n'amoindrit pas la tendance précautionneuse des régimes concernés.

390. Comme le droit de l'environnement, le droit des INB est un droit d'autorisations et donc, de police administrative. D'une part, il constitue un droit de prévention renforcé par un contrôle réitéré de la sûreté nucléaire tout au long de la vie des installations (**chapitre 1**) et, d'autre part, il reflète une maîtrise contrainte par les défis techniques auxquels l'anticipation nucléaire reste tributaire (**chapitre 2**).

Chapitre 1. L'autorisation d'exploiter soumise au réexamen périodique de la sûreté nucléaire

391. L'action protectrice du droit est parfois indirecte. Le droit des installations nucléaires, à l'instar du droit de l'environnement, est un droit d'autorisations administratives qui tend à évaluer et gérer les risques.

392. En droit interne, le système institué avec le décret précité de 1963 consistait surtout à régenter un système d'autorisations. Une forme de renouveau plane à partir de la loi du 13 juin 2006 relative à la transparence et à la sécurité en matière nucléaire et de son décret d'application du 2 novembre 2007 relatif aux INB et au contrôle, en matière de sûreté nucléaire, du transport de substances radioactives. Sans véritablement modifier le fond des règles, bien que les intérêts à protéger couvrent un champ plus large, le droit nucléaire tend à s'aligner sur les attentes contemporaines. L'insertion d'une grosse proportion des instruments dans le Code de l'environnement nous fait conclure à son verdissement. Sous l'angle préventif, cette codification a conduit à rendre plus lisibles les exigences de ce droit spécial.

393. Tout au long de la vie des installations, la prudence du contrôle opère à chaque renouvellement d'autorisation d'exploiter au moyen, d'une part, des évaluations de la démonstration de sûreté (**section 1**) et, d'autre part, d'une gestion préventive renforcée au sein des installations (**section 2**).

Section 1. La réévaluation nécessaire à la démonstration de la sûreté nucléaire

394. Comme pour les installations classées (ICPE), l'interventionnisme des autorités de contrôle se traduit dans un régime d'autorisations. Si certaines exemptions existent, elles sont encadrées. Les dispositifs dévolus à l'évaluation visent à circonscrire le risque.

395. Un site électronucléaire comporte plusieurs installations de type INB. Par souci de clarté, le régime de la sûreté nucléaire sera analysé en référence au réacteur de centrale qui, selon l'article R. 593-1 du Code de l'environnement, est un « appareil permettant de produire et de contrôler une réaction nucléaire auto-entretenue » ; la chaudière dans laquelle est incorporé le combustible (cœur du réacteur) nécessaire à la réaction de fission nucléaire.

396. L'évaluation forme le socle du droit des INB qui institue un contrôle périodiquement renouvelé. Pour constater le caractère renforcé de la prévention nucléaire, il faut présenter, d'une part, ce régime spécial introduit dans le Code de l'environnement (**§1**) et, d'autre part, les modalités de l'évaluation de la sûreté tout au long de la vie des installations (**§2**).

§1. Un régime spécial de prévention des pollutions, des risques et nuisances

397. Les autorisations d'exploitation relèvent de la législation nationale[1]. En France, l'essentiel du régime est posé depuis le décret n° 63-1228 du 11 décembre 1963 relatif aux installations nucléaires qui a réglementé le droit de la prévention nucléaire jusqu'à la loi n° 2006-686 du 13 juin 2006 relative à la transparence et à la sécurité en matière nucléaire.

398. La codification conduit au verdissement des régimes qui s'avèrent toutefois systématiquement spéciaux. Leur analyse permettra de comprendre pourquoi les dispositifs ne sont pas dans le Code de l'énergie. L'explication réside dans le fait que le droit des INB est un droit de prévention des risques qui a logiquement trouvé sa place au sein du Code de l'environnement.

399. Dans l'objectif de prévenir les risques, les pollutions et les nuisances, ce dispositif complexe est renforcé par un cumul d'autorisations. Les centrales servent d'analyse pour présenter le caractère, d'une part, dérogatoire des procédures (**A**) et, d'autre part, répété de la prévention (**B**).

A. Le régime dérogatoire de la sûreté nucléaire

400. Sans entrer ici dans le détail des règles, la présentation du droit des INB amène, d'une part, au préalable de la caractérisation des installations nucléaires de base (**1**) et, d'autre part, à le distinguer du droit des ICPE, celui des installations classées pour la protection de l'environnement (**2**).

1) La caractérisation des installations nucléaires

401. **Les installations nucléaires de base.** Les INB relèvent aujourd'hui en droit français du Code de l'environnement. Aux termes de son article L. 593-2, ces installations englobent les « réacteurs nucléaires » (1°), les « installations, répondant à des caractéristiques définies par décret en Conseil d'État, de préparation, d'enrichissement, de fabrication, de traitement ou d'entreposage de combustibles nucléaires ou de traitement, d'entreposage ou de stockage de déchets radioactifs » (2°), les « installations contenant des substances radioactives ou fissiles et répondant à des caractéristiques définies par décret en Conseil d'État » (3°), les « accélérateurs de particules répondant à des caractéristiques définies par décret en Conseil d'État » (4°) et (5°) depuis l'ordonnance n° 2016-128 du 10 février 2016[2] les « centres de stockage en couche géologique profonde de déchets radioactifs mentionnés à l'article L.

---

[1] RAETZKE (C.), « Le droit nucléaire et le droit de l'environnement dans les procédures d'autorisation des installations nucléaires », *BDN*, n° 92, 2013/2, AEN/OCDE, p. 80.

[2] Portant diverses dispositions en matière nucléaire, art. 25-II.

542-10-1 » de ce même Code[1]. Certes dérogatoire, le droit des installations nucléaires de base ne s'est pas avéré totalement étanche au régime des installations classées pour la protection de l'environnement (ICPE).

402. **La caractérisation des installations soumises au régime**. Le régime d'autorisations des INB n'est, dans les faits, qu'un régime spécial de police des installations classées. Son exclusion du régime ICPE a soulevé des interrogations, notamment sur la complexité d'appliquer différents régimes lorsque le site comporte d'autres types d'installations[2]. Le décret précité de 2019 n'a pas changé le modèle. Dès que des installations classées (ICPE) et/ou des installations, ouvrages, travaux, activités relevant du droit de l'eau (IOTA) sont implantés ou réalisés dans le périmètre d'une INB sans être nécessaires à son exploitation, leur régime respectif s'applique et non celui des INB où l'Autorité de sûreté nucléaire (ASN) se substitue au préfet comme autorité de contrôle. En revanche, si les IOTA et ICPE sont nécessaires[3] à l'exploitation d'une INB, les équipements et installations qui sont implantés dans son périmètre sont réputés faire partie de cette installation et sont soumis aux dispositions du régime INB[4]. Pourquoi ces différences de régimes ? La raison est probablement le danger radiologique. La proximité avec la radioactivité justifie la soumission aux procédures spéciales du droit nucléaire.

403. **Le champ du régime INB**. Conformément à l'arrêté du 7 février 2012 fixant les règles générales relatives aux installations nucléaires de base (« arrêté INB »), l'ensemble des mesures de sûreté, tout au long de la vie de l'installation, est codifié dans le chapitre III du titre IX du livre V du code de l'environnement. La conception, la construction, le fonctionnement, la mise à l'arrêt définitif et le démantèlement des INB ainsi que la fermeture, l'entretien et la surveillance des installations de stockage de déchets radioactifs sont soumis à des règles générales applicables à toutes ces installations ou à certaines catégories d'entre elles[5]. De la demande d'autorisation de création jusqu'au démantèlement de l'installation, en passant par les autorisations d'exploitation, de mise en service, les demandes de modification et de mise à l'arrêt définitif, toutes ces étapes répondent à une réglementation spéciale.

2) L'exclusion du droit commun des ICPE

404. **Les exclusions explicites**. Le régime des installations nucléaires a intégré le Code de l'environnement et son article L. 593-1 précise que les INB ne sont pas soumises au régime des ICPE. Elles ne sont pas non plus

[1] Cette définition a été posée par la loi n° 2006-686 du 13 juin 2006 relative à la transparence et à la sécurité en matière nucléaire (TSN), art. 28-III.
[2] NICOLAS (J-M.), « Un nouveau droit nucléaire », *BDEI*, 2006, p. 3, n° 4.
[3] Nous soulignons.
[4] Art. L. 593-3, Code de l'environnement.
[5] Art. L. 593-4, alinéa 1, Code de l'environnement.

concernées par la récente procédure des « autorisations environnementales »[1] ni par les articles L. 214-1 à L. 214-6 relatifs aux modalités d'utilisation de la ressource en eau. Cela ne veut pas dire qu'elles en sont exemptées.

405. **Le besoin de sûreté aggravé du nucléaire**. La non-assimilation du droit des INB à celui des ICPE se traduit par le besoin d'un « régime d'autorisation aggravé » du fait d'impératifs de sûreté et de sécurité plus importants en matière nucléaire[2]. La raison réside dans l'usage de la radioactivité. Le Conseil d'État dans une décision du 16 octobre 1991[3] rappelait déjà l'exemption des installations nucléaires de base à la procédure d'autorisation ou de déclaration des ICPE[4].

406. **Un régime novateur**. Très vite, le droit des INB apparaît, au moins sous certains aspects, « en avance » par rapport à celui institué par la loi n°76-663 du 19 juillet 1976 relative aux installations classées pour la protection de l'environnement[5]. La loi TSN du 13 juin 2006 relative à la transparence et à la sécurité nucléaire conduit à l'uniformisation[6]. Intégré au Code de l'environnement, le régime continue de déroger au droit commun de la protection de l'environnement. En tout état de cause, « la meilleure prévention passe par l'exigence d'une autorisation préalable pour l'exercice de toute activité polluante ou risquant de porter atteinte à l'environnement »[7]. Le droit des INB en prévoit plusieurs.

B. Une prévention renforcée d'autorisations répétées

407. Les différentes étapes relatives aux demandes d'autorisation en droit des INB matérialisent la complexité des contrôles qui s'imposent à l'exploitant nucléaire. À ce stade de l'analyse, afin de mettre en évidence le caractère strict des procédures, nous nous contentons, d'une part, de poser le principe des autorisations préalables **(1)** et, d'autre part, de lister brièvement les différentes étapes qui seront développées par la suite **(2)**.

1) Le principe des autorisations préalables

408. **Un contrôle tout au long de la chaîne nucléaire**. Le décret précité de 1963 établissait que les INB ne peuvent être créées qu'après

[1] Ordonnance n° 2017-80 du 26 janv. 2017 (JORF n° 0023 du 27 janv. 2017).
[2] PONTIER (J-M.), « Jalons pour une approche juridique de la sûreté nucléaire » dans *Droit nucléaire. La sûreté nucléaire*, Journée d'étude du 20 oct. 2011, PUF, 2012, 185 p., spéc. p. 50.
[3] À l'instar de sa solution du 20 juin 1984, *Association les amis de la terre*, Lebon 232.
[4] Sous-sections 5 et 3 réunies, n° 88205, *Communes de Roeser et de Dudelange*, Lebon 215.
[5] TURPIN (D.), « INB et ICPE », *RJE*, n°1, 1982, pp. 3-17.
[6] VENOT (A.), Rapport 2979, 20 mars 2006, Commission des Affaires Économiques, p. 11.
[7] COHENDET (M-A.), PRIEUR (M.), MAKOVIAK (J.), BETAILLE (J.), DELZANGLES (H.) et STEICHEN (P.), *Droit de l'environnement*, Précis, Dalloz, 8e Ed, nov. 2019, p. 94.

autorisation[1]. La réglementation met en place un régime d'autorisations successives. Les procédures de contrôle s'imposent dès l'extraction du minerai d'où provient l'uranium, ensuite enrichi pour permettre la fabrication du combustible fournissant les centrales électronucléaires, jusqu'à la gestion du combustible usé (retraitement) des déchets radioactifs (conditionnement et stockage) et en bout de chaîne, le démantèlement. L'exploitant doit, dès le projet de création et bien avant de poser la ''première pierre'' sur le site, non seulement obtenir une autorisation de prélèvements et de rejets dans l'environnement, mais également faire preuve de son anticipation par un processus spécifique où la maîtrise du risque nucléaire doit être démontrée à toutes les étapes du projet. Sans apport en eau ni rejets d'effluents, l'exploitation n'est pas fonctionnelle et sans autorisation d'exploiter, le projet ne peut pas voir le jour. Étant donné le caractère majeur du risque nucléaire, la procédure d'évaluation reflète la recherche d'une protection optimisée.

409. **Le préalable des autorisations**. Dans ce but, l'exploitant est tenu d'obtenir plusieurs autorisations, à commencer par l'autorisation de création proprement dite. C'est au cours de ce processus qu'il demande aussi celles de rejets et de prélèvements dans la Nature. Mais, le droit des INB ne se résume pas à l'autorisation de création obtenue par décret. Nous verrons que, tel un parcours d'étapes, le dispositif organise plusieurs procédures, de la création de l'installation à son démantèlement. Le régime légal est désormais codifié aux articles L. 593-1 et suivants du Code de l'environnement. Applicable pour toute demande d'autorisation de création et de modification substantielle déposée avant le 1er avril 2019[2], le dispositif actuel découle toujours en grande partie de la loi « TSN » du 13 juin 2006 et du décret « procédures » du 2 novembre 2007, codifiés pour l'essentiel en 2012[3] et 2019[4]. Le décret n° 2019-190 du 14 mars 2019 introduit, dans la partie réglementaire du Code de l'environnement, les décrets relatifs aux INB (et à la transparence en matière nucléaire) repris aux articles R. 592-17 à R. 593-114 du même Code. Il crée un nouveau Titre (IX) dans le Livre V de la Partie réglementaire du Code de l'environnement, mais pas un nouveau dispositif.

410. Le décret de 1963 prévoyait déjà les différentes autorisations d'exploiter qui formalisent une veille pour la sûreté.

2) Le formalisme de la duplication

411. **L'autorisation de création**. Partiellement instituée par le décret précité de 1963, conformément à la loi TSN de 2006 et au décret

[1] Al. 1er de l'art. 3, I.

[2] Mais, à l'issue de leur instruction, les décrets d'autorisation seront pris sur la base des art. R. 593-26 et s., conformément au décret n° 2019-190 du 14 mars 2019 précité (art. 13-I).

[3] Par l'Ordonnance n° 2012-6 du 5 janv. 2012 précitée.

[4] Par le décret n° 2019-190 du 14 mars 2019 précité.

« procédures » de 2007, la demande d'autorisation de création doit contenir une étude d'impact, un rapport préliminaire de sûreté faisant l'inventaire des risques, une étude de maîtrise des risques et le plan de démantèlement.

412. Concernant l'étude d'impact, il s'agit de celle prévue à l'article L. 122-1 du Code de l'environnement, mais son contenu est dérogatoire du droit commun. Aux termes de la loi précitée du 22 juin 2023, en ce qui concerne la réalisation d'un réacteur électronucléaire, l'autorisation environnementale requise en application de l'article L. 181-1 du code de l'environnement est délivrée par décret. Au regard de l'étude d'impact qui porte sur l'ensemble du projet, ce décret sera modifié, le cas échéant, dans les conditions de l'article L. 181-14 du même code jusqu'à la délivrance de l'autorisation de création de l'INB[1]. En outre, l'article 18 de la loi de 2023 vise les modifications ultérieures intervenant dans des conditions précisées par un décret en Conseil d'État.

413. Le rapport préliminaire de sûreté fait, à ce stade, office d'étude de dangers ; le décret codificateur de 2019 change son intitulé pour la « version préliminaire du rapport de sûreté » (art. R. 593-16) dont le contenu est désormais précisé à l'art. R. 593-18 du Code de l'environnement. Nous verrons aussi dans quel contexte le dossier de demande d'autorisation de création est soumis à enquête publique[2]. Une autre autorisation doit être obtenue pour la mise en service. Pour une installation de type INB soumise à autorisation, cela « correspond à la première introduction de substances radioactives dans l'installation ou à la première mise en œuvre d'un faisceau de particules »[3].

414. **L'autorisation de mise en service**. Au stade de la demande d'autorisation de mise en service, le dossier doit notamment comporter un rapport de sûreté[4] tenant lieu d'étude de dangers[5] et un plan d'urgence interne (PUI). Provisoire, cette deuxième autorisation prend la forme d'un décret prévoyant différentes mesures mises à la charge de l'exploitant. Une fois toutes ces démarches autorisées, la mise en service définitive est actée.

415. **Les autorisations d'exploiter**. Tous les dix ans au maximum[6], une réévaluation a lieu pour permettre la poursuite de l'exploitation, c'est le réexamen de la sûreté. En cas de modifications substantielles de l'installation[7], l'exploitant doit les déclarer à l'ASN. Nous verrons que la loi précitée du 22 juin 2023 relative à l'accélération des procédures a apporté des modifications au stade des contrôles de la sûreté opérés à partir de la 35e année des installations nucléaires de base (réacteur).

---

[1] Art. 11, I., loi du 22 juin 2023 précitée.

[2] Art. L. 593-8, al.1, Code de l'environnement.

[3] art. 20 I. du décret procédure 2007 précité.

[4] Devenu la version préliminaire avec le décret 2019 précité.

[5] Celle prévue à l'art. L. 551-1 par l'art. L. 593-6, II., al.1, C. environnement.

[6] Dans certains cas une autre périodicité peut s'imposer ou se cumuler.

[7] Dans certains cas une nouvelle autorisation doit être obtenue, notamment en cas d'ajout d'une nouvelle INB sur le site, de changement d'exploitant ou de transfert sur un autre emplacement.

416. **La mise à l'arrêt des installations**. L'arrêt de l'installation, son déclassement et son démantèlement appellent aussi des autorisations distinctes. La loi du 22 juin 2023 relative à l'accélération des procédures a apporté quelques changements dont il sera également fait mention au cours des développements sur ces différentes procédures spécifiques.

417. **Transition**. Dérogatoire au droit commun des ICPE, le droit des INB est un droit des risques majeurs qui a trouvé sa place au sein des régimes de prévention des pollutions, des risques et des nuisances du Code de l'environnement. Du projet de création à l'après-démantèlement, les mesures visent à prévenir le risque, ce qui revient à contrôler la sûreté tout au long de la vie des installations, de leur création à la mise en service, en passant par le fonctionnement jusqu'à la mise à l'arrêt, le démantèlement et le déclassement du site électronucléaire.

§2. L'évaluation de la sûreté tout au long de la vie des installations

418. Dans le cadre d'un contrôle soumis à des échéances programmées, la sûreté nucléaire est régulièrement mise à l'épreuve d'une manière plus stricte et novatrice que dans d'autres domaines également producteurs de risques majeurs, tel le secteur chimique pour ne pas le citer.

419. Le droit nucléaire impose des obligations relatives aux diverses évaluations préventives qui fournissent une mise à jour régulière, encore dernièrement renforcée, du contrôle de la sûreté. L'objectif consiste à vérifier la conformité des installations par rapport au risque de l'exploitation nucléaire. À chaque étape, l'exploitant doit faire la preuve de la sûreté dans le respect des connaissances scientifiques et techniques du moment.

420. Tout au long de la vie des installations, avec des instruments de contrôle adaptés, la sûreté est évaluée, d'une part, pour anticiper les dangers prévisibles dès la demande d'autorisation de création (**A**) et, d'autre part, conformément à l'évolution des connaissances sur les effets du risque (**B**).

A. La phase d'autorisation préalable

421. L'objectif des procédures d'évaluation, en premier lieu au moment de la demande d'autorisation de création de l'installation (DAC), vise à anticiper au plus tôt les dangers de l'exploitation nucléaire (**1**) et donc, à encadrer le risque nucléaire à partir de l'étude du danger (**2**).

1) L'anticipation des dangers de l'installation

422. **Le rapport préliminaire de sûreté.** Ce rapport expose les risques d'accidents prévisibles et probables « pour la sécurité, la santé et la salubrité

publiques ou la protection de la nature et[1] de l'environnement »[2], ce que le décret de 1963 modifié réduisait à « l'inventaire des risques de toutes origines » de l'INB[3]. Nous nous demandons si l'emploi des locutions « et » « ou » induit que, d'une part, le risque n'est à prendre en compte qu'à partir du moment où il touche à l'ensemble de l'un ou de l'autre de ces groupes d'intérêts. C'est-à-dire que le seul risque pour la sécurité publique n'est pas à répertorier si la santé et la salubrité sont exclues de l'atteinte envisagée. D'autre part, cela semble vouloir dire que le risque pour la Nature seule, sans trouble à l'environnement humain, demeure insuffisant pour exiger sa mention. Selon nous, une dose de subjectivité vient forcément troubler la politique de protection dont dépend cette priorité mise à la charge de l'exploitant. En tout cas, ce dernier s'y engage explicitement. « Il formalise cette politique dans un document affirmant explicitement cette priorité » comprenant les intérêts à protéger[4]. Pour cela, l'exploitant s'appuie notamment sur le concept des meilleures techniques disponibles (MTD).

423. **La définition des MTD**. Au sens de la directive 2010/75/UE du Parlement européen et du Conseil du 24 novembre 2010 relative aux émissions industrielles précitée, les meilleures techniques disponibles sont définies comme « le stade de développement le plus efficace et avancé des activités et de leurs modes d'exploitation, démontrant l'aptitude pratique de techniques particulières à constituer la base des valeurs limites d'émission et d'autres conditions d'autorisation visant à éviter et, lorsque cela s'avère impossible, à réduire les émissions et l'impact sur l'environnement dans son ensemble »[5]. C'est la ligne directrice qui s'impose pour prévenir les risques en l'état des connaissances scientifiques et techniques. Le domaine nucléaire applique également cette politique.

424. **MTD et INB**. L'obtention de l'autorisation découle des capacités techniques et organisationnelles explicitées dans les dispositions prises ou envisagées aux stades de la conception, de la construction et de l'exploitation. Des obligations auxquelles s'ajoutent les principes généraux proposés pour le démantèlement ou, pour les installations de stockage de déchets radioactifs, pour leur entretien et leur surveillance après fermeture. Afin de suffisamment prévenir et limiter les risques pour tous les intérêts en présence, la démonstration imposée à l'exploitant reste cantonnée aux « connaissances scientifiques et techniques du moment »[6].

425. Cohérent sur ce point avec le régime des installations classées (ICPE), l'encadrement des connaissances actuelles laisse supposer que l'industriel nucléaire doit recourir aux meilleures techniques disponibles. Il

---

[1] Nous soulignons.
[2] Les intérêts protégés énoncés à l'art. L. 593-1, al.1, Code de l'environnement.
[3] Art. 3, I., al.3 du décret précité.
[4] Art. L. 593-6, I., al.2, Code de l'environnement.
[5] Point 10, al.1, de l'art. 1 du chapitre 1 de la directive.
[6] Art. L. 593-7, I., al.2, Code de l'environnement.

est aussi exigé une étude d'impact que nous qualifions de ''renforcée'' pour les INB, par rapport à une étude ''classique''[1], car toujours susceptible d'actualisation[2]. À ce stade, sous la condition des capacités techniques (et financières) de l'exploitant, l'anticipation des risques d'atteinte aux intérêts protégés par la politique de protection réside dans les moyens prévus pour éviter les accidents et limiter leurs effets[3].

2) L'autorisation en connaissance des risques

426. **L'étude du danger par l'exploitant**. En particulier, dès la version préliminaire, le rapport de sûreté tend à justifier que le projet d'INB permet d'atteindre, compte tenu de l'état des connaissances techniques, des pratiques et de la vulnérabilité de l'environnement de l'installation, un niveau de risque aussi bas que raisonnablement possible, dans des conditions économiquement acceptables[4]. La même exigence prime pour l'étude de maîtrise des risques[5]. Le risque doit être anticipé sous toutes ses occurrences. Reste à vérifier jusqu'où la potentialité demande à être imaginée. Depuis 1963, dès le dépôt de la demande d'autorisation de création[6], la personne qui en prend l'initiative endosse « la qualité d'exploitant »[7]. C'est à ce titre que ce dernier devient le premier responsable de la sécurité de l'INB autorisée. Par exemple, dans le dossier de demande d'autorisation, une « notice » répertorie les ressources techniques, financières et humaines pour mettre en œuvre les moyens nécessaires à l'exercice de cette responsabilité canalisée sur l'exploitant[8]. En tout état de cause, la réalisation des mesures relatives au régime de l'autorisation préalable de sûreté lui incombe.

427. Sur le papier, le droit des INB est particulièrement protecteur et prévoyant face au risque nucléaire. Il faut vérifier ce qu'il en est dans les faits. Or, il s'avère par exemple que l'autorisation d'exploiter reste difficile à remettre en cause à tous les stades de la vie de l'installation.

428. **La difficile remise en cause en justice de l'autorisation**. Une décision du Conseil d'État du 11 avril 2019 relative à l'autorisation de création du réacteur de « Flamanville 3 » a secoué les représentants de l'opinion publique sur l'effectivité de la protection nucléaire[9]. En l'espèce, l'association Greenpeace France demandait l'abrogation du décret d'autorisation accordé à l'entreprise EDF en 2007. La requérante reprochait des anomalies techniques,

[1] Not. art. R. 122-5, II., 6° et 8° et R. 593-17, Code de l'environnement.
[2] Art. R. 593-17 VI.
[3] Art. L. 593-7, II., Code de l'environnement.
[4] R. 593-18, III., Code de l'environnement.
[5] Art. R. 593-19 du Code de l'environnement.
[6] L'article R. 593-16 I. répertorie en 14 points les éléments à joindre.
[7] Art. R. 593-15, al.1, Code de l'environnement.
[8] Art. L. 593-6, I., al. 3, Code de l'environnement.
[9] CE, A, n° 413548, *Association Greenpeace et a.*, *AJDA*, 2019, p. 835, note Maupin.

dans la construction de l'enceinte de confinement au niveau de la cuve[1], prétendument dissimulées à l'ASN[2].

429. Le Conseil d'État a rejeté la requête, considérant que l'Autorité de sûreté nucléaire était au courant et que son avis du 10 octobre 2017 ne remettait pas en cause « la future mise en service et utilisation de l'installation du seul fait de ces anomalies sous réserve que, le moment venu, lors de l'autorisation de mise en service, des conditions appropriées de contrôle et d'utilisation de l'installation soient précisées ». Comme l'ASN, le Conseil d'État décide que ces anomalies, découvertes après l'établissement du décret d'autorisation, n'interdisent pas *a priori* d'exclure la mise en service future de l'installation dans des conditions de sécurité satisfaisantes[3]. Il retient que les anomalies techniques ne suffisent pas à vicier l'autorisation de création et réitère sa solution de 2018[4]. En l'espèce, la « modification substantielle » de l'installation n'était pas caractérisée[5]. Dans le cas contraire, l'exploitant aurait dû procéder à une nouvelle demande d'autorisation. Il s'agit là d'un cas typique de renouvellement d'autorisation. Comme en droit des ICPE, lorsque la modification substantielle est caractérisée, l'exploitant doit procéder au dépôt d'une nouvelle demande d'autorisation. Il s'agit d'un exemple. Mais, de manière générale, le contentieux nucléaire reste limité dans ses suites. En ce qui concerne les autorisations accordées aux INB, les moyens au fond sont rejetés dans 95 % des cas[6]. C'est sur les questions de procédure que les requêtes ont le plus de chance d'aboutir.

430. La technicité de la matière et le caractère particulièrement politique des enjeux peuvent expliquer les réticences des juridictions à remettre en cause les décisions des experts de l'ASN et du gouvernement. Il n'en demeure pas moins que tout doit être mis en œuvre pour évaluer le risque et anticiper le danger. À cet effet, le droit nucléaire renforce encore les obligations de la mise à jour des contrôles de la sûreté.

B. La mise à jour de l'évaluation de la sûreté

431. En cas de risques graves, le droit des INB prévoit, soit la suspension[7], soit la mise à l'arrêt définitive et le démantèlement lorsque le

---

[1] Où se trouve le combustible et se produit la réaction de fission, dans le cœur du réacteur (anomalies décelées dans la composition de l'acier).
[2] L'exploitant n'aurait plus les moyens financiers de faire face. L'incapacité est réfutée.
[3] Considérant 7.
[4] Celle-ci portait également sur l'acier utilisé dans certaines parties de la cuve de ce même réacteur, CE, 6ème Ch. 28 mars 2018, Jugeant seule, n° 410782, Comité de réflexion d'information et de lutte antinucléaire (CRILAN), BDEI, n° 76, n° 2373.
[5] Considérant 6.
[6] GUEGUEN (R.), « Les statistiques du contentieux nucléaires » dans PONTIER (J-M.) et ROUX (E.), *Droit nucléaire. Le contentieux du nucléaire*, PUAM, 2011, pp. 153-177.
[7] Art. R. 593-84 du Code de l'environnement.

risque s'avère d'une gravité telle, qu'il ne peut être ni prévenu ni limité[1]. En matière d'installations classées, il est aussi prévu qu'en cas de dangers ou d'inconvénients non connus lors de l'autorisation ou de la déclaration, le ministre chargé des installations classées peut ordonner la suspension de l'exploitation pendant le délai nécessaire à la mise en œuvre des mesures propres à les faire disparaître[2].

432. Cette disposition peut être rapprochée de celles applicables aux installations nucléaires de base où le principe d'une réévaluation périodique (**1**) formalise, à intervalles programmés, des obligations d'évaluation complémentaire de sûreté (**2**).

1) Le principe des réévaluations périodiques

433. **La réévaluation de la sûreté en l'état des connaissances**. L'objectif repose sur une protection optimisée tout au long de la vie de l'installation. Elle doit rester conforme aux exigences de la réglementation. Dans ce but, la norme applicable conduit aussi à tenir compte des connaissances scientifiques et techniques les plus récentes. Les régimes concernés doivent faciliter la prise en compte cohérente des évolutions et une mise à jour harmonisée. Aux termes du Code de l'environnement, le décret d'autorisation de création des INB établit la périodicité des réexamens[3]. En outre, il peut prévoir une périodicité de réévaluation en dehors du délai des dix ans initialement prévus[4]. Les modalités de réexamens périodiques sont répertoriées à l'article R. 593-62 de ce même Code. En tout état de cause, elles tiennent compte « de l'état de l'installation, de l'expérience acquise au cours de l'exploitation, de l'évolution des connaissances et des règles applicables aux installations similaires »[5]. Quant à la politique de protection, elle doit être réévaluée au moins tous les cinq ans[6].

434. **L'évaluation des conséquences climatiques sur les réacteurs**. La loi précitée du 22 juin 2023 relative à l'accélération des procédures modifie, d'une part, l'article L. 593-7 du Code de l'environnement concernant le régime de la délivrance des autorisations de création et de mise en service des installations et, d'autre part, l'article L. 593-18 du même Code relatif aux réexamens lors du fonctionnement destinés à réactualiser les risques. Les rapports de sûreté, établis à ces effets, devront tenir compte des conséquences du changement climatique. En outre, cette loi du 22 juin 2023 renforce le contrôle de la sûreté des réacteurs nucléaires après 35 ans de fonctionnement.

---

[1] Art. R. 593-85 du Code de l'environnement.

[2] Art. 7, III., loi n° 92-654 du 13 juillet 1992 relative au contrôle de l'utilisation et de la dissémination des OGM et modifiant la loi n° 76-663 du 19 juillet 1976 relative aux ICPE.

[3] Art. L. 593-18 et R. 593-26, 6°.

[4] Art. L. 593-18, al.3, Code de l'environnement.

[5] *Ibidem*, al. 2.

[6] Art. R. 593-63, Code de l'environnement.

435. **Au-delà de la trente-cinquième année de fonctionnement**. Les deux derniers alinéas de l'article L. 593-19 du code de l'environnement ont été remplacés par quatre nouveaux alinéas. Désormais, ces réexamens feront l'objet d'une enquête publique dont l'ASN devra tenir compte pour établir ses éventuelles prescriptions à l'exploitant. Les dispositions envisagées par l'exploitant devront faire l'objet, en fonction du degré d'importance, d'autorisations en cas de modifications substantielles, dans les conditions prévues au II de l'article L. 593-14, ou de déclarations ou d'autorisations en cas de modifications notables, dans les conditions prévues à l'article L. 593-15[1]. En général, le droit des INB permet d'organiser une surveillance étroite et régulière destinée à optimiser les chances d'anticiper les risques conformément aux connaissances actualisées par l'expérience. C'est le but des évaluations et réexamens périodiques auxquels sont venues s'ajouter les évaluations complémentaires de sûreté, dits aussi « *stress tests* ».

2) Les évaluations complémentaires de sûreté

436. **L'ajout des *stress tests***. Comme souvent, après un événement majeur, le droit est réformé. En répercussion à l'accident de Fukushima, en 2011, des *stress tests* ont immédiatement été intégrés dans le droit nucléaire de l'Union européenne ; des évaluations de sûreté devenues en droit français les « évaluations complémentaires de sûreté ». Dans ce cadre, un audit a été mis à la charge de l'ASN pour vérifier que le parc nucléaire peut résister au cumul des « agressions extérieures », celui des événements naturels. Il s'agissait de s'assurer de la résistance des centrales en exploitation sur le territoire par rapport aux risques sismiques et inondations, aux pertes d'alimentation électrique et de refroidissement, de pourvoir à la vérification de leur capacité de gestion opérationnelle des situations accidentelles.

437. Le dispositif organise une évaluation par les pairs du risque d'accidents externes non pris en compte au moment des analyses de conception[2]. La vérification périodique de la résistance de l'installation est évaluée à partir de scénarios qui n'avaient pas été imaginés lors de la conception des centrales du parc français actuel. Les premières évaluations de ce type ont eu lieu en France en 2011, sous le contrôle de l'IRSN[3] et de l'ASN[4]. Dans le même temps, l'OPECST rendait un rapport d'étape dans

[1] Art. L. 593-19, dernier alinéa, C. environnement.
[2] DEFFRENNES (M.) et IRACANE (D.), « Evolution du cadre d'activité de la filière de l'électronucléaire au niveau mondial : de 1950 à aujourd'hui », Annales des Mines – Responsabilité et environnement, 2020/1, n° 97, spéc. p. 14.
[3] Rapport n° 679, Évaluations complémentaires de sûreté post-Fukushima : comportement des installations nucléaires françaises en cas de situations extrêmes et pertinence des propositions d'améliorations, nov. 2011.
[4] Not. avis n° 2012-AV-0139 du 3 janv. 2012.

lequel la sûreté des installations n'a pas été remise en cause. Toutefois, le renforcement de la connaissance sur certains risques a été préconisé[1].

438. **L'anticipation des risques de toute nature**. La nature du risque est technologique, du fait d'un dysfonctionnement des installations, mais son origine peut être naturelle. Fukushima en a fait la démonstration. En prévision d'une cascade d'événements extérieurs et extrêmes susceptible de se réaliser sur un temps très court, l'évaluation nécessaire pour autoriser l'exploitation des installations nucléaires doit, à chaque demande de renouvellement, rendre compte de l'efficacité des mesures préventives. Plus largement et en tout état de cause, le droit des installations nucléaires organise une gestion qui renforce l'anticipation du risque nucléaire sous toutes ses occurrences prévisibles et dans toutes les situations relatives à la vie des installations.

439. **Transition**. Les *stress tests* ont permis de procéder à un contrôle de la sûreté des installations nucléaires qui s'est ajouté aux procédures d'évaluation et de réexamen classiques du droit des INB. Leur présentation laisse voir un droit de prévention aggravé par la nature du risque en cause et soumis aux aléas de l'expérience électronucléaire. Le droit commun des ICPE organise aussi le contrôle des risques et des procédures d'autorisation. Mais, le droit des INB programme des évaluations plus strictes, car renouvelées dans le temps. Un constat que la planification de la gestion du risque d'exploitation des installations nucléaires de base tend à conforter.

Section 2. La gestion planifiée du risque d'exploitation des installations nucléaires

440. Le constat d'effets de large portée, temporelle et géographique, exige l'anticipation des risques de l'exploitation des installations nucléaires au quotidien, quand la situation est normale et pour qu'elle le reste. En outre, la sûreté nucléaire conduit à planifier la gestion des urgences avant qu'elles ne se produisent, afin d'éviter aux exploitants d'être pris au dépourvu en cas de situation de crise. Il s'agit au moins de limiter les éventuelles conséquences dommageables. En cela, le droit des INB est l'archétype d'un droit des risques technologiques majeurs. Malgré des incertitudes et des difficultés, en temps normal comme en temps de crise, rien n'est laissé au hasard.

441. C'est en amont des crises que la régulation préventive est orchestrée par un droit dont les instruments permettent une adaptation au gré des événements et de l'avancée des connaissances. Le droit des installations nucléaires de base met en œuvre des instruments habituels en droit des risques, auxquels s'ajoutent des outils particuliers au risque nucléaire.

442. Veiller à une protection adaptée tout au long de la vie des installations nécessite d'anticiper tous les types de situations. D'une part, en

[1] http://www.senat.fr/rap/r10-701/r10-7011.pdf.

temps normal, une prévoyance spécifique à la régulation du risque nucléaire est opérée (**§1**). D'autre part, en prévision des situations d'urgence, la gestion de crise œuvre pour un rétablissement rapide de la sûreté nucléaire (**§2**).

§1. Les outils particuliers de la régulation nucléaire en temps normal

443. Aux termes du droit interne, le fonctionnement normal « comprend l'ensemble des états et des opérations courants de l'installation, y compris les situations de maintenance ou d'arrêt programmées »[1]. Quelle que soit l'expression du risque -préalable, concomitant, consécutif à l'exploitation électronucléaire- il doit être détecté à temps pour éviter les incidents au sein des installations. Comme dans n'importe quelle installation classée, ils peuvent tourner à la catastrophe. Il faut aussi prendre en compte des risques aggravés par la présence du danger radiologique. Conformément aux intérêts protégés, l'anticipation est cruciale. Elle permet de réguler les risques, quels que soient leur type et les circonstances. Les effets du temps demandent à être anticipés pour optimiser le cours normal de la gestion électronucléaire.

444. Toujours réévaluable au fil de l'évolution des besoins précisés par la connaissance sur le risque nucléaire, les instruments de la régulation juridique de l'exploitation nucléaire tendent à assurer une protection élevée, d'une part, contre les risques de l'exploitation normale (**A**) et, d'autre part, à chaque étape de la vie des installations nucléaires de base (**B**).

A. Les moyens de la régulation normale

445. Le droit des INB consiste à organiser une veille de la sûreté pour assurer la résistance des installations. Afin de réguler les risques de l'exploitation nucléaire, la gestion préventive impose de multiples barrières à la fois physiques, organisationnelles et juridiques. Celles-ci reposent, d'une part, sur le principe de la défense en profondeur (**1**) et, d'autre part, sur l'adaptation des moyens de la sûreté en fonction de la nature du risque (**2**).

1) La défense en profondeur, un cumul de barrières

446. **La réglementation des pratiques originaires.** Issu d'une technologie américaine, le parc nucléaire français voit le jour sur les sites de Fessenheim[2], puis du Bugey. À cette époque, la France ne dispose pas d'une

---

[1] Aux termes de son article 1.3 de l'arrêté 2012 précité ; relève aussi « du fonctionnement normal toute situation définie comme telle dans la démonstration mentionnée au deuxième alinéa de l'article L. 593-7 du Code de l'environnement ».

[2] Exploité depuis le début des années 1970, le premier décret d'autorisation de création (DAC) d'un réacteur est celui de Fessenheim, il date du 3 février 1972.

législation nucléaire spéciale. Obligés de se référer à la réglementation américaine, les exploitants, le Commissariat à l'énergie atomique (CEA)[1] et EDF, décident dans les années 1970 de créer une « réglementation technique française »[2]. Jusqu'à la loi précitée du 13 juin 2006 relative à la transparence et à la sécurité en matière nucléaire (TSN), la réglementation technique se composait essentiellement « d'arrêtés techniques ou encore de notes d'orientation ministérielles »[3]. Auxquels s'ajoutait la doctrine issue des règles fondamentales de sûreté (RFS)[4] du service central de la sûreté des installations nucléaires (SCSIN). Les règles fondamentales de sûreté sont devenues les guides de l'ASN. Comme les RFS, ces guides restent des représentations de « bonnes pratiques », mais eux s'intègrent « dans la structure réglementaire hiérarchique classique déclinée à partir de la loi TSN »[5].

447. Pour rappel, le parc français a été construit entre 1970 et 1990. C'est pourquoi la réglementation technique est issue pour l'essentiel des dispositifs et procédés venus d'outre-Atlantique. Bien que le rapport de sûreté restât longtemps le seul document de contrôle sur lequel les autorisations de création et d'exploitation reposaient, la doctrine nucléaire opta rapidement pour la défense en profondeur. Le principe sur lequel reposent diverses procédures dans lesquelles la sûreté des réacteurs nucléaires s'inscrit.

448. **Le principe de la défense en profondeur.** Le principe de la défense en profondeur démarre en France plutôt sur une approche déterministe selon laquelle les mêmes causes produisent les mêmes effets[6]. Toutefois, la démonstration de la sûreté repose parfois sur une démarche probabiliste tendant à prendre en compte le hasard, et donc l'incertitude, dans le calcul du risque. Par exemple, quand une INB comprend un ou plusieurs réacteurs, cette optique prévaut dans le cadre « des études probabilistes de sûreté liées au risque d'endommagement du combustible nucléaire et au risque de rejets anormaux de substances radioactives »[7]. L'approche se confirme avec la prise en compte de l'ensemble, d'une part, des états possibles de l'installation, qu'ils soient permanents ou transitoires et, d'autre part, des situations plausibles de cumul d'événements déclencheurs[8]. Dans l'objectif d'anticiper, réguler et empêcher le risque, le droit des installations nucléaires est façonné en marge de la technique dite « de la défense en profondeur ».

---

[1] Devenu le Commissariat à l'énergie atomique et aux énergies alternatives.

[2] MANGEON (M.) et PALLEZ (F.), « Réguler les risques nucléaires par la souplesse : genèse d'une singularité française (1960-1985) », *Annales des Mines, Gérer et Comprendre*, n° 130, déc. 2017, pp. 76-87, spéc. p. 80.

[3] Des règles, codes, normes, notes d'orientation spécifiques aux experts nucléaire non publics.

[4] Qui n'était autre qu'un récapitulatif de bonnes pratiques à destination de l'exploitant.

[5] MANGEON (M.) et PALLEZ (F.), *ibid.*, p. 79 et p. 85.

[6] La tendance anglo-saxonne met en œuvre une approche plus probabiliste avec l'instauration de niveaux chiffrés formalisant la mesure de l'acceptabilité du risque.

[7] Art. 8.1.2, Arrêté « INB » du 7 févr. 2012 précité.

[8] « La démonstration de sûreté nucléaire est réalisée selon une démarche déterministe prudente », *ibid.*, pts. I et II de l'article 3.2.

449. **Le procédé de la défense en profondeur.** À la base de la conception des réacteurs[1], le procédé n'a trouvé une traduction juridique qu'avec l'arrêté du 7 février 2012 fixant les règles générales relatives aux installations nucléaires de base[2]. Une démarche de sûreté dont la raison d'être demeure dans le devenir de la protection des individus et de l'environnement. L'un des principaux objectifs passe par le confinement de la radioactivité afin de garder la maîtrise de l'installation en toute circonstance.

450. **Les cinq paliers de la défense en profondeur**. Spécifique au nucléaire civil, ce procédé tend à mettre physiquement en place un cumul de barrières. Par ce biais, l'exploitant renforce la prévention des incidents. Il s'agit d'éviter la contamination de l'environnement et, *in fine*, des populations. Ainsi, la défense en profondeur cumule cinq barrières de protection, indépendantes les unes des autres. Chacune est conçue pour compenser la défaillance de toutes les autres. Par exemple, le droit communautaire explicite chaque niveau de protection dans la directive 2014/87/Euratom relative à la sûreté des installations nucléaires[3]. Le premier niveau a pour objectif la prévention du fonctionnement anormal et des défaillances des systèmes. En cas de problème, le contrôle du fonctionnement anormal et la détection des défaillances sont assurés par le deuxième niveau. Si une défaillance intervient, le troisième niveau est là pour garantir que les fonctions de sûreté sont assurées par l'activation de systèmes de sûreté spécifiques et d'autres dispositifs de sûreté. À défaut, le quatrième niveau vise à prévenir la progression d'un accident. Sa gestion consiste à anticiper ou atténuer les conséquences des accidents graves, ceux avec rejets de matières radioactives dans l'environnement. Enfin, l'objectif du cinquième et dernier niveau de protection est d'atténuer les conséquences radiologiques des rejets importants de matières radioactives par une intervention d'urgence hors site.

451. Chacune de ces barrières a pour fonction de prendre le relais de la défaillance d'une ou plusieurs autres de niveau inférieur[4] ; une technique de protection mise en place au moment de la conception de l'INB. En droit interne, la liste non exhaustive fournie au point II de l'article 3.1 de l'arrêté « INB » de 2012 aide à comprendre sur quoi repose sa mise en œuvre[5]. En d'autres mots, la défense en profondeur forme plusieurs lignes de défense prévues par le principe et conçues par la technique pour ramener à un niveau

---

[1] Ou des colis conditionnant notamment les déchets nucléaires.

[2] Art. 3.1, « arrêté INB » précité, voir le titre III sur la « démonstration de sûreté nucléaire ».

[3] *Ibid.*

[4] Leur vocation vise à réduire tant la probabilité de survenance que les effets des accidents.

[5] Par ex. « le choix d'un site adapté, tenant compte notamment des risques d'origine naturelle ou industrielle pesant sur l'installation » (al. 2) ; « une démarche de conception prudente, intégrant des marges de dimensionnement et recourant, en tant que de besoin, à une redondance, une diversification et une séparation physique adéquates des éléments importants pour la protection qui assurent des fonctions nécessaires à la démonstration de sûreté nucléaire, pour obtenir un haut niveau de fiabilité et garantir les fonctions » (al. 4) ou encore « une préparation à la gestion d'éventuelles situations d'incident et d'accident » (al. 6).

extrêmement faible le risque qu'un accident puisse entraîner des conséquences graves à l'extérieur de la centrale[1]. La méthode, validée par l'Autorité internationale pour l'énergie atomique (AIEA) dès les années 1960, fait partie intégrante du dessein plus global d'une sûreté dont la démonstration doit être réitérée à intervalles périodiques pour rester en cohérence avec l'évolution des connaissances sur les aléas du risque nucléaire.

2) La sûreté nucléaire, une prévention adaptée

452. **La démonstration réitérée de la sûreté**. À tout moment, la sûreté doit être assurée. Comme dit, au stade de la création de l'installation (INB), l'exploitant présente divers documents, dont une version préliminaire du rapport de sûreté. Cette formalité se répète à différents moments[2]. Participant à l'objectif de sûreté, celui-ci passe par la démonstration de la maîtrise des risques dont les modalités sont répertoriées en priorité dans le rapport de sûreté. Devant l'importance des enjeux, son contenu a été précisé[3].

453. L'opportunité de ces précisions vise, d'une part, à répondre aux dernières mesures d'harmonisation européenne[4] et, d'autre part, à conforter la sûreté des différentes phases de l'exploitation au cours desquelles tant les risques que les dispositions -techniques, organisationnelles et humaines retenues pour prévenir les incidents et les accidents et en limiter les effets- évoluent[5]. Ces dispositions s'appliquent pour l'essentiel depuis le 1er juillet 2020[6]. Tout au long de l'exploitation de l'installation, sur la base de l'application du principe de défense en profondeur et compte tenu de l'état des connaissances et des pratiques, la sûreté s'exprime *avec* la protection contre

[1] Source IRSN.

[2] Not. lors de la mise en service, à l'occasion des réévaluations périodiques et en vue du démantèlement.

[3] Décision n° 2015-DC-0532 de l'ASN du 17 nov. 2015 relative au rapport de sûreté des INB ayant reçu homologation par l'arrêté du 11 janvier 2016 (JORF n° 012 du 15 janv. 2016).

[4] pour toutes les INB obtenant autorisation après le 14 août 2014 et pour celles existantes, lors du réexamen de la sûreté, « les États membres veillent à ce que le cadre national en matière de sûreté nucléaire exige que les installations nucléaires soient conçues, situées, construites, mises en service, exploitées et déclassées avec l'objectif de prévenir les accidents et, en cas de survenance d'un accident, d'en atténuer les conséquences et d'éviter [d'une part] les rejets radioactifs précoces qui imposeraient des mesures d'urgence hors site mais sans qu'il y ait assez de temps pour les mettre en œuvre [et d'autre part] les rejets radioactifs de grande ampleur qui imposeraient des mesures de protection qui ne pourraient pas être limitées dans l'espace ou dans le temps », art. 8 bis, Directive 2014/87/Euratom précitée.

[5] V. Considérant 1, 2 et 3 du préambule de la décision n° 2015-DC-0532 de l'ASN précitée ; avec une réserve en ce qui concerne le rapport de sûreté sur « les spécificités techniques présentées par les stockages de déchets radioactifs » susceptibles de précisions à venir (dernier considérant).

[6] Conf. à l'article 3 de l'annexe de l'arrêté du 11 janvier 2016 portant homologation de la décision n° 2015-DC-0532 de l'ASN du 17 nov. 2015 relative au rapport de sûreté des INB (JORF n° 012 du 15 janvier 2016, texte n° 7).

les risques nucléaires cantonnés à un niveau « aussi faible que raisonnablement possible dans des conditions économiquement acceptables, en tirant parti des meilleures techniques disponibles »[1].

454. **Les incertitudes dans l'obligation de prévention.** Si les coûts et l'état des connaissances sont classiquement de nature à justifier une entorse à la précaution, l'exploitant ne semble pas contraint de mettre en œuvre les techniques les plus récentes. Il doit simplement en tirer parti en s'adaptant aux caractéristiques du site, dès la conception de l'INB, en fonction des « différentes phases de l'exploitation »[2]. À la lecture du guide de l'ASN sur la conception des réacteurs à eau sous pression[3], le doute ne paraît pas permis. En effet, il y est précisé que l'objet des recommandations[4] tend en priorité à « traiter la prévention des incidents et des accidents de nature radiologique et la limitation de leurs conséquences »[5]. Il faut entendre cette prévention « comme la recherche de dispositions visant à éviter un événement ou une situation, sans garantie d'y parvenir »[6]. Celle-ci n'est donc que de moyens.

455. Toutefois, le guide de l'ASN précise que la protection radiologique assure que l'atteinte aux personnes et à l'environnement, lors du fonctionnement normal de l'installation, « soit aussi faible que possible dans des conditions économiquement acceptables, aussi bien à l'intérieur qu'à l'extérieur de l'installation » et en conséquence, conforme au principe ALARA quand il s'agit des risques de type radiologique[7]. Alors que l'exploitant doit seulement veiller à appliquer les meilleures techniques disponibles[8], l'appréciation de l'acceptabilité des considérations économiques lui revient[9]. Or, ce guide mentionne l'absence d'impérativité de ses dispositions et leur simple nature incitative, puisqu'il ne s'agit que de recommandations[10]. Il sera donc difficile de reprocher à l'exploitant de n'avoir pu ou su anticiper l'incertitude du risque nucléaire. Par exemple, en 2005, la loi de programme fixant les orientations de la politique énergétique justifie la poursuite du nucléaire civil sur plusieurs arguments. L'un d'eux établit que la production

---

[1] Al. 1 de l'art. 2-2 de la décision n° 2015-DC-0532 de l'ASN précitée.
[2] *ibid.*, al. 2.
[3] N° 22, dans sa version du 18 juillet 2017 (réalisé conjointement avec l'IRSN).
[4] À destination des exploitants, sous réserve des futures mises à jour « afin de tenir compte de l'évolution des connaissances, du retour d'expérience (tant de son application sur des exemples concrets que de l'exploitation des installations), de recommandations émises par des organismes internationaux ou de nouvelles pratiques ».
[5] *Ibid.* p. 7/94, pt. 1.2.
[6] *Ibidem*, note 5.
[7] *Ibidem*, p. 13/94, pt. 2.1.1.1.
[8] En démontrant son aptitude à user de ces techniques à partir de valeurs limites pour éviter ou au moins réduire l'impact environnemental.
[9] Aucun critère n'étant précisé pour qualifier l'acceptabilité, dès lors qu'aucune action en justice n'est engagée, la balance des intérêts semble de son seul office.
[10] Elles portent notamment sur ce que devraient être les objectifs, exigences et critères que les industriels se fixent pour la conception de l'installation afin de respecter les objectifs généraux fixés par la réglementation par nature non prescriptives », p. 7/94 du guide n° 22 précité.

électrique française d'origine nucléaire concourt « au rayonnement d'une filière industrielle d'excellence »[1] qui pâtirait d'une trop grande sévérité précautionneuse[2]. Un juste milieu doit prévaloir. Il nécessite des exigences sécuritaires équilibrées.

456. **Les événements pouvant affecter le fonctionnement normal**. Pour assurer le fonctionnement normal[3], l'exploitant doit démontrer sa capacité à prémunir l'INB contre les agressions internes[4] et externes[5]. C'est tout événement ou situation qui trouve son origine respectivement à l'intérieur ou à l'extérieur de l'installation nucléaire de base et qui peut entraîner des dommages aux éléments importants pour la protection ou remettre en cause le respect des exigences légales, réglementaires et administratives[6]. Comme n'importe quelle installation industrielle, il faut éviter toute défaillance interne consécutive à d'éventuels « dysfonctionnement, panne ou endommagement d'un élément de l'installation ou présent dans l'installation, y compris résultant d'actions humaines inappropriées »[7]. L'ensemble de ces événements, seuls ou cumulés, s'avère susceptible de constituer, directement ou indirectement, le déclencheur d'un incident/accident susceptible de conduire à une situation d'urgence radiologique caractérisée par le risque d'émissions et de rejets radioactifs dans l'environnement. Conformément à la politique nucléaire, le droit met en place les dispositifs destinés à empêcher ou au moins à limiter les impacts d'un risque nucléaire potentiellement catastrophique.

457. **La politique du risque nucléaire**. Sous tous les angles du risque, l'exploitant est tenu d'assurer le respect, en priorité et de manière explicite, des intérêts protégés par le droit nucléaire. La politique établie[8] est censée bénéficier d'une amélioration au fil du temps et régulièrement, l'exploitant

---

[1] Avec la sécurité d'approvisionnement, l'indépendance énergétique, la compétitivité, la lutte contre l'effet de serre.

[2] Al. 3 de l'art. 4 de la loi de programme n° 2005-781 du 13 juillet.

[3] Conforme à « l'ensemble des états et des opérations courants de l'installation, y compris les situations de maintenance ou d'arrêt programmées, que les matières radioactives soient présentes ou non ; relève également du fonctionnement normal toute situation définie comme telle dans la démonstration » de la sûreté pour obtenir l'autorisation d'exploiter, selon la définition de l'art. 1.3, Arrêté « INB » précité.

[4] Dont les différentes situations, par ex. les incendies, explosions et inondations avec la particularité qu'ils se déclarent dans l'enceinte du site nucléaire, récapitulées à l'art. 3.5 de l'arrêté « INB » précité.

[5] *Ibid.*, art. 3.6, par ex. un séisme, des explosions, des chutes d'aéronefs.

[6] Art. 1.3, Arrêté « *INB* » précité.

[7] Définie *ibid.*

[8] « en 1er lieu par la prévention des accidents et la limitation de leurs conséquences au titre de la sûreté nucléaire, par rapport aux avantages économiques ou industriels procurés par l'exploitation de son installation ou à l'avancement des activités de recherche liées à cette exploitation », al. 2 du I. de l'art. 2.3.1, Arrêté « INB » précité.

vérifie son efficacité[1]. Depuis 2012, pour toutes les installations autorisées et à l'occasion des réexamens de la sûreté[2], l'exploitant doit justifier que les accidents[3] sont impossibles physiquement. Dans le cas contraire, les dispositions mises en œuvre, sur ou pour l'installation, doivent rendre ces accidents extrêmement improbables avec un haut degré de confiance. En toute circonstance, l'exploitant est tenu de démontrer que l'ingénierie de ses installations est en état de résister à une catastrophe nucléaire[4]. Et, il faut tenir « compte des incertitudes dues aux connaissances limitées de certains phénomènes physiques »[5]. Le mode de gestion du risque ne doit pas faillir.

458. Tout au long de la vie des installations, afin d'assurer la régulation du risque, il faut anticiper des méfaits du temps et renouveler les contrôles.

B. Le temps dans la régulation préventive

459. La surveillance continue est une contrainte légale de la régulation préventive des risques. Le droit des installations nucléaires de base l'organise dans le cadre d'un contrôle de sûreté réitéré à intervalles réguliers (**1**). Toutefois, les incertitudes de la connaissance nucléaire relative au passage du temps sur le vieillissement des installations interrogent (**2**).

1) Les obligations juridiques répétées pour la sûreté

460. **L'inventaire des risques**. Comme dit, le rapport de sûreté comporte, dès sa version préliminaire[6], un inventaire des risques de l'installation. Ceux-ci sont soumis à l'analyse des moyens de prévention qui doivent être proportionnés aux dangers et les mesures envisagées visent à réduire la probabilité d'accident et ses effets prévisibles[7]. Le dossier de demande de création doit aussi contenir une étude de maîtrise des risques[8].

---

[1] Notamment « lors de tout changement significatif de son organisation et, en tout état de cause, au moins tous les cinq ans », *ibid.*, art. 2.3.3.

[2] Dans le respect des modalités transitoires précisées dans Titre IX, Arrêté « INB » précité.

[3] Ceux susceptibles de conduire à des rejets importants de matières dangereuses ou à des effets dangereux hors du site avec une cinétique qui ne permettrait pas la mise en œuvre à temps des mesures nécessaires de protection des populations.

[4] En l'occurrence des « accidents avec fusion de combustible susceptibles de conduire à des rejets radioactifs importants » et hors site, tel que précisé dans le guide n° 22 précité de l'ASN, p. 15/94, au 2.1.2.3 ; voir aussi sa liste non exhaustive proposée *ibid.*, p. 20/94, au 3.2.6.

[5] Guide ASN, *ibidem*.

[6] Constituant l'un des documents du dossier transmis pour obtenir l'autorisation de création de l'INB.

[7] Art. R. 593-18, I., Code de l'environnement.

[8] Alinéa 1 de l'art. R. 593-19.

461. **L’étude de maîtrise des risques**. Celle-ci répond à l’objectif de protection du droit nucléaire[1]. Le contenu de cette étude est désormais[2] listé à l’article R. 593-19 du Code de l’environnement[3]. Récemment codifié, le dispositif n’est pas né avec le décret du 14 mars 2019. Le décret originaire de 1963 n’exigeait que des prescriptions générales pour éviter les dangers ou les inconvénients susceptibles de résulter de la création ou du fonctionnement de ces installations, en réglementant la protection des travailleurs, du public, de la nature et de l'environnement[4]. Bien qu’il faille attendre la loi TSN de 2006 pour que la gestion du risque nucléaire trouve une assise légale, la codification de 2019 se fait quasiment à droit constant[5].

462. Cette précision mise à part, l’étude doit comporter, c’est le cas depuis 2007, en plus de l’inventaire des risques[6] auxquels expose l’INB, (1°) « une analyse des retours d'expériences d'installations analogues » (2°) ; une autre sur les « conséquences des accidents éventuels pour les personnes et l'environnement » (4°) et plusieurs présentations : une sur les « méthodes retenues pour l'analyse des risques » (3°), une autre sur les « dispositions envisagées pour la maîtrise des risques, comprenant la prévention des accidents et la limitation de leurs effets » (5°) et une synthèse « des systèmes de surveillance, ainsi que des dispositifs et des moyens de secours » (6°). Et enfin, un « résumé non technique de l'étude destiné à faciliter la prise de connaissance par le public des informations qu'elle contient » (7°). Il est précisé que l’étude de maîtrise des risques démontre en plus « que le projet permet d'atteindre, compte tenu de l'état des connaissances, des pratiques et de la vulnérabilité de l'environnement de l'installation, un niveau de risque aussi bas que raisonnablement possible dans des conditions économiquement acceptables »[7]. Un dispositif auquel l’ASN peut ajouter des prescriptions techniques et « à ce titre, peuvent être définis les moyens individuels ou collectifs de protection des populations contre les effets des accidents que l'exploitant doit mettre en œuvre »[8]. Sans exhaustivité, ces prescriptions sont susceptibles de modifications, d’ajouts et de suppressions[9].

463. **L’actualisation des risques**. De prime abord, la question peut se poser de ce qui distingue le rapport de sûreté de l’étude de maîtrise des risques. Les deux documents paraissent redondants. C’est dire si le risque nucléaire n’est pas pris à la légère. En réalité, l’étude de maîtrise des risques est axée

---

[1] Dans le but de protéger les intérêts de l’art. L. 593-1, Code de l’environnement.

[2] Décret n° 2019-190 du 14 mars 2019, art. 2, en vigueur depuis le 1er avr. 2019.

[3] Voir alinéa 3.

[4] Al. 4 de l’art. 8 du décret modifié n° 63-1228 du 11 déc. 1963 précité.

[5] n° 2007-1557 du 2 nov. 2007 précité, dont justement un des articles porte précisément sur « l'étude de maîtrise des risques mentionnée au 8° du I de l'article 8 », *Ibid.*, art. 11.

[6] Tant d'origine interne qu'externe à l’INB.

[7] Dernier alinéa de l’art. R. 593-19 du Code de l’environnement.

[8] 1° du IV de l’art. R. 593-38, C. environnement.

[9] Alinéa 1 du I. de l’art. R. 593-40, Code de l’environnement.

sur un seul aspect des risques. Quant à la version préliminaire, qui devient ensuite le rapport de sûreté, elle porte sur plusieurs axes. Et, au fil du temps, l'étude finit par s'y incorporer. Le droit des installations nucléaires de base prévoit une actualisation périodique[1] sur la base des documents contenus dans le dossier de demande d'autorisation de création. Un dispositif cohérent puisque plusieurs années séparent le moment de la demande de création et la mise en service de l'installation, de même que chaque étape dévolue à la réévaluation de la sûreté. Par exemple, « le délai d'instruction des demandes d'autorisation de création est de trois ans » et, en cas de complexité, « ce délai peut être prorogé de deux ans au plus par le ministre chargé de la sûreté nucléaire »[2]. Quant au « délai d'instruction des demandes d'autorisation de mise en service », il est d'un an[3].

464. Vu l'étendue des délais, des aléas peuvent apparaître ou être découverts. Puis, tout au long de la vie des installations, le réexamen périodique permet de procéder à l'actualisation des risques ou inconvénients[4]. La loi n° 2023-491 du 22 juin 2023 relative à l'accélération des procédures précitée a ajouté que ce réexamen et cette actualisation tenue de rendre compte « notamment [..] de l'évolution des connaissances » devront apprécier « celles sur le changement climatique et ses effets »[5].

465. **Le réexamen périodique**[6]. Dans ce cadre renforcé avec la thématique climatique, l'exploitant établit un rapport d'examen qu'il soumet à l'ASN et au ministre chargé de la sûreté nucléaire. L'exploitant doit démontrer la sûreté de l'installation et ses capacités de bon fonctionnement jusqu'à la visite de contrôle suivante. À chaque visite décennale, l'exploitant requiert l'autorisation d'exploiter pour dix ans supplémentaires. Lorsque des anomalies sont constatées, il expose dans ce rapport les dispositions qu'il envisage de prendre pour y remédier[7].

466. Dès qu'un risque grave pour la protection des intérêts protégés par le droit nucléaire apparaît, l'Autorité de sûreté nucléaire en informe le ministre chargé de la sûreté nucléaire[8]. Celui-ci peut décider de prendre un arrêté pour suspendre le fonctionnement de l'installation « pendant le délai nécessaire à la mise en œuvre des mesures propres à faire disparaître ces risques graves »[9]. C'est exactement ce qu'il s'est passé avec l'anomalie de la corrosion sous

[1] Au minimum une réévaluation par décennie, une fois l'installation mise en service.
[2] Al. 1 de l'art. R. 593-28 du Code de l'environnement.
[3] Délai auquel l'ASN peut ajouter une année supplémentaire si le dossier est complexe ou « à la demande de l'exploitant », al. 1 et 2 de l'art. R. 593-36 du Code de l'environnement.
[4] Al. 2 de l'art. L. 593-18 ; art. R. 593-62 du Code de l'environnement.
[5] Art. 21 de la loi précitée ; alinéa 2 modifié de l'art. L. 593-18, C. environnement.
[6] Décennale, mais désormais au-delà de 35 ans de fonctionnement, la loi relative à la transition énergétique pour la croissance verte précitée de 2015 prévoit un rapport intermédiaire sur l'état de la sûreté de certains équipements des réacteurs nucléaires.
[7] Al. 1 de l'art. L. 593-19 du Code de l'environnement.
[8] Al. 1 du I. de l'art. R. 593-84 du Code de l'environnement.
[9] Art. L. 593-21, Code de l'environnement.

contrainte. Fin 2022, quatre réacteurs subissaient une phase prolongée de contrôles et de réparations du phénomène. Fin 2023, la disponibilité pour l'hiver 2023-2024 était revenue à un niveau normal. Une note d'information du 25 avril 2023 publiée par l'Autorité de sûreté nucléaire a validé la stratégie de contrôle et de réparation relative au risque de corrosion sous contrainte pour l'ensemble des réacteurs du parc. Dans ces situations ou de manière plus générale, le droit de la sûreté nucléaire dispose de régimes dont la mise en œuvre consiste à empêcher la survenance des risques.

467. Enfin, à défaut de pouvoir prévenir ou limiter suffisamment le risque en cause, la mise à l'arrêt voire le démantèlement de l'installation concernée peuvent être décidés[1]. Le risque nucléaire s'apprécie tout au long de la vie de l'installation, pas seulement au moment de sa création ou des éventuelles modifications[2]. Alors que les installations partaient à l'origine sur une durée d'exploitation de quarante ans, le discours politique et industriel de ces dernières années semblait préconiser un allongement de la durée de vie des réacteurs en exploitation jusqu'à cinquante, voire soixante ans[3]. La loi du 22 juin 2023 relative à l'accélération des procédures l'a confirmé. Inéluctablement, cela pose la question des risques du vieillissement.

2) La sûreté face au vieillissement des installations

468. **Du projet à la loi relative à l'accélération des procédures.** De nos jours, les prévisions des consommations d'énergie tendent à établir une hausse de la demande. En France, plus des trois quarts de la production électrique s'avèrent d'origine nucléaire. Les objectifs de la transition énergétique prévoyaient de baisser la part du nucléaire dans le « mix énergétique ». Aucun projet de construction de centrale n'était programmé[4]. La politique énergétique du gouvernement a bifurqué lors de l'annonce présidentielle du 10 février 2022 avec ledit discours de Belfort. Ce jour-là, le président de la République a estimé que, sous trente ans, les besoins de production d'électricité seront jusqu'à 60% supérieurs à ceux d'aujourd'hui, ce qui passe par la reprise « de la grande aventure du nucléaire civil en France »[5]. En conséquence de quoi un projet de loi relatif à l'accélération des procédures liées à la construction de nouvelles installations nucléaires à proximité de sites nucléaires existants et au fonctionnement des installations

---

[1] Notamment alinéa 1 de l'art. R. 593-85 du Code de l'environnement.

[2] Selon qu'elles sont substantielles (art. L. 593-14) ou notables (art. L. 593-15).

[3] VARESCON (M.), « La durée de vie des centrales nucléaires : le cadre juridique innovant du réexamen périodique », *Nucléaire et innovations au XXIe siècle*, *RISEO*, 2016-1, pp. 120-131.

[4] En dehors du réacteur en cours de construction, l'EPR de Flamanville.

[5] https://www.vie-publique.fr/discours/283773-emmanuel-macron-10022022-politique-de-lenergie

existantes a été déposé au Parlement[1]. La loi promulguée le 23 juin 2023[2] conduit, d'une part, à accélérer les procédures administratives pour la construction de nouveaux réacteurs nucléaires de type EPR2 et, d'autre part, à prolonger les installations nucléaires actuelles. Or, les conséquences de l'allongement de leur durée de vie inquiétaient avant ce projet.

469. **La problématique du vieillissement des installations.** Au départ, les décideurs de l'industrie du nucléaire civil annonçaient concevoir les centrales avec une performance d'exploitation présumée de quarante ans. En 1997, le journal Le Monde publiait un article qui eut pour conséquence d'obliger la Direction de la sécurité des installations nucléaires (DSIN) à se prononcer sur les avancées en la matière. En 1998, l'institution priorisait la gestion du vieillissement des centrales nucléaires[3]. L'année suivante, un dossier complet parut dans la revue Contrôle[4]. Mais, la question s'était déjà posée en 1992, à la suite de la découverte de fissures de corrosion, sur les couvercles des cuves des réacteurs de certaines centrales, qu'EDF rapportait un an plus tôt. Consécutivement, le ministre délégué à l'Industrie et au Commerce extérieur de l'époque répondait que la maîtrise de ces phénomènes demande « d'une part, de concevoir les installations de manière à minimiser les risques d'apparition de certains types de vieillissement identifiés et, d'autre part, de mener une politique d'entretien et de suivi des installations en service permettant de détecter et de traiter - de manière précoce - les nouveaux types de dégradations »[5]. La prévention, le suivi en service et le traitement anticipé forment les trois lignes de défense principales relatives aux phénomènes du vieillissement des installations[6]. En 2005, l'objectif du maintien de l'option nucléaire à l'horizon 2020 rendait plausible l'alternative d'une durée de vie de quarante ans pour les centrales en exploitation, mais cette durée n'était « pas garantie » et l'éventualité d'un prolongement « encore moins »[7].

470. Au tournant de la décennie 2010, d'un côté, des experts estimaient réaliste de faire fonctionner les réacteurs jusqu'à 60 ans, de l'autre, était brandie l'épée de Damoclès selon laquelle, une fois « atteint le cap d'une vingtaine d'années de fonctionnement, le risque d'accident nucléaire

---

[1] Le Conseil d'État avait été saisi pour avis sur ce projet de loi, un avis qu'il a rendu le 27 oct. 2022 [en ligne] https://www.conseil-etat.fr/avis-consultatifs/derniers-avis-rendus/au-gouvernement/avis-sur-un-projet-de-loi-visant-a-accelerer-la-construction-de-nouvelles-installations-nucleaires-a-proximite-de-sites-nucleaires-existants

[2] JORF n° 0144 du 23 juin 2023, texte n° 1.

[3] Assemblée nationale, Question n° 11757 du 16 mars 1998, Energie et carburant (JORF du 20 avr. 1998, p. 2270) ; Sénat, n° 6804 du 12 mars 1998, Allongement de la durée de vie des centrales nucléaires (JORF du 23 avr. 1998, p. 1331).

[4] https://www.asn.fr/content/download/98370/710922/version/1/file/129.pdf

[5] Assemblée nationale, Question n° 53966 du 10 fév. 1992, Risques technologiques (JORF du 6 avr. 1992, p. 1614).

[6] *Ibid.*

[7] III, A, 1, alinéa 1, annexe, loi n° 2005-781 du 13 juillet 2005 de programme fixant les orientations de la politique énergétique.

augmente chaque année de manière significative »[1]. Lors du débat de 2015 sur la transition énergétique, des interrogations relatives au vieillissement des centrales s'étaient à nouveau posées. Aujourd'hui, l'article 28 de la loi précitée du 22 juin 2023 établit qu'avant le 31 décembre 2026, le Gouvernement remettra « au Parlement un rapport relatif à la faisabilité, aux coûts, aux bénéfices et aux conditions de la poursuite du fonctionnement jusqu'à soixante ans et au-delà des réacteurs électronucléaires en fonctionnement en France au 1er janvier 2023 ». Mais, qu'en est-il, jusqu'à présent, des modes de gestion du vieillissement des installations nucléaires ?

471. **La gestion du vieillissement**. De la même manière qu'une automobile nécessite un entretien pour des raisons de sécurité, les équipements d'une INB, et *a fortiori* un réacteur, nécessitent une maintenance régulière. C'était, malgré le silence de la réglementation nucléaire française sur une durée de vie maximale[2], justement l'office des réévaluations de sûreté tout au long de la vie des installations. Le processus mis en place par la loi sur la transparence et la sûreté nucléaire (TSN) de juin 2006 avait déjà été revu par la loi n° 2015-992 du 17 août 2015 relative à la transition énergétique pour la croissance verte (TECV) afin de prendre en compte la problématique du vieillissement des réacteurs.

472. Entre 2009 et 2019, les troisièmes visites décennales ont débuté pour des réacteurs du parc électronucléaire français avec, dans un premier temps, le réacteur de Tricastin 1 puis celui de Fessenheim 1[3]. Depuis 2019, de nombreux réacteurs français sont arrivés au stade de la quatrième visite décennale qui les soumet aux standards de sûreté les plus récents. Or, « le vieillissement des réacteurs reste, sur le plan des connaissances techniques, l'objet de larges incertitudes »[4] ; telles les modalités de remplacement de matériels et pièces usagés dont la technologie serait devenue obsolète, en plus des capacités techniques dont la compétence se serait perdue. La loi précitée de juin 2023 tend à remédier à ces inconvénients. Avant le dépôt du prochain projet de loi prévu en application du I de l'article L. 100-1 A du code de l'énergie, le Gouvernement devra évaluer les conséquences de la construction de quatorze réacteurs électronucléaires sur « [l]es besoins en termes de formation initiale et continue, de métiers, de compétences, d'ingénierie et d'organisation des services de l'État et de la filière industrielle nucléaire ainsi que sur les mesures à prendre pour revaloriser et renforcer l'attractivité de ces formations, ces métiers et ces compétences »[5].

---

[1] https://www.actu-environnementonnement.com/ae/dossiers/nucleaire/viellissement-parc-centrales-nucleaire-prolongation.php4

[2] Contrairement à d'autres pays qui ont fait le choix d'une limite temporelle d'exploitation fixée dans l'autorisation de création. C'est le cas des États-Unis par exemple.

[3] ASN, « La poursuite d'exploitation des centrales nucléaires », *Contrôle*, n° 184, 2009, p. 1.

[4] MARIGNAC (Y.), « Le vieillissement des installations nucléaires : un processus mal maîtrisé et insuffisamment encadré », *revue Contrôle*, n° 184, juill. 2009, 114 p., spéc. p. 93.

[5] 2° de l'article 5 de la loi du 22 juin 2023 relative à l'accélération des procédures précitée.

473. **Transition**. En 2002, l'IRSN admettait que l'expérience d'exploitation, comprenant les résultats des contrôles et des visites périodiques, met en évidence des phénomènes d'endommagement inattendus[1]. C'est ce qu'il s'est passé en 2022. Afin d'approfondir la connaissance des conséquences du vieillissement sur la sûreté, les recherches continuent. Les phénomènes sont anticipés, surveillés, contrôlés. Le secteur électronucléaire cherche à conforter une expertise performante et pas uniquement pour mieux comprendre l'évolution et les conséquences des mécanismes de vieillissement. Le droit des INB dispose d'outils innovants adaptés aux besoins particuliers de la régulation des risques de l'exploitation normale des installations. Mais, la réponse juridique ne suffit pas, la sûreté pose des questions d'ordre scientifique et technique. Corrélativement au vieillissement des installations, s'invite la problématique de leur démantèlement à laquelle s'ajoute celle des déchets. Avant d'apprécier ce défi technologique posé à l'industrie électronucléaire et après avoir passé en revue les instruments de la sûreté mise en œuvre pour éviter la réalisation des risques inhérents aux installations, il faut à présent envisager les situations de crise.

§2. La gestion en amont de l'urgence

474. Le secteur se sert des instruments classiques de gestion de crise pour garantir la sécurité. Chaque événement a conduit à des réajustements.

475. Comme en temps normal, le droit des INB met en œuvre un dispositif renforcé qui prévoit la gestion opérationnelle des urgences nucléaires. Pour optimiser la gestion de crise, il s'agit d'anticiper, d'une part, en amont de leur réalisation, tous les enjeux (**A**) et, d'autre part, la gestion opérationnelle de la crise, de la phase en aval à celle post-accidentelle (**B**).

A. La gestion anticipative de l'urgence nucléaire

476. L'objectif d'anticiper la gestion de crise nucléaire répond, d'une part, à un positionnement classique bien installé (**1**) que, d'autre part, les instruments de la planification mettent en œuvre (**2**).

1) Le cadre classique d'une gestion préventive

477. **La gestion de l'inattendu**. Comme souvent en matière de risques, chaque événement contribue à une gestion préventive plus efficace. Celui de Fukushima a produit l'effet d'un véritable électro-choc. En France, l'expert scientifique, l'IRSN, a explicité le défi qui s'impose aux acteurs responsables

---

[1] IRSN, Le vieillissement des réacteurs nucléaires dans Rapport scientifique et technique, 2002, pp. 19-27, note 7.

de l'exploitation électronucléaire. Il consiste notamment à s'interroger sur les moyens de garantir la « sûreté face à l'inattendu »[1].

478. Selon la « théorie du chaos », un événement sur un point du globe peut produire des conséquences à l'autre bout de la planète[2]. C'est le cas d'un nuage radioactif ou d'une pollution marine avec « l'action des courants »[3]. Le principe issu de l'affaire de la Fonderie de Trail de 1941 montre une interférence du risque nucléaire sur le droit de l'environnement[4]. Devenu « fondateur du droit international de l'environnement »[5], aucun État ne doit avoir une utilisation préjudiciable de son territoire sur un autre État[6]. En tout état de cause, une gestion optimale des risques appelle une évaluation non seulement au plus près de leur réalité, mais également en temps voulu.

479. **Les temps de la gestion et de l'évaluation du risque**. Si un temps s'avère nécessaire pour évaluer le risque et un autre pour décider de sa gestion, les deux participent à son anticipation. Selon la Commission européenne, la gestion c'est le moment politique qui fixe le niveau de risque acceptable pour la Société et les mesures à prendre après évaluation. Pour gérer le risque, il faut l'évaluer. L'évaluation est une « activité à dominante scientifique, étape essentielle de rationalisation des risques »[7]. Ces deux temps coexistent.

480. En matière électronucléaire, la gestion opérationnelle nécessite une appréhension à l'échelle planétaire. Si la question a un jour pu se poser de la réalité du risque pour l'environnement et la santé, elle serait aujourd'hui indécente. En droit des installations nucléaires de base, le risque est de nature technologique et les instruments de sa gestion tendent à empêcher ou au moins limiter toute dispersion dommageable des effets nocifs. En termes de gestion nucléaire, il faut tenir compte de la loi n° 2004-811 du 13 août 2004 de modernisation de la sécurité civile[8]. Celle-ci influe sur l'ensemble des risques technologiques majeurs et elle prévoit différents plans de crise, tels les spécifiques plans ORSEC. Le droit de l'urgence nucléaire s'est aussi construit avec ces instruments classiques de planification de la gestion de crise.

---

[1] TILLEMENT (S.), « Quelle gouvernance des risques nucléaires français », *The Conversation*, 8 mars 2018 [en ligne]

[2] Selon la formule énoncée en 1972 par le météorologue LORENZ (E.) : « Le battement d'ailes d'un papillon au Brésil peut-il provoquer une tornade au Texas ? ».

[3] QUENEUDEC (J-P.), « Le rejet à la mer de déchets radioactifs » dans *Annuaire français de droit international*, Vol. 11, 1965, pp. 750-782, spéc. pp.760-761.

[4] Voir aussi, CIJ du 9 avril 1949, *Détroit de Corfou*, Recueil, 1949, p.22.

[5] KISS (M.), Environnement, enjeu des relations internationales, Cour de cassation, 2005.

[6] Avis consultatif du 8 juillet 1996 sur la licéité de la menace ou de l'emploi d'armes nucléaires (§ 29) et l'arrêt du 25 septembre 1997 relatif au Projet de *Gabcikovo-Nagymaros* (§ 53).

[7] Cahiers juridiques de l'électricité et du gaz n° 580, oct. 2001, *loc. cit.*, pt. 2.1.1.

[8] Voir notamment les articles 14 et 15, conformément à l'art. 4, 4°, loi TSN précitée.

2) Les instruments de la planification des urgences

481. **Plan ORSEC et sécurité civile.** Acronyme de « Organisation de la Réponse de Sécurité Civile », le dispositif ORSEC appartient à la catégorie des plans d'urgence destinée à penser en amont les événements. Cette planification permet le recensement des moyens destinés à limiter l'expression du risque réalisé, au minimum dans l'enceinte d'un site, au pire dans le cas où les effets s'échapperaient hors du territoire communal. Le plan ORSEC est déclenché dans des situations extrêmes, telle la dispersion dommageable sur de larges distances. Quand l'urgence dépasse la commune, il appartient au préfet de déclencher le dispositif au niveau départemental. Ce programme appréhende en amont les moyens de secours, en prévision de l'urgence, leur organisation, à l'intérieur et à l'extérieur de l'installation, conformément à la typologie du site. Dans ce but, plusieurs plans régissent l'urgence nucléaire, en plus du plan ORSEC de l'office des autorités publiques.

482. Il appartient à l'exploitant de prévoir l'intervention des secours, lors d'incident/accident à l'intérieur de l'installation nucléaire (INB), prise sur la base d'un document administratif : le plan d'urgence interne (PUI).

483. **PUI et prévention.** Ce document de sécurité civile est à visée opérationnelle. Le plan d'urgence interne « constitue un volet des dispositions spécifiques du plan Orsec départemental »[1]. Il récapitule l'organisation des mesures qui visent à protéger les travailleurs dans l'INB, la population et l'environnement. Propre à l'idée de plan, et pas seulement parce que c'est une caractéristique courante en droit nucléaire, le PUI fait l'objet de mises à jour ponctuelles[2]. La rédaction de son *instrumentum* se fait en amont de la création de l'INB. Il doit être joint lors de la constitution du dossier de demande d'autorisation de création.

484. **Le lien avec le rapport préliminaire de sûreté**. Au cours de la phase destinée à obtenir l'autorisation de créer l'installation[3], le rapport préliminaire détermine l'ampleur des dangers et la mesure du risque. Ce rapport « comporte l'inventaire des risques de toute origine que présente l'installation projetée ainsi que l'analyse des dispositions prises pour les prévenir et la description des mesures propres à limiter la probabilité des accidents et leurs effets »[4]. Il apparaît logique que le plan d'urgence interne s'y intègre. Répertoriant les dangers prévisibles de l'installation en cas de sinistre, le rapport préliminaire envisage tous les cas de figure. Il comporte

[1] Art. R. 741-18 du Code de la sécurité intérieure.
[2] Généralement, lors des différentes demandes d'autorisation.
[3] Comportant plusieurs documents ; nous rappelons que la demande d'autorisation de création doit « être accompagnée d'un dossier comprenant » aux termes de l'art. 8 du décret « procédures », plusieurs formalités spécifiques (1° à 12°) dont l'étude d'impact et le rapport préliminaire de sûreté, en plus de la « notice » présentant notamment les ressources techniques, financières et humaines de l'exploitant (II., a-b-c-d).
[4] II de l'art. L. 593-7 du Code de l'environnement.

une section intitulée « étude de dimensionnement du plan d'urgence interne » dans laquelle sont proposés différents scénarios avec les conséquences pour la sûreté des installations et la protection des personnes. Cette étude formalise le PUI qui intègre l'organisation des moyens de secours[1]. Ainsi, ce plan définit les mesures d'organisation, les méthodes d'intervention et les moyens nécessaires à mettre en œuvre pour limiter les conséquences sur le personnel, le public et l'environnement et préserver ou rétablir la sûreté de l'installation[2].

485. **L'expérience de l'urgence**. Le plan d'urgence interne doit être testé ; au moins, un exercice est réalisé chaque année[3]. Le but est d'évaluer l'efficacité du dispositif et permettre un retour d'expérience. Sans forcément déclencher un plan ORSEC, une situation à l'intérieur de l'INB peut dégénérer et nécessiter une intervention à l'extérieur du site où a démarré l'événement.

486. **Situations d'urgence et plan particulier d'intervention (PPI).** En cas d'urgence, l'exploitant met en œuvre les moyens matériels et humains, ainsi que les méthodes d'intervention prévues pour garder la maîtrise et « prévenir, retarder ou limiter les conséquences à l'extérieur du site »[4]. Lorsque l'urgence semble susceptible de conséquences hors de l'établissement, le préfet peut décider de faire intervenir les moyens de secours dont il dispose. Organisés dans le cadre d'un plan particulier d'intervention, ils sont du ressort des services départementaux de la protection civile.

487. Le PPI organise la coordination des mesures de protection à prendre et les moyens mobilisables, dont certains sont repris du plan ORSEC[5]. Ces divers plans de secours sont liés. D'autres plans de prévention existent en matière de sécurité civile. Généralement, la planification de l'urgence se fait à l'échelle communale. Dès qu'une commune dispose d'un plan particulier d'intervention[6], elle doit élaborer un plan communal de sauvegarde (PCS).

488. Avec ces différents outils de gestion de crise, la planification des risques permet l'anticipation pour contenir et limiter les conséquences prévisibles et probables. Cela ne suffit pas toujours à éviter la propagation des situations d'urgence. Malgré les précautions prises, le risque zéro n'existe pas. En cas d'événement nucléaire, face à l'urgence, il faut gérer les risques à tous les stades de la crise, jusque dans ses conséquences post-accidentelles.

B. La gestion opérationnelle de la crise nucléaire

489. Le dispositif reste susceptible d'aménagements, particulièrement au fil de l'expérience. Non figé, il s'applique dans un contexte précis (**1**) sur

---

[1] 4e alinéa du II de l'art. L. 593-6 et art. R. 593-18, IV, C. environnement.
[2] Al. 1 de l'art. R. 593-31 du Code de l'environnement.
[3] Art. 7.6, I., Arrêté « INB » 2012 précité.
[4] *Ibidem*, art. 7.5.
[5] RINGOT (B.), « Témoignage du maire d'une commune accueillant une centrale nucléaire », *Annales des Mines – Responsabilité et environnement*, n° 97, 2020/1, pp. 98-101, spéc. p. 100.
[6] Ou d'un plan de prévention des risques (PPR).

la base d'une planification opérationnelle qui quadrille toutes les étapes de l'urgence dans le but d'un retour à la normale (**2**).

1) Le cadre opérationnel de la gestion de crise

490. **Le cadre de l'urgence.** Une situation d'urgence radiologique est caractérisée « lorsqu'un événement risque d'entraîner une émission de matières radioactives ou un niveau de radioactivité susceptible de porter atteinte à la santé publique »[1] ; ceci en raison d'un acte de malveillance, d'une contamination diffuse ou ponctuelle de l'environnement, d'un accident/incident dans le cadre d'une activité nucléaire ou d'un transport[2] et de toute situation accidentelle ou incidentelle provenant d'un événement « non prévu en fonctionnement normal ou [..] en mode dégradé et susceptible de dégrader la protection »[3]. Ces situations appellent une action immédiate de l'exploitant qui engage sa responsabilité.

491. **Les différents niveaux d'urgence**. Un incident/accident dans une centrale nucléaire n'est pas forcément de nature radiologique, c'est-à-dire liée à un dégagement de radioactivité. Mais, pour faciliter l'analyse, nous nous servons de ce type de situation extrême. Dans le domaine nucléaire, l'accident majeur constitue un « accident de fusion du cœur » du réacteur ou un « accident de criticité »[4]. L'un et l'autre peuvent avoir été déclenchés par une défaillance technique de l'installation ou découler d'un aléa externe comme un incendie ou une inondation. De nature nucléaire[5], leurs conséquences deviennent également radiologiques. En tout état de cause, peu importe l'origine de l'urgence ou sa nature, l'événement concrétise l'incident/accident à l'origine de ce qui peut tourner à la catastrophe.

492. Au moment de l'urgence, la stratégie dans l'enceinte du site dépend des circonstances. En cas d'accident majeur, l'urgence consiste en priorité à gérer la menace. Celle-ci traduit la détection d'un événement anormal au sein de l'installation et/ou des rejets dans l'environnement. Si les conséquences dépassent le périmètre du site, les pouvoirs publics prennent le relais. L'exploitant n'est pas pour autant écarté. Il reste le premier responsable de la sûreté du site sous le contrôle de l'Autorité de sûreté nucléaire.

493. **Le rôle de l'ASN**. L'ASN participe à la gestion des urgences radiologiques[6]. Au titre de ses compétences techniques, la plus haute autorité administrative nucléaire soutient le gouvernement dans la gestion opérationnelle. En particulier, elle informe le public de l'état de sûreté de

---

[1] Art. 1.3 de l'arrêté 2012 précité.
[2] Voir ancien art. R. 1333-76 CSP.
[3] Art. 1.3 de l'arrêté de 2012 précité.
[4] Qui se caractérise par une réaction nucléaire de fissions en chaîne non maîtrisée dans une installation du cycle du combustible où est donc manipulé de la matière fissile.
[5] Puisque le risque découle de l'activité dite nucléaire.
[6] Al. 1 du 4° de l'art. 4 de la loi n° 2006-686 sur la transparence et la sûreté nucléaire précitée.

l'installation, des éventuels rejets dans l'environnement et des risques pour la santé des personnes et l'environnement[1]. L'Autorité de sûreté constitue un des intermédiaires incontournables de la gestion de crise nucléaire.

494. **Les actions de la gestion de crise**. Pour affronter l'urgence radiologique, les modalités de la gestion de crise sont prévues dans le Code de la santé publique[2]. Dès que les prévisions sanitaires dépassent les niveaux réglementaires, il appartient au préfet de veiller aux mesures adéquates. En 2009, les niveaux ont été abaissés[3]. La mise à l'abri se décrète à partir d'une dose efficace de 10 mSv[4]. La population doit être exposée au minimum à ce niveau. Le plan d'urgence interne déclenché par l'exploitant fait démarrer la phase d'urgence et le plan particulier d'intervention prévoit des actions : mise à l'abri, de prise d'iode et en dernier recours, des évacuations. Leur justification s'apprécie certes en amont de la crise, lors de l'élaboration des plans de secours, mais aussi en fonction de l'urgence radiologique[5].

495. Le décret n° 2018-434 du 4 juin 2018 portant diverses modifications en matière nucléaire a précisé la mise en œuvre de l'optimisation (principe ALARA). Désormais, les actions et décisions sont calées sur « un niveau de référence à 100 mSv en dose efficace reçue pendant la durée de la situation d'urgence radiologique, comprenant toutes voies d'exposition »[6]. Ce niveau permet de déduire qu'en cas d'urgence nucléaire, le corps entier d'une personne ne doit pas être exposé au-delà de cette dose[7]. Si l'éventualité d'un cumul de dose peut questionner, ces mesures ont au moins l'avantage de donner une limite de référence. Après Fukushima, les décideurs publics français ont élaboré un plan pour la gestion de crise[8].

2) La planification opérationnelle de la crise

496. **Le plan d'aide à la gestion de crise**. Publié en 2014, ce plan vise à aider les exploitants sur la base de « huit situations de référence »[9]. La variabilité stratégique dépend de l'accident et du milieu où il se produit. Quand la crise est majeure, elle est gérée au niveau gouvernemental

[1] Al. 2 du 4° de l'art. 4 de la loi n° 2006-686 sur la transparence et la sûreté nucléaire précitée.
[2] Art. nouveaux R. 1333-81 à R. 1333-89, CSP.
[3] Arrêté du 20 nov. 2009 portant homologation de la décision ASN n° 2009-DC-0153.
[4] Relevée à 50 mSv pour l'évacuation et l'administration d'iode stable intervient à la suite d'une dose dite équivalente à la thyroïde de 50 mSv, voir art. D. 1333-84, CSP.
[5] I. de l'art. R. 1333-82, CSP.
[6] II. de l'art. R. 1333-82, CSP.
[7] Dès l'année suivant la fin de l'urgence, ce niveau de référence maxima diminue puisqu'il « est fixé à 20 mSv en dose efficace », le niveau est « réévalué chaque année afin d'atteindre, à terme, 1 mSv en dose efficace sur une année », voir les alinéas 1 et 2 de l'art. R. 1333-93, CSP.
[8] SGDSN, Plan national de réponse. Accident nucléaire ou radiologique majeur, PSE/PSN, n° 200, Ed. fév. 2014, 117 p.
[9] Situation 0 à 7.

conformément à la circulaire du Premier ministre du 2 janvier 2012[1]. Dans l'ensemble, la gestion se répartit entre phase d'urgence et post-accidentelle.

497. **La phase transitionnelle**. La crise démarre avec le risque d'émissions et de rejets. C'est au cours de la phase de transition qu'est délimité le périmètre de la zone soumise aux mesures de protection, avant d'envisager les actions à plus long terme[2]. Quant à la sortie d'urgence, la phase commence entre le moment où les rejets tendent à cesser et celui où ils cessent tout à fait. Il faut être sorti de l'urgence pour que commence la phase post-accidentelle qui consiste à remettre l'installation en état et à faire cesser les mesures de protection hors site. À chaque étape, la protection radiologique nécessite des mesures, tant au niveau de l'urgence que de la phase post-accidentelle.

498. **Les situations post-accidentelles**. Cette phase recouvre les actions de protection, la prise en charge de la population et l'objectif de revenir à un état maîtrisé. L'objectif d'une gestion à long terme et sur de larges territoires nécessite d'anticiper très en amont. Si la phase d'urgence ne vise que les territoires proches du lieu d'impact, la gestion post-accidentelle tend à restaurer les conditions de vie alentour et éloignées. Elle intervient entre plusieurs semaines à plusieurs années après l'accident et commence au moment où les rejets cessent. Il peut être regretté que cette gestion ne prenne pas mieux en compte le temps long. Une fois la phase d'urgence passée, les périmètres d'éloignement (PE)[3], des zones de protection (ZPP) et de surveillance renforcée des territoires (ZST) devraient être mieux traités et expliqués à la population[4]. Au minimum, un zonage est proposé avec une modélisation du niveau d'expositions des zones habitées et de la contamination alimentaire[5]. Pour cela, les pouvoirs publics se servent d'un document du Comité directeur pour la gestion de la phase post-accidentelle[6].

499. **Une approche à tendance prédictive.** De manière à proposer une gestion des conséquences à la hauteur des dangers, la moindre alternative serait anticipée. Avant toute décision, le préfet doit prendre appui sur l'ASN, solliciter les avis, évaluations et informations de l'exploitant et d'autres intervenants et organes de l'urgence. Les mesures en dépendent. Elles visent à tenir compte « du préjudice associé à la mise en œuvre des mesures envisagées au regard du bénéfice attendu »[7]. En sus d'une optimisation par la dose, la justification s'impose. C'est là que le bât blesse. La protection de la santé reste l'optique affichée. Mais, face aux divers choix de gestion imposés,

---

[1] n° 5567/SG, relative à l'organisation gouvernementale pour la gestion des crises majeures.
[2] Source IRSN.
[3] Zone à l'intérieur de laquelle les résidents ne peuvent plus accéder pour une durée pouvant aller jusqu'à plusieurs mois voire plusieurs années.
[4] RINGOT (B.), 2020, *loc. cit.*, spéc. p. 101.
[5] SGDSN, rapport 2014 précité, spéc. p. 47.
[6] CODIRPA, Eléments de doctrine pour la gestion post-accidentelle d'un accident nucléaire, ASN, version finale, 5 oct. 2012, 100 p.
[7] 3° de l'art. R. 1333-83 CSP.

la balance des intérêts n'expose pas toujours clairement les modalités du calcul stratégique. Or, en matière de gestion post-accidentelle, la reconquête économique et sociale des territoires touchés par l'urgence y participe au même titre que les questions de santé et de protection de l'environnement.

500. **La gestion préventive de l'incertitude factuelle**. Dans ces moments-là, les incertitudes n'ont pas la priorité. La tâche consiste plutôt à gérer le prévisible pour que la vie reprenne ses droits. Nous constatons que des efforts ont été faits pour prévoir l'incertitude face à l'urgence. Le plan national nucléaire de 2014 contient une aide à la décision en situation d'incertitude[1]. Ici, l'incertitude se caractérise dans la rumeur d'accident, un rejet radioactif suspecté ou un constat de rejet inexpliqué[2]. Ce positionnement français fait suite à la catastrophe de Fukushima. En réalité, chaque accident majeur a fortifié l'expérience et entraîné la prise de mesures pour améliorer le dispositif juridique. Les apports se font généralement en priorité au sein de la Communauté internationale ; rien de plus normal puisque ce type d'événement impacte sur cette échelle. Par exemple, après Tchernobyl, deux conventions internationales ont suivi[3] et Fukushima a conduit aux *stress-tests*. Chaque fois, il s'agissait de répondre à une incertitude devenue réalité.

501. **La question du défi majeur**. Les variantes de l'incertitude nucléaire, avec en toile de fond les faibles et très faibles doses, trouvent une justification dans la moindre proportion d'accidents majeurs à déplorer. En d'autres mots, puisque l'industrie nucléaire n'a connu que peu d'accidents, elle prouve son efficacité. Ce constat est l'un des arguments privilégiés pour revendiquer la sûreté des installations et le risque mesuré de la technologie. En tout cas, le droit des INB dispose d'instruments innovants. Ils mettent en œuvre la coopération et le retour d'expérience qui profitent tant à la gestion de crise qu'à la prévention régulatrice du risque nucléaire.

502. **Transition**. Comme pour n'importe quel risque, l'anticipation constitue le leitmotiv. Néanmoins, sous couvert d'un contrôle strict, l'avenir n'est pas techniquement maîtrisé avec certitude. Au fil de l'exploitation électronucléaire, la gestion préventive a montré certaines difficultés.

---

[1] SGDSN, rapport 2014 précité, spéc. pp. 56-59.

[2] *Ibid.*, p. 56.

[3] La première sur la notification rapide en cas d'accident nucléaire et la seconde relative à l'assistance en cas d'accident nucléaire ou de situation d'urgence radiologique, toutes deux adoptées à Vienne le 26 septembre 1986, voir *infra*.

Chapitre 2. Les défis techniques de l'exploitation nucléaire partiellement maîtrisés par le droit

503. Le droit de la prévention nucléaire s'est construit et renouvelé. Il constitue un droit des risques technologiques majeurs adapté pour tenir compte des incertitudes inhérentes à la technologie nucléaire. C'est l'analyse des instruments de la gestion juridique des défis techniques auxquels le secteur reste encore confronté qui nous conduit à mettre en évidence une tendance précautionneuse sous-tendue dans le droit des installations nucléaires de base.

504. Sous couvert des connaissances technico-scientifiques et de la coopération internationale, les principaux défis techniques résident, en premier lieu, dans le traitement sûr des substances (**section 1)** et, en second lieu, dans celui de la gestion optimisée de la phase postnucléaire **(section 2**).

Section 1. La gestion des substances radioactives, le droit en l'état des certitudes

505. La singularité des difficultés réside dans la gestion des déchets. En 1965, alors que les centrales électronucléaires qu'on connaît aujourd'hui n'existent pas encore, il était déjà craint que la pollution radioactive planétaire et les déchets générés par l'exploitation deviennent un problème majeur « de notre temps »[1]. En France, le décret n° 63-1228 sur les installations nucléaires du 11 décembre 1963 n'y répondait nullement.

506. Pour fabriquer de l'énergie, l'industrie électronucléaire use de substances radioactives dont la transformation produit divers matières et déchets. Au gré des réalités physico-chimiques et des progrès techniques, le droit nucléaire régit ces substances qui ont un degré de dangerosité différent.

507. Pour constater comment les instruments ont été renouvelés, il faut apprécier, en premier lieu, le cadre juridique de cette gestion (**§1**) et, en second lieu, les options choisies pour gérer les incertitudes techniques (**§2**).

§1. L'encadrement juridique de la gestion préventive des substances radioactives

508. Le nucléaire n'est pas le seul domaine à utiliser la radioactivité[2]. Toutefois, la simple référence à la nature radiologique de cette ressource naturelle, dans la palette des utilisations, ne suffit pas à représenter la variété

[1] QUENEUDEC (J-P.),1965, *loc. cit.*, spéc. p. 750.
[2] Son usage sert le médical, diverses industries également non nucléaires, le militaire et la recherche.

de ses éléments caractéristiques. Chaque activité nucléaire, dont les installations nucléaires de base (INB), nécessite des substances qu'il faut gérer de manière sûre. Le droit français des matières radioactives et des déchets nucléaires a été souvent précurseur. En priorité, leur gestion sera analysée sur le fondement des régimes internes. Des digressions dans le droit des ordres international et européen seront néanmoins inéluctables, puisque la recherche sur ces substances appelle aussi la coopération sous toutes ses formes.

509. Malgré l'extrême dangerosité des substances radioactives, le droit nucléaire est longtemps resté silencieux à leur propos. Le décret sur les installations nucléaires de 1963 précité ne les mentionne qu'à deux reprises dans le texte[1]. La première mention[2] ne convient pas de leur gestion, puisqu'en gros elle détermine le point de départ temporel de la mise en service d'une INB. Quant à la seconde, paradoxalement, elle ne concernait pas les installations nucléaires[3]. Par rapport à celles-ci, rien n'était clairement dit[4]. Or, ces installations sont dépendantes des substances radioactives pour remplir leur fonction. Il s'agira aussi de distinguer les matières des déchets.

510. Avec le verdissement du droit électronucléaire, la gestion juridique des substances radioactives se précise, d'une part, en imposant le préalable de la classification des différents déchets et matières du nucléaire (**A**) dont, d'autre part, il faut planifier la gestion à intervalles réguliers en tenant compte des difficultés techniques (**B**).

A. La classification des différentes substances

511. La classification des substances radioactives dépend de leur composition physico-chimique. Celle-ci conduit à des seuils et des niveaux réglementaires repris dans les régimes juridiques qui contraignent, d'un côté, l'anticipation des utilisations (**1**) et, de l'autre, leur gestion opérationnelle (**2**).

---

[1] Cela peut s'expliquer par le fait que leur gestion était considérée de l'office des experts. Nous supposons aussi que viser la gestion de ces substances, dangereuses par nature, pouvait sembler contre-productif à l'œuvre de promotion dont faisait l'objet l'exploitation du nucléaire civil à cette époque.

[2] Alinéa 1 du II de l'art. 4 du décret.

[3] Mais des installations non soumises à la législation ICPE et présentant « des dangers dus à la production, l'utilisation ou la détention des substances radioactives », al. 1 de l'art. 16 du décret de 1693 précité.

[4] En dehors du fait que « les agents de l'Office de protection contre les rayonnements ionisants [étaient] chargés de surveiller l'application de la réglementation concernant les rejets d'effluents radioactifs » pour protéger la santé publique (ibid., al. 4 de l'art. 11) et qu'il y avait des « prescriptions générales à observer pour éviter les dangers ou les inconvénients pouvant résulter de la création ou du fonctionnement de ces installations » soumises à l'avis de la commission interministérielle des INB (art. 7 et 8) tandis que le ministre du développement industriel et scientifique arrêtait « la réglementation technique générale concernant la sûreté des installations nucléaires de base » (art. 10 bis).

1) La distinction légale entre matière et déchet

512. **Les définitions**. Quelques jours après la loi sur la transparence et la sécurité nucléaire du 13 juin 2006 (TSN), la deuxième loi de programme sur les déchets est adoptée. Elle est le fruit de quinze ans de recherches technico-scientifiques menées en application de la première loi de programme, celle du 30 décembre 1991, dite aussi « loi Bataille ». La loi n° 2006-739 du 28 juin 2006 de programme relative à la gestion durable des matières et déchets radioactifs[1] (loi déchets 2006, ci-après) les définit comme une substance qui contient des radionucléides, naturels ou artificiels, dont l'activité ou la concentration justifie un contrôle de radioprotection[2].

513. En droit nucléaire interne, la matière radioactive et les déchets nucléaires sont des substances radioactives. La différenciation de la première des seconds découle de l'éventualité ou non d'une « utilisation ultérieure ». Si la réutilisation s'avère possible pour la matière radioactive, en l'état ou après traitement, ce n'est justement pas le cas des déchets nucléaires. Ceux-ci constituent les « substances radioactives pour lesquelles aucune utilisation ultérieure n'est prévue ou envisagée »[3] ou, depuis l'ordonnance de 2016[4], « requalifiées comme tels par l'autorité administrative »[5].

514. **La conformité avec le positionnement supranational.** Selon la Convention commune sur la sûreté de la gestion du combustible usé et sur la sûreté de la gestion des déchets radioactifs, faite à Vienne le 5 septembre 1997, les matières radioactives sous forme gazeuse, liquide ou solide pour lesquelles aucune utilisation ultérieure n'est prévue sont des déchets radioactifs[6]. La directive 2011/70/Euratom du Conseil du 19 juillet 2011 établissant un cadre communautaire pour la gestion responsable et sûre du combustible usé et des déchets radioactifs opte pour une définition similaire du déchet nucléaire[7]. Aux termes de cette directive 2011/70/Euratom, la Convention commune est considérée, « grâce au renforcement des mesures nationales et de la coopération internationale », comme une incitation destinée « à atteindre et à maintenir un haut niveau de sûreté dans le monde entier en matière de gestion du combustible usé et des déchets radioactifs »[8]. En outre, les définitions des

---

[1] JORF n° 149 du 29 juin 2006, p. 9721, texte n° 1.

[2] Art. 5, de la loi, codifié à l'art. 542-1-1 du Code de l'environnement, voir alinéa 2.

[3] Al. 5 de l'art. L. 542-1-1 du Code de l'environnement.

[4] Ajout *ibid.* par l'art. 5-2° de l'ordonnance n° 2016-128 du 10 févr. 2016 précitée.

[5] En application de l'article L. 542-13-2, C. environnement.

[6] Au c) de l'art. 2 de ladite « Convention commune » ; voir le décret n° 2001-1053 du 5 novembre 2001 portant publication de la convention commune sur la sûreté de la gestion du combustible usé et sur la sûreté de la gestion des déchets radioactifs, faite à Vienne le 5 septembre 1997 (JORF n° 263 du 13 novembre 2001, texte n° 33).

[7] A savoir « une substance radioactive sous forme gazeuse, liquide ou solide pour laquelle aucune utilisation ultérieure n'est prévue ou envisagée par l'État membre », pt. 7 de l'art. 3 (L 199/52) de la directive 2011/70/Euratom du Conseil du 19 juill. 2011 (JOUE du 2 août 2011).

[8] Considérant 14, L 199/49, directive 2011/70/Euratom du Conseil du 19 juill. 2011.

différents ordres ont un point commun : l'opération de « valorisation » permet de distinguer la matière radioactive des déchets nucléaires.

515. **De la ressource valorisable au déchet**. Selon le droit commun des déchets[1], valoriser la matière signifie « réemploi, recyclage ou tout autre action visant à obtenir, à partir des déchets, des matériaux réutilisables ou de l'énergie »[2]. Le régime définit aussi le « déchet ultime » qui, provenant ou non du traitement d'un déchet, n'est plus susceptible d'être traité dans les conditions techniques et économiques du moment[3]. Ce n'est qu'à défaut de filières qu'il caractérise un déchet ultime à confiner.

516. Sans valorisation, la matière devient ou redevient déchet. À l'inverse, il constitue une ressource. Nous verrons que le combustible usé par la combustion au sein d'un réacteur nucléaire s'apparente soit à une matière valorisable, soit à un déchet. Si la matière radioactive n'est pas valorisable, c'est-à-dire incompatible pour des raisons économiques et/ou techniques avec une opération de traitement ou de retraitement, elle devient un déchet. En principe, le combustible usé des réacteurs constitue un déchet. Toutefois, certains États ont fait le choix d'un retraitement. C'est l'option choisie par les opérateurs français. En France, les centrales fonctionnent, soit avec un combustible fabriqué à base d'uranium naturel enrichi, soit avec un combustible retraité, le MOX qui signifie « *Mélange d'OXyde de plutonium et d'OXyde d'uranium* ». Le traitement du combustible irradié fait partie du cycle du combustible. Mais, quel que soit le procédé industriel pour alimenter les réacteurs, des déchets subsistent.

517. Le mode de gestion des matières et déchets du nucléaire civil dépend de leurs caractéristiques. De cette classification matérielle découle le régime juridique applicable à leur gestion opérationnelle.

2) La gestion opérationnelle des substances

518. **La classification déterminante du mode de gestion**. Que la substance radioactive soit matière ou déchet, elle doit être gérée en sécurité. Le mode de traitement dépend du degré de dangerosité de la substance. La caractérisation des déchets nucléaires solides dépend, d'une part, de la durée de vie du radionucléide (demi-vie) et, d'autre part, du niveau de radioactivité (toxicité) qui détermine le mode de gestion, du tri au stockage.

519. La politique énergétique est de la responsabilité de chaque État membre. La France n'a pas attendu les sollicitations européennes. Dans son rapport final de 2011, l'Office parlementaire d'évaluation des choix

---

[1] Loi n° 75-633 du 15 juillet 1975 relative à l'élimination des déchets et à la récupération des matériaux ; loi n° 92-646 du 13 juillet 1992 relative à l'élimination des déchets ainsi qu'aux installations classées pour la protection de l'environnement.

[2] 3° du I. de l'art. 1er de la loi n° 92-646 du 13 juill. 1992 précitée.

[3] *Ibid.*, II. de l'art. 1er.

scientifiques et technologiques (OPECST) faisait remarquer que la directive 2011/70/Euratom impose aux États membres « la mise en œuvre d'une véritable politique de gestion des déchets radioactifs suivant des modalités proches de celles du dispositif français »[1].

520. Le droit nucléaire interne gère ces substances en les classant en cinq catégories. Cette classification correspond -du moins nocif au plus nocif- aux substances de très faible activité (TFA), de faible et moyenne activité à vie courte (FMA-VC), de faible activité à vie longue (FA-VL), de moyenne activité à vie longue (MA-VL) et de haute activité (HA).

521. **Les opérations de gestion.** L'exploitation nucléaire implique plusieurs substances radioactives. Destinées à alimenter le cycle du combustible et les opérations d'exploitation tout au long de la vie d'une installation nucléaire, les opérations de tri, traitement, conditionnement, entreposage et stockage concrétisent les modes de gestion. La gestion des déchets nucléaires constitue une activité nucléaire. Toute installation et activité en lien avec de la substance radioactive produit des déchets nucléaires de différents types. La solution de gestion dépend de leurs caractéristiques.

522. **Le choix de la solution de gestion**. Le mode de gestion trouve sa forme et ses modalités selon la catégorie. En fonction de son type, la substance intègre une filière spécifique qui recourt aux recyclage, entreposage et/ou stockage. Nous verrons que si certaines sont parfaitement installées et rodées, d'autres modes de gestion sont encore à l'étude.

523. La France produit des substances radioactives dès le début du XXe siècle. Leur gestion interroge dès les années 1930. On ne savait que faire de ces substances, dont la composition physico-chimique, les rendant extrêmement dangereuses, ne permet pas une intégration dans la filière conventionnelle. Mais, la question devient véritablement brûlante, sans mauvais jeu de mots, avec l'exploitation des centrales électronucléaires. Elle a engendré une réflexion internationale. Au niveau interne, depuis plusieurs décennies, il appartient surtout à l'ANDRA, l'Agence nationale pour les déchets radioactifs, de les répertorier, d'assurer leur traçabilité et de réfléchir pour optimiser la gestion des différents résidus du nucléaire qu'elle supervise et organise. L'agence a été spécialement créée à cet effet.

524. **La création de l'ANDRA.** Sur le fondement d'un arrêté de 1979 portant création au sein du CEA d'une agence nationale pour la gestion des déchets radioactifs, l'ANDRA est dotée d'un comité de gestion et d'un conseil scientifique et technique[2]. Ses attributions visaient et concernent toujours la gestion à long terme des déchets radioactifs[3]. L'ANDRA devient une agence

---

[1] BIRRAUX (C.), BATAILLE (C.) et SIDO (B.), Rapport final : l'avenir de la filière nucléaire en France », Rapport de la mission parlementaire sur la sécurité nucléaire, la place de la filière et son avenir, Tome 1, Ass. Nationale n° 4097 et Sénat n° 199, déc. 2011, 116 p., spéc. p. 51

[2] Art. 3 de l'arrêté du 7 nov. 1979 portant création au sein du commissariat à l'énergie atomique d'une agence nationale pour la gestion des déchets radioactifs (JORF du 10 nov. 1979).

[3] Al. 1 de l'art. L. 542.12 du Code de l'environnement.

indépendante en 1991, sur le fondement de la première loi de programme sur les déchets. Ladite « loi Bataille » du 30 décembre 1991 en fait un établissement public industriel et commercial. Aux termes du dispositif réglementaire codifié dans le Code de l'environnement, la mission de l'ANDRA consiste à « trouver, mettre en œuvre et garantir des solutions sûres pour protéger les générations présentes et futures des risques que représentent les déchets radioactifs »[1]. Ses attributions légales n'ont cessé d'évoluer et de se préciser au fil des réformes. Son expertise fait de l'agence nationale pour la gestion des déchets radioactifs une pionnière du domaine.

525. Directement intéressée à la gestion planifiée des matières et déchets nucléaires, elle intervient de manière ponctuelle et régulière. Ainsi, l'encadrement juridique du traitement de ces substances organise, sur la base préalable de la classification, le renouvellement de leur planification.

B. Le renouvellement de la planification

526. L'anticipation de la gestion des substances radioactives a été renouvelée, d'abord, sous l'influence de la coopération conventionnelle (**1**) et, ensuite, avec le plan national de gestion (**2**).

1) Les incitations issues de la Convention commune

527. **Le consensus supranational.** La gestion des substances radioactives doit naturellement respecter la sûreté nucléaire. Après Tchernobyl, plusieurs conventions sont actées au niveau international. Sur le modèle de la Convention sûreté de 1994 précitée, également sous l'égide de l'Agence internationale pour l'énergie atomique (AIEA), une convention spécifique à la gestion sûre du combustible usé et des déchets radioactifs est signée à Vienne le 5 septembre 1997[2] ; elle n'a pas non plus de force contraignante. Mais, le droit des États souverains respecte globalement ses dispositions. Il revenait à chaque Partie contractante de prendre les mesures.

528. Ladite Convention commune entre en vigueur en France le 18 juin 2001[3]. Son champ d'application porte, d'une part, sur « la sûreté de la gestion du combustible usé lorsque celui-ci résulte de l'exploitation de réacteurs nucléaires civils » - à l'exclusion de celui « détenu dans les installations de retraitement »[4] - et, d'autre part, sur « la sûreté de la gestion des déchets radioactifs lorsque ceux-ci résultent d'applications civiles »[5]. Sous toutes les

---

[1] https://www.andra.fr/nous-connaitre/histoire

[2] Convention commune sur la sûreté de la gestion du combustible usé et sur la sûreté de la gestion des déchets radioactifs, AIEA, Circulaire information, INFCIRC/546, déc. 1997, 35 p.

[3] Décret n° 2001-1053 du 5 nov. 2001 portant publication de la Convention commune sur la sûreté de la gestion du combustible usé et sur la sûreté de la gestion des déchets radioactifs.

[4] Au §. 1. de l'art. 3 de la Convention commune précitée.

[5] *Ibid.*, §. 2.

occurrences de la gestion, la Convention incite à une production de déchets radioactifs « maintenue au niveau le plus bas qu'il soit possible d'atteindre »[1]. Compte tenu toutefois « du type de politique adoptée en matière de cycle du combustible » par chaque Partie contractante[2], l'objectif tend à optimiser la gestion des résidus nucléaires.

529. **Les fondements juridiques de la gestion**. Conformément aux meilleures pratiques internationales[3], la Convention commune prévoit que chaque Partie contractante établit et maintient en vigueur un cadre législatif et réglementaire pour régir la sûreté de la gestion du combustible usé et des déchets radioactifs à l'aide d'un système d'autorisation, de surveillance et de contrôle[4]. Au minimum tous les trois ans, une réunion des Parties doit être organisée afin d'examiner leurs politiques, pratiques et critères de gestion[5]. La planification de cette gestion, qui comporte un système d'inventaire des matières et des déchets, en découle. Le décret du 11 décembre 1963 relatif aux installations nucléaires ne prévoyait rien de tel. Mais, là encore, le droit français avait anticipé le dispositif européen qui met à la charge des États membres une gestion programmatrice de ces substances. Le régime repose sur le plan national de gestion des matières et des déchets radioactifs (PNGMDR) qui voit le jour dans le droit électronucléaire national en 2006.

2) Le plan de gestion des substances radioactives

530. **La planification**. L'instrument du plan national de gestion (PNGMDR) naît avec la loi n° 2006-739 du 28 juin 2006 de programme relative à la gestion durable des matières et déchets radioactifs, ladite 2e loi de programme sur les déchets. Le contenu et les objectifs de ce plan ont subi des évolutions légales et réglementaires. *A minima*, le PNGMDR a pour objet de définir « des filières regroupant les déchets radioactifs suivant leurs caractéristiques propres, notamment radiologiques, et décrit les mesures nécessaires à la gestion maîtrisée de chaque groupe de déchets »[6]. La « loi déchets » de 2006 a notamment étayé les « opérations de gestion à long terme des déchets radioactifs » à la charge de l'ANDRA[7].

531. **L'inventaire remis à l'ANDRA.** En vue de la publication du PNGMDR, l'ANDRA est tenue de veiller à l'établissement et à la mise à jour de « l'inventaire des matières et déchets radioactifs »[8]. Cette obligation

[1] ii) art. 11, Convention commune précitée.
[2] *Ibid.*, ii) art. 4.
[3] Issues notamment d'un guide établi par un groupe d'experts et validé en 1995 par l'AIEA, Principes de gestion des déchets nucléaires, Coll. Sûreté, n° 111-F.
[4] §1 et §2 de l'art. 19 de la Convention commune précitée.
[5] *Ibid.*, art. 30 et 32.
[6] BIRRAUX (C.), BATAILLE (C.) et SIDO (B.), 2011, *loc. cit.*, spéc. 51.
[7] Al. 1 de l'art. L. 542-12 du Code de l'environnement qui récapitule ses principales missions.
[8] 1° de l'art. L. 542-12 du Code de l'environnement.

d'inventaire trouve sa source dans la loi Bataille de 1991. Cette mission-ci consiste surtout à anticiper les besoins d'entreposage et de stockage, afin d'optimiser la stratégie de gestion de ces substances-là.

532. Conformément aux obligations déclaratives relatives aux matières et déchets radioactifs et aux fins de réaliser l'inventaire national, tout exploitant « est tenu de transmettre chaque année à l'Agence nationale pour la gestion des déchets radioactifs un inventaire des matières et déchets radioactifs présents sur ce site, arrêté au 31 décembre de l'année écoulée »[1]. Cet inventaire permet de les classer en fonction de leurs caractéristiques physiques et de leur quantité[2]. Dès que le site nucléaire comporte un réacteur, une usine de traitement de combustibles nucléaires usés, une installation d'entreposage ou de stockage de substances radioactives, une annexe précisant la répartition, par producteur et par famille des déchets radioactifs présents sur ce site, complète l'inventaire remis à l'ANDRA.

533. **Le contenu**. L'inventaire distingue, d'une part, les déchets dits de « très faible », « faible » et « moyenne activité à vie courte » (TF à MA-VC) qui représentent environ 90 % des déchets produits par l'exploitation nucléaire civile française et, d'autre part, les déchets ultimes qui, pour une portion moyenne de 3,5 %, englobent surtout les résidus qualifiés « à vie longue » (MA et HA-VL)[3]. Ceux-ci ne concernent qu'une part infime de la masse totale des déchets du nucléaire civil. Mais, en raison « de leur rayonnement intense et de leur longue durée de vie, ce sont eux qui constituent la contrainte majeure à laquelle le secteur nucléaire doit faire face dans la gestion de ses résidus »[4]. Le reste, un peu moins de 7 %, implique les déchets dits de « faible activité à vie longue » (FA-VL). L'inventaire permet de détailler les quantités, à entreposer puis stocker, de matières et de déchets radioactifs, existants et à venir, sur une période donnée et en fonction de leur dangerosité. Il représente un procédé qui vise à anticiper afin de prévoir au plus juste pour adapter, en amont, la stratégie de gestion par filière et, *in fine*, réduire les risques des différentes catégories de substances nucléaires.

534. **Transition**. La problématique liée aux aspects techniques de la gestion de ces substances constitue clairement un enjeu de société et pas seulement pour celle d'aujourd'hui. Le droit devait en être saisi. La gestion durable des matières radioactives, et plus encore des déchets, confronte « à l'incertitude relativement aux conséquences environnementales et sanitaires

---

[1] 1° de l'article L. 542-12 et alinéa 1 de l'art. R. 542-67 du Code de l'environnement.

[2] Al. 2 de l'art. R. 542-67 du Code de l'environnement.

[3] Auxquels il faut aussi ajouter les déchets de haute activité à vie courte (HA-VC). Dans cette catégorie, on trouve notamment les cendres de la combustion atomique provenant de la cuve d'un réacteur ou encore les résidus des recherches nucléaires sur le mode de stockage relatif au projet « *Cigéo* » (le procédé industriel de stockage en couche géologique profond).

[4] SORIN (F.), « Cigéo : vers le stockage géologique des déchets de haute activité » dans *Nucléaire et innovations au XXIème siècle*, *RISEO*, 2016-1, pp. 148-156, spéc. p. 150.

potentiellement irréversibles à très long terme »[1]. Le choix électronucléaire du XXe siècle, conforté en France au tournant de cette deuxième décennie du XXIe siècle, met l'Humanité face aux options du traitement juridique préventif des résidus d'une gestion technologique encore incertaine.

§2. Les incertitudes techniques dans la gestion préventive des déchets nucléaires

535. Le droit interne a évolué pour que, de la production au stockage des substances, les ponctuels réexamens et les mises à jour tiennent « compte du progrès technique et de l'évolution des connaissances scientifiques, le cas échéant, ainsi que des recommandations, des enseignements et des bonnes pratiques qui résultent de l'évaluation par des pairs »[2]. Depuis l'ordonnance n° 2016-128 du 10 février 2016, le PNGMDR ne permet plus seulement de faire le bilan des modes de gestion existants. Il dresse aussi celui des solutions techniques. Exercice topique du droit de l'environnement, la planification a ici la particularité d'organiser, orienter et superviser les études et la recherche.

536. Si la gestion de certains déchets nucléaires concentre plus l'attention du grand public[3], chaque catégorie entretient des incertitudes qui nécessitent encore des recherches scientifiques et des études techniques. Or, le principe de précaution invite, voire oblige, à agir quand on ne sait pas tout. Sous cette occurrence, son expression tend à transparaître, d'une part, dans la phase des recherches qui vise à accroître la performance technique (**A**) et, d'autre part, dans les incertitudes propres aux dites recherches (**B**).

A. Les recherches pour réduire les incertitudes

537. En matière de substances radioactives, les incertitudes techniques de leur gestion posent un véritable cas d'école. D'une part, sa résolution ne peut faire l'impasse d'une réflexion à l'échelle internationale (**1**). D'autre part, le droit interne des déchets nucléaires prévoit le renouvellement du cadre légal des recherches avec la prise en compte de l'évolution des connaissances (**2**).

1) Le besoin de coopération supranationale

538. **L'incertitude, produit de l'innovation nucléaire**. Le risque nucléaire représente le résultat sociétal de l'innovation intrinsèque à l'exploitation technologique de la radioactivité. Avec cette innovation, le

---

[1] DE RUBERCY (G.), « Le cadre juridique aux déchets radioactifs issus du démantèlement des INB en France » dans *Nucléaire et innovations au XXIème siècle*, *RISEO*, 2016-1, p. 132.
[2] §. 2 de l'art. 11 de la directive 2011/70/Euratom précitée.
[3] Ceux de haute activité (HA) et à vie longue (VL), mais le récent débat public pour le 5e PNGMDN fait apparaitre des inquiétudes liées aux déchets de très faible activité (TFA).

monde « devient moins prévisible et plus incertain »[1]. L'anticipation des calculs statistiques souffre d'incompatibilité avec une prévision soumise à « l'imaginaire possible », une matrice pour l'incertitude et la controverse[2]. Il est difficile, voire impossible, d'imaginer ce que l'on ne connaît pas. Pourtant, avant l'irréparable, une alternative s'impose.

539. À titre liminaire, le fait d'être pour ou contre le nucléaire n'a aucune incidence sur la réalité des résidus à traiter. L'industrie électronucléaire mondiale exploite, depuis maintenant environ soixante-dix ans, des substances dont elle savait pertinemment ne pas détenir le procédé de recyclage. L'objectif de départ, toujours actuel, visait à trouver le moyen technique de se débarrasser de ces résidus qui continuent d'être produits. L'impératif de sécurité nucléaire nécessite, en amont, de prévoir leur gestion future, en dépit des incertitudes reliées au temps long en matière de radioactivité. Certes, des techniques existent, mais d'autres font encore défaut. Au stade actuel de l'exploitation française, les futurs déchets s'avèrent pour l'essentiel concrètement produits. Ils existent déjà dans la matière. Aux stocks existants, d'autres vont inéluctablement s'ajouter à plus ou moins brève échéance. Des installations spécifiques s'imposent. Comme pour n'importe quelle INB, il est préconisé que les conditions de gestion au sein de ces installations tiennent compte, autant que de besoin, des progrès de la technologie et de l'évolution de l'expérience nucléaire internationale.

540. **Le droit au service de la coopération technologique**. Dès le traité précité instituant la Communauté européenne de l'énergie atomique (CEEA) de mars 1957, la coopération en matière de recherches nucléaires vise les connaissances en général et les infrastructures en particulier[3]. Quant aux conventions européennes sur la sûreté nucléaire, telle la Convention commune de 1997 précitée, nous rappelons qu'elles instituent l'instrument de la réunion des pairs[4]. Il s'agit, certes, de vérifier le respect des normes européennes par chaque État membre, mais aussi de faciliter et coordonner la mise en commun des diverses connaissances et pratiques afin de parvenir aux meilleures techniques disponibles. Par exemple, la directive de 2011 sur les déchets et le combustible usé précise que « la recherche scientifique et le développement technologique, soutenus par la coopération technique entre les parties prenantes, peuvent ouvrir de nouveaux horizons permettant d'améliorer la gestion sûre du combustible usé et des déchets radioactifs, et contribuer à réduire le risque de radiotoxicité des déchets de haute activité »[5]. Elle traduit l'optique d'une évaluation par les pairs, dans le développement et l'échange

---

[1] MASSE (G.), « Immaturité sociétale et nouveaux risques : plaidoyer pour une culture d'aptitude juridique au risque » dans *Nucléaire et innovations au XXIème siècle*, *RISEO*, 2016-1, pp. 5-21, spéc. p. 8.

[2] *Ibid.*

[3] En plus du financement.

[4] ou *peer review*, art. 34 de la Convention précitée.

[5] Directive précitée, L. 199/51, Considérant 39.

des expériences au sein de la Communauté européenne. Le droit nucléaire donne des instruments pour contrer les situations incertaines. Quelle que soit l'échelle, le droit encadre la recherche de nouveaux procédés technologiques.

541. **La recherche des procédés technologiques.** Avec la première loi de programme sur les déchets de 1991, le droit interne organise la recherche sur l'incertitude des techniques de gestion et fixe les modalités de la prise en compte juridique des avancées. Ladite loi prévoyait qu'au-delà d'une période qui ne pouvait excéder quinze ans à compter de sa promulgation, le Gouvernement adresserait au Parlement un rapport global d'évaluation des recherches sur les modes de gestion « accompagné d'un projet de loi autorisant, le cas échéant, la création d'un centre de stockage des déchets radioactifs à haute activité et à vie longue et fixant le régime des servitudes et des sujétions afférentes à ce centre »[1]. Nous y voyons l'expression du principe de précaution. L'incertitude scientifique est reconnue et des mesures sont juridiquement instituées, de manière temporaire, afin de conforter la connaissance.

542. La recherche scientifique vise à renforcer la sûreté et les procédés technologiques qui font défaut. Le droit vient en renfort de la recherche, au secours de la technique industrielle, apportant son concours avec un cadre juridique destiné à assurer la sécurité nucléaire du fait des déchets. La loi organise et planifie la prise en compte des résultats de la recherche sur l'incertitude technico-scientifique des déchets nucléaires.

2) Le cadre légal de la recherche sur les déchets

543. Paradoxalement, si l'absence d'une loi-cadre jusqu'en 2006 a préjudicié la confiance du public dans les institutions nucléaires françaises, le pays avait légiféré sur les déchets nucléaires dès 1991. Plus que de donner un cadre juridique général à leur gestion, il s'agissait de programmer le sens de la recherche scientifique et technique. Le droit est intervenu pour prévoir des échéances sur l'avancée des études en cours. N'est-ce pas le propre de la philosophie du principe de précaution ? Le droit des déchets nucléaires organise l'anticipation et l'évolution au gré des résultats de la recherche, celles mises en œuvre dans le but de réduire les incertitudes techniques potentiellement préjudiciables aux intérêts protégés.

544. Nous constaterons toutefois que seule la gestion d'une partie spécifique des substances continue de faire l'objet de recherches légalement encadrées et décidées par la représentation nationale. D'ailleurs, la loi n° 91-1381 du 30 décembre 1991 relative aux recherches sur la gestion des déchets radioactifs (loi déchets de 1991, ci-après) ne concerne finalement que les déchets ultimes de haute activité (HA) et ceux de moyenne activité à vie

---

[1] §3 de l'art. 4 de la loi n° 91-1381 du 30 déc. 1991 relative aux recherches sur la gestion des déchets radioactif précitée.

longue (MA-VL). Si, pour obtenir un régime juridique complet, il a fallu attendre la loi de programme n° 2006-739 du 28 juin 2006 relative à la gestion durable des matières et déchets radioactifs (loi déchets de 2006, ci-après)[1], la loi « Bataille » de 1991 posait déjà les trois axes de la recherche en la matière.

545. **Les trois axes de la recherche nucléaire.** Bien que cette loi de 1991 visât spécifiquement les déchets de haute activité et à vie longue, elle contenait les bases des axes de la recherche redéfinis dans la loi déchets de 2006. Selon qu'il s'agit de traiter de la gestion des déchets radioactifs à vie longue de haute ou de moyenne activité ou des autres matières et déchets radioactifs, l'article L. 542-1-1-1 du Code de l'environnement distingue une double mise en œuvre des orientations et de l'échéancier de la politique nationale de recherches et d'études. Dans la loi de 1991 comme dans celle de 2006, la recherche technico-scientifique guide le tout.

546. Concrètement, la recherche scientifique et technique porte sur « trois axes principaux : la séparation-transmutation, permettant de réduire dans de fortes proportions la durée de vie et la thermicité des éléments radioactifs les plus dangereux, le stockage géologique profond et l'entreposage des déchets »[2]. Chacun des axes tend à gérer et réduire l'incertitude du traitement technique des déchets à forte toxicité radioactive. Avec le dispositif instauré en 2006, le choix légal se porte sur le stockage profond « étudié comme seule solution sûre à long terme qui permet de ne pas reporter la charge de la gestion de ces déchets sur les générations futures »[3].

547. Il n'en demeure pas moins que la recherche nucléaire permet également d'étudier les solutions les mieux adaptées à une gestion sûre pour chaque type de déchet, en fonction de leurs propriétés physiques et chimiques particulières[4]. Le droit des déchets nucléaires a évolué en ce sens. Ainsi, les incertitudes techniques ne se réduisent pas aux seuls déchets ultimes. Selon le type de substance et le mode de gestion, des avancées technologiques seraient, soit bienvenues, soit essentielles. En attendant, à l'aide des techniques disponibles, chaque catégorie de déchets bénéficie d'un traitement et d'une gestion adaptés à sa dangerosité. Or, une part des déchets nucléaires réclame de réfléchir aux options stratégiques face à une réalité incertaine.

548. **La précaution dans les choix juridiques stratégiques ?** D'abord, pour les déchets à vie très courte (VTC), la méthode reste celle de la gestion par décroissance radioactive nécessaire avant traitement[5]. Ensuite, le stockage

---

[1] Qui a codifié le droit des déchets nucléaires dans le Code de l'environnement, depuis complété.

[2] BIRRAUX (C.), BATAILLE (C.) et SIDO (B.), Rapport final : l'avenir de la filière nucléaire en France, Rapport de la mission parlementaire sur la sécurité nucléaire, la place de la filière et son avenir, T. 1, Assemblée nationale n° 4097 et Sénat n° 199, déc. 2011, 116 p., spéc. p. 51.

[3] WIESSER (P.), « Traitement et gestion des déchets radioactifs issus du démantèlement des INB », *Riseo*, 2014-1, pp. 65-74., spéc. p. 72, n° 27.

[4] BIRRAUX (C.), BATAILLE (C.) et SIDO (B.), *ibid.*, p. 51.

[5] L'objectif consiste à attendre la disparition de la radioactivité.

de surface, solution dont la filière nucléaire use depuis le début, représente le choix de gestion adapté, d'une part, aux déchets de très faible activité (TFA) et, d'autre part, à ceux de faible et moyenne activité à vie courte (FMA-VC). Enfin, qu'il s'agisse du stockage dit « en subsurface » (FA-VL) ou « en profondeur » (MA-VL et HA), ces modes de gestion requièrent les études visées dans la loi déchets du 28 juin 2006. Le droit nucléaire est ainsi saisi de l'incertitude d'une gestion à anticiper sous divers angles.

549. Le droit des déchets nucléaires national s'est plutôt avéré en avance. Le système doit désormais se conformer à la directive 2011/70/Euratom sur les déchets nucléaires et le combustible usé. Celle-ci préconise expressément la flexibilité et l'adaptabilité, notamment « pour intégrer de nouvelles connaissances sur l'état des sites ou une éventuelle évolution des systèmes de stockage »[1]. Les solutions de gestion choisies par le passé sont appelées à évoluer avec l'expérience et les connaissances techniques. L'industrie nucléaire partait du postulat que l'incertitude n'existait pas et que le risque était maîtrisé ; même pour ses déchets dont elle ne savait que faire. En dépit du refus d'admettre les incertitudes, comment ne pas voir, en filigrane, la mise en œuvre du mécanisme de la précaution ? Ce principe invite les décideurs à prendre des mesures temporaires en prévision d'un danger à potentiel catastrophique encore incertain. Selon les termes du Code de l'environnement, l'absence de certitudes, compte tenu des connaissances scientifiques et techniques du moment[2], ne doit pas retarder l'adoption de mesures préventives renforcées par l'obligation de recherches[3]. Chaque ordre lui a donné sa propre signification, mais l'objectif reste identique. Il préconise de ne pas attendre la preuve scientifique formelle du risque pour agir.

550. Dans ses grandes lignes, la dangerosité de la radioactivité est connue. Aujourd'hui, c'est surtout l'impact des solutions de gestion choisies qui restent à éclairer. Aussi, cette précaution des recherches ambitionne d'optimiser la justesse et la sécurité des choix faits ou à venir.

551. **Entre certitudes et incertitudes**. En 2013, un rapport parlementaire faisait référence aux études, contributions scientifiques et techniques ou écrits divers et variés sur ce sujet complexe, au confluent d'enjeux techniques, financiers et sociaux. L'évolution des techniques y est souhaitée pour optimiser la gestion des déchets, notamment à vie longue, les plus dangereux. Les auteurs remarquent que ces substances « existent déjà pour partie et leur volume, leur radioactivité et leur radiotoxicité sont mesurables, connus et prévisibles »[4]. Sur ce point, nul besoin de recourir à la précaution, la sûreté nucléaire prévoit et gère le risque.

---

[1] Considérant 23.
[2] Nous soulignons.
[3] 1° du II de l'art. L. 110-1 du Code de l'environnement.
[4] BOUILLON (C.) et AUBERT (J.), Rapport d'information 2013, *loc. cit.*, spéc. p. 8.

552. Malgré les avancées de ces dernières décennies, des méthodes de gestion restent en partie incertaines. Ne serait-ce que parce qu'à défaut de pouvoir retraiter la substance, il faut la stocker, parfois pour des millénaires. Le risque n'est alors plus calculable, la prévention ne peut suffire. C'est là que le bât blesse et la mise en œuvre des recherches nucléaires consiste, en plus, à contrer ses propres incertitudes techniques.

B. Les incertitudes dans la mise en œuvre technique

553. La recherche pour trouver le procédé technique adéquat à la gestion sûre des déchets radioactifs continue par rapport, d'une part, au besoin d'évolution des différentes méthodes de gestion (**1**) et, d'autre part, aux indéterminations de la technique du stockage en profondeur (**2**).

1) L'évolution des différentes méthodes de gestion

554. **L'option des choix stratégiques**. Les acteurs de la recherche nucléaire ont opté pour la coopération de manière précoce. C'est aussi parce que les industriels et les décideurs ont pris conscience de la nécessité de gérer ces déchets encombrants. Une gestion pour laquelle les réponses manquaient, ce qui a obligé la communauté internationale à s'interroger. Une mise en commun du savoir et des compétences s'est avérée nécessaire. Lors de la Conférence scientifique sur l'élimination des déchets radioactifs, à Monaco en 1959, l'importance qualitative et quantitative croissante des déchets atomiques est admise : l'époque ne savait pas encore exactement quoi en faire, une utilisation future de ces substances ne pouvait être exclue, à charge pour les scientifiques et les ingénieurs de trouver le procédé[1]. Le mode de gestion dépend du niveau d'activité radioactive et de la durée de vie.

555. Le véritable défi technologique concerne les déchets ultimes, ceux de haute activité (HA) et de moyenne activité à vie longue (MA-VL) ; ceux du stockage géologique profond toujours en cours d'études et de recherches.

556. **Les modes d'élimination des déchets ultimes.** De manière générale, un double mode de gestion des déchets nucléaires ultimes se présente. Il dépend d'abord de leur consistance physique. Selon que la substance se présente sous forme solide, liquide ou gazeuse, il s'agit, d'une part, de permettre la dilution, puis la dispersion, des substances afin de rendre négligeable l'exposition à la radioactivité restante et, d'autre part, d'une concentration des déchets par leur isolement à titre permanent du milieu. Diverses méthodes ont été proposées. Sans exhaustivité, a été envisagée l'option d'un stockage sur la lune ou dans des cratères volcaniques, également essayée la technique non concluante de l'enfouissement dans des structures

---

[1] AIEA et UNESCO, Conférence scientifique sur l'élimination des déchets radioactifs [en ligne] https://www.iaea.org/sites/default/files/02104600205_fr.pdf

géologiques salines. Le procédé de déstockage en mer fut également discuté. D'ailleurs, peu après, le cap d'Antibes a bien failli devenir un cimetière à containers radioactifs[1]. L'état de la science et des techniques d'alors ne permettait pas de lever le doute pour « dire de façon certaine si les immersions de déchets radioactifs auront, à plus ou moins brève échéance, des effets néfastes et irréparables »[2]. Le droit de la mer a rapidement et strictement encadré cette alternative du rejet dans les eaux maritimes. Mais, le sujet n'est pas clos. Par exemple, en 2020, se posait le dilemme du traitement des eaux contaminées de Fukushima, *avec* la polémique du rejet à la mer de seize grammes de « tritium »[3]. Il a finalement eu lieu au cours de l'été 2023.

557. La recherche du procédé optimal continue. Qu'il s'agisse d'entreposer ou de stocker, chaque méthode est spécifique au type de substance, avec ses failles et ses limites. Cela demande tout autant de différencier que de préciser les deux options.

558. **La différence entre entreposage et stockage**. Il découle de l'article L. 542-1-2 du Code de l'environnement que les matières radioactives en attente de traitement et les déchets ultimes du nucléaire soumis à décroissance radioactive avant stockage définitif[4] font tous l'objet d'un entreposage intermédiaire et temporaire[5] dans des installations spéciales. Ceci représente le point commun à tous les stades de la substance radioactive. Qu'elle soit matière ou déchet, que l'objectif soit l'entreposage ou le stockage, le traitement impose une sorte de sas de décompression plus ou moins long[6].

559. En ce qui concerne l'entreposage, solution provisoire avant récupération, il a pour objet de conserver la substance dans une zone prévue à cet effet. Selon la Convention commune précitée, le fait d'entreposer revient à détenir du combustible usé ou des déchets radioactifs « dans une installation qui en assure le confinement [avec] l'intention de les récupérer »[7]. Un peu plus précise, la loi déchets du 28 juin 2006 édicte que « l'entreposage de matières ou de déchets radioactifs est l'opération consistant à placer ces substances à titre temporaire dans une installation spécialement aménagée en surface ou en

---

[1] En octobre 1960, corrélativement à une « expérience d'immersion en Méditerranée, entre Antibes et Calvi, de 6 500 fûts de déchets radioactifs provenant de l'usine de Marcoule », v. QUENEUDEC (J-P.), 1965, loc. cit, spéc. p. 752.

[2] QUENEUDEC (J-P.), *ibid.*, spéc. p. 755.

[3] ROUSSEAU (Y.), Comment 16 grammes de tritium dans un million de litres d'eau paralysent Fukushima, Les Echos, 28 janv. 2020 [en ligne] https://www.lesechos.fr/industrie-services/energie-environnementonnement/comment-16-grammes-de-tritium-dans-un-million-de-litres-deau-paralysent-fukushima-1166730

[4] Tautologie puisque nous verrons que le stockage s'avère normalement définitif.

[5] Nouvelle tautologie puisque l'entreposage constitue une alternative temporaire.

[6] Période au cours de laquelle le taux de radioactivité baisse et la chaleur thermique diminue, de manière à permettre la réutilisation et/ou le stockage.

[7] Au f) de l'art. 2 de la Convention commune précitée.

faible profondeur à cet effet, dans l'attente de les récupérer »[1]. L'entreposage constitue le préalable à tout traitement, retraitement et/ou stockage.

560. Selon le droit interne, le stockage est l'opération qui consiste à placer ces substances dans une installation spécialement aménagée pour les conserver, de façon potentiellement définitive. La loi de programme sur les déchets de 1991 a distingué le mode de stockage en couche géologique profonde dont la définition du procédé découle de la loi déchets de 2006. Ce mode permet de stocker ces substances dans une installation souterraine spécialement aménagée, dans le respect du principe de réversibilité[2]. Les incertitudes techniques concernent surtout ce dernier mode de stockage. En conséquence, hormis les spécifiques déchets radioactifs à vie très courte (VTC) qui bénéficient d'une gestion rodée depuis les années 1970, le stockage des déchets à période courte et longue diffère selon leur activité (niveau radioactivité) et donc, leur dangerosité. L'option du stockage profond définitif est envisagée pour une double catégorie : les déchets de haute activité (HA) et de moyenne activité à vie longue (MA-VL). C'est la filière encore à l'étude qui doit accueillir les déchets les plus radioactifs. Le combustible usé fournit la plupart de ces déchets candidats au stockage profond.

561. **L'option du stockage profond**. À partir de l'usine de La Hague, ces résidus intègrent pour une part de leurs composants la filière recyclage et pour une autre, transformés en déchets vitrifiés, la part destinée au stockage en profondeur dans le cadre du projet de recherche dit « Cigéo » supervisé par l'ANDRA. Le laboratoire n'a pas vocation à contenir la matière radioactive. Il n'est là que pour en permettre l'étude, en vue du futur centre de stockage.

562. Après la décision n° 2022/5/CIGéO/12 du 12 janvier 2022 relative au projet de création d'un centre de stockage réversible profond de déchets radioactifs en Meuse/Haute-Marne, plusieurs décrets ont été pris. Le Centre d'information et de ressources et de ressources sur Cigéo du ministère de la Transition écologique a mis son site à jour. La demande de déclaration d'utilité publique (DUP) déposée en 2020 a abouti. En juillet 2022, le projet Cigéo est déclaré d'utilité publique par décret en Conseil d'État et une opération d'intérêt national est créée sur son territoire d'accueil[3]. La DUP est une étape dans la procédure administrative qui permet de lancer les autres procédures administratives obligatoires et de mettre en compatibilité les documents d'urbanisme du territoire[4]. C'est justement à leur propos que la loi n° 2023-491 du 22 juin 2023 relative à l'accélération des procédures précitée tend à alléger les choses[5]. Le dispositif est susceptible de concerner la

[1] Al. 8 de l'art. 5 de la loi n° 2006-739 du 28 juin 2006 précitée.
[2] Dernier alinéa de l'art. 5 de la loi n° 2006-739 précitée.
[3] https://www.cigeo.gouv.fr/cigeo-les-grandes-etapes-139 (consulté le 29/12/2023).
[4]Not. https://www.sfen.org/rgn/cigeo-un-projet-de-la-nation/
[5] Il prévoit les conditions dans lesquelles les constructions, aménagements, installations et travaux liés à la réalisation d'un réacteur sont dispensés des formalités du code de l'urbanisme.

construction des futures installations de stockage. Toutefois, il ne concerne pas directement la situation du traitement des déchets avec « Cigéo ».

563. Selon la directive européenne de 2011 « sur le plan technique, le stockage en couche géologique profonde constitue, actuellement, la solution la plus sûre et la plus durable en tant qu'étape finale »[1]. Elle ajoute que si le système permettant la réversibilité et la récupérabilité peut servir la recherche, cette option ne remplace pas l'alternative d'une installation de stockage fermée à terme[2]. Dès 1997, la Convention commune définit l'opération de fermeture comme « l'achèvement de toutes les opérations un certain temps après la mise en place de combustible usé ou de déchets radioactifs dans une installation de stockage définitif »[3]. De manière similaire, mais plus précise, au sens de la directive de 2011, la fermeture équivaut à « l'achèvement de toutes les opérations consécutives au dépôt de combustible usé ou de déchets radioactifs dans une installation de stockage, y compris les derniers ouvrages ou autres travaux requis pour assurer, à long terme, la sûreté de l'installation »[4]. L'opération incite au compromis puisque cette gestion repose sur les connaissances scientifiques et techniques du moment[5].

564. Ces aspects montrent plusieurs difficultés que le droit nucléaire interne appréhende. Particulièrement, la mise en œuvre du projet « Cigéo », le laboratoire expérimental souterrain, concentre l'essentiel des incertitudes de la recherche électronucléaire sur la gestion des résidus de son industrie.

2) Les indéterminations techniques du stockage profond

565. **Le fondement légal.** La planification opérée avec le droit des déchets nucléaires reflète le contour des incertitudes. Comme dit, la loi Bataille précitée de 1991 pose le cadre juridique de la gestion des déchets radioactifs à haute activité (HA) et à vie longue (VL). Les objectifs du projet « Cigéo », baptisé ainsi en 2006, s'y trouvent. Ainsi, cette première loi de programme, destinée à optimiser la gestion par la recherche, prévoyait qu'avant un délai de quinze ans, le Gouvernement soumettrait au Parlement un rapport de l'état des recherches. Celui-ci serait accompagné d'un projet de loi autorisant, le cas échéant, la création d'un centre de stockage[6]. Dans ce but, il fallait un site apte à accueillir le laboratoire souterrain d'expérimentation.

566. **Le choix du site**. Pour prévenir les aléas, il était entendu que l'identification du site passait par l'impératif de la réduction *a minima* des probabilités d'occurrence du risque afin de le rendre négligeable et

[1] Directive 2011/70/Euratom du Conseil du 19 juillet 2011, L 199/50, considérant 23.
[2] « une installation de stockage bien conçue et destinée à être fermée », *ibid.*
[3] Au j) de l'art. 2 de la Convention commune de 1997 précitée.
[4] Euratom 2011, *ibidem*, L 199/52, au 1 de l'art. 3.
[5] *Ibidem*, L 199/50, considérant 23.
[6] Alinéa 5 de l'art. 4 de la loi déchets de 1991 précitée.

acceptable. Cela implique d'isoler les colis de déchets en prévision, aussi, de la protection des générations futures. En conséquence, les spécificités du stockage futur nécessitaient, c'est toujours le cas, un terrain aux caractéristiques physiques, géologiques et biologiques adaptées à l'échelle temporelle de la radioactivité à contenir. Le site de Bure[1] est choisi en 1994.

567. **L'expérimentation, de l'irréversibilité à la réversibilité**. Les premières discussions sur le projet de stockage en profondeur envisageait l'irréversibilité. La loi de programme de 1991 édicta, *a contrario*, l'option de la réversibilité sans plus de précision[2]. Mais, il ne s'agissait alors que d'une possibilité. Le ministre de l'Industrie de l'époque[3] posa la problématique en ces termes : « Si l'on veut éviter que, dans cinq cents ans, mille ou deux mille ans, quelque terroriste du moment ne récupère à des fins criminelles ces déchets, il n'est pas aberrant de concevoir que ces derniers, s'ils doivent un jour être enfouis, doivent l'être de manière irréversible, c'est-à-dire de telle façon qu'on ne sache plus exactement où se trouvent les sites »[4]. La première loi de programme sur les déchets de 1991 n'institua aucune décision définitive. Elle opta pour un programme de recherche destiné à étudier les diverses options, dont le stockage réversible. Même si la solution de l'irréversibilité restait prédominante dans le champ des recherches, ce n'est qu'en 1998 que le gouvernement trancha et annonça le revirement vers la solution de la réversibilité. Au fil des recherches et des discussions, l'option de la réversibilité pour une durée de cent ans devient légale en 2006[5]. Ainsi, le droit des déchets nucléaires semble appliquer, de façon implicite, une approche de précaution en vue des choix technologiques à opérer.

568. La directive de 2011 a édicté de la flexibilité. La loi n° 2016-1015 du 25 juillet 2016 précisant les modalités de création d'une installation de stockage réversible en couche géologique profonde des déchets radioactifs de haute et moyenne activité à vie longue en a pris acte. Par exemple, en raison des difficultés techniques, l'instruction de la demande d'autorisation du centre de stockage en couche géologique profonde avait été repoussée de 2015 à 2018. Selon nous et au sens du principe légal qui admet l'incertitude technique, l'approche de précaution devient évidente avec la notion de

---

[1] Commune située entre les départements de la Meuse et de la Haute-Marne.

[2] Il est établi que l'autorisation administrative de création du centre de stockage ne peut être accordée ou prolongée que pour une durée limitée et peut en conséquence prévoir les conditions de réversibilité du stockage, art. 2-1 de la loi de 1991 précitée.

[3] Dominique Strauss-Kahn.

[4] Journal officiel des débats, Sénat, 6 nov. 1991, p. 3555.

[5] 2° de l'art. 3 de la loi déchets 2006 précitée prévoit « le stockage réversible en couche géologique profonde » dont les études et recherches correspondantes portent tant sur le choix du site que la conception du centre. Le dernier alinéa de l'art. 3-1 de la loi de 1991 édictait que les conditions et garanties selon lesquelles certaines autorisations peuvent être accordées ou prolongées pour une durée illimitée seront définies dans une loi ultérieure.

« réversibilité » que la loi n° 2016-1015 du 25 juillet 2016 précitée définit enfin[1]. La réversibilité joue à tous les niveaux de la mise en œuvre du projet.

569. De la construction du centre à la conception et l'exploitation du stockage profond, la progressivité du projet doit intégrer chaque progrès technologique. Depuis 2006, une récupération des colis stockés est prescrite par la loi qui « fixe la durée minimale pendant laquelle, à titre de précaution, la réversibilité du stockage doit être assurée. Cette durée ne peut être inférieure à cent ans »[2]. Les qualificatifs de précaution et d'irréversibilité accolés dans la même phrase ne sont-ils pas autant d'indices que le domaine nucléaire, et le droit des déchets en particulier, flirte avec l'incertitude constituant l'ADN du principe de précaution ? La question reste posée et chacun se fera son opinion. Toutefois, immédiatement, un paradoxe technique, pas juridique, découle de cette disposition relative à la réversibilité.

570. **Le paradoxe**. Avec ce choix destiné à remplacer l'option d'un « enfouissement irréversible » par le concept technique de « stockage géologique réversible », il devient évident que la réversibilité ne peut résister à la dégradation progressive des colis. En effet, conjointement à l'incertitude technique du procédé de stockage, le problème se pose des méfaits du temps. Pour le moment, la durée légale de réversibilité prévoit cent ans[3]. L'impératif sous-jacent de ce choix de gestion vise à assurer la sûreté de l'environnement et des individus. La technique nucléaire s'avère donc centrale. Celle actuelle ne permet pas le retraitement de ces déchets-là pour en faire une matière utilisable. L'objectif consiste à la découvrir. Ce paradoxe pouvait laisser penser que le temps du secteur nucléaire était compté pour trouver la solution de recyclage qu'il cherche. La loi précitée du 22 juin 2023 et la relance du nucléaire civil en France laissent entendre un tout autre discours. Par suite, le gouvernement devra remettre au Parlement un rapport d'évaluation sur l'amont et l'aval du cycle du combustible, notamment sur l'approvisionnement en uranium et en matières premières critiques, sur la revalorisation du combustible usé, sur les améliorations possibles en matière de gestion et de réduction des déchets et sur la définition du niveau de matières nucléaires recyclées à utiliser dans la production d'électricité d'origine nucléaire[4].

571. **Transition**. La gestion des stocks est appelée à varier selon l'optique de la politique énergétique choisie par le pays[5]. En pratique, plus les substances sont valorisables, moins les stocks de déchets ultimes seront importants. Le droit des déchets nucléaires, en raison des incertitudes techniques, laisse voir un dispositif préventif qui programme et organise les apports de la recherche scientifique. L'après nucléaire comporte aussi des

---

[1] Art. L. 542-10-1, al. 2, C. environnement.
[2] Alinéa 13 de l'art. L. 542-10-1 du Code de l'environnement.
[3] Rien ne dit qu'elle ne sera pas allongée.
[4] Art. 5 de la loi de juin 2023 précitée.
[5] Alinéa 3 de l'art. L. 542-10-1 Code de l'environnement.

incertitudes techniques dont le droit doit être saisi pour anticiper l'avenir avec les conséquences de l'exploitation des installations nucléaires de base.

Section 2. La gestion postnucléaire, le droit contraint par les incertitudes techniques

572. Plusieurs réacteurs du parc nucléaire français sont ou s'apprêtent à entrer dans leur quatrième décennie d'exploitation. Considérés il y a peu en phase de fin de vie, seul le site de Fessenheim se trouve aujourd'hui à l'arrêt. À partir de 2007, le droit des installations nucléaires de base (INB) prévoit que la demande d'autorisation anticipe autant les conditions de création et de fonctionnement que celles de mise à l'arrêt et de démantèlement des installations. Avant cela, alors que la plupart des réacteurs ont été créés sous l'empire du décret originaire de 1963 sur les installations nucléaires, le dispositif juridique n'allait pas aussi loin.

573. En 2014, il était constaté que les décrets de démantèlement avaient été, pour une moitié d'entre eux, « publiés avant l'adoption de la loi TSN qui ne précise pas comment elle s'applique aux INB existantes »[1]. Du réversible à court terme à l'irréversible du long terme, le droit nucléaire doit permettre d'extrapoler les imprévisibilités d'un avenir non déterministe et ses occurrences. L'incertitude technique ne se réduit pas à la procédure de stockage des déchets les plus dangereux.

574. Sous la contrainte de l'ensemble des difficultés techniques non résolues, la sûreté nucléaire vise l'optimalité, d'une part, du confinement de la radioactivité au cours des phases de la mise à l'arrêt au démantèlement des installations (**§1**) et d'autre part, des performances techniques dans la phase de l'après exploitation nucléaire (**§2**).

§1. Les évolutions juridiques de la gestion technique postnucléaire

575. Les conséquences juridiques de la décision de mettre fin à l'exploitation d'une installation nucléaire ne se limitent pas au seul arrêt de l'activité. À partir de l'exemple représentatif de la situation d'un réacteur de centrale, il s'agit, à présent, d'apprécier le renouvellement du droit applicable et le formalisme de la gestion postnucléaire.

576. À l'aune des défis techniques posés par l'exploitation des installations, nous abordons ces situations, d'une part, avec la phase préalable à l'arrêt du réacteur (**A**) et, d'autre part, jusqu'à son démantèlement (**B**).

[1] LAHORGUE (M-B.), 2014, *loc. cit.*, spéc. p. 24, n° 12.

A. La phase préalable de la mise à l'arrêt

577. Le décret n° 2007-1557 du 2 novembre 2007 modifié « établit les conditions de création des INB, précise les modalités de leur fonctionnement et détermine le cadre de la mise à l'arrêt définitif et du démantèlement de ces installations »[1]. Il s'agit à présent de s'attacher à l'étape qui anticipe la mise à l'arrêt du réacteur (**1**) en vue de son démantèlement (**2**).

1) Les motivations de la demande d'autorisation

578. **Les générations de réacteurs**. À l'heure actuelle, quatre générations de réacteurs se distinguent. Deux ont été expérimentées et deux font encore l'objet de recherches. Le parc français électronucléaire relève de la technologie REP, les réacteurs à eau pressurisée, ceux de la deuxième génération. En France, le premier réacteur de ce type a démarré en 1977 et le second, en 1978. Tous les deux, sur le site de Fessenheim dans le Haut-Rhin, sont désormais à l'arrêt[2]. En ce qui concerne la filière « graphite-gaz », les installations de la première génération, la France disposait de huit réacteurs tous à l'arrêt depuis longtemps. Quant à la troisième génération, il s'agit de l'EPR[3] de Flamanville toujours en construction. Cette technologie améliorée devrait donner naissance aux prochains réacteurs envisagés par le gouvernement (EPR2), tandis que les recherches en cours sur la fusion nucléaire devraient générer ceux dits de la quatrième génération.

579. Outre les réacteurs, les principales installations nucléaires englobent les usines de fabrication du combustible nucléaire et celles de retraitement[4] dont il ne sera pas fait mention ici. Un site nucléaire se compose de « tranches » qui représentent des « unités fonctionnelles »[5] destinées à la production d'électricité. Chacune d'elles correspond à une technologie spécifique dont le détail n'apporterait rien à cette étude. Nous précisons simplement que si la technique nucléaire relative à la première génération de réacteurs est désormais maîtrisée, l'expérience reste à conforter pour la filière REP du parc actuel. Mais, l'ensemble répond aux procédures que le droit des installations nucléaires de base régit.

580. **Un double régime juridique pour la mise à l'arrêt**. Le droit des installations nucléaires de base distingue chaque étape. Un double régime juridique constitue la phase en aval de la vie du réacteur, celle qui aboutit au

[1] RAMBOUR (M.), « Le démantèlement des installations nucléaires civiles. Enjeux juridiques, économiques et questions de sécurité(s) », *RISEO*, 2014-1, pp. 7-20, spéc. p. 8, n° 3.

[2] Depuis le 22 fév. 2020 pour le 1er et le 30 juin 2020 pour le 2nd.

[3] Acronyme de *European Pressurized Reactor*.

[4] Regroupant les installations dites « unités de fabrication, de retraitement et de recyclage des combustibles nucléaires », elles sont principalement exploitées par l'entreprise Orano.

[5] Auxquelles s'apparentent le réacteur, le bâtiment contenant le combustible nucléaire, la salle des machines et la tour de refroidissement.

démantèlement. Celui-ci n'intervient qu'après la mise à l'arrêt de l'installation, c'est-à-dire la première étape, celle d'avant-démantèlement qui se prépare en amont de l'arrêt lui-même. Il faut donc différencier le régime juridique de la phase préalable à la mise à l'arrêt, avant d'apprécier celui du démantèlement. C'est-à-dire, d'une part, la phase préalable[1] et, d'autre part, l'étape de la mise à l'arrêt proprement dite, celle qui mène au démantèlement.

581. En tout, trois temps apparaissent, tous centrés sur la mise à l'arrêt définitive du réacteur. À ces trois temps s'ajoute le temps du déclassement du site. L'essentiel du régime découle des dispositions de la loi sur la transparence et la sécurité nucléaire (TSN) de 2006[2] et plus précisément, du décret « procédures » de 2007 plusieurs fois modifié[3]. Pour le moment, seule la phase antérieure à la mise à l'arrêt définitive est envisagée.

582. **L'anticipation de la mise à l'arrêt définitive (MAD).** La mise à l'arrêt d'un réacteur, du point de vue technique, est une décision industrielle. Elle constitue, au stade de la phase aval du cycle du combustible, une étape dans le processus de production électronucléaire qui commence avec le retrait du combustible usé du réacteur. L'arrêt du fonctionnement de l'installation concrétise la décision de mettre fin à la production. Il précède le début de la phase de démantèlement. L'Autorité de sûreté nucléaire s'est conformée au positionnement de la Commission générale de terminologie et néologie de l'ingénierie nucléaire pour définir la décision d'arrêt définitif du fonctionnement de l'installation nucléaire. La décision formalise le moment où l'exploitant notifie au ministre chargé de la sûreté nucléaire et à l'ASN la date de mise à l'arrêt définitif[4]. Sa définition est contenue à l'article L. 593-26 du Code de l'environnement. Lorsque l'exploitant envisage l'arrêt définitif, il le déclare « au moins deux ans avant la date d'arrêt prévue »[5]. À partir de cette date, l'exploitant n'est plus autorisé à faire fonctionner le réacteur.

2) Le renforcement de la prévention postnucléaire

583. **La réglementation initiale.** Si le décret de 1963 ne disait rien des modalités de mise à l'arrêt, en 1990, un arrêté[6] complète le contenu de l'autorisation de création. Le décret d'autorisation de création (DAC, ci-après) devait, entre autres, préciser les justifications à présenter au chef du Service central de sûreté des installations nucléaires préalablement à la mise à l'arrêt

[1] Toujours sous le coup du décret d'autorisation de création (DAC) et des prescriptions de l'ASN, notamment le référentiel de sûreté de fonctionnement (RFS).

[2] Et la loi déchets de 2006 précitée pour le démantèlement proprement dit.

[3] Art. L. 593-25 à L. 593-30 modifiés et art. R. 593-64 à R. 593-75, Code de l'environnement.

[4] Au pt. 1.5 du guide n° 6 de l'ASN, Mise à l'arrêt définitif, démantèlement et déclassement des installations nucléaires de base en France, version du 2 avr. 2015, p. 7/29.

[5] Al. 2 de l'art. L. 593-26 Code de l'environnement.

[6] n° 1990-01-19, en vigueur le 21 avr.1990 (JORF 21 janv. 1990), art. 3.

définitif[1], conformément au nouvel article six ter[2]. En découle la phase dite préalable à la mise à l'arrêt définitive (MAD, ci-après), celle du « pré-démantèlement »[3] qui est donc prévue dans le cadre de l'autorisation de création initiale[4] (DAC). Processus industriel légalisé en 2006, le système se précise, notamment par rapport aux causes susceptibles de mettre fin à l'activité de production de l'INB qu'il faudra par la suite démanteler.

584. **Les motifs de la décision de MAD/DEM[5].** Jusqu'à présent, les termes de l'article L. 593-24 du Code de l'environnement établissaient que « si une installation nucléaire de base cesse de fonctionner pendant une durée continue supérieure à deux ans, son arrêt est réputé définitif »[6]. Cette disposition relative à la mise à l'arrêt définitif de plein droit était visée par le projet de loi visant à accélérer la construction de nouvelles installations nucléaires à proximité de sites nucléaires existants présenté en Conseil des ministres le 2 novembre 2022[7]. La loi n° 2023-491 du 22 juin 2023 précitée supprime cette mise à l'arrêt automatique. Désormais, la procédure après un arrêt continu de deux ans prévoit un décret ordonnant l'arrêt définitif de l'installation, dans les mêmes conditions, mais après avis de l'Autorité de sûreté nucléaire et après que l'exploitant a été mis à même de présenter ses observations[8]. Cette mesure est destinée à améliorer la gestion des arrêts prolongés ou successifs de fonctionnement de ces installations nucléaires[9]. En 2022- 2023, comme dit, de nombreux réacteurs étaient à l'arrêt pour cause de maintenance, dans le cadre de la quatrième visite décennale du chantier de rénovation dit « grand carénage » destiné à prolonger la vie des réacteurs, ou pour procéder aux réparations de la corrosion identifiée fin 2021. Cette modification légale de la procédure vise à éviter la mise à l'arrêt de plein droit des réacteurs nucléaires. Le Conseil d'État n'a opposé aucune objection.

585. La loi TSN de 2006 a introduit, en cas de « risques graves », la possibilité de suspendre le fonctionnement de l'INB[10] pendant le temps

[1] Al. 3 du I. de l'art. 4 du décret n°63-1228 du 11 déc. 1963 modifié précité.

[2] Créé par ce même arrêté de 1990, l'exploitant doit lui adresser le document justifiant l'état choisi pour l'installation après son arrêt définitif, en indiquant les étapes de son démantèlement ultérieur et le rapport de sûreté applicable aux opérations de mise à l'arrêt définitif (MAD), en plus des dispositions pour la sûreté de l'installation.

[3] Sous le contrôle de l'ASN, l'exploitant arrête production, exploitation et installation.

[4] LAHORGUE (M-B.), 2014, *loc. cit.*, spéc. p. 31, n° 32.

[5] Acronyme de mise à l'arrêt définitive / démantèlement.

[6] Délai prorogeable « de trois ans au plus » (al. 1) précisé par la loi n° 2015-992 du 17 août 2015 précitée (art. 127-I) ; aux termes de de la loi TSN précitée, le ministre chargé de la sûreté nucléaire pouvait interdire la reprise du fonctionnement de l'installation et demander à l'exploitant de déposer la demande d'autorisation de MAD/DEM dans un délai qu'il fixait.

[7] Réf. précitée.

[8] Les deux premiers alinéas de l'article L. 593-24 du code de l'environnement sont remplacés par quatre alinéas énoncés au I de l'article 22 de la loi du 22 juin 2023 précitée.

[9] Au pt. 32 de l'avis du Conseil d'État du 27 oct. 2022 précité.

[10] Conseil d'État n° 336982 du 10 juin 2011, *Comité interprofessionnel du vin de Champagne*.

nécessaire à la restauration de la sûreté[1]. La détection du danger peut intervenir à l'occasion des réexamens périodiques[2]. Ainsi, « en cas de risques graves et imminents, l'Autorité de sûreté nucléaire suspend, si nécessaire, à titre provisoire et conservatoire, le fonctionnement de l'installation »[3]. Si les mesures prévues ne permettent pas de suffisamment prévenir ou limiter les risques graves pour la sûreté nucléaire, la mise à l'arrêt définitive (MAD) en vue du démantèlement[4] peut être exigée par les autorités publiques[5].

586. Dans le cas des réacteurs de la première génération, la décision de mise à l'arrêt définitive fut chaque fois de l'office de l'exploitant, sauf pour le réacteur « Superphénix » décidée par l'État. C'est le cas pour les deux réacteurs de Fessenheim qui intronisent les démantèlements de la génération REP du parc nucléaire actuel. Dans la version soutenance de cet ouvrage, en 2021, nous avions avancé plusieurs raisons qui pouvaient justifier cette décision de MAD. De nombreux articles de journaux en ont débattu aussi[6]. Aucune raison exclusive n'était retenue, en dehors de l'explication d'une décision de nature politique. La plus évidente résidait dans l'âge de la centrale. Nous étions tentés de penser que de nombreux réacteurs allaient subir le même sort[7]. Mais, sachant que la France produit plus de 70 % de son énergie électrique par ce biais, nous en doutions. Une autre explication se profilait dans le prolongement du dispositif issu de la loi précitée sur la transition énergétique pour une croissance verte, dite « LTECV », du 17 août 2015. Celui-ci met en place un « plafond de puissance nucléaire »[8].

587. Ce maximum légal implique qu'une fois atteint, la mise en service d'un réacteur oblige à en fermer au moins un autre. On a pensé que celle de l'EPR de « Flamanville 3 » était ainsi anticipée. Finalement, le président de la

---

[1] Alinéa 1 du IV de l'article 29 codifié à l'art. L. 593-21, Code de l'environnement.

[2] Décret « procédures » 2007 précité, not. art. 35 et 70-I (3° de l'art. 66 pour la procédure DEM).

[3] Art. L. 593-22 Code de l'environnement.

[4] Qu'il ne faut pas confondre avec l'abrogation de l'autorisation d'exploiter. Voir les décisions du Conseil d'État n° 410109, 410622, 410624 du 25 octobre 2018, *Commune de Fessenheim, Communauté de communes Pays Rhin-Brisach, département du Bas-Rhin et région Grand Est* ; Droit de l'environnement, 2018 et 2019, respect. p. 370 et p. 31 ; *EEI*, 2019, n° 2, note BODA ; *BDEI*, 2019, n° 2414, conclusion Dutheillet de Lamothe ; *ibid.*, n° 2432.

[5] Art. 34 loi TSN ; art. L. 593-23, Code de l'environnement.

[6] GOULARD (H.), La fermeture de la centrale de Fessenheim en cinq questions, Les Echos, 29 juin 2020 (https://www.lesechos.fr/industrie-services/energie-environnementonnement/la-fermeture-de-la-centrale-de-fessenheim-en-cinq-questions-1219394) ou Le Monde, La centrale nucléaire de Fessenheim à l'arrêt, point de départ d'un démantèlement inédit sur quinze ans, 30 juin 2020 (https://www.lemonde.fr/energies/article/2020/06/29/dernieres-heures-pour-la-centrale-nucleaire-de-fessenheim-avant-un-demantelement-inedit-sur-quinze-ans_6044528_1653054.html).

[7] V. *supra* (sur vieillissement des installations), si l'option de l'âge était devenue le critère (sachant qu'aucun délai légal n'est instauré), d'ici 2035, entre un quart et un tiers des réacteurs auraient dû fermer. L'argument n'est plus valable puisque, comme dit, la politique électronucléaire a diamétralement bifurqué en 2023.

[8] Le total de la puissance produite par l'ensemble du parc électronucléaire.

République annonçait, "en novembre 2018, que cette fermeture serait dissociée de la mise en service de l'EPR [..] prévue avant 2023 au plus tôt »[1]. Outre le fait de donner satisfaction aux opposants nucléaires, nous verrons qu'une autre explication à cette fermeture est susceptible d'être motivée dans l'ambition française de se servir du démantèlement de Fessenheim comme d'un faire-valoir exportable[2]. Mais, peu importe les motifs de fermeture, le dispositif juridique reste le même.

588. **Les formalités juridiques préalables à la MAD.** La mise à l'arrêt définitive s'avère préalable au moment où le combustible usé est retiré du réacteur. Cette action correspond à la première démarche consécutive à la décision de fermer l'installation. Si le terme « fermeture » n'a pas de signification juridique[3], la procédure de mise à l'arrêt définitive est strictement encadrée par le droit. Que l'exploitant décide ou qu'il s'avère contraint d'arrêter le réacteur, il devra souscrire, dans le cadre légal des articles L. 593-25 à L. 593-30 et dans les meilleurs délais, la déclaration prévue à l'article L. 593-26 du Code de l'environnement. En plus de la date, la déclaration préalable de l'exploitant précise, en les justifiant, les opérations qu'il envisage de mener, compte tenu de cet arrêt et dans l'attente de l'engagement du démantèlement, pour réduire les risques ou inconvénients pour la sécurité, la santé et la salubrité publiques ou la protection de la nature et de l'environnement. Le régime juridique formalise le dépôt de la demande d'autorisation de mise à l'arrêt et de démantèlement, telles les conditions de délai, pour obtenir le décret d'autorisation de mise à l'arrêt définitif et de démantèlement (MAD/DEM). La demande doit comporter un dossier technique, comme à chaque demande d'autorisation au cours de la vie de l'installation, dont une étude d'impact[4].

589. Dans le cadre de cette phase préalable destinée à obtenir l'autorisation administrative de mise à l'arrêt définitive de l'installation, le régime juridique prévoit la démonstration, cette fois, de la maîtrise par l'exploitant des risques du démantèlement.

B. Le cadre juridique préventif du démantèlement

590. Nous rappelons que seule la procédure relative aux réacteurs de centrale est ici présentée. Les opérations peuvent s'étendre sur plusieurs

---

[1] Cour des comptes, L'arrêt et le démantèlement des installations nucléaires, Rapport, févr. 2020, 172 p., spéc. p.8.

[2] Tant du point de vue de la technique du démantèlement que de la recherche nucléaire par rapport à l'observation de l'évolution des méfaits du temps sur les matériaux et structures.

[3] LAHORGUE (M-B.), 2014, *loc. cit.*, spéc. p. 34.

[4] 7° du I. de l'art. R. 593-67 Code de l'environnement (comportant les éléments adaptés à la phase de mise à l'arrêt et de démantèlement, article R. 593-17).

dizaines d'années[1]. Malgré les difficultés techniques, le droit nucléaire interne a peu à peu précisé le régime juridique (**1**) qui mène à l'obtention du décret de mise à l'arrêt et de démantèlement de l'installation (**2**).

1) Les réformes de la mise à l'arrêt définitive

591. **La notion de démantèlement**. Au sens de l'ASN, le démantèlement représente « l'ensemble des activités –techniques ou administratives– réalisées après l'arrêt d'une installation, afin d'atteindre un état final prédéfini »[2]. Il englobe diverses activités telles les opérations de démontage d'équipements, d'assainissement des locaux et des sols, de destruction de structures de génie civil, de traitement, de conditionnement, d'évacuation et d'élimination de déchets radioactifs ou pas[3].

592. **La base juridique du démantèlement**. Comme dit, le décret originaire de 1963 ne comportait aucune mention de cette phase jusqu'en 1990. Sous son office, le démantèlement se gérait comme une modification de l'installation. Le droit nucléaire du démantèlement ne trouve une assise légale qu'en 2006[4]. Le dispositif est complété avec l'arrêté « INB » de 2012 précité jusqu'à la loi n° 2015-992 du 17 août 2015 relative à la transition énergétique pour la croissance verte (« TECV »). Sur son fondement, l'ordonnance du 10 février 2016 précitée et le décret n° 2016-846 du 28 juin 2016 relatif à la modification, à l'arrêt définitif et au démantèlement des installations nucléaires de base ainsi qu'à la sous-traitance, depuis codifiés dans le Code de l'environnement, ont un peu modifié le régime.

593. Le cadre juridique du démantèlement des installations nucléaires repose sur un ensemble « de réglementations complexes et pluridisciplinaires adaptées à sa spécificité »[5]. Il continue de se perfectionner, au gré des décisions politiques et juridiques[6], mais aussi, de l'avancée des connaissances techniques. Car, cette phase de la vie des installations est marquée par des changements rapides de l'état des installations et une évolution de la nature

---

[1] Et pas seulement en raison des difficultés techniques, l'exemple de la centrale de Brennilis et son contentieux sont assez révélateurs du contexte en la matière.

[2] ASN, La politique de l'ASN en matière de démantèlement et de déclassement des installations nucléaires de base en France, Indice 0.v3, avr. 2009, p. 3.

[3] *Ibid.* ; v. aussi le 1.3 du guide n° 6 de l'ASN précité, version du 2 avr. 2015, p. 6/29.

[4] Avec la loi TSN et le décret « procédures » de 2007 précités. Une circulaire avait préparé le terrain, voir DGSNR, Procédures réglementaires relatives au démantèlement des INB, note n° SD3-DEM-01, Indice 1 du 3 fév. 2003, 17 p.

[5] DE RUBERCY (G.), « Le cadre juridique du démantèlement des installations nucléaires : application complexe en France », *BDEI*, nov. 2010, n° 30, pp. 34-42, spéc. p. 34.

[6] DE LESQUEN (X.), « Conditions de démantèlement d'une installation nucléaire de base », *Revue Juridique de l'Economie Publique*, 2013, n° 704, pp. 29-32.

des risques[1]. La perspective des opérations de démantèlement fait donc l'objet de beaucoup d'attention et d'un contrôle strict de l'ASN[2].

594. Le droit du démantèlement répond à l'optique de prévention de la sûreté nucléaire. L'AIEA a rappelé en 2017, si la réglementation de la sûreté constitue « une responsabilité nationale, les États ont une obligation de diligence et un devoir de précaution »[3]. En effet, la nature radioactive des substances et les incertitudes techniques non résolues justifient cette prévention juridique renforcée.

595. **Les conditions programmatrices du droit de la MAD**. Au minimum deux ans avant le début des opérations, l'exploitant expose sa stratégie de MAD/DEM. Son démarrage nécessite l'obtention d'un nouveau décret d'autorisation qui met fin au décret d'autorisation de construction (DAC). Le décret de démantèlement (MAD/DEM) sonne le glas de la vie de l'installation. Il formalise la permission du démarrage des travaux de déconstruction ; « l'acte de mort est l'autorisation de déclassement par lequel l'installation sort du régime juridique des installations nucléaires de base »[4]. Le décret, dit « MAD/DEM », prend également acte du plan de démantèlement.

596. **Le plan de démantèlement**. Sur les fondements de la loi TSN de 2006 et du décret « procédures » de 2007, l'arrêté « INB » de 2012 a prévu la mise à jour ponctuelle de ce plan à divers moments de la vie du réacteur[5]. À ce stade-là, les dispositions du plan de démantèlement répertorient les conditions de mise à l'arrêt, les modalités de démantèlement et de gestion des déchets. Dès la demande de création du réacteur, le plan anticipe, aussi et déjà, la remise en état et la surveillance ultérieure du site, afin de prévenir et limiter les risques[6]. En outre, il mentionne le délai « envisagé entre l'arrêt définitif du fonctionnement de l'installation et son démantèlement »[7].

597. **Les options du démantèlement**. Conformément à la pratique internationale proposée par l'AIEA dès 1980[8], lorsque la stratégie choisie, entre les trois options de démantèlement possible[9], s'avère celle d'un

---

[1] Source ASN, lexique, sous « démantèlement ».

[2] ASN, rapport avr. 2009 précité, spéc. pp. 3 s.

[3] Prescriptions générales de sûreté, AIEA, Déclassement des installations, GSR, Part. 6, 2017, 48 p., spéc. p. 9.

[4] VARESCON (M.), 2016, *loc. cit.*, spéc. p. 121.

[5] II de l'art. 8.3.1 de l'arrêté du 7 févr. 2012 précité.

[6] 10°, art. 8, décret « procédures » précité, codifié par le décret du 14 mars 2019 précité.

[7] *Ibid.*

[8] *Factors relevant to the decommissioning of land-based nuclear reactor plants*, Coll. Safety Series, n° 52.

[9] AIEA, Déclassement des installations mettant en œuvre des substances radioactives, n° WS-R-5 ; Prescriptions générales de sûreté de l'AIEA de 2017 précitées.

démantèlement immédiat[1], les deux phases sont concomitantes[2]. La triple stratégie consiste à choisir un démantèlement, soit « immédiat » dès la mise à l'arrêt de l'installation, soit « différé » de plusieurs années, soit « sûr » en laissant le temps faire son œuvre de décroissance radioactive avant de commencer à démanteler. Quelle que soit l'option adoptée, l'exploitant doit obtenir l'autorisation spécifique[3].

2) La procédure d'obtention du décret de MAD/DEM

598. **Le dossier de la demande d'autorisation**. Conformément à un parallèle établi entre le démantèlement et la gestion des déchets, la loi sur la transparence et la sécurité nucléaire de 2006 (TSN) énonçait expressément que « la mise à l'arrêt définitif et le démantèlement d'une installation nucléaire de base sont subordonnés à une autorisation préalable »[4]. Pour obtenir le décret MAD/DEM, l'exploitant soumet au « ministre chargé de la sûreté nucléaire un dossier précisant et justifiant les opérations de démantèlement et celles relatives à la surveillance et à l'entretien ultérieurs du site qu'il prévoit »[5]. Dans ce cadre, « la demande d'autorisation comporte les dispositions relatives aux conditions de mise à l'arrêt, aux modalités de démantèlement et de gestion des déchets, ainsi qu'à la surveillance et à l'entretien ultérieurs du lieu d'implantation de l'installation permettant, compte tenu des connaissances scientifiques et techniques du moment et des prévisions d'utilisation ultérieure du site, de prévenir ou de limiter de manière suffisante les risques ou inconvénients »[6]. Le contenu du dossier est, depuis 2019, codifié à l'article R. 593-67 du Code de l'environnement[7].

599. Par le biais de la version mise à jour et détaillée du plan de démantèlement, le dossier expose les risques. Une fois de plus, l'exploitant justifie sa stratégie avec « les dispositions prises pour prévenir ces risques et, en cas de réalisation du risque, en limiter les effets »[8]. Par exemple, l'étude

---

[1] Option désormais choisie par la France, v. La politique de l'ASN en matière de démantèlement et de déclassement des installations nucléaires de base en France, Indice 0.v3, avril 2009, spéc. p. 4. Jusqu'en 2001, le choix d'un démantèlement « différé » prévalait.

[2] L'arrêté précité de 2012 a établi que « le plan de démantèlement justifie le délai envisagé, aussi court que possible, entre l'arrêt définitif du fonctionnement de l'installation et le démantèlement de celle-ci » (III de l'art. 8.3.1).

[3] « Par autorisation, il faut entendre toute autorisation que l'organisme de réglementation délivre au requérant et qui lui confère la responsabilité du choix du site, de la conception, de la construction, de la mise en service, de l'exploitation ou du déclassement d'une installation nucléaire », art. 2 de la Convention sur la sûreté nucléaire du 20 sept. 1994 précitée.

[4] Alinéa 1 du V de l'article 29, loi TSN précitée.

[5] Article L. 593-27 tel que modifié par la loi n° 2015-992 du 17 août 2015 (art. 127-II).

[6] Article 29 de la loi TSN précitée.

[7] *Via* une liste en 13 points (1° à 13° du I.) reprenant à ce stade MAD/DEM, les éléments identiques aux précédentes formalités de la vie de l'installation (création – mise en service - fonctionnement – modifications substantielles/notables) appelant autorisation préalable.

[8] Art. R.593-67, I., 3°, C. environnement.

d'impact jointe présente « les modalités envisagées pour optimiser la gestion des déchets et l'élimination des déchets radioactifs ultimes issus du démantèlement »[1]. Comme dans le DAC (autorisation de création), le décret MAD/DEM peut contenir les prescriptions de l'ASN. Relatives au démantèlement, celles-ci visent la protection des intérêts habituels du droit nucléaire. Depuis 2016[2], ces obligations imposées par l'ASN sont susceptibles de « porter sur des moyens de suivi, de surveillance, d'analyse et de mesure »[3]. Et, s'il y a lieu, comme au stade de la création et du fonctionnement, les données relatives aux prélèvements d'eau de l'installation et aux substances radioactives issues de l'installation sont précisées dans le décret formalisant le processus de démantèlement[4].

600. **Les étapes du démantèlement**. La réglementation des trois étapes du décret d'autorisation de MAD/DEM a intégré le Code de l'environnement en 2019[5]. La demande d'autorisation de l'article L. 593-27 du même Code, en plus de l'avis de l'ASN, fait l'objet d'une enquête publique[6]. En outre, sur la base du dossier de demande, le décret « fixe les caractéristiques du démantèlement, son délai de réalisation et, le cas échéant, les opérations à la charge de l'exploitant après le démantèlement »[7]. Publié au plus tard trois ans après le dépôt du dossier de démantèlement[8], ce décret modifie l'autorisation de création (DAC) par rapport à divers points, dont le détail est désormais précisé à l'article R. 593-69 du Code de l'environnement. C'est l'une des nouveautés de la dernière réforme[9]. Une chose reste constante, c'est qu'entre le moment où l'exploitant signale la fermeture programmée du réacteur, la réalité de la mise à l'arrêt définitive et le début du démantèlement, plusieurs années se sont écoulées[10]. L'échelonnement programmé des différentes étapes du calendrier trouve aussi sa place dans le plan de démantèlement.

601. La loi n° 2015-992 du 17 août 2015 (« TECV ») précitée a légalisé et codifié le principe dit « de démantèlement immédiat »[11]. Cela signifie qu'il doit avoir lieu aussi vite que possible. Concrètement, sur la base du décret d'autorisation MAD/DEM, l'exploitant a l'obligation de préparer, puis de mettre en œuvre, les opérations permettant tant la mise à l'arrêt définitive

---

[1] 7° du I. de l'art. R. 597-67 Code de l'environnement.
[2] Ordonnance n° 2016-128 du 10 févr. 2016 précitée, art. 25-III.
[3] Al. 1 de l'art. L. 593-29 Code de l'environnement.
[4] *Ibid.*, al. 2.
[5] Art. R. 593-67 à R. 593-72, C. environnement.
[6] Selon les termes prévus pour le dossier de démantèlement par l'article L. 593-28 et selon les modalités des articles R. 593-20 à R. 593-25, voir l'art. R. 593-69, I, C. environnement.
[7] Al. 2 de l'art. L. 593-28, Code de l'environnement.
[8] VII de l'art. R. 593-69, Code de l'environnement., le ministre chargé de la sûreté nucléaire peut proroger le délai jusqu'à 2 ans, lorsque la complexité du dossier l'exige.
[9] Le décret de démantèlement modifie le DAC, il ne le remplace plus.
[10] 3 ans séparent en moyenne la déclaration de l'action de MAD et c'est au cours de cette période que la demande d'autorisation de démantèlement est déposée.
[11] Art. 127-II.

(MAD) que le démantèlement (DEM). Toutes ces opérations entrent dans le champ du démantèlement. Ce dispositif implique une surveillance constante destinée à éviter, entre autres, toute pollution accidentelle, en plus de prévoir la dépollution radioactive des sols et des eaux souterraines du fait de l'exploitation. « En France, les principales phases d'un démantèlement comportent l'assainissement, la déconstruction, la gestion des déchets et la réhabilitation du site »[1]. L'une des étapes particulièrement délicates consiste à décharger le cœur du réacteur de son combustible usé. Bien que l'opération ait lieu aussi pendant les années de fonctionnement, et pas seulement au moment du démantèlement des infrastructures, il n'en demeure pas moins que le danger de cette phase industrielle s'avère prégnant lors du démantèlement.

602. **Transition**. La phase de démantèlement succède à celle du fonctionnement et se termine à l'issue du processus de déclassement qui consiste à faire administrativement sortir l'installation du régime des INB[2]. Mais, de la fin de l'exploitation au déclassement du site, la phase postérieure consiste à anticiper toutes les conséquences des étapes. Aussi, optimiser la sécurité passe par la maîtrise technique du démantèlement des centrales.

§2. L'anticipation technique dans la gestion aval de l'exploitation nucléaire

603. Le contentieux du démantèlement de la centrale de Brennilis, dans le Finistère, constitue l'exemple idoine des difficultés de la gestion nucléaire en aval de l'exploitation. Arrêtée en 1985, son démantèlement n'est toujours pas achevé[3]. En matière électronucléaire, du point de vue technique, l'une des difficultés concerne la gestion des déchets du démantèlement, une gestion compliquée par les contraintes d'un incommensurable long terme dont l'expression des conséquences est difficile à anticiper.

604. Conduit sous l'impératif de plus en plus prégnant de l'assurance d'une gestion durable des matières et des déchets les plus radioactifs, en dépit ou en raison des incertitudes techniques, plus le système nucléaire devenait un droit des risques majeurs, plus y était anticipé l'aval du cycle du combustible.

605. La phase postnucléaire engendre plus d'un défi. D'une part, la gestion dite « aval » nécessite plusieurs filières de gestion pour les déchets produits (**A**). D'autre part, l'insertion dans l'environnement du site démantelé et sa surveillance postérieure s'avèrent encore floues et indéterminées (**B**).

---

[1] LAHORGUE (M-B.), 2014, *loc. cit.*, spéc. p. 25, n° 17.

[2] Pt. 1.5 du guide n° 6 de l'ASN précité, spéc. p. 7.

[3] Il devait intervenir en 1997, selon les propos récents de la CLI du site de Brennilis, les travaux pourraient perdurer jusqu'en 2039.

A. Les filières de gestion des déchets du démantèlement

606. La problématique des filières de gestion des déchets du démantèlement se pose par rapport, d'une part, au combustible usé (**1**) et, d'autre part, au traitement des déchets eux-mêmes (**2**).

1) La problématique du combustible usé

607. **Le cycle du combustible**. Pour fonctionner, un réacteur a besoin de combustible. On parle de cycle du combustible[1]. En amont de sa consommation progressive au cœur du réacteur par l'opération de fission nucléaire, le minerai d'uranium naturel est extrait, raffiné, puis converti en uranium fissile[2]. Cette phase produit déjà des résidus ; sans commune mesure toutefois avec les substances radioactives issues de la combustion dans le réacteur dont le traitement et la gestion constituent la phase aval du cycle. Certaines techniques de cette phase s'avèrent maîtrisées ; d'autres restent incertaines dans les procédés et les modes de gestion.

608. Après un temps dans le réacteur, les substances deviennent du combustible usé qu'il faut décharger et entreposer pendant un à deux ans. Ce délai est nécessaire au refroidissement thermique et à la décroissance radioactive[3]. À défaut, ni le transport des déchets et des matières ni le traitement des substances valorisables ne seraient possibles. À nouveau entreposés en piscine, un autre délai d'environ dix ans s'impose[4]. Préalable au retraitement, celui-ci est destiné à séparer la part valorisable, en matières réutilisables, de celle des déchets de haute activité (HA), ceux-là mêmes qui constituent les déchets ultimes du projet « Cigéo »[5].

609. En attendant ce définitif mode de stockage en zone profonde, ces déchets toxiques sont entreposés dans les installations de La Hague. Comme dit, le combustible usé fournit une part importante des déchets destinés au stockage géologique profond. La part la plus radioactive des déchets du nucléaire civil[6], tant du point de vue de la toxicité que de la durée de vie, revient en priorité au retraitement du combustible « MOX ». À défaut et/ou pour ceux des composants qui ne peuvent subir un retraitement, le combustible usé devient un déchet ultime.

---

1 Comportant une double phase, l'une préalable à son incorporation dans la cuve du réacteur, l'autre postérieure à son irradiation dans ce même réacteur.

2 https://www.ecologique-solidaire.gouv.fr/approvisionnement-en-uranium-et-cycle-du-combustible-nucleaire

3 Qui équivaut à la baisse du taux de radioactivité dans les substances concernées.

4 Pendant lequel les opérations de refroidissement et de décroissance radioactive continuent.

5 Avec les déchets de moyenne activité à vie longue (MA-VL).

6 En plus de fournir les substances de la bombe atomique.

610. **L'alternative du combustible usé non recyclé**. Cette problématique, sujette à controverses, s'imposera d'autant plus lors des démantèlements du parc français actuel. En 2012, l'Agence nationale pour la gestion des déchets radioactifs (ANDRA) s'était projetée avec un double scénario, dont celui du démantèlement aux quarante ans de chaque réacteur. Ce choix impliquerait la fin du retraitement du combustible usé pour en faire du MOX[1]. « Dans ce scénario, environ vingt-huit mille tonnes de combustibles usés, UOX[2], MOX et combustibles issus de réacteurs de type à neutrons rapides deviennent des déchets et doivent être stockés, dans les mêmes conditions que les déchets HA », ceux de haute activité[3]. La problématique n'est ni anodine ni anecdotique. Dernièrement, une « stratégie de précaution » a été préconisée[4]. Pour l'instant, « la décision de classement de substances en matières ou en déchets devra être adaptée dans le temps, en fonction des évolutions affectant les techniques de retraitement et des besoins réels de chaque catégorie de combustibles »[5]. En 2020, l'ASN remettait en cause la doctrine qui consiste à classifier l'uranium appauvri comme une matière valorisable et non un déchet[6].

611. **La vision d'avenir de l'ASN**. L'autorité de sûreté nucléaire considère que l'une des conditions nécessaires à la qualification en ressource tendrait à faire défaut. Elle met en doute le réalisme d'une filière industrielle de valorisation, effective sous trente ans, pour la réutilisation du combustible usé retraité. Elle en profite pour donner une définition de ce qu'il faut entendre par « réutilisation envisageable ». La presse s'en est fait l'écho. Étant donné l'arrêt des recherches du projet « Astrid » en 2019[7], qui devait écouler une partie du stock, il sera encore plus difficile de recycler. L'ASN juge désormais « irréaliste » de consommer ces matières à l'échelle du siècle[8].

612. Il reviendra à l'État de trancher. La loi précitée du 22 juin 2023 relative à l'accélération des procédures a renouvelé l'objectif d'intensifier les différentes recherches en cours, voire d'en reprendre certaines. Le projet d'envergure mondiale « ITER », sur la fusion nucléaire, est l'un des plus ambitieux[9]. Pour donner un ordre d'idée, il a été calculé qu'en l'absence de

---

[1] Issu du traitement de l'uranium appauvri et du plutonium contenu dans le combustible usé.

[2] Le combustible à base d'uranium enrichi qui, une fois usé, permet de faire du MOX.

[3] BOUILLON (C.) et AUBERT (J.), Rapport d'information 2013, *loc. cit.*, spéc. p. 22.

[4] Compte-rendu du débat public sur le 5e PNGMDR, *loc. cit.*, p. 3.

[5] *Ibid.*

[6] MOUTERDE (P.), « Le volume des déchets radioactifs revu à la hausse – L'ASN affirme qu'il ne sera pas possible de revaloriser l'ensemble de l'uranium appauvri », Le Monde, 16 oct. 2020, p. 6.

[7] Ce que le CEA a confirmé en août 2019 en disant que « dans le contexte énergétique actuel, la perspective d'un développement industriel des réacteurs de 4e génération n'est plus envisagée avant la deuxième moitié de ce siècle », voir https://www.usinenouvelle.com/article/l-abandon-du-projet-astrid-menace-la-filiere-nucleaire-en-france.N878975

[8] *Ibid.*

[9] https://www.iter.org/fr/accueil

retraitement des combustibles usés, les « 10 000 mètres-cubes » prévus de la catégorie de haute activité (HA) passeraient à « un volume approchant les 95 000 mètres cubes »[1]. Si la France abandonne sa gestion en circuit fermé, la proportion des déchets ultimes augmentera de manière exponentielle.

613. En France comme ailleurs, la solution de gestion adaptée à leur dangerosité millénaire demeure incertaine. En outre, ces déchets issus du combustible usé demanderaient de prévoir de nouveaux lieux de stockage adaptés. Nous aurons l'occasion de voir qu'une telle option de gestion engendre un coût économique, dont l'impact financier explique certainement le choix français. Pour le moment, il y a lieu d'appréhender les enjeux de la gestion de tous les déchets produits par un démantèlement.

2) Les enjeux relatifs aux déchets du démantèlement

614. **Les infrastructures**. Il revient à l'exploitant de prévoir « le conditionnement, l'évacuation et l'entreposage des éléments radioactifs contenus dans l'enceinte du réacteur »[2]. Des infrastructures existent, d'autres demandent à être créées. Par exemple, l'installation de conditionnement et d'entreposage de déchets activés (ICEDA)[3] située dans l'Ain a été conçue pour recevoir plusieurs types de déchets, en attendant le mode de stockage final[4]. Son objectif vise à prévenir et maîtriser une dissémination dans l'installation ou l'environnement par le confinement des substances entreposées. Quant au traitement et à la gestion des déchets du démantèlement, d'un point de vue général, la maîtrise des risques nécessite « des solutions sur le long terme »[5].

615. **La réforme pour les déchets faiblement radioactifs (TFA)**. Selon l'ANDRA, environ 20 % des déchets du démantèlement sont radioactifs. Jusqu'en 2022, en France, tout déchet en contact avec la radioactivité, tels ceux produits dans le périmètre d'une INB, qu'il soit radioactif ou pas, était automatiquement qualifié de nucléaire. Pour être recyclé, il devait intégrer la filière nucléaire appropriée (dédiée). Des voix

---

[1] BOUILLON (C.) et AUBERT (J.), Rapport d'information précité, p. 23.

[2] RAMBOUR (M.), « Le stockage des déchets activés issus du démantèlement des installations nucléaires devant le Conseil d'État », *Les Petites Affiches*, n° 92, 8 mai 2013, pp. 16-21.

[3] Qui a fait l'objet d'un important contentieux lié au démantèlement et à la gestion déchets, voir les décisions du Conseil d'État n° 340859 et 340957 du 1er mars 2013, *Sté Rozen France* et *SCI des Serres*, RAMBOUR (M.), « La jurisprudence du Conseil d'État relative à l'installation de conditionnement et d'entreposage de déchets activés (ICEDA) », *JAC 123*, rubrique « *Actualité juridique* » ; GARANCHER (Th.) et CLEMENT (J-M.), Rubrique de jurisprudence de droit de l'énergie - oct. 2012/mars 2013, *BDEI*, n°45, mai 2013, p. 53.

[4] Ceux de MA-VL dans l'attente du centre de stockage définitif, de FMA-VC pour un stockage en centre de surface (ceux-là se composent surtout des déchets de la maintenance -vêtements, outils, gants, filtres et résidus de traitement des effluents liquides/gazeux) et de FA-VL en centre de stockage approprié (surtout des déchets « graphite » et « radifères »).

[5] WIESSER (P.), « Traitement et gestion des déchets radioactifs issus du démantèlement des INB », *Riseo*, 2014-1, p. 65.

s'élevaient depuis longtemps pour dire que ce système n'était pas tenable. Le recyclage des déchets faiblement radioactifs est désormais autorisé, sous conditions[1].

616. La révision du mode de gestion des déchets de très faible activité permet de réduire les quantités et volumes de cette catégorie spécifique.

617. **Le concept du « seuil de libération »**. Ce concept vise à contourner le contrôle réglementaire prévu par la directive 96/29/Euratom du Conseil du 13 mai 1996 fixant les normes de base[2]. Il permet d'établir un seuil à partir duquel la matière est *ipso facto* radioactive. *A contrario*, en dessous de ce niveau de radioactivité, le déchet nucléaire forcément de très faible activité est considéré « libéré ». La substance sort de la réglementation nucléaire et son recyclage revient à l'industrie conventionnelle. Par exemple, un réacteur à eau pressurisée (REP) d'une puissance moyenne « de 1000 MWe peut renfermer jusqu'à 15 000 tonnes de métal, dont la moitié environ est très légèrement contaminée, voire pas contaminée du tout et peut aisément être préparée en vue d'une libération sans restriction conformément aux normes internationales »[3]. Contrairement à l'Allemagne ou la Suède, la France n'appliquait pas les seuils de libération[4]. En 2016, l'IRSN proposait de réfléchir à la doctrine relative à la politique de gestion de ces déchets[5].

618. **Les termes du débat.** La France avait jusqu'ici fait le choix d'interdire la valorisation dans la filière nucléaire. Conformément au principe de zonage, tout déchet produit dans une installation nucléaire était qualifié de radioactif selon son lieu de production et non de sa radioactivité[6]. Aucun déchet, même de TFA, ne pouvait être utilisé pour fabriquer des biens de consommation ou des produits de construction. Désormais, comme dans « le reste de l'Europe, la qualification d'un déchet se fait sur la base de sa radioactivité »[7]. Cela pose toutefois la question de leur traçabilité.

---

[1] Décret n° 2022-174 du 14 février 2022 relatif à la mise en œuvre d'opérations de valorisation de substances faiblement radioactives (JORF n° 038 du 15 février 2022, texte n° 4) ; Décret n° 2022-175 du 14 février 2022 relatif aux substances radioactives éligibles aux opérations de valorisation mentionnées à l'article R. 1333-6-1 du code de la santé publique (JORF n° 038 du 15 février 2022, texte n° 5) ; Arrêté du 14 février 2022 fixant le contenu du dossier prévu à l'article R. 1333-6-1 du code de la santé publique (JORF n° 038 du 15 février 2022, texte n° 8).

[2] DE RUBERCY (G.), « Le cadre juridique aux déchets radioactifs issus du démantèlement des INB en France » dans *Nucléaire et innovations au XXIème siècle*, *RISEO*, 2016-1, pp. 132-147, spéc. p. 144, n°s 32 s.

[3] O'SULLIVAN (P. J.), « Libération des matériaux et bâtiments radioactifs du contrôle réglementaire » dans *Les défis du démantèlement : une réalité industrielle ?*, *RGN*, n° 4, juill.-août 2009, pp. 54-61, spéc. p. 55.

[4] Conseil d'État, requête du 23 mars 2011, n° 329642, *CRIIRAD*.

[5] Déchets radioactifs de très faible activité : la doctrine doit-elle évoluer ? Réflexions de l'IRSN pour une gestion pérenne, équitable et responsable, IRSN/DG/2016-00002, fév. 2016, 17 p.

[6] CNDP, compte-rendu du débat public sur le 5e PNGMDR, sept. 2019, 200 p., spéc. p. 3.

[7] « au-dessous d'un certain seuil de radioactivité, un déchet n'est pas considéré comme radioactif et il peut alors être valorisé, recyclé, ou mis en stockage dans des installations conventionnelles » (source CNDP).

619. **La traçabilité des déchets nucléaires**. La traçabilité est plus difficile à garantir lorsque les déchets entrent dans le circuit conventionnel. Par exemple, le traité CEEA de 1957 prévoyait que tout projet de rejets d'effluents radioactifs obtienne l'aval de la Commission européenne[1]. La raison d'être de cette disposition a partie liée avec la nécessité de connaître l'emplacement géographique des résidus nucléaires. En France, l'inventaire opéré avec le plan de gestion, a certes pour objet de référencer et quantifier les diverses catégories de déchets, vise aussi à indiquer leur localisation. La réglementation sur la gestion des déchets établit qu'en plus de caractériser les déchets produits dans son installation, l'exploitant emballe ou au moins conditionne les déchets dangereux et ceux provenant de zones à production possible de déchets nucléaires en apposant « un étiquetage approprié sur les emballages ou les contenants »[2]. En outre, le régime juridique relatif à l'importation et à l'exportation des déchets radioactifs et du combustible usé, ainsi que leur transit sur les différents territoires est très strict[3]. Il faut pouvoir suivre leur acheminement et en cas de perte, les identifier. Car, sous forme liquide ou solide, lorsque les données de localisation des résidus se perdent, les conséquences peuvent être désastreuses[4].

620. **La mémoire nucléaire**. Récemment, le droit nucléaire a admis le principe de la mémoire des sites de stockage des déchets. Ainsi, il revient aux exploitants nucléaires de maintenir la mémoire des stockages historiques de déchets radioactifs[5]. Pourtant, les modalités de la mémoire sur le site de Bure, relatif au projet « Cigéo » du stockage géologique profond, continuent d'animer la communauté nucléaire. Rénové et complété, le régime juridique porte directement sur l'aval du cycle du combustible. Mais, les experts s'interrogent encore sur la réelle nécessité de garder cette mémoire. Pour certains, l'oubli du site ne serait pas une composante de la sécurité nucléaire.

---

[1] Devenu Euratom, art. 37, réf. précitée.

[2] II. de l'art. 6.2., arrêté « INB » 2012 précité.

[3] Not. art. L. 542-1-4 Code de l'environnement., dont la réglementation du régime se trouve aux art. R. 542-34 à R. 542-66. Auxquels ont été ajoutés les art. R. 542-33 à R. 542-33-9 par le décret n° 2021-897 du 6 juillet 2021 portant modification et codification du décret n° 2008-209 du 3 mars 2008 relatif aux procédures applicables au traitement des combustibles usés et des déchets radioactifs provenant de l'étranger et diverses dispositions relatives aux décisions déconcentrées (JORF n° 0156 du 7 juillet 2021, texte n° 9).

[4] Tel l'accident de Goiânia (Brésil) où, en 1987, des ferrailleurs récupèrent une source fortement radioactive extraite d'un appareil de « téléthérapie » abandonné dans une clinique désaffectée. Sur les 20 personnes hospitalisées, 4 décèdent et 28 ont été gravement contaminées. « Au cours des 2 mois qui ont suivi, plus de 112 000 personnes ont été examinées dans un centre de contrôle radiologique improvisé dans un stade. Il a fallu procéder à la décontamination de beaucoup d'entre elles », AIEA, Les sources radioactives : la leçon de Goiânia, Bull. 4/1988, p. 10/18.

[5] Décret n° 2017-231 du 23 févr. 2017 précité (art. 1er) ; dernier alinéa de l'art. D. 542-83 Code de l'environnement devenu D. 542-84 à compter du 11 déc. 2022, conformément au décret n° 2022-1547 du 9 décembre 2022 précité.

Néanmoins, entre souvenir et oubli, la technique doit résister au temps[1]. Dans le cas d'un site démantelé, la question se pose aussi.

621. Le futur du terrain sur lequel la centrale est construite relève de la phase post-exploitation nucléaire. En plus du traitement et de la gestion des déchets produits, le droit du démantèlement comprend le déclassement du site et donc, son devenir. Des incertitudes demeurent, elles posent les limites de la prévention et amènent à s'interroger sur les modalités de l'après nucléaire, une fois les installations de la centrale démantelées.

B. Les limites de la remise en état du site nucléaire

622. La question du devenir postnucléaire se pose, d'une part, dans les modalités du déclassement de la zone nucléaire (**1**) et, d'autre part, dans les incertitudes de la gestion future du site (**2**).

1) Les modalités du déclassement de la zone nucléaire

623. **L'opération de déclassement.** Le déclassement s'entend des mesures administratives et techniques prises pour permettre de lever une partie ou l'ensemble des contrôles[2]. Il correspond au moment où toutes les étapes comprenant les opérations de décontamination et de démantèlement conduisent « à la levée du contrôle réglementaire sur une installation nucléaire autre qu'une installation de stockage définitif »[3]. Dans ce dernier cas, on parle de « fermeture » et non de « déclassement ». Le déclassement regroupe « l'ensemble des opérations administratives et réglementaires destinées à changer le statut administratif de l'installation qui n'est, à terme, plus soumise au régime juridique et donc aux contrôles dont relèvent les INB »[4]. En d'autres mots, la gestion du site ne répond plus aux régimes du droit des installations nucléaires. Il redevient un site classique[5].

624. Le déclassement passe par la suppression des bâtiments, l'évacuation des matériaux et déchets, ainsi que le traitement des zones et des sols. C'est l'étape finale du processus de démantèlement. Cette levée des contrôles propres au système juridique nucléaire concrétise le déclassement qui peut parfois n'être que partiel. En tout état de cause, il ne peut intervenir qu'après la réalisation des travaux de démantèlement et la justification de l'atteinte de l'état final visé par l'exploitant consistant à évacuer du site toutes les substances radioactives et dangereuses[6]. Comme à chaque étape d'une

---

[1] Art. R. 593-75, C. environnement.
[2] Prescriptions AIEA 2017 précitées, spéc. p. 19.
[3] Au d) de l'art. 2 de la Convention commune de 1997 précitée.
[4] RAMBOUR (M.), « Le démantèlement des installations nucléaires civiles. Enjeux juridiques, économiques et questions de sécurité(s) », *RISEO*, 2014-1, p. 7-20, spéc. p. 8, n° 3.
[5] Par ex. une installation classée (ICPE) lorsqu'il s'agit d'une seule INB démantelée.
[6] Pt. 1.5 du guide n° 6 de l'ASN précité, p. 7/29.

installation nucléaire de base (INB), « cette fin de vie nécessite [..] d'accomplir tout un ensemble d'opérations, qui [..] réclament une large anticipation »[1]. Dans ce but et avant toute chose, l'exploitant doit, une fois de plus, déposer un dossier de demande d'autorisation.

625. **La demande et les conditions du déclassement**. À l'instar des précédentes étapes[2], dès la mise à l'arrêt définitive de l'installation, l'exploitant dépose auprès de l'ASN un dossier de demande d'autorisation de déclassement. Il n'y a pas lieu de revenir sur les formalités administratives d'une procédure périodiquement réitérée pour exploiter l'installation, nous nous contentons de renvoyer au nouvel article R. 593-73 du Code de l'environnement[3]. Nous précisons simplement que le dossier doit contenir un document présentant l'usage futur du site et les éventuelles servitudes d'utilité publique que l'exploitant propose d'instituer[4]. Le délai d'instruction de la demande est en principe d'un an.

626. L'objectif du déclassement consiste à retirer l'installation de la liste des INB. L'exploitant n'est, *a priori*[5], plus autorisé à la faire fonctionner à compter de la date indiquée dans la déclaration de mise à l'arrêt définitive[6]. Toutes les opérations de déconstruction ont été réalisées[7]. Plus aucun contrôle ni sanction ne peuvent être requis. Cependant, lorsque le site nucléaire contient plusieurs INB, chacune d'elles doit faire l'objet de la procédure de démantèlement. Quelle que soit la composition du site, la dernière étape du processus de démantèlement consiste à remettre en état, sur la base du plan mis à jour par rapport à « la stratégie d'assainissement envisagée pour les structures des bâtiments et des sols ainsi que ses prévisions d'utilisation ultérieure du site »[8]. Mais, peut-on véritablement penser que ce site puisse servir en dehors de la filière nucléaire ?

2) Les incertitudes de la gestion future du site

627. **L'utilisation future du site prévue par l'exploitant**. Une importante incertitude persiste dans ce scénario réfléchi de longue date,

---

[1] LEGER (M.), « La fin de vie des activités, installations et sites nucléaires », dans *La mémoire industrielle, facteur de prévention du risque : le cas du démantèlement*, *Riseo*, 2019-1, pp. 106-138, spéc. p. 107.

[2] Création, mise en service, modifications substantielles, MAD/DEM.

[3] Dont le pt. I détaille le contenu du dossier à soumettre (sous l'empire du décret « procédures » de 2007 précité, v. art. 40).

[4] Article L. 593-5, C. environnement.

[5] Puisque la date prévue est susceptible de modification, III du nouvel art. R. 593-66 Code de l'environnement.

[6] La déclaration d'arrêt définitif (1er alinéa de l'art. L. 593-26) doit comporter une mise à jour du plan de démantèlement mentionné au 13° du I de l'art. R. 593-16 (al. 1 du I de l'art. R. 593-66, Code de l'environnement).

[7] Articles L. 593-25 à L. 593-29, Code de l'environnement.

[8] Prescrite au 3° du I. du nouvel art. R. 593-67, Code de l'environnement.

puisqu'il court depuis l'époque de la décision de créer la centrale nucléaire. Un discours relativement unanime, en dehors de la filière, consiste à réfuter l'idée que le site sur lequel a prospéré une centrale nucléaire puisse devenir autre chose qu'un lieu de pèlerinage ou de stockage nucléaire. La remise en état du site n'implique pas forcément un retour à l'état antérieur.

628. Depuis la loi n° 2014-366 du 24 mars 2014[1], l'État est tenu d'élaborer « des secteurs d'information sur les sols qui comprennent les terrains où la connaissance de la pollution des sols justifie, notamment en cas de changement d'usage, la réalisation d'études de sols et de mesures de gestion de la pollution »[2]. Il s'agit surtout d'éviter la cession d'anciens terrains industriels pollués au détriment de l'acquéreur non informé. Or, le décret n° 2018-434 du 4 juin 2018 précité a exclu du régime les INB « en exploitation » et les actuelles activités nucléaires[3]. Cela ne surprend qu'à moitié. Nous aurons l'occasion de voir que le Code de l'environnement traite l'information sur le risque nucléaire à part. Cela ne veut pas dire que les conséquences potentiellement dommageables de l'utilisation humaine de la radioactivité *sur* les terrains, les constructions ou les ouvrages ne sont pas anticipées. C'est justement l'enjeu des servitudes d'utilité publique, elles tendent à restreindre l'utilisation présente et future du lieu démantelé.

629. **Des servitudes d'utilité publique préventives**. Ces servitudes ont pour objet d'interdire ou au moins limiter le droit d'implanter, démolir, défricher, réaliser des travaux, aménager les terrains, constructions ou ouvrages contenant des substances radioactives d'origine anthropique[4]. Ceci implique la limitation des droits des propriétaires à proximité des sites, du fait du risque nucléaire et au nom de la protection radiologique. Le Code de l'environnement établit la procédure[5]. Aux termes de son article L. 593-5, sur avis de l'ASN, le préfet peut exiger des servitudes d'utilité publique concernant l'utilisation du sol, en plus de celles autour des INB. Le principe n'est pas nouveau. Il permet, par exemple, à l'exploitant d'une centrale d'acquérir des terrains communaux et privés alentour. Cela vaut pour les centres de stockage de déchets et le site de Bure en est une illustration. Au sens de la loi précitée du 22 juin 2023 sur l'accélération des procédures, la déclaration d'utilité publique d'un projet de réalisation d'un réacteur électronucléaire qualifié de projet d'intérêt général facilitera la procédure[6].

630. Ces servitudes peuvent concerner l'utilisation du sol sur le terrain d'assiette de l'installation et autour de celui-ci, après déclassement ou disparition de l'installation nucléaire de base. Elles sont prises dans le but de prévenir et réduire les risques d'accident ou les effets d'une pollution

---

[1] pour l'accès au logement et un urbanisme rénové (art. 173-1°).
[2] I de l'art. L. 125-6, Code de l'environnement.
[3] 1° de l'art. R. 125-43, Code de l'environnement.
[4] 1° à 3° du I. de l'art. L. 1333-26, CSP.
[5] Art. R. 515-31-1 à R. 515-31-7 ou R. 515-91 à R. 515-97, Code de l'environnement.
[6] Article 8 de la loi du 22 juin 2023 précitée.

radioactive ou chimique du sol. En outre, le droit nucléaire s'est saisi des servitudes d'utilité publique comme d'un moyen juridique destiné à compenser des situations encore incertaines en l'état des connaissances. Dans sa note réglementaire relative au démantèlement des INB, en 2003, l'autorité de sûreté distinguait même la possibilité de « servitudes générales de précaution »[1]. Mais, boucler le périmètre et en interdire l'accès sera-t-il suffisant ? Une fois la centrale démantelée et le site rendu à la nature, qu'il reste des constructions ou pas, l'état des sols peut-il être abandonné à lui-même et redevenir un site comme un autre ?

631. **L'objectif de surveillance postnucléaire**. Il s'agit d'une problématique éminemment politique que d'aucuns appellent « le retour à l'herbe » et que certaines associations qualifient de « mythe ». Cet état signifie-t-il, par exemple, que des vaches laitières paissent un jour sur le site d'une ancienne centrale nucléaire ou qu'une école y soit installée ? La question est rhétorique. La remise en état d'un site nucléaire trouve là une première limite. Sa future destination ne paraît pas pouvoir faire l'impasse de ce passé nucléaire. Il semble plus judicieux, moins dangereux et polémique d'affecter ces terrains à des activités nucléaires ou au moins industrielles[2]. D'ailleurs, en 2005, la Cour des comptes entérine la libéralisation du site, non vers un « retour à l'herbe » ou *green field* supposant un état préexploitation, mais plutôt vers une réutilisation à des fins industrielles, nucléaires ou non, dit *brown field*[3]. En 2020, aucune disposition juridique, internationale ou interne, n'impose un niveau d'assainissement précis après le démantèlement des installations et l'évacuation des substances[4]. Cela n'empêche pas des normes et les contrôles. En France, le dispositif réglementé, selon les termes de l'article 8.3.2 de l'arrêté « INB » de février 2012 précité, énonce des règles générales complétées par les guides de l'ASN[5].

632. À l'instar de Marc LÉGER, nous nous demandons si, en dépit d'un régime juridique étoffé au fil de l'expérience technologique acquise, les obligations juridiques suffisent à la sécurité postnucléaire[6]. Il semble aléatoire d'espérer confiner à jamais une radioactivité qui se veut par nature volatile, invisible et résistante à un temps « multigénérationnelle ». C'est pourquoi nous pensons que la remise en état n'exclut pas une surveillance *a posteriori* du site. La difficulté concerne surtout le fait de se mettre d'accord sur la durée

---

[1] ASN, Procédures réglementaires relatives au démantèlement des installations nucléaires de base, Note n° SD3-DEM-01, Indice 1 du 03 fév. 2003, p. 11/17.

[2] NDLR : c'est ce que nous pensions en 2021.

[3] Cour des comptes, Le démantèlement des installations nucléaires et la gestion des déchets radioactifs, Synthèse du rapport public particulier, janv. 2005, 15 p., spéc p. 7.

[4] Cour des comptes, rapport de fév. 2020 précité, spéc. 65.

[5] Voir les guides INB de l'ASN : n°6, Arrêt définitif, démantèlement et déclassement ; n°14, Assainissement des structures ; n° 24, Gestion des sols pollués par les activités d'une INB.

[6] LEGER (M.), 2019, « La fin de vie des activités, installations et sites nucléaires » dans La mémoire industrielle, facteur de prévention du risque : le cas du démantèlement, *RISEO*, 2019-1, pp. 106-138, spéc. p. 137.

de cette surveillance et de la conservation des données. Ici aussi, la notion de temps s'avère prépondérante. Passé, présent, futur deviennent les éléments clés d'un problème dont nous doutons qu'il soit près d'être résolu. Finalement, la loi précitée du 22 juin 2023 sur l'accélération des procédures confirme notre pensée ; la destination d'un site nucléaire doit rester nucléaire.

633. **Transition**. Contrairement aux modalités techniques du démantèlement des installations, la problématique des déchets d'exploitation n'était pas totalement absente du discours des promoteurs de la filière électronucléaire. Il était admis que la science et les ingénieurs apporteraient les réponses manquantes. Contre toute attente, en dépit ou en raison des difficultés techniques, par le biais du droit, ces problématiques ont été saisies, indépendamment les unes des autres et à des époques différentes. La gestion des risques repose sur une maîtrise contrainte par la connaissance scientifique et le savoir technologique. La radioactivité n'est contenue par nulle frontière, la réflexion devait se faire à l'échelle planétaire. Renforcée par une collaboration large, la spécificité en matière de risques nucléaires porte sur le fait que, presque systématiquement, dans chaque dispositif juridique particulier, il est précisé quelque part que la norme reste susceptible d'évoluer au gré des connaissances scientifiques et techniques. En outre, peu importe le régime de prévention nucléaire codifié dans le Code de l'environnement, il reste un droit spécial. Chaque événement nucléaire a conduit à une réactualisation juridique. La catastrophe de Tchernobyl a été l'occasion d'admettre que l'impossible était finalement possible[1]. Il devenait d'autant plus inacceptable d'éluder que la prudence requise, pour poursuivre l'aventure électronucléaire, passe par l'acceptabilité sociétale du risque nucléaire.

« (..) *Quel crime, quelle faute ont commis ces enfants,*
Sur le sein maternel écrasé et sanglant ?
Lisbonne qui n'est plus, eut-elle plus de vices
Que Londres, que Paris, plongés dans les délices ?
Lisbonne est abimée, et l'on danse à Paris (..) »
VOLTAIRE[2]

---

[1] Parfois la même chose se dit de celui de Fukushima de 2011.
[2] VOLTAIRE, Extrait « Poème sur le désastre de Lisbonne, ou examen de cet axiome, tout est bien », dans Poèmes sur le désastre de Lisbonne et sur la loi naturelle, avec des préfaces, des notes, etc., spéc. p. 9 [en ligne] www.gallica.bnf.fr/ark:/12148/bpt6k5727289v/f10.image

2e Partie. La prudence du droit nucléaire à l'aune de l'acceptabilité

634. La prudence nécessaire à la maîtrise du risque nucléaire, en temps normal comme de crise et à tous les stades de l'exploitation industrielle de l'atome, engendre un coût. Humain et environnemental, ce coût est également financier. Les instruments du droit des installations nucléaires de base (INB) mettent en application le principe économique du pollueur-payeur et le principe démocratique de transparence. Conformément au principe nucléaire selon lequel l'exploitant est le premier responsable de la sécurité, ces principes formalisés en droit de l'environnement participent au « verdissement » progressif du droit électronucléaire où le principe pollueur-payeur contribue à l'acceptabilité d'une industrie initialement en mal de transparence.

635. Du point de vue étymologique, la transparence correspond à la capacité de laisser voir à travers soi et, dans son sens commun, c'est aussi la propriété des moyens mis en œuvre pour ne rien cacher[1]. La transparence juridique en droit des INB opère sous un double angle : l'un financier, l'autre démocratique. Le risque nucléaire, à court et moyen termes, bénéficie le plus souvent d'une réponse préventive et organisationnelle. En revanche, le droit des INB est mis à l'épreuve de l'anticipation économico-financière du long terme et des effets potentiels du risque technologique majeur. Face aux incertitudes financières, dans la perspective des coûts économiques engendrés, les projections sociales d'un futur plus ou moins éloigné et la réception du risque nucléaire dans le discours de l'opinion publique montrent une gestion démocratique ambiguë. Il n'en demeure pas moins que la transparence s'est renforcée au fil des années. C'était une condition *sine qua non* à l'acceptabilité du risque nucléaire.

636. Afin de constater pourquoi et jusqu'à quel point le droit des installations nucléaires de base contribue à rendre la prise de risque acceptable, il s'agira, dans un premier temps, de se demander comment les dispositifs juridiques permettent de prendre la mesure des aléas économico-financiers (**titre 1**) et, dans un second temps, d'évaluer les moyens de la transparence qui s'est imposée pour une gestion plus démocratique des aléas sociétaux du risque nucléaire (**titre 2**).

[1] https://www.cnrtl.fr/definition/transparence

Titre 1. Le pollueur-payeur dans l'acceptabilité économique du risque nucléaire : une transparence financière partiellement douteuse

637. Qu'il s'agisse de prévention et/ou de gestion, le traitement des risques a un coût. Si celui-ci n'est pas seulement économique et financier, il finit généralement, voire toujours, par le devenir. En matière de financement du risque nucléaire, les réalités du coût engendré tout au long de la vie des installations, en temps normal comme en temps de crise, laissent poindre le doute sur l'efficience des instruments de la filière. Les incertitudes sont autant de nature économique et financière que juridique.

638. Afin d'apprécier comment le principe pollueur-payeur se décline dans le droit des risques nucléaires et si le pollueur est véritablement le seul payeur, en premier lieu, nous vérifierons si les dispositifs juridiques mis en place s'avèrent de taille à affronter toute l'envergure des coûts engendrés par l'exploitation électronucléaire. En second lieu, les aléas économiques et financiers, dont certains montrent une incertitude évidente, feront se demander si celle-ci justement n'engendre pas le doute dans la capacité du droit à permettre d'anticiper toutes les potentialités dommageables du risque.

639. Le doute s'inscrit vis-à-vis, d'une part, de l'exorbitance des coûts du risque de la production nucléaire programmée (**chapitre 1**) et, d'autre part, des garanties du droit à la réparation du risque réalisé (**chapitre 2**).

Chapitre 1. L'anticipation juridique dépassée par les coûts exorbitants du risque nucléaire

640. Les mesures de protection ont un coût. La charge du financement de l'exploitation électronucléaire dépend des coûts engendrés du fait des risques et de leur prévention. Par le biais des instruments du droit, on a fini par s'immiscer dans les comptes financiers des exploitants. Or, les incertitudes juridiques classiquement attachées à la gestion du temps long font craindre qu'une partie de la charge financière finisse par incomber à la Société civile.

De fait, face au risque nucléaire, l'exorbitance matérielle de son expression touche aussi le prix à payer en cas de défaillance des instruments juridiques et d'une anticipation insuffisante des aléas. La présente analyse cible le fonctionnement d'une centrale nucléaire. À l'instar de la Cour des comptes en 2012[1], les coûts économiques et financiers seront appréciés à partir de la production d'énergie nucléaire et non par rapport aux activités adjacentes.

641. Afin de comprendre pourquoi le droit ne peut permettre de tout prévoir, il faut déjà identifier les réalités financières attachées au traitement du risque nucléaire, c'est-à-dire le contenu des charges à financer par la filière. Dans cet objectif de quantification du poids économique engendré, il s'agira de déterminer en quoi consistent ces coûts ; dans le but d'éclairer pourquoi la matérialité juridique d'une partie de ces coûts s'avère incertaine, au point de rendre l'anticipation difficile voire impossible. L'acceptabilité de la prise de risque passe aussi par la détermination claire des coûts à imputer aux payeurs.

642. En premier lieu, anticiper et gérer les risques de l'exploitation électronucléaire supposent et engendrent des coûts tout au long de la vie des installations (**section 1**). En second lieu, lesdits coûts ne se réduisent ni ne se cantonnent à des considérations économiques et financières (**section 2**).

Section 1. La détermination financière des coûts

643. Corrélativement à la prise de conscience du caractère majeur du risque d'accident, il a fallu renforcer les dispositifs de protection. Conformément au principe pollueur-payeur, les exploitants sont tenus de supporter des investissements coûteux pour prévenir le danger radiologique et éviter le risque nucléaire. L'aspect économique tend à déterminer les coûts, tandis que l'aspect financier se focalise sur les modalités de règlement. Le risque de l'exploitation nucléaire s'avère également financier.

644. Une fois exposées les grandes lignes du coût économique de la lutte contre le risque nucléaire, il faudra constater comment, en droit, il est prévu de pourvoir à son règlement financier.

645. En la matière, les mesures de protection supposent, d'une part, des dépenses (**§1**) dont, d'autre part, le financement doit être anticipé (**§2**).

§1. Le coût des obligations d'investissement

646. L'anticipation des risques inclut de nombreuses obligations juridiques. La présente analyse ne cherche pas à déterminer le coût de la production pour les opérateurs nucléaires[2]. Son objectif consiste plutôt à

---

[1] Cour des comptes, Rapport public thématique, Les coûts de la filière électronucléaire, janv. 2012, 430 p.

[2] En France, EDF (réacteurs), CEA (recherche) et Orano S.A. (cycle du combustible).

mettre en évidence la nature du coût des investissements destinés à assurer la sûreté nucléaire de l'environnement humain et naturel, ce qui limite l'étude aux dépenses imposées par l'alternative du risque d'accident. Il revient aux exploitants de prévoir le financement des charges qui en découlent afin d'assurer cette protection même après la disparition physique de la centrale.

647. Régulièrement, la question revient de l'exorbitance des coûts engendrés ; un poids économique que chaque exploitant doit comptabiliser tant pour assurer la sécurité de l'exploitation (**A**) que ses conséquences matérielles et temporelles supposées (**B**).

A. Les instruments de l'évaluation de la charge des risques de l'exploitation nucléaire

648. D'abord silencieux sur les aspects économiques et financiers, en même temps que le système nucléaire évoluait en un droit des risques majeurs et afin de conforter la sécurité nucléaire, il a été introduit dans ses dispositifs l'obligation d'évaluer, premièrement, toutes les charges d'exploitation (**1**) et, deuxièmement, celles relatives aux coûts de la recherche nucléaire (**2**).

1) Les instruments juridiques de l'évaluation des charges d'exploitation

649. **La comptabilisation des coûts d'exploitation**. La création du parc nucléaire en général et le bon fonctionnement d'un site en particulier entraînent des coûts fixes et des coûts variables. Des dépenses imprévues peuvent survenir. La construction des centrales a impliqué des apports financiers initiaux, tous susceptibles « d'investissements complémentaires, soit pour maintenir le parc en état de fonctionnement nominal, soit pour améliorer ses capacités de production ou sa sûreté »[1]. Légalement contraint de répertorier l'ensemble des coûts de son activité, l'exploitant nucléaire jongle entre des dépenses de fonctionnement passées, courantes et futures. Il lui incombe de les évaluer, de les comptabiliser et de les communiquer. Outre les charges courantes à toute activité industrielle et commerciale, la dangerosité de l'exploitation nucléaire impose des préventions spécifiques.

650. Alors que l'exploitation électronucléaire est autorisée sous conditions financières et que les charges d'exploitation sont comptabilisées bien avant la mise en service de l'installation, l'aggravation progressive des coûts de fonctionnement s'est révélée du fait de règlementations plus contraignantes[2]. Les mesures de sûreté nucléaire, aggravées au fil du temps et des événements, ont conduit à des investissements coûteux. Avant de se

---

[1] Cour des comptes, Rapport public thématique précitée, janv. 2012, spéc. p. 26.

[2] Cour des comptes, *ibid.*, p. 24.

demander comment les financer, il faut déterminer leur coût. Cela nécessite une évaluation préalable des charges y compris lointaines, car déjà existantes.

651. **Le poids de l'aval des cycles**. L'exploitant est légalement tenu d'évaluer en amont, puis à intervalles réguliers, le montant de toutes les occurrences de la sécurité nucléaire. La loi du 28 juin 2006 de programme relative à la gestion durable des matières et déchets radioactifs (« loi déchets 2006 », ci-après) édicte l'anticipation sur la base du principe de l'évaluation prudente des charges futures. Ce principe tend à anticiper, d'une part, la phase relative aux opérations de démantèlement comprenant les charges d'arrêt définitif, d'entretien et de surveillance et, d'autre part, celle du cycle aval du combustible, avec les charges de gestion des combustibles usés et déchets radioactifs[1], conformément au dispositif codifié en 2012 à l'article L. 594-1 du Code de l'environnement. La loi de programme de 2006 établit l'obligation de répertorier l'ensemble des charges au sein d'un rapport périodique.

652. **La récapitulation des charges au sein d'un rapport triennal**. En fonction de la stratégie retenue, tous les trois ans, les exploitants remettent un rapport contenant l'évaluation du détail de ces charges[2] classifiées en cinq catégories[3]. Une évaluation anticipée des coûts de gestion dont la méthode pour chacune de ces charges a été récemment réformée.

653. **La méthode initiale d'évaluation**. Les grandes lignes de la méthode d'évaluation, juridiquement imposée depuis 2007[4], sont désormais détaillées à l'article D. 594-3 du Code de l'environnement. L'exploitant expose sa méthode d'analyse. Opération par opération, il détermine leur coût sur la base de différentes options raisonnables afin d'envisager une stratégie de référence prudente[5]. Dans ce but, les incertitudes techniques résiduelles de sa stratégie sont prises en compte[6]. Cela revient à proposer un chiffrage de l'imprévisible relatif à des données techniques incertaines, ce qui permet d'envisager avec précaution le coût du risque non avéré. Cependant, en dépit des éléments de l'évaluation des coûts précisée par un arrêté de 2007[7], ces exigences comptables pouvaient paraître bien vagues. La réforme intervenue par décret en juillet 2020 peut sembler bienvenue[8].

654. **La méthode réformée**. Les risques susceptibles d'affecter le montant ou l'échéancier des charges, ainsi que l'ajustement de leur estimation, doivent être identifiés et analysés, puis évalués en fonction, « d'une part, des

---

[1] I. de l'art. 20 de la loi n° 2006-739 du 28 juin 2006 précitée.

[2] Al. 1 de l'art. L. 594-4, C. environnement.

[3] I de l'art. D. 594-3, C. environnement.

[4] 1° à 5° de l'article 2-II du décret n° 2007-243 du 23 février 2007 relatif à la sécurisation du financement des charges nucléaires.

[5] *Ibid.*, 1° et 2°.

[6] *Ibidem*, 3°.

[7] a) à d) du 6° de l'art. 5 de l'arrêté du 21 mars 2007 relatif à la sécurisation du financement des charges nucléaires (JORF n° 77 du 31 mars 2007, p. 6017, texte n° 11).

[8] Décret n° 2020-830 du 1er juill. 2020 relatif à la sécurisation du financement des charges nucléaires.

risques quantifiables identifiés et, d'autre part, des autres risques et incertitudes »[1]. Soit, d'un côté les risques avérés et de l'autre, ceux non avérés, le droit des installations nucléaires de base vise à réduire le risque de manquer des fonds nécessaires. L'évaluation interne des risques constitue dans ce cadre une nouvelle contrainte administrative et comptable.

655. **L'évaluation interne des risques**. Elle vise les risques nouveaux ou en émergence, en plus de l'habituelle projection, sur dix ans au minimum, qui consiste à vérifier la fiabilité des provisions et des actifs prévus pour financer le coût des risques répertoriés[2]. L'objectif consiste à fournir à l'exploitant un dispositif d'analyse destiné à déterminer, programmer et mettre en œuvre « les actions appropriées pour améliorer la maîtrise des risques »[3]. Avec cette évaluation supplémentaire, le droit nucléaire dispose d'un nouvel outil de prévention du financement du risque. À défaut de pouvoir les empêcher, il faudra payer le prix des conséquences réalisées. L'obligation de prudence, *par* l'aspect financier, s'intensifie pour l'exploitant. De manière logique, la gestion des coûts du risque nucléaire appelle aussi la coopération.

656. **L'expérience de la gestion des coûts du risque.** L'impact économique réside, pour partie, dans la prévention de réalisation et pour une autre, dans les conséquences. Or, la filière ne s'était pas construite avec l'incertitude. L'infime potentialité ne rentrait pas dans les calculs de prévision. Quant au risque nucléaire, avéré ou pas, lorsqu'il devient dommageable, les incidents et les accidents révèlent les insuffisances. L'expérience a montré l'étendue du coût économique des besoins et de la protection. Ici aussi, le retour d'expérience, avec la collecte, l'analyse et l'exploitation des informations venues de France et de l'étranger, permet à l'exploitant d'améliorer sa démarche d'évaluation des coûts passés, présents et futurs[4]. Des méthodes éprouvées aident à anticiper la charge économique des risques plus ou moins certains. Le rapport triennal susmentionné s'avère prépondérant.

657. Le suivi économique concerne aussi la recherche fondamentale relative à la progression du savoir sur le risque nucléaire qui représente un coût non négligeable.

2) Les instruments économiques pour la recherche sur le risque nucléaire

658. **Les dépenses pour la recherche.** Afin d'anticiper et limiter les risques de l'industrie électronucléaire, les dispositifs pour la sûreté et la protection radiologique des individus et de l'environnement ont fait et font encore l'objet d'études et de recherches, du point de vue scientifique et

---

[1] Al. 1 du 3° du II de l'art. D. 594-3, C. environnement.
[2] Al. 1 de l'art. D. 594-10, C. environnement.
[3] Al. 3 de l'art. D. 594-10, C. environnement.
[4] Not. III. de l'art. D. 594-3, C. environnement.

technique, mais aussi opérationnel et fonctionnel ; indispensable, l'ensemble entraîne des coûts économiques contraignants. Le parc actuel a été précédé et accompagné par des programmes de recherche de grande ampleur. Ils font partie des investissements, et donc des coûts, de la filière. À tous les stades de la vie de la centrale et de la gestion du cycle du combustible, le droit nucléaire est actualisé en fonction des avancées scientifiques et techniques. La filière doit prévoir les coûts de cette recherche. Notre objectif ne consiste pas à déterminer des montants[1]. Il s'agit de montrer comment, en dépit des aléas, le droit permet de prévoir l'administration de ces dépenses.

659. **L'évolution des acteurs de la recherche**. En 1989, un rapport[2], qui critiquait l'état des moyens financiers de la recherche nucléaire, recommanda des partenariats pour réorienter les programmes nucléaires. En dépit d'une diminution des moyens publics, les protagonistes concernés par le financement de cette recherche devinrent plus nombreux.

660. Si le CEA a longtemps été le seul instigateur aux commandes, il faut au fil du temps lui adjoindre l'Institut de Radioprotection et de Sûreté Nucléaire (IRSN) créé en 2001[3], l'expert scientifique de référence pour l'autorité de sûreté nucléaire (ASN), l'Agence nationale pour la gestion des déchets radioactifs (ANDRA) depuis 1991, le Centre national de la recherche scientifique (CNRS) et l'Office parlementaire d'évaluation des choix scientifiques et technologiques (OPECST) qui depuis 1984 est un acteur public prédominant dans l'étude du risque nucléaire. En résumé, la recherche électronucléaire est globalement menée, d'un côté, par des acteurs publics *tels* le CEA, le CNRS, l'IRSN, l'ANDRA et, de l'autre, par des acteurs privés. Ces derniers représentent surtout l'opérateur Électricité de France (EDF) pour le cycle d'exploitation et l'entreprise Areva pour le cycle du combustible.

661. **Le cadre de la recherche.** Les recherches coûtent cher. Depuis les années 2000, en plus des subventions d'État, des entreprises participent. Il s'agit prioritairement d'EDF et d'Areva, « soit par des financements directs fournis à leurs propres laboratoires ou à ceux des établissements publics, à travers des partenariats cofinancés, soit par le versement d'un supplément de la taxe sur les INB destiné aux recherches de l'ANDRA »[4]. Afin d'administrer ces ressources, un groupement d'intérêt public (GIP) a été institué.

662. **L'institution du GIP**. La convention de GIP permet la mise en commun, entre partenaires publics et privés, des moyens en vue des missions

---

[1] D'autant moins qu'aucune classification normalisée des dépenses de recherche électronucléaire, uniforme et unanime, n'existe, Cour des comptes, Les coûts de la filière électronucléaire, Rapport de 2012 précité, spéc. p. 36.

[2] Dit « rapport Rouvillois », sur le bilan et les perspectives du secteur nucléaire civil en France jusqu'à la fin du XXe siècle, par Henri Guillaume, René Pellat, Philippe Rouvillois, mai 1989.

[3] Le décret n° 2002-254 du 22 février 2002 a précisé ses missions. Pour information, l'IRSN remplace l'Office de protection contre les rayonnements ionisants (OPRI) et l'Institut de protection de sûreté nucléaire (IPSN) qui étaient dépendants du CEA.

[4] Cour des comptes, Rapport public thématique 2012 précité, spéc. p. 59.

d'intérêt général[1]. Créée en 1982 pour les besoins du secteur de la recherche, cette forme de collaboration a connu un tel succès qu'elle s'est étendue à divers domaines. Aux termes du statut légal rénové et unifié en 2011, l'instrument juridique du groupement d'intérêt public est une personne morale de droit public dotée de l'autonomie administrative et financière ; permettant à des personnes d'exercer ensemble des activités d'intérêt général, à but non lucratif, en associant leurs moyens pour y parvenir.

663. Dès 1991, la première loi de programme sur les déchets énonçait qu'un GIP peut être constitué, en vue de mener des actions d'accompagnement et de gérer des équipements de nature à favoriser et à faciliter l'installation et l'exploitation de chaque laboratoire de recherche sur le mode de stockage en zone profonde[2]. Il ne s'agissait, alors, que d'une alternative et non une obligation, ce n'est plus le cas depuis 2006. La seconde loi de programme a énuméré en 2006 les objectifs pour lesquels un GIP est constitué[3]. L'une des missions vise la gestion administrative et financière de la recherche nucléaire.

664. **La diversité des dépenses**. Les actions de recherche sont diverses et nombreuses. Il n'est pas utile de chercher à individualiser les postes de dépenses. Mais, pour comprendre comment en droit nucléaire on gère leur coût économique, il faut appréhender les fonds alloués. Sans exhaustivité, l'exemple des déchets nucléaires permet d'en présenter quelques-uns.

665. **Les fonds dévolus au coût économique de la recherche.** Les études sur l'entreposage et le stockage en couche géologique profonde visent à conforter la protection des personnes et de l'environnement, tant du point de vue de la radioprotection par l'amélioration des connaissances scientifiques, que de la sûreté des installations par celles des techniques et procédés nucléaires. Dans ce cadre, la loi déchets précitée de 2006 a prévu, au sein de l'Agence nationale pour la gestion des déchets radioactifs, un fonds destiné au financement des recherches et études sur l'entreposage et le stockage en couche géologique profonde des déchets radioactifs[4]. Plusieurs fonds ont été créés au sein de l'ANDRA. Celui-là est alimenté par une taxe additionnelle à celle annuelle sur les installations nucléaires de base (INB) prévue par la loi de finances pour 2000[5] : la taxe dite de « recherche »[6]. Cette taxe annuelle est due par l'exploitant dès l'autorisation de création de l'installation jusqu'à la décision de radiation de la liste des INB. Avec la loi de 2006, trois taxes s'ajoutent à celle-ci. L'ANDRA bénéficie aussi de subventions publiques, afin de pourvoir au financement de ses missions d'intérêt général telles que précisées à l'article L. 542-12 du Code de l'environnement, y compris les

---

[1] Source https://www.collectivites-locales.gouv.fr/
[2] Alinéa 1 de l'art. 12 de la loi 91-1381 du 30 déc. 1991 précitée.
[3] Art. L. 542-11, C. environnement.
[4] Art. L. 542-12-1, C. environnement.
[5] Art. 43-II de la loi n° 99-1172 du 30 déc. 1999 (JORF n° 0303 du 31 déc. 1999, p. 19914).
[6] Art. 21-I. de la loi déchets n° 2006-739 précitée.

recherches[1]. Comme dit, la gestion des déchets fait l'objet de recherches sur trois axes complémentaires qui comprennent la séparation et la transmutation des éléments radioactifs à vie longue, le stockage réversible en couche géologique profonde et l'entreposage. Le premier bénéficie de subventions de l'État « complétées par des contributions des exploitants d'installations nucléaires de base »[2]. Le deuxième axe fait l'objet d'un fonds dédié, alimenté par une contribution spéciale des exploitants d'INB[3]. Ce fonds est destiné à financer les études nécessaires à la conception des installations de stockage des déchets radioactifs de haute et moyenne activité à vie longue, ainsi que les opérations et travaux préalables au démarrage de la phase de construction »[4].

666. En réalité, toutes les charges doivent être prévues. L'exploitation nucléaire n'est autorisée qu'à la condition d'anticiper suffisamment la double phase aval, celle de l'exploitation nucléaire et celle du cycle du combustible.

B. Les charges présumées du risque en aval des cycles

667. En droit nucléaire, l'anticipation économique est focalisée sur certains postes de dépenses futures, à savoir les facteurs particuliers de risque. C'est pourquoi, il faut se demander jusqu'à quel point la prévision, au fil des décennies, des dépenses temporellement lointaines, est possible. En tout état de cause, l'exploitant anticipe, actualise et comptabilise périodiquement, d'une part, les coûts économiques du démantèlement (**1**) et, d'autre part, ceux dévolus à la gestion sûre du combustible usé et des déchets nucléaires (**2**).

1) L'anticipation partiellement incertaine des coûts du démantèlement

668. **Le moment de l'estimation des coûts**. Une centrale mise à l'arrêt n'en continue pas moins de générer une base de dépenses à prévoir. Le cycle « aval » de l'exploitation nucléaire nécessite la prise en compte économique des investissements du démantèlement en cours ou à venir. À vrai dire, ceux-ci sont évalués dès la conception du projet de centrale et ils sont présentés, une première fois, au moment de la demande d'autorisation de création. La loi « TSN » précitée du 13 juin 2006 a posé le principe de l'obligation d'anticiper le mode de financement des charges de l'exploitation nucléaire sur la base d'une évaluation ponctuelle et renouvelée des coûts.

669. Lors de la demande d'autorisation de création, en plus des capacités techniques, l'exploitant doit démontrer à l'ASN qu'il dispose des

---

[1] Al. 2 de l'art. L. 542-12-1 C. environnement.
[2] Art. 17 de la loi déchets 2006 précité.
[3] Art. 58-I-1 de la loi de finances n° 2013-1279 du 29 déc. 2013 rectificative pour 2013 (JORF n° 0303 du 30 déc. 2013, p. 21910, texte n° 2).
[4] Art. L. 542-12-3, C. environnement ; loi n° 2013-1279 du 29 déc. 2013 précitée, art. 58-II.

capacités financières pour tous les axes de la sécurité nucléaire, « en particulier pour couvrir les dépenses de démantèlement de l'installation et de remise en état, de surveillance et d'entretien de son lieu d'implantation ou, pour les installations de stockage de déchets radioactifs, pour couvrir les dépenses d'arrêt définitif, d'entretien et de surveillance »[1]. La précision est importante puisque dans le décret n° 63-1228 du 11 décembre 1963 relatif aux installations nucléaires, aucune disposition ne visait les considérations économiques et encore moins, leur financement. Pour rappel, une proportion importante des centrales nucléaires du parc actuel français a été construite sous l'empire de ce décret originaire. Il faut attendre 2006 pour que le droit nucléaire pose l'anticipation financière. L'évaluation imposée s'avère approximative à l'égard des charges de démantèlement.

670. **L'estimation approximative des charges de démantèlement**. La Cour des comptes a produit plusieurs rapports sur le sujet. Par exemple, en 2005, dans sa synthèse du rapport public particulier sur le démantèlement des installations nucléaires et la gestion des déchets radioactifs, elle annonce que l'exceptionnelle durée des opérations, qui dépasse à bien des égards l'horizon de la vie humaine, constitue l'une des difficultés majeures pour estimer précisément ces coûts[2]. Un autre problème d'estimation sûre des besoins, et donc des charges, réside dans le peu de recul que possède la filière en matière de démantèlement. Pour le moment, seuls les petits réacteurs de recherche du CEA et ceux de la première génération appartenant à EDF ont été démantelés. Le démantèlement du site de Fessenheim, avec ses deux réacteurs de deuxième génération (REP), sera par conséquent décisif sur plus d'un point et en particulier, sur les besoins relatifs au coût économique.

671. En 2005, le démantèlement de la centrale de Brennilis, toujours en cours[3], montrait déjà un coût effectif très supérieur au coût attendu pour le démantèlement des 58 réacteurs à l'époque en activité[4]. Néanmoins, la Cour des comptes émettait une réserve en proposant de ne pas tirer de conclusions hâtives sur les coûts finaux du démantèlement du parc français. D'abord, parce que les types d'installations jusqu'ici mis en démantèlement s'avèrent d'une époque où la sûreté n'était pas la priorité de la filière. Des dépenses impératives sont désormais légalement prévues. Aussi, les exploitants n'ont pas eu d'autres choix que d'investir pour rattraper le retard et se conformer aux règles de protection actuelles, ou en tout cas applicables au moment opportun. Ensuite, les réacteurs de la deuxième génération du parc actuel sont de série. À cet égard, la Cour des comptes considère, comme d'autres intervenants de la filière, que « leur démantèlement bénéficiera à la fois d'un effet de série et de l'expérience des premiers démantèlements »[5].

---

[1] Al. 1 du I. de l'art. 29 de la loi n° 2006-686 du 13 juin précitée dite TSN.

[2] Cour des comptes, Synthèse du rapport public particulier, janv. 2005, 15 p., spéc p. 4.

[3] Le décret de démantèlement complet est en cours d'instruction, il est attendu pour 2023.

[4] *Ibid.*, p. 8.

[5] *Ibidem.*

672. En la matière, la filière est confrontée à l'actualisation réitérée de charges futures à provisionner en fonction de divers éléments évolutifs, facteurs d'aléas et d'incertitude. Dans l'objectif d'améliorer l'information financière, en dépit de la complexité à déterminer un coût définitif, il s'agirait de mieux préciser l'évaluation de chaque catégorie d'opérations en indiquant les scénarios sur lesquels elles sont fondées[1]. Rien que pour le démantèlement des neuf réacteurs de première génération, ceux-ci caractérisent quatre technologies, les seuls coûts de démantèlement des chaudières s'avèrent difficilement comparables « tant les caractéristiques techniques des enceintes ou des composants situés au plus près des combustibles sont différentes »[2]. Les évaluations restent forcément approximatives et dépendantes de nombreux facteurs évolutifs, voire incertains.

673. **L'insuffisance des estimations de l'incertitude des coûts.** L'opérateur EDF estime les coûts révisés du démantèlement à partir de l'ensemble des données techniques, financières et contractuelles disponibles au moment où ils sont établis[3]. Cela impose d'appréhender ces coûts avec prudence et de les anticiper. À l'instar de l'ASN, la Cour des comptes regrette l'absence de présentation de ces coûts « avec des marges d'incertitude qui permettraient de mieux en mesurer la portée »[4]. À la suite du deuxième rapport triennal précité relatif aux charges d'exploitation, l'ASN recommandait dès 2011, « pour les projets de démantèlement avancés, non seulement de préciser les méthodes d'évaluation des incertitudes, mais aussi de préciser les principaux aléas avec leur effet financier pour chaque installation »[5]. Cela se révéla compliqué à mettre en œuvre dans l'optique d'une approche globale[6]. D'autant plus qu'en France, la méthode d'évaluation faisait l'objet d'hésitations entre celle des « coûts de référence » et celle dite « méthode Dampierre »[7]. En 2014, la Cour des comptes émettait la probabilité des surcoûts relatifs aux charges futures et préconisait de changer la méthode[8].

674. **L'état toujours incertain de l'évaluation des charges futures.** L'étude de cette évaluation pourrait nécessiter de préciser sur les épaules de quel(s) protagoniste(s) le coût est censé reposer. L'obligation de règlement

---

[1] Cour des comptes, 2005, *loc. cit.*, p. 15.

[2] Cour des comptes, Rapport public thématique de janv. 2012 précité, spéc. p. 87.

[3] *Ibid.*, p. 88.

[4] *Ibidem*, p. 91.

[5] Courrier adressé à la DGEC, n° CODEP-DRC 2011-011599 du 3 mars 2011.

[6] OCDE/AEN, Vers une harmonisation des estimations des coûts de déclassement, rapport de synthèse n° 6868, 2010, dans lequel était notamment considéré la « variabilité considérable dans le format, le contenu et les pratiques d'estimation des coûts, que ce soit à l'intérieur d'un même pays ou lorsque l'on franchit les frontières. Les comparaisons sont, de ce fait, extrêmement difficiles, même entre installations du même type ».

[7] Not. p. 93 s. du rapport, C. des comptes, 2012 précité.

[8] Elle actualise les données du rapport précité de 2012, Cour des comptes, Le coût de la production de l'électricité nucléaire actualisation 2014, Communication à la Commission d'enquête de l'Assemblée nationale, mai 2014, 227 p.

s'adresse-t-elle à l'exploitant, à l'État et ses collectivités ou aux consommateurs d'électricité et *in fine*, à la société civile ? L'interrogation apparaît légitime à la seule vue des conséquences économiques et financières corrélatives à l'arrêt du site de Fessenheim. En effet, cette décision étatique a donné lieu à la signature d'un protocole, entre l'État et l'exploitant EDF, concrétisant une double indemnité pour ce dernier ; à savoir une indemnité initiale pour anticipation des dépenses liées à la fermeture et une indemnité pour bénéfice manqué caractérisant « un risque financier pour l'État »[1]. Cependant, l'objectif de la présente analyse consiste surtout à déterminer les éléments formant le coût objectif du risque nucléaire intrinsèque.

675. Bien qu'apprécié sous l'angle économique de la phase aval d'exploitation, il ne s'agit, ni de préciser des montants, ni d'établir des bénéficiaires et des créanciers. À ce stade, il s'agit simplement de rendre compte du mode d'évaluation prudente vis-à-vis de l'impact économique des charges du démantèlement[2]. Néanmoins, ces dépenses d'indemnisation liées aux conséquences économiques et sociales de la mise à l'arrêt de l'INB, non aux opérations proprement dites de démantèlement, entreront dans l'enveloppe finale du coût du démantèlement. Ces dépenses constituent un risque futur d'indemnisation dont l'État aurait tout intérêt à se prémunir en vue des démantèlements d'un parc vieillissant[3] ; afin de ne pas voir naître de nouvelles incertitudes qui s'avéreraient alors financières.

676. Les contraintes techniques des démantèlements en cours engendrent des « dérives de coûts prévisionnels »[4]. L'incertitude des coûts économiques inhérents à la prévision du risque se déduit du manque de recul et d'expérience[5]. De plus, les obligations techniques relatives au risque nucléaire, en ces cas, doivent répondre à un « coût économique acceptable » dont la notion reste juridiquement incertaine. Apparu avec le principe de précaution, ce concept n'induit pas forcément la mise en œuvre systématique d'études économiques pour chaque cas particulier[6]. Mais, dans l'ensemble, les coûts futurs s'avèrent déjà existants.

677. **Les coûts futurs du parc actuel.** En dépit des éventuelles incertitudes, avec le parc actuel se matérialise l'étendue d'une partie du coût économique que la filière devra assumer, et ce, même une fois démantelé. « Le calcul du coût complet du nucléaire ne peut en effet se limiter à la période de construction et d'exploitation des centrales nucléaires : il est nécessaire de

---

[1] Cour des comptes, L'arrêt et le démantèlement des installations nucléaires, Rapport, févr. 2020, 172 p., spéc. p. 8.
[2] Nous ferons de même avec la phase aval du cycle du combustible, v. *infra*.
[3] Cour des comptes, 2020, *ibid.*, p. 9.
[4] *Ibidem.*
[5] Même si l'AIEA estime qu'au niveau international, un certain recul tend à s'installer en matière de démantèlement, au 31 déc. 2018 seul 17 réacteurs ont été démantelés et ils sont de technologies diverses avec des évolutions constantes au fil des années, *ibidem.*, p. 67.
[6] *Ibidem*, p. 64 s.

prendre en compte les charges importantes de traitement du site afin d'éliminer tout danger résiduel, voire de l'ouvrir à d'autres usages »[1]. C'est bien tout l'enjeu des opérations de démantèlement qui comprennent la remise en état du site. Selon le scénario de démantèlement choisi, la facture peut s'aggraver en fonction de diverses charges susceptibles de s'imposer, soit du fait des normes légales, réglementaires et administratives, soit pour des motifs opérationnels, organisationnels et techniques. Le principe du démantèlement immédiat s'est imposé en 2015[2]. Le poids des choix économiques demande de trouver l'équilibre dans la balance avantages/inconvénients des coûts pour arbitrer et décider des options à privilégier. En plus de la faillibilité de l'organisation administrative, le droit fiscal relatif à la taxe sur les installations nucléaires de base (INB) réformée en 2016 tendrait à inciter les exploitants à repousser le démantèlement « du fait de l'allègement sensible de la charge future qu'elle induit pour les opérateurs »[3]. En réalité, avec ce modèle, la charge finale échouera aux générations futures ; ce que le droit tend à instaurer d'un côté, il se pourrait qu'il le défasse de l'autre.

678. En définitive, l'évaluation des charges de démantèlement proposée par les exploitants peut gagner en exhaustivité et en prudence, les estimations prévisionnelles du coût des incertitudes et aléas restent insuffisantes[4]. Non seulement la justification des options choisies manque de précisions, mais l'évaluation économique des charges futures aussi. Certains risques en attente de caractérisation, encore potentiellement non avérés et pourtant susceptibles d'être engendrés, continuent d'être éludés[5]. Ce constat peut faire craindre que la filière nucléaire continue de résister à l'incorporation dans ses prévisions du risque incertain. Cela engendrerait des incertitudes économiques particulièrement révélées dans le cadre de la programmation anticipée du coût de la gestion du combustible usé et des déchets nucléaires, dont une part importante proviendra des futurs démantèlements.

2) La programmation des coûts de gestion des résidus

679. **La caractérisation de résidus nucléaires.** Les résidus nucléaires sont entendus ici dans le sens de ce qui recouvre les déchets de l'aval de l'exploitation nucléaire. Il s'agit, *a fortiori*, de ceux de l'aval du cycle du combustible. Le terme « résidu » sert, dans les développements suivants, à

---

[1] DESESSARD (J.), Rapport n° 667 (2011-2012) fait au nom de la Commission d'enquête sur le coût réel de l'électricité, déposé au Sénat le 11 juill. 2012.

[2] Avec la loi n° 2015-992 du 17 août 2015 précitée qui entérine les opérations de démantèlement dans un délai aussi court que possible sous la réserve de conditions économiquement acceptables (art. L. 593-25, Code de l'environnement).

[3] Cour des comptes, 2020, *loc cit.*, spéc. pp. 10-11.

[4] *Ibid.*, p. 11.

[5] C'est aussi le cas « de certaines charges de post-exploitation ainsi que de certaines dépenses dites ''de période'' (impôts, taxes et primes d'assurance) », *ibidem*.

simplifier pour caractériser, tant le combustible usé dans ses composants ni retraitables ni recyclables, que les divers déchets nucléaires dont les matières incorporées s'avèrent non réutilisables. Puisque l'action de démanteler comporte les traitement, conditionnement, évacuation et élimination de tous les déchets, radioactifs ou non, afin de faciliter la présentation du système de l'évaluation du coût économique, ces opérations sont volontairement assimilées à la seule phase « aval » du cycle du combustible. En réalité, elles sont distinctes, avec d'un côté, l'aval de l'exploitation et de l'autre, l'aval du cycle du combustible. Dans les deux cas, la difficulté de cette évaluation porte sur le besoin d'anticiper des charges futures dont l'exigence de financement se fera sentir à plus ou moins long terme et même très long terme. Quelle que soit l'origine du déchet à stocker, consubstantielle au fonctionnement de l'INB ou consécutive à la phase de démantèlement, sa gestion dans le modèle français ne diffère pas[1]. Notre analyse vise à apprécier les composants économiques des investissements indispensables à la protection nucléaire des divers aléas et les impératifs de cette gestion.

680. De manière générale, la production électronucléaire fonctionne, soit en circuit « fermé », soit en « circuit ouvert ». La France a choisi le premier mode, en retraitant le combustible usé pour en faire du MOX. Les autres pays nucléarisés ont dans l'ensemble opté pour le second modèle et par conséquent, préféré la caractérisation immédiate du combustible usé en déchet ultime à stocker. Ce choix s'avère déterminant. Selon la stratégie pour gérer le combustible usé, entre matières recyclables et déchets ultimes, la perspective économique liée à la prospective des quantités futures à stocker varie considérablement et influe sur les investissements à prévoir[2].

681. **Les investissements tributaires des choix de gestion**. Toutes les problématiques techniques, politiques et juridiques soulevées dans le cadre de la gestion de l'aval du cycle du combustible influent sur les aspects économiques. Avec le déchargement du combustible usé, c'est-à-dire son retrait du cœur du réacteur, la phase aval du cycle démarre. Que le recyclage des substances ionisées soit prévu, possible ou non, une période de décroissance radioactive en piscine s'impose sur le site même de la production électronucléaire avant tout traitement et/ou transport vers le lieu de stockage. Le processus de transformation des matières valorisables[3] produit une part de déchets ultimes qui subissent l'opération de vitrification avant stockage[4]. Mais encore faut-il disposer des structures adéquates.

---

[1] Cour des comptes, L'aval du cycle du combustible nucléaire, les matières et déchets radioactifs, de la sortie du réacteur au stockage, Rapport Public Thématique, Juill. 2019, 187 p.
[2] Cour des comptes, 2019, *ibid.*, pp. 26-31.
[3] Dont le plutonium en MOX, procédé qui ne peut avoir lieu qu'une fois.
[4] Le rappel de ces procédés consiste à mettre en évidence que le choix du recyclage détermine les quantités à stocker et les investissements prévisibles *via* des dépenses à anticiper. Plus le résidu est recyclable, moins la proportion de déchets ultimes à recycler est importante.

682. D'abord, la filière combine les capacités d'entreposage avec celle de retraitement. Cet équilibre est garanti uniquement si un nombre suffisant de réacteurs recourt au combustible MOX, faute de quoi le stock français de plutonium s'accroîtra[1]. Ensuite, des investissements coûteux s'avèrent parfois nécessaires. D'importants investissements s'imposeront sous dix ans[2], tant vis-à-vis des réacteurs du parc actuel que des différents types d'installations de stockage[3]. Par exemple, « fin 2016, la France comptait plus de 400 000 tonnes de métaux lourds de matières radioactives et 1 620 000 m3 de déchets radioactifs »[4]. La filière doit anticiper ces flux. Il ne faudrait pas qu'une mauvaise anticipation amène une saturation des installations. De plus, comme pour toute installation nucléaire, la réévaluation périodique de sûreté entraîne des coûts à engager pour bénéficier du droit de continuer à exploiter. Sous cet aspect et d'autres, les problématiques inhérentes à la phase aval de l'exploitation se posent pour celle du cycle du combustible, à commencer par l'anticipation des coûts de la recherche relative au laboratoire « Cigéo ».

683. **L'anticipation incertaine des coûts de « Cigéo ».** Le projet « Cigéo », référence mondiale, constitue le principal poste de dépenses en termes de coûts futurs pour la filière. Si la loi n° 2016-1015 du 25 juillet 2016 a précisé les modalités de création des futures installations de stockage réversible en couche géologique profonde, pour le moment, le projet de laboratoire, préalable obligatoire à la validation de ce mode de stockage, en est toujours à la phase de l'autorisation de création. En l'état « du projet, des incertitudes sur les coûts sont inévitables, s'agissant notamment de l'impact des prix futurs des matières premières et de la main d'œuvre, d'innovations techniques, etc. »[5]. La considération rejoint les constats précédents sur les modalités de démantèlement et d'assainissement. Nous pouvons d'ores et déjà affirmer que l'incertitude est, en termes de stockage profond, encore plus prégnante. La filière n'a aucun recul sur ce procédé inhérent à la recherche nucléaire française. En raison de cette nouveauté et d'une impossible détermination plus précise du coût final de ce projet, les exploitants sont tenus de proposer une simple estimation. Et cela vaut à tous les stades de l'exploitation nucléaire comme du cycle du combustible.

684. **Transition**. En fonction des scénarios, le besoin d'investissements diverge et les priorités changent. Certes approximative, l'estimation des coûts évolue avec le temps, l'avancée des connaissances scientifiques et techniques et forcément, les choix de gestion. En conséquence, chaque étape de la production électronucléaire suscite l'anticipation économique des investissements de sécurité. Dans le droit nucléaire, l'amortissement, au moyen d'actifs dédiés, est prévu pour limiter l'incertitude financière.

---

[1] Cour des comptes, synthèse du rapport de juill. 2019 précité, spéc. p. 8.
[2] *Ibid.*, p. 12.
[3] *Ibidem.*, p. 8.
[4] *Ibidem*, p. 11.
[5] Cour des comptes, 2019, *loc. cit.*, spéc. p. 13.

§2. L'obligation de sécuriser le financement

685. De manière classique en droit des risques, l'objectif central du droit nucléaire poursuit la protection des individus, de leurs biens et de l'environnement. La sécurité financière va de pair avec la sécurité nucléaire.

686. Le besoin de sécurité reste tributaire des moyens financiers. L'industrie électronucléaire est juridiquement sommée d'évaluer les besoins au plus tôt et au plus juste. La prudence financière est de mise. Néanmoins, certaines incertitudes financières laissent poindre un facteur défavorable à l'acceptabilité des installations nucléaires de base.

687. Si la prudence prévaut dans le provisionnement immédiat des besoins financiers futurs de la filière (**A**), il n'est pas toujours aisé ni possible de prévoir les conséquences du risque financier (**B**).

A. Le provisionnement : la prudence financière

688. Le principe de prudence en droit comptable signifie que les comptes de l'organisation mentionnent, notamment, les amortissements et les provisions nécessaires à la couverture des risques financiers connus[1].

689. Le droit nucléaire est concerné par l'incertitude financière de risques que la prudence aristotélicienne commande d'anticiper. Dans ce but, d'une part, le dispositif en vigueur impose aux exploitants de pourvoir aux besoins financiers futurs conformément au principe pollueur-payeur (**1**) et, d'autre part, le provisionnement des coûts futurs enjoint de recourir à des actifs dédiés à la sécurisation du risque financier (**2**).

1) Le principe pollueur-payeur dans le provisionnement des besoins financiers

690. **Le provisionnement et la durée de vie des réacteurs**. Anticiper le financement des amortissements, avec la programmation d'échéances, revient à garantir tant la constitution que la sauvegarde de fonds monétaires à utiliser le moment venu, dans un futur d'ailleurs souvent lointain. Au niveau européen, trois options étaient proposées pour anticiper le financement des coûts futurs. La première consistait à le gérer en interne par le biais de provisions, la deuxième *avec* une gestion externe des fonds distincte des comptes des exploitants et la troisième revenait à confier ces fonds à une autorité *ad hoc*[2]. La France a fait le choix de la première solution. Ainsi,

[1] Art. L. 123-20, Code de commerce.

[2] DELZANGLES (H.), « Provisions pour démantèlement des centrales nucléaires et droit communautaire des aides d'État », *REDE*, 1/2007, pp. 71-78, spéc. p. 71.

chaque exploitant procède périodiquement au provisionnement de certaines sommes dans des comptes spécifiques, des fonds dédiés à ces charges futures.

691. Juridiquement, la responsabilité du risque nucléaire, facteur de coûts, repose sur l'exploitant. Les besoins liés aux coûts futurs sont calculés proportionnellement à la durée de vie des installations[1]. La considération est importante puisque cette durée détermine la période au cours de laquelle les investissements sont amortis et donc, provisionnés. Cette durée d'amortissement, à l'origine sur trente ans, est passée à quarante ans en 2003[2]. En 2016, les réacteurs de type 900 MW ont fait l'objet d'une prolongation de la durée d'amortissement comptable de quarante à cinquante ans[3]. En 2018, EDF exprimait sa confiance dans la capacité du groupe à assurer une exploitation sûre du parc jusqu'à 60 ans[4]. Toutefois, le décalage prévisionnel des futurs démantèlements conduit à réduire les provisionnements de l'exploitant. Par exemple, sur la période 2013-2018, les provisionnements d'EDF ont diminué de 2,5 milliards d'euros[5].

692. La responsabilité du financement de la sécurité des installations, conformément au principe « pollueur-payeur », fonde un système de garanties financières. Codifié dans le Code de l'environnement, il crée un passif à la charge de l'exploitant à qui il est juridiquement attribué la charge d'anticiper le long, voire très long terme *avec* les provisionnements.

693. **Les fonds dévolus aux charges futures.** Évaluer les coûts tout au long de la vie des installations, les phases d'assainissement et de gestion des résidus comprises, commande d'anticiper et de sécuriser les fonds sur des durées exorbitantes. Par exemple, la question s'est posée de l'aggravation des risques écologiques et sanitaires si l'argent venait à manquer[6]. En 2005, les parlementaires, se faisant l'écho de la Société civile, s'inquiétaient des risques économico-financiers et de savoir si les opérateurs disposent des provisions suffisantes pour assurer le démantèlement des centrales les plus anciennes et le coût de gestion des déchets. L'obligation de provisionnements prévisionnels tend à la constitution des fonds pour régler les charges devenues exigibles ; notamment, après la fin de l'exploitation, quand les rentrées monétaires auront cessé parfois depuis longtemps.

694. En plus de ceux existants, des fonds dédiés sont créés depuis 2010 pour les nouvelles installations. Par exemple, dans l'esprit de la loi de 2006 qui a imposé le provisionnement d'actifs, les obligations de fin de cycle sont « financées par des titres financiers acquis dès la mise en service de l'installation et non plus par une créance de l'État »[7]. À l'instar des fonds

---

[1] Cour des comptes, L'arrêt et le démantèlement des installations nucléaires, 2020, p. 51.
[2] *Ibid.*, spéc. p. 25, note 24.
[3] EDF, Communiqué de presse sur le compte de résultat, juill. 2016, 22 p., spéc. p. 4.
[4] Cahier d'acteur n° 43 de mai 2018 cité par la Cour des comptes, rapport 2020 précité, p. 56.
[5] Cour des comptes, 2020, *ibidem*, p. 118, note 193.
[6] Question écrite n° 15906, Marie-Christine Blandin, JO Sénat du 10 fév. 2005, p. 357.
[7] BIRRAUX (C.), BATAILLE (C.) et SIDO (B.), Rapport final, 2011, *loc. cit.*, p. 69, note 124.

dévolus aux recherches et études sur l'entreposage et le stockage en couche géologique profonde des déchets radioactifs, un autre fonds a été créé dans le but de pourvoir « au financement de la construction, de l'exploitation, de la fermeture, de l'entretien et de la surveillance des installations d'entreposage ou de stockage des déchets de haute ou de moyenne activité à vie longue »[1].

695. Comme dit, le concept de fonds dédiés n'est pas nouveau[2]. C'est le mode de sécurisation du financement qui évolue afin d'en garantir la pérennité. À défaut, la charge finale incombera à l'État. La filière est astreinte à garantir ces fonds par des actifs eux-mêmes réservés[3]. Le droit nucléaire formalise ainsi un des modes d'expression du principe pollueur-payeur. Bien que le principe des garanties financières n'ait pas été inventé par les concepteurs du droit nucléaire, sa mise en œuvre vise la sécurisation du financement des charges nucléaires futures.

2) Le champ de la sécurisation du financement des charges futures

696. **La constitution d'actifs réservés.** Selon l'article L. 594-2 du Code de l'environnement, qui régit depuis 2012 les actifs destinés à couvrir les futurs besoins de liquidités, les exploitants nucléaires provisionnent les charges définies à l'article L. 594-1, celles relatives à l'aval de l'exploitation et du cycle du combustible. Conformément aux dispositions réglementaires et dans le respect des normes comptables, à titre exclusif, ils affectent à la couverture de ces provisions les actifs nécessaires[4]. Il s'agit de comptabiliser la charge monétaire des futurs démantèlements, des remises en état et la gestion des résidus n'intervenant généralement pas avant plusieurs décennies.

697. Le dispositif du provisionnement des fonds garantit le financement en attribuant des actifs réservés à la couverture de ces dépenses. D'une part, ces actifs provisionnent les fonds dédiés et, d'autre part, ils génèrent ainsi des ressources financières. Le principe est conforté avec la loi de programme pour la gestion du combustible usé et des déchets nucléaires du 28 juin 2006 précitée. Mais, le procédé trouve son principe avec le droit des installations classées pour la protection de l'environnement. En droit des ICPE, ce type de garanties subordonne leur mise en service « à la constitution de garanties financières »[5]. L'objet des garanties couvre, en fonction de « la nature des

---

[1] Al. 1 de l'art. L. 542-12-2 modifié, C. environnement.

[2] Présent dans différents domaines, son recours est par exemple préconisé pour compenser les dommages à l'environnement, DEGUERGUE (M.), « Les imperfections de la responsabilité administrative environnementale », *AJDA*, 2018, p. 2077.

[3] RUSSO (S.), « La perspective juridique sur l'anticipation économique et financière des déchets nucléaires à vie longue », *Amplitude du droit*, 2024/3 [en ligne] https://amplitude-droit.pergola-publications.fr/index.php?id=638

[4] Al. 1 du nouvel art. D. 592-2, C. environnement.

[5] Al. 1 de l'art. L. 516-1, C. environnement.

dangers ou inconvénients de chaque catégorie d'installations, la surveillance du site et le maintien en sécurité de l'installation, les interventions éventuelles en cas d'accident avant ou après la fermeture, et la remise en état après fermeture »[1]. Le parallèle s'impose avec le droit des INB et la déclinaison du principe pollueur-payeur dans ces garanties.

698. **L'évolution du droit financier nucléaire**. Par le passé, des sous-évaluations ont été critiquées et dernièrement, les besoins de nature incertaine ont pu être minimisés dans l'évaluation des provisionnements[2]. De fait, ceux-ci représentent une source d'endettement pour les opérateurs et plus les charges futures sont évaluées à la hausse, plus l'exploitant doit affecter de fonds. Les obligations juridiques relatives à la sûreté des installations, au fur et à mesure des réformes, ont aggravé les charges financières à anticiper. Le droit nucléaire financier a évolué en exigeant plus de détail sur les modes de financement ainsi que plus de clarté des modèles et des calculs.

699. Sur la base du décret n° 2007-243 du 23 février 2007 relatif à la sécurisation du financement des charges nucléaires plusieurs fois modifié, la réglementation nucléaire précise « désormais les modalités permettant de s'assurer de la pérennité et de la disponibilité des fonds pour les opérations de démantèlement des INB à la fin de leur exploitation, la gestion des combustibles usés et des déchets radioactifs »[3]. Le droit nucléaire des actifs dévolus par sécurité au provisionnement de la couverture des dépenses futures et plus précisément, la réglementation de l'obligation de constitution d'actifs est depuis peu intégralement codifié dans le Code de l'environnement.

700. **La sécurisation des actifs dédiés**. Dans ce but, des biens et des titres financiers, propriétés des exploitants, sont exclusivement réservés à la couverture de ces provisions. Affectés de manière distincte, dans les comptes financiers des opérateurs nucléaires, ces actifs dédiés forment un patrimoine spécifique. Désormais, sous le contrôle de l'autorité administrative, l'exploitant tient à jour un inventaire des actifs de couverture qui assure la traçabilité de chaque mouvement d'actif[4].

701. La loi TSN de 2006 précitée avait octroyé un délai de cinq ans aux exploitants pour « mettre en œuvre le plan de constitution d'actifs »[5]. En raison de la crise économique de 2008, cinq de plus ont été accordés[6]. Ce report dérogatoire ne devait toutefois être autorisé qu'à la double condition cumulative que, d'une part, les charges soient lointaines et, d'autre part, qu'au

---

[1] *Ibid.*, al. 2.
[2] Cour des comptes, 2020, *loc. cit.*, spéc. pp. 71-72.
[3] DE RUBERCY (G.), « Sécurisation des actifs dédiés au financement du démantèlement des installations nucléaires : questions nouvelles et propositions », *Environnement*, 2010-3, p. 15.
[4] I. de l'art. D. 594-11, C. environnement.
[5] GARANCHER (T.), « Un exemple original de régulation dans le secteur de l'énergie : la loi NOME », *BDEI*, n° 32, 1er mars 2011, 4 p.
[6] Art. 20, loi n° 2010-1488 du 7 décembre 2010 portant nouvelle organisation du marché de l'électricité, dite « loi *NOME* ».

moins 75 % des provisions nécessaires soient déjà couvertes par des actifs dédiés au 29 juin 2011[1]. Ce report se justifiait au regard de la prolongation, désormais certaine, de la durée de vie du parc électronucléaire au-delà de 2030. Celle-ci repousse d'autant les opérations de démantèlement et les besoins de liquidités afférents, tandis que ces modifications ont conduit à ralentir le processus de la constitution des actifs de couverture[2].

702. Un arrêté ministériel a produit une nomenclature relative aux opérations formant la décomposition des charges soumises à provisionnement[3]. Toutefois, des limites qualitatives et quantitatives sont apparues. Elles portent sur la quantité des provisions et la qualité des actifs de couverture[4]. Le système n'assurerait pas suffisamment la sécurité financière du dispositif. Le risque financier se manifeste dans l'insuffisance des actifs dédiés à la couverture des charges futures de la filière nucléaire[5].

B. Le risque financier : l'insuffisance des actifs

703. En 1997, sous l'égide de l'Agence internationale de l'énergie atomique (AIEA), il est convenu que tout État Partie à la Convention commune relative à la sûreté de la gestion du combustible usé et des déchets radioactifs[6] veille à la disponibilité suffisante de ressources financières pour le bon déroulé des engagements de long cours. Si l'absence de périls est espérée, les pouvoirs publics se portent garants des financements.

704. En droit, anticiper le temps long soumet à des limites que le droit du risque nucléaire illustre parfaitement. Passer en revue le contenu de la prudence financière nécessite d'envisager le mode de traitement, d'une part, des risques classiquement prévisibles **(1)** et, d'autre part, des incertitudes financières générées par l'obligation de prise en compte du temps long **(2)**.

1) Le traitement juridique des risques financiers classiquement prévisibles

705. **Défaillance et insolvabilité de l'exploitant**. Dans le futur, des besoins monétaires et budgétaires non anticipés pourraient réaliser le risque financier. D'abord, comme pour toute activité de nature industrielle et commerciale, le droit des installations nucléaires prévoit la défaillance et

---

[1] GARANCHER (T.), *ibid.*
[2] En plus de diminuer leur liquidité, CNEF, p. 16 du rapport de juill. 2012, 105 p. [en ligne] https://www.ecologie.gouv.fr/sites/default/files/1207_10_Rapport_de_la_CNEF-2-3_0.pdf
[3] Dernier alinéa du I. de l'art. D. 594-3 nouveau.
[4] AUBERT (J.) et ROMAGNAN (B.), La mission d'information relative à la faisabilité technique et financière du démantèlement des installations nucléaires de base, Assemblée nationale n° 4428, 1er fév. 2017, 113 p., spéc. p. 56.
[5] Rapport 2020 précité, not. p. 12.
[6] AIEA, INFCIRC/546, déc. 1997, 35 p.

l'insolvabilité des exploitants face aux créanciers, facteurs de risques économiques. En dehors de l'État, dans l'exercice des pouvoirs pour faire respecter les obligations de démantèlement des installations et de gestion des résidus radioactifs, nul ne peut se prévaloir d'un droit sur les actifs dédiés. En cas de défaillance ou d'insolvabilité de l'exploitant, l'autorité administrative peut imposer la constitution de provisions et actifs[1]. Pour garantir la sécurisation de ces charges futures, les actifs de couverture ne peuvent pas être externalisés, ils restent la propriété de l'exploitant.

706. Si les opérateurs nucléaires ne risquent pas la liquidation judiciaire, l'État prenant la relève, ils n'en demeurent pas moins soumis à des obligations légales et réglementaires financières strictes. Concernant l'évaluation des charges futures, en cas d'insuffisance ou d'inadéquation dans le calcul des provisions ou le montant, la composition ou la gestion des actifs affectés à ces provisions, l'autorité administrative est susceptible de prescrire des mesures de régularisation sous condition de délais[2]. Elle peut aussi ordonner, sous astreinte, la constitution des actifs nécessaires, ainsi que toute mesure relative à leur gestion[3]. Lorsque le dispositif financier apparaît entravé, une astreinte peut contraindre l'exploitant défaillant à constituer plus de fonds[4]. Toutefois, l'autorité de contrôle manque de moyens.

707. **Le manque de moyens de contrôle**. En l'absence de sécurisation des fonds et provisions, le risque est que la charge des conséquences financières des obligations de démantèlement et de gestion des déchets rejaillisse sur l'État[5]. Une entité dévolue au seul contrôle du financement des charges nucléaires futures, de long terme, a été créée : la Commission nationale d'évaluation du financement des charges de démantèlement des INB et de gestion des combustibles usés et des déchets radioactifs[6].

708. La CNEF répond au besoin d'une structure associant le Parlement au contrôle de l'adéquation des provisions constituées et de la gestion des fonds correspondants[7]. Si l'ASN a un droit de regard étendu sur les actions des exploitants, l'Autorité n'a pas désiré se doter de ce type de compétence, estimant que ses décisions ne doivent être fondées que sur des considérations de sûreté[8]. En outre, ses interventions « dans le domaine économique et financier sont parfois contestées par les exploitants »[9]. Pourtant, ceux-ci ont l'obligation légale de lui démontrer leurs capacités

[1] 1er alinéa de l'art. L. 594-2 du Code de l'environnement (al. 2).
[2] Après avoir recueilli ses observations, v. al. 2 du III de l'art. 20 de la loi déchets 2006 précitée.
[3] *Ibid.*, al. 3.
[4] Par ex. pour la gestion des déchets futurs, al.2 de l'art. L. 542-12-2, Code de l'environnement.
[5] Rapport public, Cour des comptes, 2005, *loc. cit.*, spéc. pp. 178, 206 et 207.
[6] Art. L. 594-11 à L. 594-13, C. environnement.
[7] CNEF, Rapport de la Commission nationale d'évaluation du financement des charges de démantèlement des installations nucléaires de base et de gestion des combustibles usés et des déchets radioactifs, juill. 2012,105 p., spéc. p. 32.
[8] Cour des comptes, rapport 2020 précité, p. 94.
[9] *Ibid.*, p. 95, note 163.

techniques et financières pour obtenir les diverses autorisations tout au long de la vie de l'exploitation. L'intronisation d'une commission *ad hoc*, bien que de nature gouvernementale, pour contrôler en toute indépendance la prudence des comptes financiers ne pouvait qu'être approuvée. Or, l'institution est un échec[1]. Rapidement, la CNEF a estimé ne pas être en mesure d'associer le Parlement au contrôle financier des exploitants nucléaires et remettait en cause la viabilité de sa structure en préconisant un transfert de compétences, soit à la Cour des comptes, soit à l'ASN, voire à une CNEF renouvelée[2]. Au regard de la sensibilité du champ concerné, nous regrettons que l'opportunité n'ait pas été saisie. En septembre 2020, un amendement a été déposé pour la supprimer[3]. À ce jour, la CNEF existe toujours, mais sans activité à signaler. En tout état de cause, la sécurisation du risque financier réclame des compétences dont il ne faut pas nier la complexité aggravée par l'exorbitance temporelle qui fait douter de l'efficacité des instruments classiques.

709. **Le risque des placements financiers**. L'obligation de provisionnement représente « un mécanisme permettant de déduire du résultat distribuable[4] des charges futures par application du principe de prudence, mais comme tout passif elle n'est qu'un engagement dont la valeur est réinvestie dans l'actif global de l'entité »[5]. Une budgétisation prévisionnelle est un jeu d'écritures comptables qui permet uniquement de comptabiliser un risque probable dont l'objet est défini, mais dont la réalisation future est incertaine[6].

710. Sans un dispositif sécurisant ces actifs, rien ne dit que les fonds seront à la disposition de l'exploitant le moment venu. Pour réduire le risque financier, les actifs de couverture font l'objet d'une diversification de façon à éviter, d'une part, une dépendance excessive -vis-à-vis d'un même actif, organisme, groupe de sociétés, secteur économique ou zone géographique- et, d'autre part, un cumul excessif de risques dans l'ensemble des actifs de couverture[7]. À ce titre, EDF a constitué un portefeuille comportant divers actifs financiers dédiés afin de réduire le risque économique et budgétaire.

711. Le droit des INB permet d'anticiper et d'organiser des scénarios de projection prenant en compte une dose d'incertitude. Il n'en demeure pas moins que face à l'exorbitance des délais, entre le moment des anticipations et celui où le besoin se concrétisera, l'approche inhabituelle du temps à prendre en compte ne facilite pas le traitement des aléas financiers.

---

[1] DE RUBERCY (G.), 2016, *loc. cit.*, spéc. p. 134, n° 9.
[2] CNEF, 2012, *loc. cit.*, spéc. pp. 32 s.
[3] https://www.assemblee-nationale.fr/dyn/15/amendements/2750/CSASAP/691.pdf
[4] Aux associés et actionnaires.
[5] ZWEIBAUM (C.), LE THEULE (M-A.) et DÉJEAN (F.), « Lorsque la comptabilité reflète une réalité masquée : le cas des provisions pour démantèlement », *Lamy*, droit des affaires, n° 143, 1er déc. 2018, 6 p.
[6] ROLLAND (B.), « La charge de la remise en état d'une INB », *Riseo*, 2014-1, p. 115, n° 9.
[7] Al. 1 du I. de l'art. D. 594-7, C. environnement.

2) L'incertitude du temps long dans le traitement des aléas financiers

712. **Le principe de l'actualisation des taux.** Depuis 2002, toute la charge prévisionnelle doit être provisionnée dès la création de l'INB[1], son calcul repose désormais sur la base d'une valeur actualisée des charges[2]. Aussi, la sécurisation du long terme passe par une gestion maîtrisée de l'actualisation des taux, une sorte de repère pour calculer une valeur monétaire évolutive[3]. Il est craint que les divers placements et les autres choix financiers des opérateurs sur les marchés s'avèrent défaillants.

713. Comme tout instrument financier dans un portefeuille d'actifs, ceux sélectionnés par l'exploitant pour couvrir le provisionnement des charges nucléaires futures sont soumis aux aléas des marchés financiers. Le plus gros risque demeure dans le fait que le capital des investissements pourrait ne pas être restitué à terme. Sans entrer dans les détails techniques, nous précisons que le calcul du risque financier, par le biais du taux d'actualisation, a aussi parti lié avec la variation des taux d'intérêt d'où provient le risque de dépréciation des investissements[4]. La filière nucléaire applique le principe.

714. Fixé par les exploitants nucléaires, le taux d'actualisation a été réglementairement plafonné[5]. Appliqué à la valeur du portefeuille, ce taux permet aux actifs d'aujourd'hui de couvrir l'ensemble des charges brutes de demain[6]. L'exploitant part de cette base pour calculer le montant des provisions et actifs. La technique de l'actualisation des provisionnements permet d'arrêter un prix, c'est-à-dire la valeur monétaire des actifs dédiés au fil du temps. Pas convaincue, la Cour des comptes estime insatisfaisante la capacité des actifs dédiés à couvrir les décaissements futurs[7].

715. **L'évolution du taux d'actualisation**. En raison du peu de domaines confrontés à la gestion financière sur des temps aussi longs[8], au-delà de quarante ans l'actualisation de l'estimation des coûts futurs devient

---

[1] Règlement comptable sur les passifs « CRC » n° 2000-06 du 7 déc. 2000.

[2] Rapport de la Cour des comptes de 2020 précité, spéc. p. 116, note 192.

[3] « L'actualisation, qui permet de relier le présent à l'avenir, est une opération venant des mathématiques financières et de la théorie de l'intérêt, qui est généralement employée pour évaluer la rentabilité des investissements », OCDE, Électricité nucléaire : quels sont les coûts externes ? Rapport n° 4373, 2003, 91 p., spéc. p. 45.

[4] Soit la perte de valeur des provisionnements. En cas de hausse des taux d'intérêt, la valeur des produits investis est susceptible de baisse, ce qui entraîne une baisse de la valeur au moment de liquider le placement.

[5] Sur le fondement du décret 2007-243 du 23 févr. 2007 précité et par arrêté des ministres de l'économie et de l'énergie, le taux a été modifié en 2014 et 2017.

[6] AUBERT (J.) et ROMAGNAN (B.), La mission d'information relative à la faisabilité technique et financière du démantèlement des installations nucléaires de base, Assemblée nationale, n° 4428, 1er févr. 2017, 113 p., spéc. p. 57.

[7] Rapport 2020 précité, spéc. p. 126.

[8] En réalité le nucléaire et les fonds de pensions de retraite.

encore plus aléatoire, sans référence sur les marchés financiers. De surcroît, la filière électronucléaire ne peut pas compter sur un taux fixe immuable. Par exemple, en 2017, un arrêté a modifié le mode de calcul pour fixer le montant des provisions dédiées au démantèlement des installations et au stockage des déchets[1]. Par suite, EDF a dû augmenter de plusieurs milliards d'euros lesdites provisions[2].

716. **Sûreté nucléaire et stratégie financière**. D'aucuns assimilent cette baisse du taux à « l'un des derniers outils de pilotage direct dont dispose l'État pour forcer EDF à mieux provisionner ses charges de démantèlement »[3]. La comparaison avec des modèles étrangers interroge la surévaluation, opérée par l'exploitant EDF, du taux d'actualisation au regard du rendement réel du portefeuille d'actifs[4]. L'opérateur français pourrait percevoir moins de revenus de ses placements et investissements financiers que prévu.

717. La baisse du taux d'actualisation produit une hausse du besoin de provisionnement. La diminution du résultat financier net de l'entreprise augmente la dotation au portefeuille d'actifs dédiés et par conséquent, réduit le niveau de trésorerie. L'entreprise s'appauvrit, c'est le prix de la sûreté d'aujourd'hui et de demain. En outre, les facteurs financiers interagiraient avec les calendriers de démantèlement. Le mécanisme d'actualisation favoriserait les reports[5]. Les choix fiscaux ne sont pas non plus anodins[6].

718. **L'impact budgétaire des choix fiscaux**. La réforme opérée par la loi de finances rectificative de 2016 a influé sur les barèmes de la taxe dite INB »[7]. Sans entrer dans le détail des configurations fiscales, il faut savoir que cette réforme conduit à baisser les recettes fiscales à partir de la mise à l'arrêt de l'installation, ce qui *a priori* appauvrit les finances publiques et peut participer à faire du tort en termes d'acceptabilité du secteur. Si les pertes sèches pour l'État sont à minimiser à l'échelle de la vie d'une INB, l'impact sur les stratégies de démantèlement et sur l'avantage financier ne peut être nié. D'autant que les marges futures, dégagées par EDF à l'occasion de la réforme de la taxe, n'ont pas conduit à envisager le raccourcissement attendu des délais prévisionnels de démantèlement, mais réduit les incitations financières[8]. Cela

---

[1] du 29 déc. 2017 modifiant l'arrêté du 21 mars 2007 relatif à la sécurisation du financement des charges nucléaires (JORF n° 0304 du 30 déc. 2017, texte n° 28).

[2] COLLET (P.), Nucléaire : EDF contraint de revoir à la hausse ses provisions pour démantèlement, actu-Environnementonnement.com, 4 janv. 2018 [en ligne] https://www.actu-environnementonnement.com/ae/news/nucleaire-demantelement-dechets-edf-taux-actualisation-provision-30389.php4.

[3] COLLET (P.), *ibid.*

[4] AUBERT (J.) et ROMAGNAN (B.), rapport 2017, *loc. cit.*, spéc. p. 57.

[5] Cour de comptes, rapport 2020 précité, spéc. p. 96.

[6] JAEGER (L.), « Fiscalité écologique et transition énergétique » dans *Droit nucléaire - Nucléaire et transition énergétique*, PUAM, 2016, spéc. pp. 155-164.

[7] Cour de comptes, *ibid.*

[8] Cour de comptes, 2020, *loc. cit.*, spéc. p. 97.

peut aussi expliquer le choix de l'allongement de la durée de vie des réacteurs. Retarder le démantèlement revient à permettre aux actifs de fructifier[1]. Dans le même temps, l'option fait croître les risques, facteurs de coûts.

719. **Le coût global des aléas**. Les aléas du risque nucléaire produisent des aléas financiers. Le droit nucléaire ne prévoit pas de chiffrer l'impact de tous les inconvénients générés. Or, le coût financier des conséquences d'un accident et celui de sa prévention ne peuvent pas être occultés. Les enjeux sont multiples, humains, économiques, environnementaux, surtout en cas de sinistre de grande ampleur dont les effets entraînent la mort de personnes et provoquent des dommages importants. Il y a donc lieu de se demander si la mesure financière de ce type d'événement est réellement entreprise et jusqu'où le payeur juridiquement désigné règle le prix qu'il en coûte.

720. **Transition**. Nous venons de constater que la gestion opérationnelle est provisionnée. Cela ne veut pas dire que le risque nucléaire l'est dans toutes ses composantes. En l'absence de prévision et à défaut de créer des fonds spécifiquement réservés aux divers coûts induits par le risque nucléaire, des externalités tant potentielles qu'avérées prennent forme. Pour la plupart non compris dans les provisions des exploitants, les externalités constituent une possibilité bien réelle dont le coût ne s'avère pas totalement occulté.

Section 2. L'indétermination relative du coût des externalités

721. L'externalité peut se définir comme une défaillance du système, instrument d'inefficacité. De diverses formes, elle s'avère positive, négative, environnementale ou autres. Par exemple, l'externalité a été présentée comme les effets négatifs ou positifs d'une activité économique subis par des tiers et sans référence de prix sur le marché[2]. En l'occurrence, l'exploitation de la radioactivité engendre diverses conséquences pour la Société et son environnement. Des effets dont le coût final reste parfois aléatoire. Au demeurant, les externalités forment des coûts non supportés par le producteur ou le consommateur, mais par la collectivité[3]. Le terme « externalité » relève du registre lexical économique tout à fait adapté quand l'objectif consiste à déterminer la mesure de la compétitivité d'une activité lucrative. Bien qu'il ne s'agisse pas de l'ambition de cette étude, l'anticipation du risque nucléaire nécessite quand même d'envisager les impacts qui, *in fine*, ont un coût.

---

[1] AUBERT (J.) et ROMAGNAN (B.), 2017, *loc. cit.*, spéc. p. 61.

[2] OCDE, Électricité nucléaire : quels sont les coûts externes ?, Rapport n° 4373, AEN, 2003, 91 p., spéc. p. 7.

[3] Voir le lexique de l'ASN [en ligne]

722. Sans volonté d'établir un quelconque chiffrage monétaire[1], avant d'envisager les options financières pour régler la facture, individualiser la matérialité des externalités du nucléaire s'impose. Sans exhaustivité, apprécier leur nature et leur envergure éclaire sur qui repose le poids économique.

723. Le prix du nucléaire s'apprécie, outre les apports de la technologie, dans la prévention comme dans son échec. Le droit des installations nucléaires ne tend à garantir l'anticipation que de certains coûts. Sans exhorter plus de prévision à l'industrie électronucléaire qu'à tout autre, en temps normal, le traitement des risques engendre des externalités (**§. 1**) dont, en temps de crise, l'alternative aggravée des accidents dénote un certain flou juridique (**§. 2**).

§1. L'étendue économique des externalités du nucléaire en temps normal

724. Quantifier l'impact monétaire pour la Société des externalités du nucléaire tend à répertorier les points d'impact dont les exploitants n'ont pas intégré la charge dans le prix facturé aux consommateurs. Faisant le jeu de la socialisation du risque, l'exploitation nucléaire a un coût dont toutes les composantes ne sont pas, ou plutôt ne peuvent pas être, systématiquement anticipées et comptabilisées.

725. La gouvernance par les nombres (la suprématie du chiffre) tendrait à se substituer à celle du droit[2]. L'outil comptable serait « le produit d'un jeu complexe de forces de nature diverse et le fruit d'enjeux sociaux voire sociétaux »[3]. Dans la balance bénéfice/risque des coûts du nucléaire, il faut autant envisager les apports positifs de l'énergie nucléaire que l'impact économique indirect des coûts externes.

726. Dans le but de viser au plus juste le prix sociétal, un point s'impose sur, d'une part, les externalités positives de la technologie (**A**) et, d'autre part, les coûts sociaux indirects des risques créés (**B**).

A. L'internalisation positive des coûts externes

727. Pour déterminer les coûts externes de l'exploitation électronucléaire, il faut identifier et évaluer tous les risques et avantages.

---

[1] La Cour des comptes reconnaît que le coût des externalités reste particulièrement difficile à chiffer, not. p. 220 de la Communication à la Commission d'enquête de l'Assemblée nationale, Le coût de production de l'électricité nucléaire, Actualisation 2014, 227 p.

[2] ZWEIBAUM (C.), LE THEULE (M-A.) et DÉJEAN (F.), « Lorsque la comptabilité reflète une réalité masquée : le cas des provisions pour démantèlement », *Revue Lamy*, droit des affaires, n° 143, 1er déc. 2018, 6 p.

[3] HOARAU (Ch.), et TELLER (R.), *Editorial : L'évolution du rôle des outils comptables : visions d'hier et d'aujourd'hui,* Comptabilité - Contrôle - Audit, tome 13, vol. 2, 2007, p. 1.

Appréhender les coûts réels pour la Société incite à se demander ce que cette technologie apporte au bien commun et jusqu'où l'internalisation opère.

728. Internaliser signifie anticiper le financement des coûts de production et d'exploitation avec la création de fonds spécifiques inclus dans le prix de vente aux consommateurs. Dès lors, il convient de caractériser les aspects positifs de la technologie sur son coût de production final.

729. Dans le prolongement du balancier des intérêts en présence, il s'agit de constater, d'une part, les arguments sociétaux favorables à la politique nucléaire (**1**) et, d'autre part, l'impact de cette énergie à l'aune des objectifs d'un développement voulu durable (**2**).

1) Les instruments de la politique électronucléaire

730. Apprécier au plus juste le coût économique et financier de l'exploitation électronucléaire conduit inéluctablement aux problématiques de politique énergétique[1]. Par exemple, en 2011, les parlementaires français se sont interrogés sur les différents types de production d'énergie électrique et plus précisément, sur les choix à adapter entre les énergies fossiles et le nucléaire. Sur la base des investissements du secteur, tant du point de vue économique que technique, s'est dégagée l'évidence de ne pouvoir éluder le débat sur leurs coûts économiques, écologiques et sanitaires respectifs, en plus de la nécessité de préparer le long terme au moyen du développement de technologies et de filières plus performantes[2]. En faveur du nucléaire, l'argument de l'indépendance énergétique revient régulièrement.

731. **L'indépendance énergétique**. De manière générale, l'Union européenne (UE) s'avère dépendante de ressources énergétiques extérieures, telles les énergies fossiles, souvent importées de pays politiquement instables. Il est admis que ce n'est pas le cas de l'uranium, un argument favorable à l'énergie nucléaire [3]. Comme pour tout coût externe, l'évaluation quantitative de l'indépendance énergétique est difficile. Les études qualitatives sur le sujet tendent à établir qu'aucune distorsion excessive des prix du marché ne serait à craindre. Toutefois, l'internalisation ajouterait un avantage à l'énergie nucléaire. En outre, la stabilité d'approvisionnement de la matière première, l'uranium, participe de l'indépendance énergétique revendiquée par le secteur.

---

[1] PONTIER (J-M.), « Nucléaire et transition énergétique : antinomie, harmonie, hétéronomie », *Droit nucléaire -Nucléaire et transition énergétique*, sous la Dir. PONTIER (J-M.) et ROUX (E.), PUAM, 2016, pp. 13-40, spéc. pp. 16 s.

[2] BIRRAUX (C.), BATAILLE (C.) et SIDO (B.), « Rapport final : l'avenir de la filière nucléaire en France » dans Rapport de la mission parlementaire sur la sécurité nucléaire, la place de la filière et son avenir, Tome 1, Assemblée nationale n° 4097 et Sénat n° 199, déc. 2011, 116 p., spéc. p. 21.

[3] REUSS (P.), « Atouts et risques de l'énergie nucléaire », *L'énergie nucléaire*, PUF, Que sais-je ?, 2012, 128 p., spéc. p. 91 et pp. 102-124, n° 48.

732. Facteur de « sécurité énergétique, l'externalité peut se définir comme le coût pour l'économie globale qui découle de l'utilisation de combustibles particuliers et n'est pas payé directement par celui qui consomme le combustible en question »[1]. Privilégier une source plutôt qu'une autre influe sur le prix. L'énergie nucléaire est plutôt vue comme une ressource au rapport coût/bénéfice tout à fait compétitif.

733. **La compétitivité dans le mix énergétique**. Concernant les coûts externes de la production électronucléaire, en 2002, une étude allemande établissait que si la compétitivité de l'énergie nucléaire dépasse celle du gaz naturel et talonne le charbon, les incertitudes relatives aux données et choix du taux d'actualisation limitent « les possibilités d'utiliser les coûts externes pour la définition des politiques nationales »[2]. Toutefois, l'introduction du nucléaire dans le mix énergétique favoriserait la stabilité des prix sur le marché international. En outre, la protection de l'environnement avec la réduction de la dépendance aux énergies fossiles fournit un argument au développement de la recherche sur la technologie nucléaire.

734. **La recherche et le développement**. Ces travaux engendrent des retombées économiques positives[3]. Les États collaborent afin d'associer les moyens et de parvenir à une gestion plus sûre de l'exploitation nucléaire. Les États comme les industries ont divers intérêts à cette collaboration[4]. L'une des finalités vise à performer la rentabilité. Si une partie des dépenses est internalisée, une autre relève de la dimension externe et indirecte. En France, le nucléaire est vu comme « une filière d'avenir »[5]. L'objectif d'un retour sur investissement se matérialise avec la diversité des avantages procurés, facteurs d'externalités positives. Participant de la politique nucléaire, les choix en la matière tendent aussi à influer sur la balance des paiements.

735. **Choix politiques et balance des paiements**. « L'effet du choix d'une politique sur la balance des paiements est un argument employé fréquemment en faveur d'une option plutôt qu'une autre en vertu du principe que tout ce qui réduit les importations ou augmente les exportations est bon pour l'économie »[6]. Un exemple de ce type se concrétise avec la construction de l'EPR *Flamanville 3*. Tête de série des réacteurs de la troisième génération, il doit devenir la « vitrine » de la technologie à exporter[7]. Globalement, la filière française a une forte propension à l'export et le nucléaire vendrait plus

---

[1] OCDE, *Électricité nucléaire : quels sont les coûts externes ?* AEN, n° 4373, 2003, p. 53.
[2] *Ibid.*, p. 38.
[3] *Ibidem*, pp. 56 s.
[4] *Ibidem*.
[5] BERSON (M.), Rapport d'information fait au nom de la commission des finances sur le financement public de la sûreté nucléaire, de la radioprotection et de la transparence nucléaire, n° 634, Sénat, 18 juin 2014, 59 p., spéc. p. 49.
[6] *Ibidem*, p. 59.
[7] LAVERGNE (R.), « Le nucléaire civil, enjeux et débats », *Annales des Mines – Responsabilité et environnement*, 2020/1, pp. 5-8, spéc. p. 8

à l'étranger que la moyenne des autres industries du pays[1]. Les activités de démantèlement produiraient environ « 7 % de la valeur ajoutée de la filière »[2].

736. **Externalité positive et effets de série**. La filière électronucléaire compte sur les effets de série et de mutualisation pour réduire les coûts. Relativement homogènes, par exemple, les démantèlements du parc de cette génération bénéficieront de l'expérience acquise avec les deux réacteurs de Fessenheim mis à l'arrêt en 2020. L'efficacité sera optimisée par des gains de productivité, d'une part, des agents d'EDF et de ses sous-traitants grâce aux effets d'échelle, d'autre part, en matière d'études et d'ingénierie et, enfin, par la réutilisation de matériels spécifiques tels des robots[3]. Les avantages financiers de l'expérience nucléaire acquise font toutefois l'objet de nuances[4].

737. Depuis 2014, concernant le montant des charges futures, une analyse systématique permet le calcul, d'une part, des aléas correspondants « à des risques identifiés, probabilisés et intégrés aux provisions » et, d'autre part, des risques « au titre d'incertitudes techniques représentatives de risques non identifiés »[5]. Il s'agit là d'une application, au domaine nucléaire, de la théorie économique de l'incertitude[6]. Quant aux risques dont le chiffrage des besoins financiers est préconisé, ils « portent de façon générique sur les écarts d'état initial, les évolutions réglementaires et les changements de scénarios »[7]. À défaut de « caractérisation plus précise », ils n'entrent pas dans le provisionnement des charges futures. Ces risques ne sont donc pas internalisés. D'aucuns voient pourtant dans le risque nucléaire un apport.

738. En constatant que la découverte de la technologie va de pair avec les moyens de sa gestion, le risque nucléaire a nécessité de faire preuve de compréhension, de prévention et de réduction pour parvenir à l'acceptation. Ce cheminement inhérent au développement de l'énergie nucléaire serait « parmi toutes les activités humaines [..] l'une de celles où cette démarche aura été la plus méthodique »[8]. Il est vrai que face à n'importe quelle situation, aussi risquée soit-elle, tout système s'enrichit de ses erreurs et de ses apprentissages. Autre point dit positif, l'exploitation de l'énergie nucléaire contribuerait au développement durable.

---

1 BIRRAUX (C.), BATAILLE (C.) et SIDO (B.), Rapport final 2011 précité, t. 2, spéc. p. 120.
2 BROTTES (F.) et BAUPIN (D.), Rapport n° 2007, fait au nom de la Commission d'enquête, 5 juin 2014, Tome 1, 495 p., spéc. p. 112.
3 AUBERT (J.) et ROMAGNAN (B.), 2017, *loc. cit.*, spéc. p. 24.
4 Cour des comptes, rapport 2020 précité, p. 108.
5 *Ibidem*, p. 112.
6 Initiée par Frank KNIGHT, économiste surtout connu pour cette théorie qui distingue risque et incertitude, puis notamment son homologue John Maynard KEYNES.
7 Cour des comptes, Rapport 2020 précité., p. 113.
8 REUSS (P.), « Atouts et risques de l'énergie nucléaire » dans *L'énergie nucléaire*, PUF, Que sais-je ?, 2012, 128 p., spéc. p. 124, n° 69.

2) Les externalités positives et la durabilité de l'énergie nucléaire

739. **Les arguments du nucléaire civil**. Les principaux arguments portent sur trois axes. Comme dit, l'énergie nucléaire constitue une ressource importante qui garantit une indépendance énergétique et un prix compétitif. Mais, et c'est peut-être l'argument le plus décisif, le choix de cette ressource permet de limiter les émissions de gaz à effet de serre. Impactant favorablement le changement climatique devenu un élément prépondérant de la lutte pour la protection de l'environnement et *a fortiori* de la santé publique, les trois piliers du développement durable sont actionnés.

740. **Energie nucléaire contre énergies fossiles**. Toutes les formes de production d'énergie ont un impact sur l'environnement. Mais, l'impact faible en gaz à effet de serre (GES) de l'énergie nucléaire constitue le premier argument en sa faveur. En 2020, plus de la moitié des États membres avait recours à l'énergie nucléaire considérée comme « la source d'énergie ayant le prix le moins fluctuant et les taux de production de CO^2 les plus bas »[1]. En 2022, elle a été reconnue « technologie verte » par l'Europe et intégrée dans la taxonomie européenne destinée à favoriser l'investissement « vert » au détriment des énergies carbones[2]. Pourtant, si l'énergie nucléaire conduit à des avantages environnementaux traduisant une externalité positive, les analyses économiques le mettent rarement en évidence[3].

741. **Une externalité positive peu prise en compte**. La non prise en compte dans les prix du marché des coûts externes fausse le signal donné à la Société et influe négativement sur l'optimisation globale, du point de vue économique, social et environnemental[4]. Aussi, l'évaluation et la détermination des coûts externes apparaissent essentielles à l'optique de développement durable[5]. Cela aide à la décision entre les différentes formes de production d'énergie électrique. En outre, la méthode d'analyse fonctionne en termes de risque. Il suffit de transposer le raisonnement. Si le coût est trop cher, il peut l'être aussi à cause du risque.

742. **Les conséquences sociales et environnementales**. Pour refléter l'effectivité des coûts du risque nucléaire, chaque élément de la gestion tant préventive que curative serait internalisé dans le coût de revient de l'énergie nucléaire. Dans ce cas, la charge est provisionnée, ce qui implique un financement anticipé et budgété. Comme vue, c'est le cas des coûts futurs de l'exploitation, surtout l'impact économique du démantèlement et de la gestion de certains déchets. Mais, le problème avec les externalités négatives du

---

1 Commission européenne, Eurobaromètre Spécial 324 : Les Européens et la sûreté nucléaire, 2014, p. 5. [en ligne]
2 https://www.sfen.org/rgn/taxonomie-le-nucleaire-reconnu-technologie-verte-par-leurope/
3 OCDE, Rapport AEN 2003, *loc. cit.*, p. 57.
4 *Ibid.*, p. 43.
5 *Ibidem*, p. 11.

secteur énergétique s'avère en réalité corrélé aux conséquences sanitaires et environnementales à la charge de la Société. Toutefois, les choses sont à relativiser. Les premières de ces externalités affectent la santé des populations et des travailleurs, quand les secondes impactent diversement. Si cette dernière catégorie inclut « les écosystèmes naturels, la faune et la flore, l'agriculture, les édifices et les objets culturels ainsi que les impacts environnementaux mondiaux, comme le changement climatique provoqué par les gaz à effet de serre », tous constituent « des coûts externes des systèmes énergétiques puisqu'ils ne sont pas payés par les producteurs et les consommateurs d'énergie »[1]. Le tout revient à déterminer l'aspect positif ou négatif sur la facture finale.

743. Une autre externalité joue en faveur de la filière, à savoir l'impact indirect sur l'emploi et l'économie. En plus de faire acquérir à l'industrie française la « position de leadership mondial sur tous les maillons de la chaîne de valeur », le développement du parc électronucléaire conduit à rassembler tout un réseau d'intervenants, dont un demi-millier d'entreprises privées au savoir-faire spécifique[2]. Ces externalités positives non compris dans le coût de l'énergie nucléaire, contre toute attente, participent aux décisions politiques du pays sur les trois piliers du développement durable.

744. En dehors des externalités sanitaires et environnementales, d'autres regroupent, d'un côté, les avantages liés à la sécurité d'approvisionnement, la diversité des sources d'énergie et les effets macroéconomiques[3] et, d'un autre, les coûts à la charge de la Société[4]. Il faut aussi constater qu'une partie non négligeable des impacts s'avère sociale et que leur coût économique pèse de manière indirecte sur les finances publiques.

B. L'impact économique des coûts sociaux indirects

745. Il n'est pas encore question d'apprécier le cadre juridique d'une quelconque réparation des dommages subis. Il s'agit à présent d'individualiser la substance de ce qui apparaît surtout comme des coûts indirects du risque nucléaire, d'une part, au travers des aspects du coût social global qui forment les coûts cachés relatifs aux risques de l'exploitation électronucléaire (**1**) et, d'autre part, plus spécifiquement du fait de la sous-traitance (**2**).

---

[1] OCDE, Rapport AEN n° 4373, 2003, *loc. cit.*, spéc. p. 16.

[2] Selon une étude de 2011, aux 125.000 emplois directs (représentant 4% de la filière industrielle générale), il faut ajouter tous les emplois indirects générés par la filière nucléaire « soit un total de 410 000 emplois – 2 % de l'emploi français », BIRRAUX (C.), BATAILLE (C.) et SIDO (B.), Rapport 2011, *loc. cit.*, pp. 119-120.

[3] Comprenant « les retombées de la recherche et du développement, la contribution à la balance des paiements et à la stabilité des prix, et la protection de l'environnement », *ibidem* p. 39.

[4] Principalement, l'aide publique à la recherche, au développement et au déploiement de l'énergie nucléaire, ainsi que la contribution de l'État à la responsabilité civile, *ibidem*.

1) Les coûts sociaux cachés de la prévention

746. **La méthode d'évaluation des externalités**. La méthode scientifique d'évaluation des externalités fournit le préalable indispensable à la fixation des coûts indirects de la production d'énergie[1]. De manière générale, l'évaluation a besoin d'indicateurs. Pour mesurer l'impact sanitaire, comprenant les expositions professionnelles et accidents de travail, les indicateurs « sont les morts, les blessés, les journées de travail perdues et les invalidités permanentes compte tenu d'effets radiologiques, comme les cancers mortels, les cancers soignables et les effets héréditaires graves radio-induits sur les générations futures »[2].

747. La détermination du chemin d'impact vers ces effets rencontre une difficulté dans la variété des données temporelles et géographiques à prendre en compte. Par exemple, à court terme et au niveau local, en fonctionnement normal, les impacts regroupent essentiellement ceux non radiologiques sur les travailleurs et les accidents de la route[3]. À moyen terme, il s'agira plutôt d'impacts radiologiques[4]. Dans ce contexte, la traduction des coûts externes a été jugée peu significative. Ce sont surtout les faibles doses qui constituent l'impact auquel les populations sont soumises en dépit des mesures de protection. Vue « la très longue durée de vie de certains radionucléides rejetés et/ou de leur migration rapide dans l'environnement », les effets à long terme de la radioactivité intègrent l'équation avec une part d'incertitude.

748. **Long terme, incertitude et précaution**. D'abord, le changement climatique et les dommages provoqués par les faibles doses émises par les déchets radioactifs à vie longue constituent l'essentiel des coûts externes qui reflètent les impacts mondiaux à long terme des divers systèmes énergétiques[5]. Ensuite, calculer cet impact du long terme à l'échelle de la planète reste le point d'achoppement. Il représente un problème théorique qui nécessite d'avaliser l'évaluation quantitative des éventuels risques en devenir, auquel il faut ajouter la question éthique des générations futures. L'objectif consiste à pouvoir arrêter un ordre de grandeur, d'une part, quantitatif, en ce qui concerne les impacts dans la durée et la proportion géographique et, d'autre part, qualitatif, en termes d'incidences sur la santé publique ou de risques individuels. En tout état de cause, le coût probable, bien qu'éventuel des conséquences à variabilité incertaine, ne peut être réfuté. Enfin, « plus les incertitudes sur les coûts externes sont importantes, plus les chances d'atteindre un optimum social, environnemental et économique par

[1] Rapport AEN n° 4373 précité, pp. 18-20.
[2] *Ibid.*, p. 21.
[3] Lors du transport des déchets nucléaires, avec un impact dommageable considéré limité.
[4] *Ibidem*, p. 30.
[5] *Ibidem*, p. 48.

l'internalisation des externalités s'amenuisent. C'est pourquoi il importe d'améliorer l'évaluation des coûts externes »[1].

749. Au fil des siècles, la proportion et le mode de vie des populations ont évolué en parallèle des connaissances scientifiques et techniques, ce qui influe sur les modèles de gestion qualitative et quantitative des risques et leurs impacts. La perception sociale du risque sur les décisions nucléaires constitue également une incertitude qu'il apparaît bien difficile de quantifier monétairement. Dès lors, elle constitue un coût social externe et indirect.

750. **Le coût de la perception sociale du risque nucléaire**. Depuis longtemps, il est admis que la perception des risques engendre un coût et influence les choix sociaux[2]. Au demeurant, une évaluation des coûts externes juste doit s'appuyer sur le consentement à payer des parties concernées pour éviter les dommages et les impacts[3]. Si cette considération tend à orienter la décision publique, il semble difficile de déterminer jusqu'à quel point la perception du risque nucléaire contribue au coût final de l'énergie éponyme. Il paraît illusoire de contester que cette perception n'impacte pas les finances des exploitants. La demande croissante de sûreté n'en constituerait-elle pas le corollaire ? Sauf si la réalité scientifique du risque a pris le dessus et explique à elle seule le besoin du renforcement des règles juridiques de protection, les deux ont sûrement joué et dans tous les cas, ce besoin a un coût.

751. **L'objectif d'internalisation des impacts sociaux**. Nous avons dit que la prévention du risque nucléaire impose des obligations juridiques. La prévention mise à la charge des exploitants est *a priori* répercutée sur le prix de vente aux consommateurs[4]. Outre ces coûts directs, des coûts cachés subsistent. Alors que « toute activité humaine vers un mieux s'accompagne de préjudices, toute machine ou usine conçue pour produire quelque chose donne aussi des sous-produits parfois utiles, souvent néfastes »[5]. Le nucléaire n'y échappe pas et les premiers confrontés sont ses travailleurs.

752. **La nature des impacts sur les travailleurs**. « La santé n'a pas de prix, mais elle a un coût »[6]. En phase d'exploitation, 75 % du total des préjudices seraient subis par les travailleurs[7]. En matière de risques professionnels, il faut partir « du principe que ces risques sont internalisés dans les salaires plus élevés que reçoivent ces travailleurs, cela signifie qu'ils

---

[1] OCDE, Électricité nucléaire : quels sont les coûts externes ?, Rapport AEN n° 4373, 2003, 91 p., spéc. p. 43.

[2] Commission européenne, eurobaromètre Spécial 324 précité, spéc. p. 11.

[3] OCDE/AEN, 2003, *ibid.*, p. 47.

[4] En effet « bon nombre des coûts externes potentiels sont déjà internalisés dans des coûts en capital et les coûts d'exploitation des centrales nucléaires et des installations du cycle du combustible (AEN, 2000a), *ibidem*, p. 25.

[5] REUSS (P.), *op. cit.*, 2012, spéc. p. 102, n° 3.

[6] LEVANNIER-GOUËL (O.), « L'omniprésence de la santé dans les relations de travail », *Jurisprudence Social Lamy*, n° 382-383, 1er févr. 2015.

[7] Etude dite *ExternE* de la Commission européenne, v. OCDE, rapport 2003 précité, p. 34.

ne doivent pas être comptabilisés avec les externalités »[1]. Valable dans d'autres domaines, la majoration salariale[2] du fait du risque vaut pour les mineurs ou sur les plates-formes pétrolières. Le risque nucléaire réside surtout dans l'impact sanitaire à court terme et du fait d'accidents non radiologiques[3]. Sachant que le plus gros impact tient aux faibles doses, les populations ne sont pas en reste. Toutefois, il n'existe aucun consensus sur une valorisation monétaire des impacts consécutifs à l'exploitation électronucléaire.

753. **La difficile estimation des conséquences sanitaires**. Bien que la question se pose dans d'autres domaines, l'estimation est importante en matière de coûts externes de l'électricité nucléaire. Une forte proportion des impacts estimés du cycle du combustible nucléaire concerne la santé humaine et intervient à long terme, notamment par le biais des effets cancérogènes de la radioactivité[4]. Sur ce point, la solution résiderait dans la poursuite « des recherches sur l'épidémiologie et l'évaluation économique des risques si l'on veut obtenir des estimations plus fiables des coûts externes »[5].

754. Tout n'est pas inconnu ni non chiffré. « Les méthodologies utilisées pour évaluer les coûts externes de l'énergie consistent à dresser un inventaire des répercussions des systèmes énergétiques sur la santé, l'environnement et la société, puis à en calculer la valeur monétaire »[6]. Si un travailleur ou un riverain d'une centrale tombe malade, l'impact financier des frais de santé, pertes de salaire ou tout autre préjudice, serait monétairement quantifiable. Cependant, pour en imputer la responsabilité financière à l'exploitant, il faudra faire le lien avec l'événement. Là n'est pas la question ici, mais une chose est sûre, ce type d'impact n'est pas internalisé dans le prix de l'énergie nucléaire. Selon nous, les conséquences sanitaires et sociales du fait de la radioactivité, lors du fonctionnement normal de l'installation, impactent les seules finances publiques par le mécanisme de la socialisation du risque, *avec* les caisses d'assurance maladie et de sécurité sociale.

755. Si ces coûts externes ne sont pas internalisés dans le prix facturé, le risque induit avec la sous-traitance est connu, quantifiable et indirectement internalisé dans le coût de l'énergie nucléaire pour la Société.

2) Les coûts indirects du risque de la sous-traitance

756. **Le recours à la sous-traitance**. En matière industrielle, la sous-traitance est une pratique courante. En ce qui concerne le nucléaire civil, l'exploitant EDF fait appel à des entreprises extérieures pour une proportion

[1] OCDE, rapport 2003, *loc. cit.*, p. 34.
[2] Comprenant une meilleure couverture assurances maladies professionnelles et accidents du travail.
[3] *Ibid.*, p. 66.
[4] *Ibidem*, p. 45.
[5] *Ibidem*, p. 46.
[6] *Ibidem*, p. 49.

de 80 % des postes de maintenance et de surveillance des centrales[1]. Il faut y voir une externalisation des tâches dont le coût est internalisé dans le prix de l'énergie produite. Les arguments théoriques portés au crédit du recours à des prestataires et entreprises sous-traitants font état des compétences d'un personnel spécialisé disposant d'une meilleure performance technique, de l'abondance de main-d'œuvre, en plus de la réalisation d'économies non négligeables, ce que la réalité des faits tend à démentir[2]. De plus, pour réduire les coûts et répondre à l'urgence des délais, il arriverait qu'un prestataire retenu sur appel d'offres ait ensuite recours à d'autres intervenants pour compenser son manque d'effectifs. Cela pose l'alternative de la perte des compétences nucléaires[3].

757. **Le risque de dilution des compétences**. Le cas de l'EPR de Flamanville toujours en construction illustre parfaitement la physionomie de l'impact économique d'une perte des compétences technologiques nucléaires et d'une performance nationale amoindrie. Comme dit, ce réacteur joue le rôle de l'effet de série. Les investissements d'aujourd'hui financent le retour d'expérience lié à la standardisation des réacteurs français. Ils permettront des économies d'échelle futures par la duplication des systèmes. Le nucléaire est considéré comme une industrie de progrès dont le développement technologique doit réduire à plus ou moins brève échéance les coûts[4]. Toutefois, un recours massif à la sous-traitance conduit à la perte des compétences de la filière, en plus d'un défaut de savoir-faire lié à la formation des personnels[5]. Un autre impact réside dans l'atteinte « à la réputation de la filière nucléaire française à l'étranger et donc à sa compétitivité »[6].

758. Le secteur nucléaire a besoin de compétences rares dont la spécialisation nécessite un entretien et une mise à jour permanente[7]. Par exemple, toute fermeture prochaine des centrales aurait pour répercussion que de grandes filières industrielles, comme les bureaux d'études ou les chantiers d'intervention sur site, constitueraient un goulot d'étranglement, conduisant soit à des importations massives de matériels ou de savoir-faire, voire à des impossibilités industrielles, dues à la saturation des capacités de production, tant en France qu'au niveau mondial[8]. L'enjeu économique est évident. Il nous semble que le droit est appelé à intervenir, c'est ce que tend à faire la loi précitée du 22 juin 2023 sur l'accélération des procédures. Si la filière apparaît comme un moteur de compétitivité internationale, sans un solide cadre

---

[1] EDF, Les entreprises prestataires de la maintenance du parc nucléaire, note d'information, mars 2011, 14 p., spéc. p. 2.
[2] AUBERT (J.) et ROMAGNAN (B.), 2017, *loc. cit.*, p. 43.
[3] Ce à quoi la loi du 22 juin 2023 sur l'accélération des procédures tend à remédier, voir *supra*.
[4] BIRRAUX (C.), BATAILLE (C.) et SIDO (B.), Rapport final précité, 2011, Tome 2, p. 113.
[5] FOLZ (J-M.), La construction de l'EPR de Flamanville, Rapport au PDG d'EDF, oct. 2019.
[6] BERSON (M.), Rapport d'information 2014, *loc. cit.*, spéc. p. 42.
[7] EDF, 2011, *ibid.*, p. 2.
[8] *Ibidem*, p. 115.

législatif contraignant sur le recours à la sous-traitance, il ne faut espérer ni la structuration de la filière ni de réels gains d'efficacité et d'efficience des opérations de démantèlement[1]. En outre, multiplier les intervenants conditionne la proportion du risque d'accident.

759. **Le coût du risque et l'externalisation du travail**. Une double évidence s'impose. La première consiste à admettre que scinder un tel chantier sous la direction opérationnelle de différentes entités tend à fragiliser les conditions de sûreté. La seconde est moins évidente, elle nous fait tirer de ce constat une déliquescence des avancées techniques passées et une perte de compétences dans la course mondiale à la réduction des aléas nucléaires. Le niveau de rentabilité des opérations est critiqué par les industriels, car le coût de la prévention du risque radioactif pèse lourd. De plus, un nombre restreint de grands groupes se disputent les marchés en se livrant à une rude concurrence par les prix. Selon l'ASN, cette guerre économique dégrade le suivi qualité des opérations, restreint l'arrivée de nouveaux acteurs et de solutions innovantes qui permettraient d'éventuels gains de productivité dans les opérations à venir. C'est dire si la réalité des faits tend à conforter un système mal ficelé et probablement peu rassurant pour les représentants de l'opinion publique. Ce libéralisme ne semble favorable ni à l'optimisation de la sûreté nucléaire ni à certains intérêts économiques.

760. **Transition**. En temps normal, les effets sanitaires et environnementaux indirects, facteurs de coûts sociaux dans l'exploitation du nucléaire civil, s'avèrent limités ; au point que « leur valeur monétaire ne modifie pas de manière substantielle les estimations des coûts externes totaux »[2]. L'absence d'internalisation des différents coûts externes, positifs et négatifs, n'impacterait qu'incidemment le coût final électronucléaire. Mais, depuis longtemps, « la fiabilité et la crédibilité des coûts externes globaux de l'électricité nucléaire sont largement dépendantes de l'évaluation des conséquences d'un accident nucléaire grave »[3]. Nous allons maintenant constater que, du point de vue juridique et face à des chiffrages encore bien aléatoires, en dehors des obligations de prévention, le droit des accidents nucléaires reste relativement en retrait des considérations économiques.

§2. Le flou juridique des externalités liées aux impacts de l'urgence nucléaire

761. Avec la loi sur la transparence et la sécurité nucléaire de 2006 précitée (TSN), le droit des installations nucléaires est rénové. Il devient un système intégré afin de prévenir tous les risques et nuisances que les INB sont susceptibles de provoquer : accidents nucléaires ou non nucléaires, pollutions

[1] AUBERT (J.) et ROMAGNAN (B.), 2017, *loc. cit.*, p. 44.
[2] OCDE, 2003, *loc. cit.*, p. 34.
[3] *Ibid.*, p. 69.

radioactives ou autres, production de déchets radioactifs ou non radioactifs, bruit. Comme le droit de l'environnement, le droit du risque nucléaire constitue un droit d'anticipation et de polices administratives. En dépit des précautions prises, un accident reste un événement fortuit. Il s'avère impossible de maîtriser tous les aléas, aussi bien *ex ante* que *ex post*. Pour évaluer l'impact économique des accidents du fait d'un réacteur, le cas français sert d'exemple à l'échelon international[1].

762. Des aléas incertains compliquent l'appréhension financière des accidents. Face à l'urgence, l'acceptabilité de la prise de risque commande d'avoir anticipé. À cet effet, les moyens juridiques de limiter les impacts, tant matériels que financiers, sont prévus. Mais, au fond, dans la caractérisation des enjeux économiques, sur la seule base des instruments du droit, on ne peut pas tout. Pour s'en convaincre, il faut, dans un premier temps, présenter l'approche conceptuelle du secteur nucléaire destinée à anticiper la charge financière du risque (**A**). Dans un second temps, envisager l'internalisation des coûts relatifs aux situations d'urgence permet d'identifier les incertitudes juridiques relatives aux externalités du risque réalisé (**B**).

A. Le cadre conceptuel de l'anticipation des coûts

763. Schématiquement, le risque c'est le probable, la possibilité de survenance de l'aléa redouté qui, en cas de réalisation, se transforme en dommages divers et variés, allant du simple incident à la catastrophe[2]. Dans le respect des principes juridiques, la « probabilisation » des enjeux (**1**) sous-tend que la prévention dépend de l'envergure du coût de la gestion d'une éventuelle crise nucléaire (**2**).

1) L'anticipation des enjeux proportionnés au niveau d'urgence

764. **Le préalable de la prévention du risque nucléaire**. Conformément au principe de la responsabilité première en droit des INB, centralisé sur l'exploitant, ce dernier est tenu de contrôler la sûreté des installations et de limiter le risque d'exposition à la radioactivité. Il lui revient, par exemple, de faire appliquer le droit du travail dans l'enceinte de la centrale. Cela passe par les règles relatives à l'organisation du travail, le suivi médical des travailleurs comprenant les intervenants extérieurs et l'objectif central, la prévention des accidents. De manière générale, les dispositifs juridiques assurant la sûreté, en plus de la prévention classique, ont pour ambition d'empêcher la survenue d'une crise majeure. À cet effet, il s'agit de

---

[1] L'étude *ExternE* de la Commission européenne de 1999 précitée avait étayé son raisonnement sur cette base.

[2] C'est cette qualification des faits qui détermine le régime applicable

prévenir et à défaut, de limiter les conséquences de l'événement qui, dans les faits, se décline du simple incident à l'accident catastrophique.

765. **De l'accident à la catastrophe.** Tout comme le vocable « risque », le mot « accident » demande à être qualifié pour déterminer le champ d'application. Par exemple, le *Lexique des termes juridiques* Dalloz ne définit pas l'accident en tant que tel. En revanche s'y trouvent les notions d'accident bénin, d'accident de trajet et d'accident de mission, toutes rattachées au Code de la Sécurité sociale[1]. Dans le langage courant, l'accident représente un événement fortuit, ordinairement malheureux ou dommageable tel un accident de chemin de fer[2]. Le terme vient du latin *accidens* et du verbe *accidere*, soit « ce qui survient et n'aurait pas dû survenir »[3]. Au sens du droit international de la responsabilité civile nucléaire (RCN), dès 1960, il est entendu que l'accident nucléaire signifie tout fait ou succession de faits de même origine ayant causé des dommages, dès que ce fait, ces faits ou certains des dommages causés proviennent ou résultent soit des propriétés radioactives, ou à la fois des propriétés radioactives et des propriétés toxiques, explosives ou autres propriétés dangereuses des combustibles nucléaires ou produits ou déchets radioactifs, soit de rayonnements ionisants émis par une autre source de rayonnements dans une installation nucléaire[4]. Quant à la « catastrophe », sa distinction avec l'accident est simple à comprendre. Selon l'ampleur des impacts, il s'agira de l'un ou de l'autre. Par exemple, une collision entre deux voitures provoque un accident, mais si plusieurs voitures sont impliquées, au-delà d'un nombre de victimes, on caractérise une catastrophe. Le régime juridique applicable ne dépend pas du flux des victimes et des dommages. Est appréhendée en priorité sa cause, c'est-à-dire le risque de survenance.

766. **L'exemple du risque catastrophique**. Dans l'échelle des risques que le domaine soit nucléaire ou autre, l'échelon de la gravité « catastrophique », communément appelé « catastrophe », fût représenté par le triptyque du « triple fracas, [celui] de l'impossible, de l'impensable et de l'inconcevable »[5]. Mais, la catastrophe n'est pas toujours improbable ou imprévisible. Les assureurs l'ont bien compris. Pour eux, elle s'apparente, soit à la réalisation simultanée de plusieurs risques garantis, soit à un seul événement de grande ampleur sur un temps réduit et dont le coût induit dépasse la capacité de couverture prévue par le système de mutualisation. De cette distinction dépend le remboursement des potentiels bénéficiaires de la

---

[1] Not. 19e Ed., 2012.

[2] Nouveau Petit Larousse illustré, Ed. Larousse, 1998, sous le mot accident, p. 8.

[3] PREVOST (J-B.), « Politique du drame collectif », *Gaz. Pal.*, 27 oct. 2015, n° 244, T. 2, p. 30, dans doss. Accidents collectifs et réparations individuelles – Question de méthode.

[4] Art. 1, a, i de la Convention du 29 juill.1960 sur la responsabilité civile dans le domaine de l'énergie nucléaire.

[5] MOREAU (Y.), *Vivre avec les catastrophes*, Paris, PUF, 2017 ; FLANQUART (H.), « Rendre visible ce qui ne l'est pas : nature du risque et prévention », *Riseo*, 2017-2, p. 12.

police d'assurance du risque réalisé[1]. Dans ces cas, la catastrophe peut être naturelle, technologique ou les deux. Le droit devait intervenir.

767. Dans le sillage du développement du savoir humain et de sa mise en œuvre dans un monde de plus en plus industrialisé, à partir de la décennie 1990, une recrudescence dramatique des catastrophes naturelles est mise en évidence par rapport aux trente années précédentes[2]. D'ailleurs, dès 1992, un hypothétique tremblement de terre au Japon[3] susceptible de causer jusqu'à 100 milliards de dommages assurés était envisagé. À cette époque, « les sociétés d'assurances japonaises encaissent, dans les branches autres que la vie, environ 70 milliards de dollars par an », le qualificatif de catastrophe issu des assurances était constitué[4]. Prédiction d'experts et/ou d'assureurs, peu importe, l'événement Fukushima est bien arrivé. La catastrophe naturelle s'est transformée en un accident technologique majeur qu'il faut ranger dans la catégorie des catastrophes nucléaires. Statistiquement, le risque d'accident nucléaire relève d'une probabilité faible. Cette infime possibilité participe à la décision et à la détermination des coûts. Cela n'a pas toujours été le cas. Cette probabilité, aussi moindre soit-elle, entre désormais dans le calcul prévisionnel des coûts de la sûreté. Elle justifie certains choix de dépenses d'investissements pour limiter le risque et éviter l'événement nucléaire.

768. **La rationalité économique du risque nucléaire**. Concrètement, le calcul des options s'opère avec le modèle coûts/bénéfices. Les dépenses relatives aux mesures de sûreté se décident à partir d'un double axe. Le choix des options demande, d'abord, une estimation du coût des mesures de prévention envisagées, puis, en fonction des avantages escomptés, il est déduit jusqu'où ces dépenses permettent de réduire la probabilité d'accident. Cela revient à calculer les bénéfices de l'option choisie et, *in fine*, le poids économique des accidents évités[5]. Si des incertitudes compliquent le cheminement programmatique, l'opération d'anticipation n'évite pas de les introduire dans l'équation menant à la décision. Une difficulté similaire se pose à l'échelle du coût des externalités du risque. De toute façon, en matière économique, le risque s'apparente à l'incertitude. Il est périlleux de quantifier une incertitude. Aussi, la Société cherche à limiter l'impact, à défaut d'avoir pu éviter tout ce qu'elle ne sait pas maîtriser. L'aversion au risque imprévisible confirme et généralise ce constat.

769. Surtout depuis Tchernobyl, l'impossible en matière nucléaire est devenu possible. La nécessité d'encadrer l'anticipation des coûts de la gestion de crise se discute d'autant moins que, si les coûts des accidents sont sous-

---

[1] DROUAULT (F.), « Philosophie de l'assurance », *Risques*, n° 10, avr.-juin 1992, p. 119.

[2] De 1960 et 1980, les événements naturels de type catastrophique auraient été multipliés par 5.

[3] Sur la base d'évaluations d'experts qui ciblaient la zone de Tokyo et prévoyaient un tremblement de terre similaire à celui de 1923.

[4] DROUAULT (F.), *ibid.*, p. 120.

[5] ERNE-HEINTZ (V.), « Penser le démantèlement d'une centrale nucléaire », *RISEO*, 2014-1, pp. 127-139, spéc. p. 128.

estimés, la valeur de la prévention le sera également[1]. Il faut en déduire que les options de sûreté, affiliées à la prévention du risque nucléaire, restent corrélées à l'évaluation du coût probable d'une urgence nucléaire.

2) L'anticipation déterminante du coût de la gestion de crise

770. **Les enjeux économiques du risque nucléaire.** Renforcer la sûreté nucléaire demande d'investir. Pour rentabiliser les investissements, il faut exploiter. Cette évidence sous-entend un allongement de la durée de vie des centrales et l'accroissement proportionnel de la potentialité du risque d'accident . Contraint par l'absurdité de tourner en rond, une confrontation des coûts de la sûreté à ceux du risque d'accident nucléaire s'impose. Celle-ci passe par le constat des enjeux économiques des risques. En outre, il semble important de déterminer le plus précisément possible combien coûterait tel ou tel impact de façon à apprécier, sans mauvais jeu de mots, si le coût de sa prévention vaut justement le coup ou pas.

771. De manière générale, la question a pu se poser de l'équilibre financier entre, d'une part, les conséquences économiques du choix de poursuivre l'activité de production comportant le risque d'accident aux conséquences extrêmes et, d'autre part, l'option de démanteler à court terme[2]. La comparaison des coûts du démantèlement avec ceux d'un événement accidentel de ce type tendrait à justifier le choix du démantèlement du parc électronucléaire[3]. Dans cette optique, devant l'ampleur des coûts d'une catastrophe nucléaire, opter pour l'arrêt de la production nucléaire civile serait économiquement plus raisonnable. Cette alternative réclame, entre autres choses, d'identifier les composantes d'un accident avant de les quantifier, afin de notamment déduire l'espérance concurrentielle, c'est-à-dire la rentabilité de la technologie. Nul doute, le coût économique des urgences nucléaires caractérise une grande partie du risque économique que, dans une moindre mesure, la Société sera tenue de supporter[4]. Condition *sine qua non*, l'activité doit se dérouler dans des conditions de sûreté optimale.

772. **L'anticipation du coût du risque d'accident nucléaire**. Les États-Unis se sont dotés dès 1990 d'une doctrine relative à la balance économique des risques d'accident nucléaire[5]. La démarche de l'analyse coût/bénéfice en matière d'investissements de sûreté s'enclenche en France, à

[1] Cour des comptes, *Le coût de production de l'électricité nucléaire,* 2014, *loc. cit*., p. 152.
[2] *Riseo*, 2014-1, pp. 127-139, spéc. pp. 128-129, n° 5.
[3] *Ibid*., spéc. p. 138, n° 28.
[4] Cour des comptes, *ibid*.., spéc. p. 151.
[5] Correspondant à des hypothèses de probabilité évolutive avec l'avancée des connaissances.

la demande de l'ASN, à partir de 2005[1]. Mais, il n'est pas facile de calculer le prix du risque nucléaire et le coût économique de sa prévention[2]. Il est entendu qu'arrêter le coût monétaire des impacts sanitaires et environnementaux suscite le choix d'une valeur statistique de la vie humaine et d'un taux d'actualisation par rapport à l'évaluation des incidences à long terme sur les générations futures[3]. Cela suppose d'attribuer une valeur à la perception du risque pour calculer son impact dans la population et orienter la décision publique. En tout cas, évaluer la charge financière de la sûreté nucléaire revient à établir les coûts de la prévention des événements nucléaires, ceux de l'anticipation de leur limitation, en passant par celle des rejets du secteur dans l'environnement. Comme vue, une partie de ces coûts est internalisée. Ce n'est pas le cas des situations d'urgence nucléaire, exemple topique de coûts externes. L'OCDE propose une méthode pour évaluer les coûts externes de l'incidence d'un accident grave. Repris par le système français, en 2014, l'expert scientifique nucléaire national, l'IRSN, a renouvelé le mécanisme.

773. Dans le cadre du détail des impacts sociétaux et environnementaux, l'IRSN travaille à la détermination du coût économique des accidents nucléaires entraînant des rejets radioactifs dans l'environnement[4]. Il va de soi que chaque aspect aura un prix. Afin de se pencher sur leur contenu ou la représentation que l'on peut s'en faire, deux modèles principaux d'accidents nucléaires sont distingués.

774. **Choix des modèles de référence**. L'OCDE a établi que « pour calculer les conséquences économiques d'un accident nucléaire grave, il faut procéder à une série d'hypothèses, notamment choisir le scénario de référence et les probabilités correspondantes »[5]. En parallèle, alors que l'ASN avait demandé une étude des scénarios d'analyse des coûts, l'IRSN fournissait un premier rapport en 2007[6], puis un deuxième en 2013 après l'accident de

---

[1] Il est demandé à l'IRSN de vérifier la pertinence des obligations juridiques imposées, en particulier à EDF, au moment des réexamens décennaux de sûreté des réacteurs du parc nucléaire *via* l'approche coût/bénéfice des nouvelles mesures vouées à la sûreté nucléaire (source IRSN).

[2] Par ex., une étude économique a proposé une méthode de calcul pour donner une valeur à la vie humaine ou encore établir une « *valeur des années de vie perdues* », RABL (A.) et SPADARO (J.V.), *The ExternE Project : Methodology, Objectives and Limitations* dans *Externalities and Energy Policy : The Life Cycle Approach* ; actes de l'atelier organisé les 15 et 16 nov. 2001, OCDE, France, 2002.

[3] Rapport AEN/OCDE n° 4373 précité, 2003, p. 22.

[4] IRSN, 19 févr. 2013 [en ligne] https://www.irsn.fr/FR/Actualites_presse/Actualites/Pages/20130219-Travaux-recherche-IRSN-cout-economique-accidents-nucleaires.aspx#.X09o53kzaM8 (consulté le 25/11/2023).

[5] OCDE, Rapport n° 4373, 2003, *loc. cit.*, spéc. p. 34.

[6] IRSN, Examen de la méthode d'analyse coût-bénéfice pour la sûreté, Annexes du rapport DSR n° 157, Réunion du Groupe Permanent chargé des réacteurs nucléaire, 5 juill. 2007, Direction de la sûreté des réacteurs, 67 p.

Fukushima[1]. En France, le chiffrage du coût des accidents nucléaires est, à la demande de l'ASN, réalisé par cet Institut qui, en 2014, élabore une méthodologie pour identifier le type d'accident et estimer les coûts[2].

775. Dans ce but, l'IRSN caractérise deux grands groupes d'accidents nucléaires, d'une part, la catégorie des « accidents graves » et, d'autre part, celle des « accidents majeurs ». Dans les deux cas, une fusion du cœur du réacteur a lieu. La différence porte sur l'intensité et la nature des rejets. Les accidents du premier groupe caractérisent des rejets différés et filtrés, c'est-à-dire contrôlés et sans conséquence directe significative. L'accident est alors qualifié de grave. Quant au second type d'événement, facteur d'accident majeur, il induit des rejets massifs incontrôlés et non filtrés, c'est ce qu'il s'est passé lors des accidents de Tchernobyl et de Fukushima. En tout état de cause, les conséquences varient en fonction de plusieurs paramètres.

776. **Les supports de la modélisation des impacts**. Chaque scénario, sur la base des réacteurs de type REP de 900 mégawatts, ne peut proposer que des fourchettes d'estimation. En effet, il semble bien utopique d'espérer une précision incontestable des résultats. En raison de la multiplicité des paramètres à prendre en compte, ceux-ci ont été regroupés par familles[3]. L'exemple de la météo suffit à montrer l'incertitude des impacts à redouter et *a fortiori*, l'envergure des conséquences aléatoires à chiffrer. Si, au moment de l'accident, les vents transportent la radioactivité vers les terres et non vers la mer, on comprend immédiatement la différence de configuration. Chaque combinaison de facteurs est donc adaptée.

777. Pour réduire la difficulté et fournir des fourchettes de coûts, l'étude se base sur un modèle, dit « médian », consécutif au double scénario encadrant « toutes les possibilités d'accident de fusion du cœur suivie de rejets »[4]. Dans ce cadre, les estimations tablent, d'une part, sur le modèle du « scénario conventionnel S3 » dit minorant et, d'autre part, le scénario majorant de type S1 qui représente « le pire scénario possible »[5]. Chaque scénario vise à identifier le plus d'impacts, afin d'évaluer le coût des accidents envisagés. Le choix d'inclure chaque effet constitue l'apport du positionnement de l'IRSN. Une évaluation au plus juste, en amont des événements, permettrait d'anticiper chaque impact dans le but de limiter au mieux le poids des

---

[1] IRSN, Méthodologie appliquée par l'IRSN pour l'estimation des coûts d'accidents nucléaires en France, Rapport PRP-CRI/SESUC/2013-00261, Pôle radioprotection, environnement, déchets et crise, Service des Situations d'Urgence et d'organisation de Crise, 2013, 68 p.

[2] La Cour des comptes a eu l'occasion de préciser que l'IRSN n'est pas la seule institution à évaluer les coûts d'un accident nucléaire mais, à sa connaissance, « il ne semble pas que des travaux semblables à ceux de l'IRSN, c'est-à-dire visant à faire un chiffrage quasi exhaustif des conséquences de ces accidents, soient réalisés par d'autres acteurs en France ni dans le monde, ni pour d'autres industries », Rapport 2014 précité, p. 152.

[3] IRSN, Rapport méthodologique 2014 précité, pp. 13-14.

[4] *Ibid.*, p. 11 et p. 19.

[5] *Ibidem*, not. p. 11.

dommages futurs. Plus la gestion de crise est anticipée, moins les conséquences devraient préjudicier.

778. Dans son rapport méthodologique de 2014 sur le coût économique des accidents nucléaires, l'IRSN annonce d'emblée qu'une estimation optimale nécessite de prendre en compte toutes les composantes. À défaut, le coût serait sous-évalué[1]. Mais, face à la diversité du potentiel événementiel et aux disparités de chaque site nucléaire, l'incertitude reste prégnante.

B. L'incertitude économique des externalités du risque réalisé

779. Ici, l'objectif n'est pas de référencer pour quantifier, en termes monétaires, les conséquences selon le modèle d'accident choisi. Cela serait d'autant moins pertinent que le chiffrage « comptable ne représente pas le vrai, mais, reflète le choix de différentes hypothèses de calcul »[2]. Il s'agit simplement de présenter, d'une part, la perspective économique des dommages à potentiels radiologiques (**1.**) et, d'autre part, la prospective financière des impacts strictement économiques (**2**).

1) La perspective économique des dommages radiologiques

780. **La perspective des différents dommages.** Avant toute chose, il faut délimiter la notion de « dommage nucléaire » considérablement élargie afin d'inclure des chefs de préjudice subi à la suite de l'accident de Tchernobyl[3]. Nous reviendrons sur l'aspect réparation, mais dès à présent, il faut dire qu'en l'état des dispositifs juridiques de l'époque, la couverture restait étroite. Tchernobyl a produit des « décès, dommages aux personnes et maladies y compris, stress psychologique aggravé, dommages aux biens, pertes économiques, dommages à l'environnement et autres perturbations socio-économiques »[4]. Cela conduit à des impacts qu'en termes de coûts, l'IRSN qualifie, soit de radiologiques, soit d'économiques. Cela commande de distinguer les conséquences radiologiques du reste, bien que chaque conséquence a *in fine* un coût économique. Ensuite, les dommages nucléaires étaient souvent réduits à des problématiques de santé publique. L'IRSN a

---

[1] Avec des conséquences négatives pour la valorisation de la sûreté et pour la complétude de la préparation aux crises, IRSN, Rapport méthodologique PRP-CRI/SESUC/2013-00261 précité, p. 7.

[2] ERNE-HEINTZ (V.), 2014-1, *loc. cit.*, spéc. pp. 138, n° 28.

[3] SCHWARTZ (J. A.), « Responsabilité civile et réparation pour les dommages résultant d'un accident nucléaire » dans *Le droit nucléaire international : Histoire, évolution et perspectives*, OCDE/AEN, 2010, p. 353.

[4] *Ibid.*, p. 358.

montré qu'il n'en est rien[1]. Par exemple, lorsque les rejets restent maîtrisés et n'emportent pas d'impact radiologique, les conséquences s'avèrent plutôt économiques. Enfin, les accidents nucléaires, du fait de leur rareté, ne permettraient pas de probabiliser les effets. C'est pourquoi l'estimation des coûts ne relève pas d'un calcul probabiliste, ce qui porte à discussions[2].

781. **La détermination des impacts**. Le modèle de l'IRSN touche tant les coûts directs qu'indirects. Les premiers visent les impacts sur le territoire contaminé et les seconds, les conséquences dans les territoires non contaminés. Dans son chiffrage, l'IRSN dédouble la liste des coûts complets entre « coûts radiologiques » et « coûts économiques »[3]. Les premiers englobent tant les conséquences sanitaires que la contamination du territoire.

782. **L'approche conséquence et la teneur des coûts radiologiques**. En 1972, les Américains proposèrent une analyse probabiliste du coût des accidents qu'ils évaluaient alors « entre 1 million et 14 milliards de dollars »[4]. C'était avant l'accident de *Three Mile Island*, en 1976, qui provoqua un nouveau chiffrage. Selon un rapport de 1982, le « coût pourrait se monter à 314 milliards de dollars dans le pire des cas »[5]. Dès le départ, l'écart est abyssal. Du côté européen, le modèle tient également compte des contremesures prises par les pouvoirs publics. *Grosso modo*, les contremesures concernent les évacuations, les confinements, la distribution de comprimés d'iode et l'interdiction de consommation et de commercialisation des aliments au-delà d'un niveau de contamination[6]. Ces actions destinées à réduire l'impact sanitaire ont un coût économique alimenté, pour l'essentiel, par les effets sanitaires et les pertes agricoles. Chaque conséquence dépend de la configuration temporelle et géographique de l'événement, mais également de l'intensité des rejets dans l'environnement.

783. **La nature des dommages à l'environnement**. En cas d'accident de réacteur, les impacts pour l'environnement sont de plusieurs ordres. Le tout forme *in fine* les risques sanitaires pour la santé publique. Des mesures de protection s'imposent ; elles ont un coût économique. En ce qui concerne les seules conséquences pour l'environnement, nous citons l'alternative du dépôt de substances radioactives dans la nature et sur les terres agricoles. En plus des effets intrinsèques pour les écosystèmes, ce type de situation engendre la perte d'usage et de valeurs des terrains et cultures. En 2003, l'OCDE soulevait la difficulté d'estimer la valeur monétaire de dommages écologiques, comme les effets à long terme de la contamination des espèces animales et végétales[7].

---

[1] IRSN, Rapport méthodologique 2014 précité, p. 14.

[2] Cour des comptes, Rapport 2014 précité, p. 160.

[3] Etablissant que les « coûts purement radiologiques ne forment qu'une composante non majoritaire des conséquences économiques d'un accident », IRSN, *ibid.*, p. 7.

[4] IRSN, rapport méthodologique 2014 précité, spéc. p. 21.

[5] *ibid.*, note 17.

[6] *Ibidem*, p. 22.

[7] En dehors des « effets sur l'agriculture et la foresterie », Rapport AEN n° 4373 précité, p. 73.

784. Quel que soit le chemin d'impact des rejets radioactifs, sous forme de déchets solides, d'effluents gazeux ou liquides, si tous sont susceptibles d'influer sur la santé. Au minimum, ils répercutent une valorisation monétaire, c'est-à-dire un coût économique à financer. C'est vrai en temps normal, ça l'est forcément, dans d'autres proportions, en cas d'accident nucléaire. Les impacts sanitaires ne constituent pas les seules conséquences. Dans le nucléaire, en réponse au défaut de statistiques, la prospective des externalités se présente comme une alternative non négligeable.

2) La prospective sur les finances publiques

785. **Le modèle dans l'approche économique.** L'autre modèle proposé par l'IRSN, en parallèle de l'approche « conséquences » sur les seuls aspects sanitaires, est une approche dite « économique » où tous les effets possibles sont envisagés de manière globale. La méthode inclut aussi les conséquences radiologiques, mais incorpore en plus tout effet susceptible d'engendrer des coûts. Le modèle vise à estimer au plus juste les événements accidentels pour anticiper au plus tôt les mesures de sûreté à financer. Le système ambitionne d'optimiser la protection en limitant l'opportunité des accidents. En réalité, l'anticipation du coût des accidents participe au renforcement de la sûreté en temps normal. La méthode, en raison du peu d'antécédents et des spécificités nucléaires qui réduisent l'apport des données de l'expérience, implique une dose de prospective où l'estimation englobe les dommages économiques aux effets directs et indirects.

786. **La nature des dommages économiques**. Selon l'OCDE, « les conséquences économiques indirectes des accidents nucléaires graves résulteraient du ralentissement ou de l'interruption de presque toute l'activité économique (pour l'essentiel, la production agricole et industrielle) sur les territoires touchés, pendant une période assez longue »[1]. L'organisation assimile *grosso modo* ces conséquences aux coûts des répercussions qui ont trait, d'abord, comme dans l'approche conséquences de l'IRSN, aux contre-mesures pour réduire les doses de rayonnement résultant d'éventuels rejets des matières radioactives. À quoi l'OCDE ajoute le coût des « effets sanitaires radio-induits dans la population exposée, effets psychologiques, évacuations et relogement des populations vivant dans la zone touchée, effets sur des facteurs économiques » telles les incidences sur l'emploi, les revenus, le capital, le tourisme, les éventuelles restrictions agricoles, mais aussi les répercussions sociales et politiques à long terme et enfin, tout impact environnemental et écologique, en plus des coûts de décontamination[2]. L'IRSN catalogue ces effets par type au sein de la méthode économique[3].

---

[1] Rapport AEN n° 4373 précité, 2003, p. 74.
[2] *Ibid.*, p. 79.
[3] *Ibid.*, p. 29.

787. **Les composantes du système**. Premièrement, le modèle distingue les territoires contaminés. Deuxièmement, il différencie les coûts radiologiques selon l'accident. Troisièmement sont concernés les coûts d'image sur le secteur agricole et alimentaire, le tourisme et les exportations. Quatrièmement viennent les coûts liés à la production d'électricité, c'est-à-dire l'impact sur l'économie du pays des conséquences de l'accident pour l'industrie nucléaire elle-même. Et cinquièmement, les coûts sur site englobent les éventuels décontaminations et démantèlements ou encore, la perte financière consécutive à l'électricité non produite. En définitive, les postes de dépenses sont nombreux et d'un poids qui dépend bien sûr des circonstances de l'accident, en plus d'autres facteurs tels que les choix du mix énergétique du pays et la capacité de résilience des habitants.

788. Dans la catégorie des coûts radiologiques, certaines conséquences n'entrent pas dans le décompte économique. C'est le cas de la souffrance humaine sous-jacente à chaque situation. Au-delà de la perte économique, les changements dans le mode de vie provoquent des conséquences indirectes. Ces dommages ne sont pas chiffrables *ex ante*. Moins flagrant dans le cadre des coûts strictement économiques, il n'en reste pas moins difficile de tout anticiper. La répercussion semble toutefois plus collective qu'individuelle. Leur charge économique incombera à l'ensemble des Français ou à un groupe de personnes, tels les coûts d'image impactant le secteur du tourisme ou agricole. Néanmoins, les pertes d'un secteur peuvent se compenser, par le report sur un autre acteur économique, mais pas forcément à l'échelle du pays. En matière de coûts économiques, l'IRSN a reconnu l'impossibilité, en l'état des connaissances, de faire appel à une distribution statistique[1]. Des progrès sont en cours. Le secteur se nourrit de l'expérience passée, nucléaire ou autre, pour affiner les estimations avec des fourchettes financières[2].

789. **Transition.** Les incertitudes financières interrogent l'identité réelle du payeur final ; souvent, le coût des impacts n'a pas été internalisé par l'exploitant dans le prix de l'électricité ni par l'État dans les taxes et contributions de la production électronucléaire. Le dispositif juridique applique les mécanismes du principe pollueur-payeur. Si la détermination du coût économique de la charge financière du risque nucléaire ne relève pas que du droit, ses concepteurs assurent, au sens propre comme au sens juridique, la réparation des occurrences du risque réalisé. Aussi, il convient à présent de constater comment et jusqu'où le système d'assurance nucléaire, corollaire du régime spécial de responsabilité civile, couvre les faits dommageables de l'exploitation électronucléaire ; un coût d'ailleurs souvent vu comme une externalité internalisée dans le dispositif financier de l'exploitant.

---

[1] IRSN, Rapport méthodologique 2014 précité, p. 32.

[2] Voir RUSSO (S.), version soutenance de la thèse, « L'incertitude et le droit de l'environnement. L'exemple du risque nucléaire », 2021 : https://theses.fr/2021COAZ0005

Chapitre 2. Les limites juridiques du financement pérenne des conséquences dommageables

790. Les exploitants sont les premiers responsables des dommages causés aux tiers. Dès l'origine, « les gouvernements recherchaient une solution qui favoriserait le développement de l'industrie nucléaire en éliminant les obstacles juridiques et financiers, tout en permettant une indemnisation adéquate des éventuels dommages »[1]. Par exemple, « le montant de la responsabilité a été limité, parce que la capacité d'assurance était limitée »[2]. Le choix d'une responsabilité objective a permis de focaliser les moyens de la réparation et non les conditions d'engagement de la responsabilité civile nucléaire (RCN). Des « systèmes d'assurance ont été mis en place dès l'aube du nucléaire civil, car ils étaient jugés essentiels au développement de l'énergie nucléaire »[3]. Ce régime spécial devait pourvoir à une indemnisation suffisante des victimes sans toutefois contraindre les exploitants au point d'empêcher le développement pérenne de la filière. À défaut du « fondement solide constitué par l'assurance de la responsabilité nucléaire », le précoce dispositif international n'aurait pas pu atteindre la maturité qui est la sienne[4].

791. La responsabilité civile a une double fonction : préventive et curative. La priorité reste d'empêcher les dommages. En cas d'échec, il faut réparer. Il en va de l'acceptabilité sociale de la prise du risque. Une fois établi comment le financement des conséquences dommageables est anticipé et jusqu'où leur couverture est assurée, nous constaterons les limites d'un système dans lequel s'inscrit le principe pollueur-payeur.

792. À l'aune de l'anticipation juridique des modes de financement des dommages (**section 1**) et alors que l'expectative d'un échec de la prévention motive les modalités de la réparation, l'orchestration du système laisse planer le doute sur l'optimalité de sa fonction curative (**section 2**).

Section 1. Le financement dans la fonction préventive du droit des risques nucléaires

793. Dès la fin du XIXe siècle, avec le développement du machinisme, les risques augmentent et *de facto*, la gravité des conséquences. Le droit commun de la responsabilité civile a très tôt inspiré les autorités nucléaires

---

[1] AEN, Responsabilité et réparation des dommages nucléaires. Une perspective internationale, OCDE, 1994, 222 p., spéc. p. 27.
[2] *Ibid.*, p. 35.
[3] *Ibidem*, spéc. p. 81.
[4] *Ibidem*, spéc. p. 35.

contraintes, pour faire accepter le nucléaire civil, de garantir les risques de l'exploitation électronucléaire. Les gouvernements et le secteur des assurances ont collaboré à la mise au point du régime, tant sur le plan national qu'international[1]. Les acteurs de l'assurance ont contribué aux modifications et limites de la responsabilité civile nucléaire.

794. Devant la nature et la portée des conséquences nucléaires, la mutualisation du financement de la réparation s'est imposée. Le coût exorbitant des potentialités dommageables d'un accident nucléaire nécessite une appropriation juridique et le recours aux assurances. Conformément au principe pollueur-payeur, l'exploitant doit assurer les risques de son activité.

795. Afin de clarifier la fonction préventive du système, l'analyse des rouages assurantiels du secteur et des incertitudes résistantes s'impose. Confronté aux particularités du risque financier induit par les dangers de l'exploitation électronucléaire, d'une part, le droit des assurances s'est révélé passablement adapté (**§1**) et, d'autre part, le dispositif juridique renouvelé reste contraint par des limites matérielles potentiellement insurmontables (**§2**).

§1. Le droit de l'assurance nucléaire ou la mutualisation d'un risque financier douteux

796. En droit, « l'assurance est généralement définie comme l'opération par laquelle un assureur s'engage à exécuter une prestation en cas de réalisation d'un événement aléatoire, le risque, en contrepartie d'une somme d'argent, la prime »[2]. En matière d'assurance nucléaire, des négociations financières ont déterminé le régime[3]. Dans le but de rassurer les investisseurs, une responsabilité civile centralisée s'est révélée nécessaire.

797. Le principe consiste à faire reposer sur l'exploitant, de manière exclusive, l'obligation juridique de réparer. Sous cet impératif légal, le secteur s'est pourvu d'un régime d'assurances garantissant le financement.

798. Pour comprendre les rouages du système d'assurance nucléaire et à quel niveau le risque financier s'avère incertain, il est nécessaire d'apprécier, d'une part, les fondements juridiques du dispositif (**A**) et, d'autre part, les supports financiers mis en place (**B**).

A. Le cadre juridique de la mutualisation financière

799. La responsabilité civile nucléaire (RCN) trouve son origine dans des conventions supranationales. Dès le départ, l'envergure du risque nucléaire impose d'anticiper le financement des conséquences de ce risque

[1] AEN/OCDE, 1994, *loc. cit.*, spéc. p. 36.
[2] Cour de Cassation, Le risque, Rapport annuel, 2011, 654 p., spéc. p. 225.
[3] *Ibid.*

spécial. À cet effet, dans le droit nucléaire, d'une part, le principe de la mutualisation des risques a été approprié (**1**) et, d'autre part, la responsabilité a dû être adaptée pour garantir la réparation à la charge de l'exploitant (**2**).

1) Le principe de la mutualisation dans la gestion indemnitaire du risque nucléaire

800. **Assurance nucléaire et raison d'être**. Avec la production électronucléaire, la couverture d'un dispositif d'assurance spécialisée est mise en place. L'assurance responsabilité civile du droit des installations nucléaires a cela de particulier qu'elle fonctionne à l'envers des fondamentaux du droit des assurances. Habituellement, le système assurantiel fournit une couverture contre des événements d'occurrences connues et aux conséquences limitées. La RCN couvre aussi des risques d'accident majeur dont les probabilités sont certes rares, mais aux effets dévastateurs. Le risque nucléaire, toute dimension confondue et parfois sans référence dans les bases statistiques des antécédents, se caractérise par une mise en présence de la radioactivité avec les individus et l'environnement. En dépit de possibles accidents aux conséquences potentiellement inassurables, l'électronucléaire requérait un dispositif assurantiel auquel l'idée de risque est intrinsèquement liée.

801. **Genèse du risque et de l'assurance**. Dès l'Antiquité, les Romains auraient appréhendé l'idée de risque dans le cadre des activités maritimes. La désignation de « l'assurance par forme de gageure » consistait à parier « sur l'arrivée ou la perte d'un navire », un procédé qui n'avait de commun avec l'actuelle « assurance que le nom »[1]. Le recours aux assurances nécessite que l'aléa, la part relative au hasard, soit calculable et donc, probabilisable. La technique repose sur le calcul de l'aléatoire pour lui donner une valeur. Il est communément admis que l'approche moderne du risque en est issue. Apparue avec le développement de l'assurance maritime, la notion de risque fut associée « à une volonté d'entreprendre, de prévenir les coups du sort [sous réserve] que la menace soit de nature accidentelle »[2]. Or, les activités industrielles ont facilité la prolifération de risques d'un genre spécial, les risques technologiques majeurs.

802. **La catégorie des risques technologiques majeurs.** La particularité avec les accidents majeurs, nucléaires ou non, se caractérise par des conséquences de nature catastrophique en plus d'une fréquence de survenance faible, justement trop faible pour permettre les statistiques nécessaires aux calculs actuariels des assurances. C'est un des points qui complique l'alternative d'assurer toutes les occurrences du risque nucléaire. À l'origine, d'ailleurs, les assureurs mettaient en exergue son caractère trop

---

[1] DROUAULT (F.), « Philosophie de l'assurance », *Risques*, n° 10, avr.-juin 1992, p. 113.

[2] PERETTI-WATEL (P.), « Société assuranciel, société du risque, ou culture du risque ? », *Risques*, 2006, n° 67.

peu connu, ce qui le rendait *a priori* inassurable. La difficulté a été surmontée. En tout état de cause, recourir à l'assurance consiste à transférer la gestion du poids économique d'un risque prévu sur autrui au moyen d'un système financé par le mécanisme de la mutualisation.

803. **Principe de mutualisation**. En droit privé, quand la prise en charge de la survenue d'un événement redouté repose sur l'assureur, ce dernier « procède en cas de sinistre au règlement de l'indemnité stipulée entre les mains de son assuré, le poids du risque réalisé étant ainsi juridiquement supporté, par le jeu du contrat d'assurance, par l'assureur »[1]. Du point de vue économique, ce poids est réparti au sein de la mutualité constituée par l'ensemble des cocontractants de l'entité formant l'assurance. Cela revient à faire peser la charge financière des conséquences risquées sur une masse d'individus représentée par l'organe d'assurance. Du point de vue du droit, la mutualisation du risque concrétise l'opération d'assurance par laquelle « un assureur organise en une mutualité une multitude d'assurés exposés à la réalisation de certains risques et indemnise ceux d'entre eux qui subissent un sinistre grâce à la masse commune des primes collectées »[2]. Ainsi, le principe de mutualisation conduit à répartir la charge des risques sur la communauté des assurés en contrepartie des primes versées.

804. Comme dit, la technique de la mutualisation des risques s'avère étroitement liée au dispositif de la responsabilité civile nucléaire. Celui-ci consiste, ni plus ni moins, à prévoir la répartition juridique des coûts du risque financier. Il va de soi que des investissements dans un domaine industriel comportant d'irréductibles aléas et un potentiel dangereux exacerbé ne pouvaient se faire sans une délimitation juridique et une protection adaptée de la responsabilité civile des entités prenant le risque.

2) L'impératif d'une responsabilité juridique adaptée à la garantie financière

805. **Le principe de la canalisation financière**. La responsabilité civile nucléaire est intrinsèquement liée à l'obligation d'assurer l'indemnisation à hauteur des montants légaux garantis. Le système requiert sa canalisation sur l'exploitant, le premier responsable. Le principe trouve son fondement dans le dispositif juridique institué au niveau international.

806. **Genèse des fondements juridiques**. Le dispositif supranational est fondé sur double *corpus* de normes. Il se compose, sous l'égide de l'OCDE, de la Convention de Paris sur la responsabilité civile dans le domaine de l'énergie nucléaire du 29 juillet 1960[3] et de la Convention de Bruxelles du

---

[1] Cour de Cassation, Le risque, Rapport annuel de 2011, 654 p., spéc. p. 225.

[2] LAMBERT-FAIVRE (Y.) et LEVENEUR (L.), *Droit des assurances*, Dalloz, 13e éd., 2011, spéc. p. 40.

[3] Amendée par les Protocoles additionnels du 28 janvier 1964 et du 16 novembre 1982.

31 janvier 1963 complémentaire à la Convention de Paris du 29 juillet 1960 (dispositif Paris/Bruxelles, ci-après). Et, sous l'égide de l'AIEA, est signée la Convention de Vienne relative à la responsabilité civile en matière de dommages nucléaires du 21 mai 1963[1] (Convention de Vienne, ci-après). Sans entrer ici dans les détails, il faut simplement savoir que leurs dispositions respectives s'avèrent, sur le fond, relativement similaires. En droit interne, la loi n° 68-943 du 30 octobre 1968 relative à la responsabilité civile dans le domaine de l'énergie nucléaire, conforme au dispositif Paris/Bruxelles, a fixé les mesures laissées à l'initiative des Parties[2].

807. En bref, la Convention de Paris, le premier instrument de ce type et à l'attention des États de l'OCDE, adoptée en 1960, est suivie par la Convention de Vienne qui a la spécificité de s'adresser à tous les États du monde. Par suite, la référence à ces dispositifs s'avérera inéluctable.

808. **Une responsabilité financière plafonnée.** Ces différents régimes ont pour ambition de permettre « le développement du secteur de l'énergie nucléaire dans les meilleures conditions possibles et dans un cadre juridique adéquat garantissant la protection des investissements »[3]. En outre, la canalisation de la responsabilité nucléaire sur l'exploitant, en cas d'incident/accident, permet de savoir précisément vers qui se tourner pour demander réparation. Tous ces régimes, de l'ordre international, régional ou national, canalisent sur l'exploitant, jusqu'à un certain montant, l'obligation de réparer. Dispositif de compromis, il a surtout évolué par rapport aux montants garantis. Dans l'ensemble, le régime en vigueur reste conforme à la lettre du système initial. Son objectif visait, d'une part, à trouver un équilibre entre une obligation d'indemnisation des victimes garantissant la réparation et, d'autre part, le besoin de protection des exploitants sur lesquels cette responsabilité de plein droit repose en priorité. Une responsabilité canalisée sur l'exploitant jusqu'à un certain point toutefois, la survie financière de la filière exigeait la limite d'un seuil d'indemnisation.

809. Ce seuil a évolué. Le principe établit que « le total des indemnités payables pour un dommage causé par un accident nucléaire ne peut dépasser le montant maximum de la responsabilité »[4]. En 2004, avec le Protocole réformateur de Paris[5], il a semblé que la logique changeait et que le montant de responsabilité devenait un minimum et non plus un maximum. Pourtant, le

---

[1] INFCIRC/500, fev. 1996.

[2] Art. 1er de la loi n° 68-943 du 30 oct. 1968 relative à la responsabilité civile dans le domaine de l'énergie nucléaire (JORF du 31 oct. 1968, p. 10195).

[3] VASMANT (A.), « instruments juridiques internationaux encourageant les synergies dans les domaines de la sûreté, de la sécurité et des garanties : Mythe ou réalité ? », *BDN*, n° 84, Vol. 2009/2, pp. 89-112, spéc. p. 95.

[4] Art. 7, a et b, Convention Paris du 29 juill. 1960 sur la responsabilité civile dans le domaine de l'énergie nucléaire, amendée par le protocole additionnel du 28 janv. 1964 et par le protocole du 16 nov. 1982, JOUE L 97/55, 1er avr. 2004.

[5] Portant modification de ladite convention du 29 juill. 1960.

droit national fait toujours état d'un montant maximum. À l'origine, le maximum à la charge de l'exploitant équivalait à un plafond que le Protocole signé à Paris le 12 février 2004, portant modification de la convention de Paris, fixe à 700.000.000 € pour un même accident nucléaire. En France, il est entré en vigueur avec la publication du décret n° 2022-37 du 17 janvier 2022[1]. En dépit des délais de publication, concernant les montants de la garantie de l'exploitant, le droit interne a précédé ses prescriptions.

810. **L'anticipation financière des accidents**. Le dispositif conforte la loi sur la transparence et la sécurité nucléaire (TSN) de 2006 qui a modifié celle sur la responsabilité civile nucléaire (RCN) de 1968[2] et prévu le rehaussement des plafonds garantis. Depuis le 18 février 2016, chaque exploitant est tenu de s'assurer, ou de se garantir financièrement, à hauteur du nouveau montant. Celui-ci peut toutefois être réduit dans les termes prescrits par le Protocole Paris 2004. À ce titre, le décret n° 2016-333 du 21 mars 2016[3] a précisé les caractéristiques du risque réduit et répertorié les catégories d'installations visées. Dans un souci de réciprocité, le montant garanti est également réduit pour les dommages subis dans un État auquel la convention de Paris est applicable, dans la mesure où le droit applicable dans cet État ne prévoit pas un montant de responsabilité équivalent pour l'exploitant, à due concurrence des 70 000 000 €[4]. Le cas des accidents lors des transports de matières radioactives et déchets nucléaires est spécifique[5]. De prime abord, anticiper le risque financier d'éventuelles urgences nucléaires peut ressembler à une gageure, il faut déjà qualifier le risque d'accident visé.

811. **Le risque d'accident défini**. Comme la Convention de Vienne de 1963, le Protocole signé à Paris le 12 février 2004, portant modification de la convention de Paris (Protocole Paris 2004, ci-après), résume la définition d'un accident nucléaire à tout fait ou succession de faits de même origine ayant causé des dommages par l'entremise d'une installation nucléaire[6]. L'événement nucléaire doit avoir partie liée avec les réacteurs, diverses usines, les installations d'entreposage et stockage définitif de substances

---

[1] portant publication du protocole portant modification de la convention du 29 juillet 1960 sur la responsabilité civile dans le domaine de l'énergie nucléaire, amendée par le protocole additionnel du 28 janvier 1964 et par le protocole du 16 novembre 1982, et du protocole portant modification de la convention du 31 janvier 1963 complémentaire à la convention de Paris du 29 juillet 1960 sur la responsabilité civile dans le domaine de l'énergie nucléaire, amendée par le protocole additionnel du 28 janvier 1964 et par le protocole du 16 novembre 1982, signés à Paris le 12 février 2004 (JORF n° 015 du 19 janvier 2022, texte n° 5).

[2] Et par ricochet le dispositif de la section I. (art. L. 597-1 à art. L. 597-25, C. environnement) relative au dispositif applicable une fois le protocole Paris 2004 en vigueur.

[3] Portant application de l'art. L. 597-28 et relatif à la responsabilité civile dans le domaine de l'énergie nucléaire (JORF n°0069 du 22 mars 2016, texte n° 2), art. 2.

[4] Al. 3 de l'art. L. 597-28, C. environnement.

[5] Dans ces cas, il est prévu une garantie de 80 millions d'euros pour un même accident nucléaire (art. L. 597-8, C. environnement) sous l'empire de la convention de Paris, et de 1,2 milliard d'euros dans les autres cas (art. L. 597-10, C. environnement).

[6] Les transports de substances et matières nucléaires sont également concernés.

nucléaires, y compris les réacteurs, usines et installations qui sont en cours de déclassement et toute installation détenant des combustibles, produits ou déchets radioactifs qu'aurait désignés comme tels le comité de direction de l'énergie nucléaire de l'Organisation[1]. Le droit nucléaire prévoit d'imposer la couverture assurancielle de ces installations (et des transports).

812. **La couverture responsabilité civile nucléaire**. Chaque exploitant[2] fournit et maintient, à concurrence des montants fixés par le dispositif juridique applicable, une assurance ou toute autre garantie financière répondant au type et aux conditions déterminés par l'autorité publique compétente[3]. En France, l'exploitant a le choix entre un contrat d'assurance ou une garantie financière que le ministre de l'Économie et des Finances doit agréer[4]. Le plus souvent, il se couvre avec une police d'un type spécial auprès d'un organe d'assurance privée. Tous les ans, le ministre chargé de l'Économie contrôle le respect de cette obligation[5]. À défaut, l'exploitant encourt un emprisonnement de cinq ans et une amende de 150 000 € ou l'une de ces deux peines[6]. Le dispositif vise aussi les transports de matières radioactives.

813. En cas d'accident, l'indemnisation est exécutée dans les termes des conventions internationales applicables à l'État sur le territoire duquel a lieu l'événement et dans les limites du droit national. Mais, encore faut-il disposer des fonds nécessaires. C'est pourquoi le secteur électronucléaire a adapté les mécanismes d'assurances pour financer la prise de risque.

B. Le cadre financier du régime d'assurance

814. Pour promouvoir l'exploitation civile de la radioactivité à des fins énergétiques, les dirigeants des pays qui se voulaient producteurs ont compris qu'ils avaient besoin du support juridique pour anticiper la couverture financière des conséquences du risque électronucléaire. Tout naturellement, le secteur des assurances s'est organisé (**1**) afin de proposer et répondre du marché dévolu à ce financement risqué (**2**).

1) Un régime d'assurance spécifique aux risques de l'exploitation nucléaire

815. **Le principe de la couverture assurantielle**. En 1994, l'OCDE constatait que si la capacité d'assurance s'était accrue par rapport aux premiers

[1] I. A. ii) du Protocole 2004 précité.
[2] A l'instar du responsable d'un transport de matières nucléaires au cours duquel se produirait un accident.
[3] *Ibid.*, art. 10, a.
[4] Loi 1968 précitée, art. 7, al. 1 et 2.
[5] Art. L. 597-7, al. 1, C. environnement.
[6] I, 1° de l'art. L. 597-20, Code de l'environnement.

temps de l'industrie électronucléaire, la garantie réelle n'en restait pas moins limitée. En tout état de cause, le montant de la couverture juridique prend la forme d'un contrat d'assurance de type nucléaire ou d'une garantie financière auprès d'une banque ou de l'État[1]. Seule la première option est ici envisagée.

816. **La couverture responsabilité civile de l'assurance nucléaire.** D'ores et déjà, il s'agit de garder à l'esprit que cette police d'assurance a pour seul objet de couvrir les dommages causés hors du site par un accident survenu du fait de l'installation ou des substances radioactives et matières nucléaires dont l'exploitant a la responsabilité. Dans cet objectif et en amont de la mise en service des premières centrales, les initiés se sont demandé si les habituels contrats d'assurance responsabilité civile de droit privé pouvaient couvrir les risques nucléaires. La question était de savoir si les dommages nucléaires devaient ou non être exclus des polices d'assurance existantes. Dès 1957, les assureurs de divers pays ont commencé à exclure les dommages nucléaires des risques normalement couverts en stipulant des clauses dans les contrats d'assurance classique[2]. En parallèle, il s'est imposé qu'aucune autorisation administrative d'exploiter une installation nucléaire ne serait accordée sans justifier une assurance responsabilité civile spécifique aux dommages nucléaires[3]. En raison des spécificités du risque encouru, il est également très tôt décidé que les polices d'assurance devraient couvrir tous les dommages, nucléaires et classiques, dès lors que ceux-ci ont pour cause un seul et même accident. Nous aborderons ultérieurement leur champ d'application et la problématique du contenu des dommages pris en compte. En droit interne, conformément à la loi de 1968 précitée, depuis codifiée dans le Code de l'environnement, au-delà du montant de la responsabilité de l'exploitant, les victimes sont indemnisées par l'État, dans les conditions limites fixées par la Convention complémentaire de Bruxelles[4]. Un facteur de socialisation du risque nucléaire sur lequel il faudra aussi revenir, seul le financement de la première tranche, celle dévolue aux exploitants, est pour le moment apprécié.

817. L'objectif consiste à présenter le mécanisme financier qui permet aux assurances d'indemniser, avec le risque que les montants garantis soient en deçà des coûts réellement engendrés. Par exemple, avec les deux accidents majeurs de Tchernobyl et Fukushima, si le coût économique du premier reste toujours difficilement chiffrable[5], concernant le second, en 2014, son coût

---

[1] L'OCDE établissait par exemple en 1994 qu'en dépit du fait « que l'assurance soit la forme la plus courante de garantie financière, il est également possible de fournir un cautionnement bancaire ou un nantissement par des liquidités, de constituer un fonds mutuel ou de bénéficier d'une garantie de l'État ou d'une forme d'indemnisation ou d'assurance fournie par l'État », AEN/OCDE, 1994, *loc. cit.*, p. 59.

[2] *Ibid.*, p. 36.

[3] Ou une garantie financière équivalente.

[4] Art. 5, al. 1, loi n° 68-943 du 30 oct. 1968 précitée.

[5] De nombreuses références existent, elles fournissent des chiffres divergents, mais l'estimation dominante tablerait sur une moyenne de plus de 100 milliards de dollars (US).

direct était évalué à plus de 100 milliards d'euros avec la conséquence de provoquer la faillite virtuelle de la *Tokyo Electric Power Company* (TEPCO), l'exploitant nippon équivalant d'EDF[1]. De bien mauvais exemples en réalité, puisque aucun de ces deux accidents majeurs n'a bénéficié d'une indemnisation des assurances[2]. Nous exposerons les raisons, mais à titre de comparaison, en l'état du droit interne, l'enveloppe budgétaire des assurances RCN s'élève au mieux à 700 000 000 € par accident et par installation, contre environ 91 500 000 € auparavant. Un montant pour lequel l'exploitant doit être assuré ou garanti. Au-delà des habituelles difficultés, un obstacle récurrent se pose. Il fait se demander si le secteur sera en mesure de faire face aux nouveaux montants garantis. Cela incite à confronter les particularités des assurances nucléaires au droit commun.

818. **Le mécanisme assurantiel**. L'assurance a pour objet de garantir la prise en charge financière d'un risque. Les contrats sont de plusieurs types. Tous corrélés à la nature des risques couverts, leurs clauses formalisent le contenu et l'étendue des polices souscrites. Peu importe la nature de la couverture, que le dommage pris en charge soit corporel et/ou matériel, le mécanisme des assurances fonde le risque financier transféré sur un tiers spécialisé en échange du règlement d'une prime. Son prix se calcule, de manière empirique, en fonction du degré de probabilité de survenance de l'événement assuré et du poids de la quantification des dommages liés. Leur estimation fixe le montant des primes à provisionner pour couvrir le risque d'accident. Ainsi, la problématique du coût de l'assurance nucléaire à la charge des exploitants se profile.

819. **La police d'assurance du risque nucléaire**. L'assurance responsabilité civile nucléaire se limite concrètement à deux piliers, l'un direct, l'autre indirect. Le premier est logiquement axé sur les obligations du droit nucléaire de la responsabilité civile. Le second, celui de l'assurance des dommages matériels, est indirect, car relatif aux dommages infligés à l'installation elle-même. Ceux-ci ne relèvent pas du dispositif de l'assurance RCN. Cela ne veut pas dire que les exploitants ne peuvent pas assurer ce risque patrimonial de nature industrielle. Simplement, ces dommages-là nécessitent de contracter un contrat d'assurance distinct de celui de la RCN. Seuls seront analysés les aspects en lien avec le risque que les assureurs connaissent depuis les années 1920. Avec la bombe atomique et les essais nucléaires, les assureurs comprirent, dès avant la décennie 1960, que le risque nucléaire impactait bien au-delà de ce que certains voulaient laisser entendre. Ils prirent conscience, d'une part, de la potentialité réelle des répercussions sanitaires d'un événement nucléaire et, d'autre part, du risque financier d'une telle

[1] QUERE (A.), « Défis pour l'industrie de l'assurance après la modernisation du régime international de responsabilité civile nucléaire », *BDN*, n° 94, AEN/OCDE, 2018, pp. 89-118, spéc. pp. 89-90.

[2] *Ibid.*, p. 90.

implication pour leurs affaires. Le doute s'était immiscé dans la profession sur sa capacité à affronter le risque nucléaire. Il devint évident que le secteur avait besoin d'un socle de mutualisation d'envergure internationale et de la constitution d'organes spécifiques à l'assurance des risques nucléaires.

820. **Le système des pools d'assurance RCN**. Étant entendu que l'industrie nucléaire ne prendrait son essor qu'en se corrélant à un dispositif d'assurance responsabilité civile particulier, des pools d'assurance ont été créés. De manière générale, le pool représente « un groupement de sociétés d'assurance qui participent conjointement, dans une proportion déterminée, à l'assurance d'un risque particulier ou d'un type d'activité spécifique »[1] ; un système dit aussi de « co-assurance » par lequel un groupe d'assureurs s'organisent pour couvrir collectivement et intégralement un risque déterminé. C'est le cas lorsque le risque est faible, mais aux conséquences trop aléatoires, voire inconnues, si la couverture financière ne peut pas être supportée par un seul assureur ou que les caractéristiques du risque le rendent incompatible aux méthodes classiques. Un pool se constitue aux fins d'unir savoir-faire et financement. Le risque nucléaire répondait à l'ensemble de ces critères. De plus, sans l'assurance d'une protection financière adéquate, l'opinion publique serait restée réfractaire et la prise de risque considéré inacceptable.

821. En matière nucléaire, le groupe d'assureurs *via* le pool collecte le montant des primes auprès des exploitants. En échange, lors d'un événement nucléaire du fait d'une installation ou d'un accident de transport, il assure la réparation financière des dommages couverts. Puisque la crainte de ne pouvoir supporter le poids financier d'un événement nucléaire a conduit le marché mondial des assurances à exclure le risque radioactif des couvertures habituelles, le système des pools a servi de dérivatif. Il s'est constitué afin de mobiliser « la plus grande capacité possible d'assurance des risques nucléaires en s'appuyant sur l'ensemble du marché »[2]. En souscrivant auprès d'un pool nucléaire, l'exploitant se couvre à hauteur du montant garanti. En d'autres mots, alors que le marché des assurances considérait le risque nucléaire comme inassurable, avec pour conséquence de stopper l'expansion de l'industrie naissante du nucléaire civil, les assureurs de plusieurs pays décidèrent de s'unir pour offrir une couverture adéquate par le biais de pools.

822. Selon les pays, le fonctionnement diffère d'un pool à l'autre. Cela rend le système assez complexe. Sans entrer, ni dans les spécificités de chaque pool, ni dans les nuances entre États nucléarisés ou non, contribuant ou pas à la couverture offerte sur le plan international, en 2010, sur les vingt-sept pools d'assurance nucléaire présents à l'échelle de l'OCDE, une majorité a été constituée « à la fois pour assurer les risques nucléaires sur leur marché national et pour proposer une couverture de réassurance à leurs homologues

[1] REITSMA (S.) et TETLEY (M.), *loc. cit*, spéc. p. 429.

[2] *Ibid.*, p. 431.

étrangers »[1]. Force est de constater que le dispositif des pools doit être distingué du mécanisme de la « réassurance » qui a souvent cours avec les risques de grandes envergures ou incertains. Le secteur nucléaire se l'est également approprié.

2) Le marché de la réassurance nucléaire spécifique à chaque pool

823. **La délicate distinction entre pool et réassurance**. Le secteur des assurances a décidé de couvrir le risque nucléaire pour la principale raison que la probabilité étant faible et le risque majeur, le système trouvait ainsi un équilibre. Toutefois, il était évident que les assureurs ne pouvaient opérer à titre individuel, d'où la co-assurance des pools, et que le système devait se construire sur le plan international, d'où la réassurance. D'un côté, le nombre de cotisants à la mutualité nucléaire est moindre et, de l'autre, le risque s'avère sans commune mesure par rapport aux autres types d'assurances[2]. Un seul accident serait à même d'annihiler la capacité financière du secteur. C'est pourquoi les compagnies d'assurance nationales ont opté pour la co-assurance, *avec* l'organisation de pools spécifiques aux risques nucléaires dans le but de rassembler leur force financière, dispositif auquel participe le mécanisme de la réassurance sur le marché international.

824. En premier lieu, dans le cas de la réassurance, le ou les assureur(s) du risque couvert ne conserve(nt) la charge que d'une partie du risque financier, tandis qu'une autre est cédée à l'organe de réassurance contre le paiement d'une prime. La réassurance matérialise une double couche d'assureurs sur un seul et même risque. Si le concept semble rassurant, en réalité, les choses sont loin d'être limpides. D'ailleurs, le scandale des *subprimes* aux États-Unis, consécutif à la crise financière de 2008, est corrélé à ce type de mécanisme. Mais, avant de se pencher sur les travers du système, il faut en comprendre les rouages. Cela invite à distinguer les pools du mécanisme de la réassurance dans le nucléaire civil, avec la nuance que seul le marché relatif à la responsabilité civile nucléaire est ici apprécié.

825. En deuxième lieu, le membre d'un pool n'est pas autorisé à proposer de manière isolée sa part du risque à la réassurance. En revanche, l'entité qui le représente peut se réassurer auprès des autres pools nucléaires du monde entier[3]. Cette restriction est essentielle. À défaut et en cas d'accident relevant de la garantie du pool, ce dernier serait susceptible de se voir engager sans le savoir et au-delà de ses capacités financières. Ce préalable constitue la condition pour un engagement strictement limité au montant des participations de chaque membre du pool. En outre, le risque nucléaire étant exclu de toute

[1] REITSMA (S.) et TETLEY (M.), *loc. cit.*, p. 431.
[2] Exclusion faite du secteur pétrochimique.
[3] REITSMA (S.) et TETLEY (M.), *ibid.*

police d'assurance autre que celle spécifique à la RCN contractée par les exploitants, le pool ne peut pas être actionné par un autre biais.

826. En dernier lieu, concrètement, ce type d'assureur couvre un risque d'envergure catastrophique[1]. Les sommes en jeu sont considérables et la capacité de financement, constituant le capital affecté par le groupe d'assureurs du pool, nécessite d'être suffisante pour en supporter la charge économique. Chaque exploitant nucléaire règle une prime dont le montant a été calculé par les assureurs en fonction de l'envergure du risque couvert. Le cumul des primes forme la base de la mutualisation financière du risque d'accident nucléaire. Son coût est transféré au pool tenu de disposer des fonds nécessaires à l'indemnisation si un accident se produit. Aussi, leur solvabilité est mise à l'épreuve du marché international des assurances nucléaires.

827. **La capacité d'assurance du marché mondial**. En cas de sinistre, surtout ceux d'envergure majeure, l'organe d'assurance actionné au titre de la responsabilité civile nucléaire a un double impératif : celui d'indemniser les dommages nucléaires et celui de veiller à la préservation du capital des membres du pool. Le maintien de la pérennité de l'entreprise d'assurance n'a rien d'exceptionnel, c'est l'intensité du risque qui l'est. La création des pools nucléaires signifie que le marché des assurances, qui regroupe toutes les compagnies, s'est organisé pour proposer aux exploitants des polices spéciales, aux conditions particulières, conformes aux prescriptions du droit applicable sur leur territoire. En France, il s'agit dès le départ du dispositif précité Paris/Bruxelles corrélé à la loi sur la RCN de 1968. Puisque chaque exploitant doit fournir une garantie à hauteur de la limite de sa responsabilité civile nucléaire, qu'elle lui vient le plus souvent du secteur des assurances et que les accidents nucléaires entraînent des répercussions au-delà des frontières, le mécanisme fonctionne de pair avec les capacités du marché de l'assurance à l'échelle mondiale. Un réseau s'est constitué en mutualisant des entités de pays différents et, afin de répartir la charge des sinistres, en mobilisant la gestion de l'ensemble de leur capacité financière. En France, cette tâche a été confiée au pool de réassurance *Assuratome*.

828. **Le pool français d'assurance nucléaire**. Le « pool français d'assurance des risques atomiques a été créé fin mars 1959 sous la forme d'une association de la loi de 1901 »[2]. Organe de co-assurance, il regroupe l'ensemble des compagnies françaises auxquelles s'ajoutent les compagnies étrangères agréées en France[3]. En matière d'assurance nucléaire, le système diffère du rapport bipartite habituel entre l'assuré, ici l'exploitant, et son assureur. Ce dernier n'est que l'intermédiaire d'un troisième acteur incarné par le pool, *Assuratome*, devenu avec le temps un groupement d'intérêt

[1] Et en cas de réalisation, le pool sera confronté à une multitude de demandes d'indemnisation.
[2] HÉBERT (J.), DEMOURES (J.Y.), LAGORCE (M.), DE NERCY (B.), STEIN (R.), « Le droit de la responsabilité et l'assurance nucléaires considérés dans leurs interférences avec la radioprotection », *Radioprotection*, Dunod, n° 2, Vol. 4, 1969, pp. 89-108, spéc. p. 106.
[3] Elles sont une centaine en 1969, *ibid.*

économique (GIE). Il est aussi, dès le début, un organe de réassurance. Tout en contractant pour lui-même une police d'assurance auprès des pools européens, il réassure ces derniers.

829. Le risque d'accident dans les installations nucléaires bénéficie de plusieurs couvertures croisées et ses conséquences sont *a priori* réparties sur l'ensemble de l'industrie européenne de l'assurance. Il revient aux différents pools de fixer le montant des primes et l'étendue des garanties pour toute installation assurée. Chaque pool gère l'ensemble des polices d'assurance pour le compte des associés mutualisés. Si l'assureur de l'exploitant perçoit la prime, en adhérant à un pool, il la lui cède en même temps que la charge du risque. Il ne le couvre que dans la limite de sa participation au pool fixée une fois pour toutes[1]. Ce mécanisme de gestion des risques mutualise les capacités financières des membres du pool dans le but de couvrir le coût économique des risques de l'exploitation nucléaire.

830. **Les marchés financiers dans la protection garantie**. Le principe est que chaque pool national dispense sa garantie à hauteur du palier de la responsabilité civile nucléaire des exploitants. Celui-ci diverge selon les États. C'est à concurrence de cette somme que l'exploitant doit s'assurer. Le montant de la couverture se multiplie par le nombre d'installations dans le périmètre et il concerne un accident à la fois. Cela veut dire qu'à chaque accident indemnisé, l'exploitant doit reconstituer le capital garanti. Encore aggravé par la récente réforme, les compagnies d'assurance du pool national n'ont pas les moyens financiers de supporter de tels montants.

831. Vu l'envergure du risque, pour garantir l'offre de réassurance, les pools ont recours aux marchés financiers.

832. **La garantie du risque d'insolvabilité**. À quelques exceptions près, la garantie est renforcée par le fait que les risques couverts par un membre défaillant du pool sont automatiquement acceptés par les autres membres[2]. La défaillance financière des compagnies d'assurance est anticipée. Chaque adhérent du pool s'engage solidairement, à proportion de sa part dans le groupe, à supporter le poids du risque généré par un éventuel coassuré défaillant. Le principe vaut à l'échelle nationale comme internationale, c'est-à-dire dans le cadre de la coassurance et de la réassurance. Sans entrer dans la complexité du système, nous précisons que chaque entité internalise, en même temps qu'elle externalise, le risque financier. En le cédant en tout ou partie au pool, l'organe d'assurance offre sa contrepartie aux autres membres du groupe et inversement. Les pools font de même entre eux et à l'échelle internationale. Cela signifie aussi qu'en cas d'accident majeur impliquant plusieurs États Parties à ces engagements contractuels, une implosion du système financier est à craindre.

---

[1] HÉBERT (J.), DEMOURES (J.Y.), LAGORCE (M.), DE NERCY (B.), STEIN (R.), *loc. cit.*, p. 107.

[2] REITSMA (S.) et TETLEY (M.), 2010, *loc. cit.*, spéc. p. 431.

833. **Transition**. Les pools se réassurent les uns les autres. Ils émettent pour la plupart de polices sur leur marché intérieur. En même temps, ils réassurent à l'étranger ce qui dépasse leur capacité nette, tout en assumant eux-mêmes les risques étrangers d'une réassurance des pools d'autres pays[1]. C'est pourquoi le doute s'est immiscé vis-à-vis de la performance d'un système que la réforme du droit nucléaire de la responsabilité civile conforte.

§2. Les limites d'une prévention financière ou le doute sur l'assurance nucléaire

834. Confronté à l'inacceptabilité engendrée par des événements rares, mais toujours possibles, le secteur nucléaire n'aurait pu prospérer sans l'assurance d'une réparation suffisante aux populations. Dans le même temps, le droit des installations nucléaires de base est doté d'un dispositif de responsabilité civile qui délimite le risque financier pour les exploitants.

835. Le financement du risque d'accident nucléaire n'en reste pas moins soumis à des aléas que le droit n'est pas apte à supprimer et que le système des assurances encadre. Le formalisme du système assurantiel a été mis à l'épreuve des réalités et du jeu économique. Anticiper l'indemnisation du risque d'accident nucléaire juridiquement organisée demande de repérer les failles tant au niveau du système assurantiel (**A**) que dans le fonctionnement de la garantie assurée (**B**).

A. Les failles systémiques dans le dispositif juridique de l'assurance nucléaire

836. Le secteur des assurances met son industrie au service de la gestion financière des risques. Le système est bien rodé. Mais, face au risque d'accident nucléaire, d'une part, la spéculation financière devient un risque supplémentaire (**1**) que, d'autre part, l'encadrement juridique ne permettra pas forcément d'endiguer (**2**).

1) Le risque spéculatif des montages financiers de réassurances

837. **Le dispositif assurantiel**. L'obligation d'assurance nucléaire décline les mécanismes instaurés par les instruments conventionnels à l'échelle supranationale, spécifique à chaque pays. En France, l'exploitant nucléaire est tenu de souscrire des polices d'assurance conformément au dispositif mis en place par la loi précitée de 1968 modifiée. Codifié dans le

[1] OCDE, 1994, *loc. cit*, spéc. p. 41.

Code de l'environnement, en matière de responsabilité civile nucléaire et depuis le 18 février 2016, l'exploitant doit se garantir à hauteur de 700 millions d'euros pour chaque installation nucléaire, 70 millions d'euros pour les installations à risques réduits et 80 millions d'euros pour les risques d'accident en cours de transport. Pour respecter ces nouveaux plafonds, l'entreprise EDF a lancé en 2015 un appel d'offres. Au demeurant, la couverture assurantielle du risque d'accident nucléaire, comme pour tous les autres risques bénéficiant de polices d'assurance, repose sur plusieurs acteurs pas forcément spécialistes du marché de l'assurance.

838. **Les renforts de l'assurance**. Une alternative au monopole des pools d'assurance et « à l'instar de l'ensemble des grands groupes français et internationaux, EDF a recours à des captives et à des mutuelles qui permettent de compléter les couvertures fournies par les marchés traditionnels de l'assurance »[1]. Si les mutuelles sont une « forme particulière d'assurance constituée pour assurer les risques apportés par leurs sociétaires moyennant le paiement d'une cotisation fixe ou variable », les captives sont des sociétés privées d'assurance ou de réassurance créées par les exploitants eux-mêmes, dans un objectif d'autoassurance « dont l'activité principale n'est pas l'assurance »[2]. Elles se forment, soit pour participer aux programmes d'assurance du groupe, soit pour fournir la réassurance, comme dit. Par exemple, le risque responsabilité civile nucléaire, qui pèse sur EDF, fait l'objet d'une réassurance auprès de la société *Océane Re*, créée en 2003 au Luxembourg. Quand l'entité contracte auprès d'un organe tiers, elle lui transfère aussi la charge pécuniaire des conséquences de l'objet du contrat, dans les limites fixées et en contrepartie d'une prime négociée en amont.

839. Le recours à ces structures a surtout pour objet de diminuer le coût des assurances à la charge de l'exploitant, soit le montant des primes dues au marché des assurances. Par ce biais, l'opérateur nucléaire achète une garantie dans la limite des capacités disponibles, à des conditions économiques acceptables sur les marchés de l'assurance et de la réassurance à l'échelle internationale[3]. Dans le monde, 447 réacteurs nucléaires étaient en exploitation au 1er janvier 2020[4]. Si tous ne sont pas assurés, nul ne peut exclure qu'un accident majeur, dans l'un d'eux, impacte la capacité financière du marché des assurances. D'ailleurs, l'exploitant EDF admet ne pas pouvoir garantir que les assureurs couvrant sa responsabilité « auront toujours les capacités disponibles ni que les coûts de couverture n'augmenteront pas de manière significative, eu égard notamment aux impacts sur le marché de l'assurance d'événements tels que l'accident nucléaire survenu au Japon en

---

[1] EDF, Document d'enregistrement universel, rapport financier annuel, 2019, spéc. p. 108.

[2] QUERE (A.), « Défis pour l'industrie de l'assurance après la modernisation du régime international de responsabilité civile nucléaire », *BDN*, n° 94, OCDE, 2018, pp. 89-118, spéc. p. 97 et note 32.

[3] EDF, *ibid.*, p. 108.

[4] Source AIEA.

mars 2011 »[1] ; d'autant que la spéculation financière ne peut être évitée, ni la rupture du système écartée, tels les *subprimes* en 2008.

840. **Un système de type *subprimes*.** Le terme *subprimes* est introduit en France à partir de 2008, à l'occasion de la crise financière mondiale. Importé des États-Unis, il désigne un montage financier sur fond de crédit immobilier, de gage et d'hypothèque, avec la particularité de reposer sur des taux d'intérêts variables dépendants d'éléments du marché financier. Il n'est pas utile de rentrer dans le détail de ce système, il faut simplement savoir qu'il a conduit les prêteurs à titriser leurs créances. Le principe de la titrisation de créances ressemble à une opération de trust du droit anglo-saxon. Il repose sur « un mécanisme visant à transformer des créances en titres négociables émis par un émetteur auquel les créances sont cédées »[2]. Le secteur des assurances, *a fortiori* de la réassurance, fonctionne avec ce système. Il a été considéré que la dernière réforme « devrait [..] permettre de se prémunir des risques systémiques en obligeant les assureurs à constituer un niveau de fonds propres suffisant »[3]. Ce n'est pas la titrisation en elle-même qui intéresse la réflexion de la présente étude, mais les conséquences de sa philosophie sur la garantie promise par les pools nucléaires en cas de risque d'accident majeur.

841. Si chaque compagnie d'assurance propose une garantie pour laquelle elle se garantit elle-même, ce cumul de couvertures croisées, en dépit des couches d'assureurs, a des limites qui reposent sur le même mécanisme que celui des *subprimes*. Comme dit, en France, le marché de l'assurance et de la réassurance a délégué la souscription des risques nucléaires à *Assuratome*, pool de co-réassurance qui réunit assureurs et réassureurs. Nous nous demandons à partir de quand le système est susceptible de craquer et d'impacter la capacité du marché à financer les conséquences du risque incombant aux exploitants. En 2016, en réponse à la réforme des seuils à garantir, *Assuratome* a limité sa couverture au montant brut de 765,5 millions d'euros par accident et par site. Si à ce moment-là le pool avait exclu la prise en charge des dommages corporels, il a revu sa position en décembre 2019. Sous couvert d'éventuels aménagements, il accepte de couvrir ce type de dommages dont l'action en réparation bénéficie d'une prescription de trente ans. Pour autant, sa capacité financière risque d'être mise à mal en cas de sinistre majeur et, sans encore envisager l'alternative du soutien étatique, il nous semble bien utopique de penser qu'*Assuratome* pourrait se passer du concours des autres pools d'assurances nucléaires. *Quid* des conséquences de l'interaction des couvertures réciproques si l'envergure des préjudices les impliquait au-delà de leur capacité financière respective.

842. Sachant que la garantie financière de la responsabilité civile des exploitants d'installations nucléaires est presque exclusivement fournie par

---

[1] EDF, *ibidem*, pp. 126-127.
[2] LECOURT (A.), « Emission des obligations », *Répertoire des sociétés*, Dalloz, 2020, n° 169.
[3] QUERE (A.), *loc. cit.*, 2018, pp. 89-118, spéc. p. 106.

l'industrie de l'assurance, la question des faiblesses du système se pose. Il représente un risque systémique auquel il faut adjoindre les limites que les instruments du droit nucléaire tendent à imposer pour rendre le système viable.

2) L'encadrement juridique des limites de la viabilité du système

843. **Les plafonds d'indemnisation.** Même sans envisager le relèvement du seuil maximal de la responsabilité civile nucléaire des exploitants et l'élargissement des dommages couverts, mais plus encore avec cette aggravation, depuis le début, les pools d'assurances sont confrontés au défi d'assurer la fourniture des fonds nécessaires. La capacité financière du secteur n'est pas illimitée. C'est pourquoi la couverture assurantielle et le montant de la responsabilité canalisée sur l'exploitant nucléaire sont étroitement liés[1]. La limite prévue à la responsabilité civile s'avère intrinsèque aux capacités du marché. « L'exploitant devait être exclusivement responsable, de manière à ce que la capacité limitée du secteur de l'assurance puisse être concentrée sur une police unique au lieu d'être dispersée entre des sous-traitants ou des fournisseurs qui, autrement, auraient eu besoin de couvrir par des assurances individuelles leur éventuelle responsabilité »[2]. À défaut d'une limitation juridique stricte des engagements contraints, les assureurs n'auraient pas pris le risque. Il a donc fallu encadrer les garanties financières, non par rapport à l'ensemble des réalités matérielles du risque d'accident nucléaire, mais de manière à ne pas mettre en péril la stabilité financière des assureurs. Qu'il s'agisse des instruments issus des Conventions Paris/Bruxelles ou celle de Vienne, les dispositifs intergouvernementaux laissent la latitude aux États Parties de choisir et préciser les montants, la nature et les conditions de l'assurance ou de la garantie dont l'exploitant est redevable au titre de sa responsabilité civile[3]. L'objectif affiché consiste à garantir les fonds pour une protection financière minimale des victimes, sans mettre en danger la santé financière des exploitants et de leurs garants.

844. Dès l'origine, il s'agissait d'anticiper la charge financière. Mais tous les pays ne peuvent pas fournir ce socle minimal qui n'a cessé d'augmenter. Obligeant les acteurs garants du financement à capitaliser des fonds, il semble que les seuils revus en 2004 fassent douter le secteur,

---

[1] McRAE (B.), « La Convention sur la réparation complémentaire des dommages nucléaires : le catalyseur d'un régime mondial de responsabilité civile nucléaire », BDE, n° 79, Vol. 2007/1, pp. 17-38, spéc. p. 21.

[2] AEN/OCDE, 1994, *loc. cit.*, spéc. p. 35.

[3] Articles V et VII, 1 de la Convention de Vienne relative à la responsabilité civile en matière de dommages nucléaires du 21 mai 1963, INFCIRC/500, fév. 1996 ; art. 5, 1, a de l'annexe de la Convention sur la réparation complémentaire des dommages nucléaires du 12 sept. 1997, INFCIRC/567, 24 juill. 1998 ; art. 10, a et 11 de la Convention de Paris du 29 juill.1960 précitée.

désormais enclin à la « réticence générale à s'engager dans la couverture de ce risque élargi »[1]. Si les inquiétudes s'avèrent et que le secteur de l'assurance ne peut pas fournir les garanties requises, les exploitants devront envisager des capitaux privés auxquels certains États ont déjà recours et plus largement, des fonds publics.

845. **L'alternative d'une diversification des ressources.** Si la couverture assurantielle venait à faillir, l'État n'aurait pas d'autre choix que de compenser la part de l'exploitant défaillant. Par exemple, la Convention de Vienne prévoit que l'État de l'installation à l'origine du sinistre assure le paiement des indemnités, pour dommage nucléaire, à la charge de l'exploitant, en fournissant les sommes nécessaires lorsque l'assurance, ou la garantie financière, ne serait pas suffisante[2]. Les acteurs concernés, du secteur public comme privé, ont envisagé l'alternative, puisque le régime de la RCN s'est façonné avec en ligne de mire les possibilités d'obtenir les polices d'assurance adéquates. Dans la continuité des protocoles réformateurs de 2004 et les « difficultés de l'industrie de l'assurance pour fournir une capacité de couverture suffisante et, en particulier, en vue d'augmenter considérablement les montants d'indemnisation disponibles, le concept de couverture par des moyens privés autres que l'assurance doit être revisité et reconsidéré »[3]. L'option d'un provisionnement, dans le cadre du paiement d'une prime annuelle de l'exploitant, est envisagée afin de faire face au risque financier d'un accident nucléaire[4]. Le procédé existe ailleurs, en France, la réflexion continue. Des solutions dites rentables ont cours en Allemagne et aux États-Unis où la responsabilité des exploitants est illimitée.

846. Leur système revient à organiser une solidarité entre tous les exploitants, avec le paiement de primes différées, dues uniquement si un accident survient. Avec l'assurance traditionnelle, les primes sont réglées aux termes des échéances prévues. Il faut les payer, qu'un accident advienne ou pas. L'alternative d'autres ressources se pose de plus en plus. Pour assurer une prise en charge optimale, il a par exemple été proposé de constituer un pool d'exploitants, de préférence international, qui fournirait « une garantie financière, si et dans la mesure où la couverture de l'assurance n'est pas disponible et que l'intervention de l'État est considérée comme un moyen inapproprié de couvrir les responsabilités privées, car cela irait à l'encontre du principe du pollueur-payeur »[5]. Dans la perspective des dommages à

---

[1] PELZER (N.), « Le regroupement international des fonds des exploitants : un moyen d'augmenter le montant de la garantie financière disponible pour couvrir la responsabilité nucléaire ? », 2007, *loc. cit.*, spéc. p. 41.

[2] Dans la limite du montant maximal à la charge de l'exploitant responsable, art. VII, 1, Convention Vienne 1963 précitée.

[3] PELZER (N.), *ibid.*, p. 42.

[4] Voir le rapport dit Baupin de 2014 précité, fait au nom de la Commission d'enquête relative aux coûts passés, présents et futurs de la filière nucléaire, spéc. p. 180.

[5] PELZER (N.), 2007, *loc. cit*, p. 49.

l'environnement, que le droit de la RCN a fini par intégrer dans le champ des dommages à réparer, la réflexion doit être menée. Face aux doutes qui assaillent l'industrie de l'assurance, certains pensent honorable « d'exiger qu'un pollueur indemnise davantage un plus grand nombre de victimes, mais imposer un pareil régime à l'industrie nucléaire sans, en contrepartie, fixer des limites au risque que représentent ces obligations menace le délicat équilibre qui a permis jusqu'à présent aux assureurs de soutenir le développement de l'industrie nucléaire »[1]. Les avis divergent sur les alternatives.

847. L'évolution des normes internationales, sur les seuils de la responsabilité des exploitants, et peut-être plus encore l'étendue nouvelle des dommages réparables, introduit des paramètres limitant les certitudes en matière d'assurance nucléaire. Le secteur est mis au défi de nouvelles solutions. D'autant plus qu'en l'état du droit et en cas d'accident nucléaire, l'exploitant a l'obligation de reconstituer l'enveloppe budgétaire de la garantie fournie par l'assureur et son intermédiaire. Nous nous demandons dans quelles proportions le pool nucléaire est tenu au renouvellement des fonds.

848. **L'obligation de la reconstitution automatique de la garantie**. En l'état du droit positif interne et conformément aux précisions de la loi n° 2014-1662 du 30 décembre 2014[2], le ministre de l'Économie contrôle le respect par les exploitants de l'obligation de maintenir une assurance ou une autre garantie à concurrence, par accident, du montant de sa responsabilité[3]. C'est pareil pour le transport des substances nucléaires en transit sur le territoire français. Que l'accident soit le fait d'une exploitation nucléaire ou d'un transport de substances radioactives, l'exploitant recourt à son assureur pour répondre aux demandes d'indemnisation.

849. Selon le sinistre, l'enveloppe budgétaire est entamée. Qu'elle le soit en tout ou partie, elle doit être reconstituée. En cas de montant d'assurance indisponible, une alternative avec un accident majeur, l'exploitant pourrait se retrouver « face à un problème insoluble s'il doit retrouver une couverture complète »[4]. En 2021, nous supposions, puisque « ce ne pourrait être une reconstitution automatique »[5], que l'État prendrait le relais par le biais de la Caisse centrale de réassurance (CCR) qui dispose d'une réserve spéciale pour les risques exceptionnels et nucléaires[6]. C'est chose faite avec l'arrêté du 15 juin 2022 qui accorde à la Caisse centrale de réassurance la garantie de l'État au titre de la responsabilité civile dans le domaine de l'énergie nucléaire[7]. Nous le supposions en raison du cadre de la garantie de l'État. En effet, la

[1] TETLEY (M.), 2006, *loc. cit*, spéc. p. 40.
[2] Portant diverses dispositions d'adaptation de la législation au droit de l'Union européenne en matière économique et financière (JORF n° 0302 du 31 décembre 2014, texte n° 1).
[3] Avant 2014, le ministre de l'Économie devait simplement agréer la garantie financière.
[4] QUERE (A.), 2018, *loc. cit.*, spéc. p. 105.
[5] *Ibid.*
[6] Voir la version « soutenance » de la thèse : https://theses.fr/2021COAZ0005
[7] JORF n° 141 du 19 juin 2022, texte n° 4.

CCR est chargée d'octroyer aux exploitants d'installations nucléaires les couvertures pour lesquelles des interventions de l'État sont prévues par la loi n° 68-943 du 30 octobre 1968 sur la responsabilité civile nucléaire[1]. La précision aura d'autant plus d'importance lorsqu'il s'agira d'aborder les modalités de la solidarité et le mécanisme des deux autres tranches de financement prévues par le droit de la responsabilité civile nucléaire.

850. En raison des limites matérielles de la capacité du marché des assurances, des limites juridiques ont été instaurées. Elles constituent aussi une possible faille au principe d'une réparation intégrale et enclavent les garanties de l'exploitant. Mais, sans ces limites, les experts s'accordent à dire que l'opérationnalité du système aurait été compromise dans sa structure.

B. Les limites structurelles dans la fonction préventive de l'assurance nucléaire

851. Pour que la structure du système de l'assurance nucléaire résiste, il fallait un cadre limitant le contenu et la mise en œuvre procédurale du dispositif qui prévoit les alternatives réparables du risque d'accident nucléaire. D'une part, des exclusions ont été prévues au sein des garanties offertes (**1**). D'autre part, le cadre procédural limite le champ d'application de ces dernières (**2**).

1) La structure des exclusions de garanties relatives aux risques assurables

852. **Le risque d'indemnisations insuffisantes.** En 2014, le rapport dit « *Baupin* » visait les estimations du coût financier médian d'un accident nucléaire, selon sa nature grave ou majeure. La probabilité de survenance d'un accident grave a été estimée à « 10^{-5} par année-réacteur [..] soit un accident en moyenne tous les 100 000 ans » et pour l'accident majeur à « 10^{-6} par année-réacteur [..] soit un accident en moyenne tous les 1 000 000 ans »[2]. En même temps, le premier était évalué « à 120 milliards d'euros, soit 6 % du PIB annuel » et le second « à 450 milliards d'euros, soit dix années de croissance économique »[3]. En dépit d'une bataille de chiffres à vocation incertaine[4], nul besoin de longs discours pour anticiper raisonnablement que la couverture assurantielle ne suffira pas en cas d'accident de ce type. Avant de s'interroger sur les modalités desquelles découle la possible réduction du champ des garanties de l'assurance nucléaire, un petit détour par les concepts aide à appréhender le fonctionnement de la matière et le pourquoi des limitations.

---

[1] Art. L. 431-5 du Code des assurances.

[2] BROTTES (F.) et BAUPIN (D.), Tome 1 du rapp. n° 2007 de 2014, *loc. cit.*, spéc. p. 173.

[3] *Ibid.*, spéc. pp. 166.

[4] Philippe Mongin, directeur de recherche au CNRS.

853. **L'aléa dans la détermination du risque assurable**. Les notions de risque et d'assurance sont intrinsèques. De manière générale, un risque est prédisposé à être assuré. Il n'en demeure pas moins que du fait de la loi ou du contrat, la possibilité de transfert du coût financier des risques par le jeu de l'offre assurantielle reste sujette à restrictions, voire à exclusions. Au sens du droit commun « un risque par nature assurable ou dont les circonstances a priori ne le prédisposent pas à être rejeté de toute prise en charge assurantielle sera inassurable du fait de l'impossibilité ou des profondes difficultés auxquelles est confronté l'État pour le rendre assurable »[1]. Pour répondre aux critères de l'assurance, le risque doit pouvoir être quantifié et évalué financièrement. Cela revient, d'abord, à répertorier le poids financier des conséquences risquées permettant, ensuite, de calculer le montant de la prime que l'assuré paye en échange de la couverture assurantielle. Pour y parvenir, il faut détenir suffisamment d'informations sur les aléas en cause. C'est le fonds de commerce des assurances. La structure du système repose sur une espérance mathématique entre un financement par la mutualité des cotisants et le poids économique aléatoire des sinistres relatifs au risque couvert, dont la survenance reste également aléatoire. En matière nucléaire, confronté à des aléas trop aléatoires et des incertitudes prégnantes, le champ des garanties a été restreint.

854. **Les exclusions de garanties**. Dans la logique assurantielle, ces limitations s'expliquent en raison d'une extrême difficulté à « établir une distinction entre les dommages causés par des facteurs de risques nucléaires et ceux imputables à des facteurs non nucléaires au cours d'un seul et même accident, la couverture offerte par les Pools ne peut se limiter à une seule de ces deux catégories »[2]. Par conséquent, l'assurance RCN « couvre tous les aspects des dommages nucléaires subis, hors du site nucléaire, par les particuliers, les entreprises et les biens qui ne se trouvent pas sur ce site et qui sont dus à des dommages nucléaires survenus à l'installation nucléaire assurée »[3]. L'autre difficulté pour les assureurs nucléaires réside dans le manque de recul et le fait que la réalité économique des dommages à couvrir en cas d'accident majeur surprend toujours. Par exemple, en 2010, soit avant l'événement Fukushima, il était admis que par rapport aux deux plus graves accidents déjà advenus, *Three Mile Island* et Tchernobyl, à cause « de l'évolution de la conception des réacteurs, les conséquences d'un accident sur l'environnement d'un site seraient beaucoup moins importantes qu'à l'époque et, en tout cas, sans commune mesure avec celles de l'accident de Tchernobyl »[4]. Fukushima a prouvé le contraire. De surcroît, le dispositif

---

[1] DE GRAEVE (L.), « L'assurabilité du risque. Promouvoir une rationalisation pratique par une analyse théorique » dans *De certaines évolutions sur le risque en assurance*, Bull. Juridique des Assurances (BJDA), LexisNexis, dossier n° 1, 2017.

[2] OCDE, 1994, *loc.cit.*, spéc. p. 46.

[3] REITSMA (S.) et TETLEY (M.), 2010, *loc.cit.*, spéc. p. 434.

[4] *Ibid.*, p. 440.

juridique laisse à penser qu'une grosse part du risque financier repose sur l'État et non sur les assureurs.

855. Sur la base des montants rehaussés avec une responsabilité renouvelée de l'exploitant de 700 millions d'euros et une indemnisation totale portée à 1,5 milliard d'euros qui découle du cumul des trois tranches[1], une comparaison peut être opérée avec le coût du traitement de l'accident nucléaire de Fukushima. Intégrant la décontamination et les dédommagements des victimes, son coût pourrait atteindre 100 milliards d'euros, sans même avoir pris en compte celui du démantèlement des réacteurs, ni même l'ensemble des impacts économiques, énergétiques et touristiques qui n'avaient pas à être indemnisés[2]. Nous verrons que ce n'est plus tout à fait vrai. En France, avec l'élargissement du champ des dommages couverts opéré par le Protocole Paris 2004, la possibilité de prise en compte de ce type de préjudice est ouverte. Cependant, le problème d'une ambiguïté des définitions juridiques rendrait la couverture aléatoire. Il complique l'anticipation financière des dommages à couvrir. De plus, les assureurs craignent de ne pouvoir faire face. Il y a donc lieu d'envisager des exclusions de garanties rénovées dans les futurs contrats.

856. **Les craintes de l'appréciation des dommages couverts.** Sans s'attacher encore au détail du contenu des dommages pris en compte dans le droit de la responsabilité civile nucléaire, l'inquiétude des assureurs, par rapport au champ de la couverture élargie à la suite des dernières révisions du régime juridique conventionnel, doit être mentionnée. L'étendue de ces nouveaux dommages est généralement laissée à l'appréciation du droit du tribunal compétent. En conséquence de quoi « l'éventualité d'une décision aberrante du tribunal compétent ou d'une autre autorité préoccupe au plus haut point les assureurs »[3]. Ils craignent une obligation à la dette impactant la solvabilité de leur capital. Des éclaircissements sont réclamés. À défaut, les assureurs seraient incités à se désengager de ce type de garantie[4].

857. Sans proposer une réponse claire aux incertitudes financières générées par un champ de couverture assurantielle trop obscur, il est craint une fragmentation des régimes juridiques et assurantiels qui reviendrait à entraver, d'une part, l'objectif d'harmonisation juridique et, d'autre part, la sécurité financière pour les victimes d'accidents nucléaires[5]. C'est pourquoi, dans le droit nucléaire, l'indemnisation est prévue. Et, quand la convention d'assurance exclut la garantie, l'État prend le relais. La chose a été amorcée, il faudra y revenir. Mais, dès à présent, il semble nécessaire d'admettre qu'imposer une couverture conduisant à l'insolvabilité des entités censées la

[1] Pour rappel, au-delà des 700 millions, la réparation doit trouver d'autres fonds financiers.

[2] Rapport Baupin 2014, *loc.cit.*, spéc. p. 177.

[3] TETLEY (M.), « Les révisions des Conventions de Paris et de Vienne sur la responsabilité civile – le point de vue des assureurs », *BDN*, n° 77, Vol. 2006/1, pp. 27-40, spéc. p. 36.

[4] TETLEY (M.), *ibid.*

[5] *Ibidem*, p. 40.

garantir serait tout aussi défavorable à une réparation. Dans le même ordre d'idée, il fallait des garanties procédurales.

2) L'assurabilité du risque nucléaire dépendante des limites procédurales

858. **Les réticences du marché des assurances**. Avec le renouvellement opéré par les Protocoles de Paris en 2004, nombreux sont les auteurs à présenter le risque responsabilité civile des exploitants comme un défi pour les acteurs de l'assurance. Nous y souscrivons également. Pour certains, les montants à garantir par le marché des assurances sont soutenables[1]. La solution résiderait dans le recours aux marchés financiers. Des États ont déjà procédé à l'augmentation des minima imposés. Il est ainsi avancé que certains exploitants européens obtiendraient des assureurs privés une couverture globale pouvant atteindre un montant *de* l'ordre de 2.5 milliards d'euros[2]. Toutefois, il nous semble que le défi n'est vaincu qu'en théorie. De toute évidence, le doute persiste sur la disponibilité des fonds. Les réticences du marché des assurances à engager leurs capitaux et le financement au-delà d'une certaine limite reposent sur plusieurs raisons. Outre les questions de rentabilité, par exemple, le risque est trop grand pour les finances d'un seul assureur. Ou encore, le risque de sinistres concomitants qui tendrait à la réalisation de plusieurs accidents simultanés à indemniser. Ce facteur limitant n'est pas récent, comme les restrictions temporelles de garanties opérées par les limitations procédurales.

859. **Les raisons d'une limite temporelle de dix ans**. Le marché de l'assurance nucléaire a toujours été rétif à fournir une garantie financière pour un délai supérieur à dix ans. La justification d'une telle limite temporelle réside, d'une part, dans le peu de recul des assureurs sur les sinistres de nature nucléaire et, d'autre part, sur celui relatif aux dommages corporels. Aussi, en dehors des contrats sur la vie, les assureurs rechignent à proposer des assurances valables plus de dix ans[3]. En matière de RCN, « ni les compagnies d'assurance ni les exploitants ne pouvaient supporter la perspective de demeurer tenus de verser des réparations pendant une période prolongée »[4].

860. La prescription permet de fixer une limite temporelle aux éventuelles demandes d'indemnisation et ainsi, réduit le risque financier. Dans la plupart des pays ayant une législation nucléaire et aux termes des différents dispositifs supranationaux, le délai est toujours de « dix ans à compter de l'événement, car, au-delà de cette période, l'incertitude quant à

---

[1] QUERE (A.), *loc. cit.*, spéc. pp. 103-104.
[2] *Ibid.*, p. 104.
[3] TETLEY (M.), juin 2006, *loc. cit.*, spéc. p. 35.
[4] AEN/OCDE, Responsabilité et réparation des dommages nucléaires. Une perspective internationale, *loc. cit.*, spéc. p. 31.

l'origine du sinistre empêche d'en établir la cause »[1]. L'aléa ne permet pas de calculer le coût du risque. Il est admis que le secteur des assurances serait bien incapable de fournir une indemnisation pour des risques différés sur d'aussi longues périodes[2]. Pourtant, dans certaines situations, le droit international de la responsabilité civile nucléaire a ouvert, dès l'origine, la possibilité aux États de prévoir des délais supérieurs. Il semble fort probable qu'en ces cas, on ne pensait pas aux assurances, plutôt à des fonds publics. Les régimes juridiques organisant la responsabilité civile nucléaire ont tous introduit une prescription limitant le droit de recours dans des délais précis. Cela montre, encore, que les impératifs qui régissent les acteurs de l'assurance ont intrinsèquement motivé les choix du cadre juridique de la responsabilité des exploitants nucléaires. Toutefois, nous ne cherchons pas ici à répertorier les exonérations de responsabilité civile, juste à mettre en évidence les exclusions prévues par le droit nucléaire en faveur d'un dispositif d'assurance viable. Dès lors, pour protéger l'industrie nucléaire et rendre le risque assurable, en plus des risques différés dans le temps, il fallait réduire le champ et la portée des garanties d'assurances face aux risques géographiquement diffus.

861. **La limite géographique du risque d'accident**. Un risque diffus s'apparente à une pollution chronique, par opposition aux risques de pollutions accidentelles où la pollution est géographiquement localisée et visible, souvent de manière spectaculaire, mais limitée dans le temps. Tout l'inverse de la situation de pollution diffuse, celle-ci est générée à petites doses, généralement sur de longues périodes et susceptible de passer longtemps inaperçue. Sa cause peut révéler des sources multiples, susceptibles de varier dans le temps comme dans l'espace. Le risque diffus « engendré par l'accumulation de multiples ''micropollutions'', chroniques, non accidentelles, et se manifestant sur le long terme par l'occurrence d'effets stochastiques ou aléatoires »[3] conduit à se demander où le risque doit s'être révélé pour actionner de manière générale le régime nucléaire et en particulier, les clauses de garanties. Cela interroge sur le lieu de l'événement à l'origine des conséquences dommageables. Seuls les aspects de la structure assurantielle, sous l'angle du régime applicable en France, occupent ici.

862. En 1960, la Convention de Paris restreint le champ de la couverture assurantielle aux accidents nucléaires survenus sur le territoire des États contractants et par conséquent, aux dommages subis sur ces territoires[4]. Étaient exclus les territoires des États non contractants. La possibilité était laissée aux États Parties d'aggraver la responsabilité de leurs exploitants. Puis, la Convention complémentaire de Bruxelles a imposé aux exploitants des

[1] REITSMA (S.) et TETLEY (M.), 2010, *loc. cit.*, spéc. p. 438.

[2] AEN/OCDE, 1994, *loc. cit.*, p. 35.

[3] FOUCHER (K.), *Principe de précaution et risque sanitaire*, Coll. Logique Juridique, L'Harmattan, 2002, p. 21.

[4] Art. 2 de la Convention Paris 1960 précitée telle qu'amendée le 28 janvier 1964 et le 16 novembre 1982.

nucléaires, situées sur le territoire des États Parties, l'établissement et la mise à jour d'une liste répertoriant lesdites installations[1]. Une disposition importante puisque le montant des primes d'assurance prend en compte l'étendue de la mutualité des adhérents. La connaissance des lieux d'accidents possibles reste toutefois cruciale. Comme l'a démontré le nuage consécutif à l'accident de Tchernobyl, le domaine nucléaire est facteur de risques diffus. La pollution radioactive peut se propager sur de longues distances. Il est apparu qu'un État non contractant aux différents dispositifs conventionnels pouvait être impacté. C'est pourquoi, bien que conditionnée, la couverture géographique est élargie par l'un des protocoles modificatifs de 2004[2].

863. **Les modifications du Protocole de 2004**. Aux termes du Protocole de 2004 désormais promulgué, la guerre exonère toujours l'exploitant de sa responsabilité civile nucléaire. En revanche, il n'est plus exonéré pour les dommages nucléaires résultant d'un accident nucléaire directement lié à des cataclysmes naturels de nature exceptionnelle. Depuis la mise en vigueur du Protocole modificatif, tout État non contractant est juridiquement recevable à actionner en réparation l'exploitant, et donc l'organe d'assurance, sous trois réserves au moment de l'accident nucléaire.

864. Premièrement, il faut qu'il soit Partie contractante à la convention de Vienne relative à la responsabilité civile en matière de dommages nucléaires, du 21 mai 1963 et au protocole commun relatif à l'application de la convention de Vienne et de la convention de Paris du 21 septembre 1988 ; sous réserve que la partie contractante à la convention de Paris sur le territoire de laquelle est située l'installation nucléaire de l'exploitant responsable soit une partie contractante à ce protocole commun[3]. Deuxièmement, cet État non-Partie ne doit pas avoir d'installation nucléaire sur son territoire[4]. Et, troisièmement, conformément au principe de réciprocité, il doit offrir une législation sur la responsabilité civile nucléaire aux avantages équivalents. La précision n'est pas anodine, car hors accident sur un site nucléaire, l'éventualité en territoires non couverts se pose aussi, surtout lors des transports internationaux de substances radioactives.

865. **Le risque d'accident de transport**. La loi précitée du 30 octobre 1968 avait subordonné tout transport de ces substances en transit sur le territoire français à la justification d'une garantie au moins égale à 600

[1] Art. 13 de la Convention Bruxelles précitée dont l'art. 2 a) i) prévoit le principe de la liste.
[2] Celui précité portant modification de la Convention du 29 juill. 1960 sur la responsabilité civile dans le domaine de l'énergie nucléaire, amendée par le protocole additionnel du 28 janv. 1964 et par le protocole du 16 nov. 1982.
[3] I., C du Protocole qui remplace l'art. 2, a, i. de la Convention de Paris 1960 modifiée.
[4] *Ibid.*, iii).

millions de francs[1] ; une limite que la loi n° 90-488 du 16 juin 1990[2] a porté à 150 millions de francs pour un même accident nucléaire[3]. À cette occasion, un article est introduit dans la loi de 1968 aux termes duquel, pour un transport international non couvert par la convention de Paris, le transporteur doit justifier de l'existence d'une garantie financière par la production d'un certificat émanant de l'assureur. En outre, selon l'article quatre de la Convention de Paris, lorsque les substances partent vers le territoire d'un État non-Partie, alors que l'exploitant expéditeur reste normalement responsable jusqu'au déchargement, dans ce cas précis et en principe, sa responsabilité cesse au moment de l'entrée sur ce territoire[4].

866. **Transition**. Globalement, l'étendue aggravée du champ territorial réduit les limites initialement imposées en faveur des exploitants. Elle reste toutefois concevable puisque, si l'industrie du nucléaire civil était confrontée à de multiples incertitudes au début de son histoire, elle s'est constituée au fil du temps une assise financière solide[5]. En tout état de cause, les sommes provenant de l'assurance, de la réassurance ou d'une autre garantie financière ne servent qu'à la réparation des dommages causés par un accident nucléaire[6]. Ce dernier constat conduit à s'interroger sur la fonction curative du droit de la responsabilité civile nucléaire.

Section 2. L'indemnisation dans la fonction curative du droit des accidents nucléaires

867. En dépit des efforts de prévention, des accidents restent possibles. Conjointement au dispositif dévolu à l'assurance et plus largement, à la garantie de réparation, un droit spécial de la responsabilité s'est installé dès le début du nucléaire civil. Le droit commun aurait conduit à trop de responsables, avec pour conséquence de fragiliser la réparation des dommages et l'indemnisation des victimes. La population n'aurait pas adhéré. Il fallait rendre le secteur acceptable, dans le respect du principe pollueur-payeur.

---

[1] Al. 1 de l'art. 9 ; mais, nous avons vu que depuis le 16 fév. 2016, chaque accident nucléaire lors d'un transport régi par la Convention de Paris est garanti à hauteur de « 80 000 000 € » et « 700 000 000 € dans les autres cas ».

[2] Modifie la loi n° 68-943 du 30 oct. 1968 relative à la responsabilité civile dans le domaine de l'énergie nucléaire précitée.

[3] Sous réserve des dispositions de l'art. 9-2.

[4] Pts. 25, 27, 28 et 37 de l'Exposé des Motifs, Convention de Paris de 1982 précitée.

[5] Sous la réserve d'un accident majeur toutefois.

[6] Art. 10, c., Convention Paris 1960 ; art. 10, e., Protocole portant modification de la convention du 29 juillet 1960 sur la responsabilité civile dans le domaine de l'énergie nucléaire, amendée par le protocole additionnel du 28 janvier 1964 et par le protocole du 16 novembre 1982, et du protocole portant modification de la convention du 31 janvier 1963 complémentaire à la convention de Paris du 29 juillet 1960 sur la responsabilité civile dans le domaine de l'énergie nucléaire, amendée par le protocole additionnel du 28 janvier 1964 et par le protocole du 16 novembre 1982, signés à Paris le 12 février 2004 (Protocole Paris 2004, ci-après).

868. Dans cet objectif, le dispositif international, tous fondements confondus, a centralisé la responsabilité civile nucléaire (RCN) sur l'exploitant. Des incertitudes sur les conséquences sociétales d'un champ d'application limité à la responsabilité des États ayant adhéré interrogent. Le doute sur la capacité financière des exploitants à réparer tous les dommages conduit à apprécier la matérialité du droit à réparation, les options du reste à charge pour les États et les modalités de la socialisation du risque nucléaire.

869. En raison de la gradation des effets dommageables du fait nucléaire, tout porte à croire qu'une part de la charge de réparation peut échoir à la société civile. D'une part, une fois apprécié jusqu'où l'exploitant est responsable (**§. 1**), d'autre part, il apparaît que l'effectivité du système repose également sur la collectivisation du risque redouté (**§. 2**).

§1. Les enjeux de la réparabilité des conséquences d'un accident nucléaire

870. Régime spécial fondé sur le mécanisme du risque créé, la victime est dispensée de rapporter la preuve d'une faute de l'exploitant. Conformément aux principes du droit de la responsabilité civile nucléaire, les seules questions encore à trancher « concernent l'existence d'un lien entre l'accident nucléaire et le dommage subi et l'évaluation du montant du dommage »[1]. Si la question du lien reste factuelle, spécifique à chaque espèce, celle de la qualification du dommage trouve sa justification dans le droit des accidents nucléaires.

871. Au rythme des accidents et catastrophes, le plus souvent, on légifère. Ces régimes sont variés. Au titre de la responsabilité civile nucléaire, les divers fondements juridiques compliquent la lisibilité du dispositif. Afin de déterminer sous quelles limites les victimes d'un fait nucléaire sont assurées de voir leur(s) dommage(s) intégralement réparé(s), il y a lieu de répertorier les régimes en place et la nature des dommages en jeu.

872. Dans le cadre de cette analyse, il s'agit de constater, en premier lieu, la diversité des fondements possibles (**A**) et, en second lieu, les incertitudes inhérentes à la nature des dommages nucléaires réparables (**B**).

A. La diversité des fondements défavorable au droit à la réparation du fait nucléaire

873. Une rétrospective du droit commun de la responsabilité civile aide à comprendre. Bien que la diversité des fondements ait été amorcée au cours des précédents développements, un retour sur la genèse du droit commun et la

[1] McRAE (B.), « La Convention sur la réparation complémentaire des dommages nucléaires : le catalyseur d'un régime mondial de responsabilité civile nucléaire », *BDE*, n° 79, Vol. 2007/1, pp. 17-38, spéc. p. 21.

naissance de la responsabilité pour risque (**1**) conduit au régime spécial de la RCN avec ses niveaux juridictionnels qui rendent le système opaque (**2**).

1) Du droit commun à la réparation aux régimes spéciaux du fait nucléaire

874. **Les fondements originaires de la responsabilité civile de droit commun**. Classiquement et pendant longtemps, l'obligation de réparer se fonde uniquement sur la faute. Au XIXe siècle, l'avènement du machinisme et l'expansion du travail industriel mettent la Société devant une recrudescence d'accidents dont la faute n'incombe à personne ou dont la preuve est impossible à démontrer. Des conséquences dommageables ne peuvent pas recevoir réparation. Dans l'esprit des Lumières et des valeurs post-révolution, il devient de moins en moins concevable de se satisfaire d'imputer la faute, et donc la responsabilité, à la fatalité. À partir de 1897, à l'initiative de deux juristes, naît la théorie du risque. Elle fournit une réparation à des victimes qui, sur le fondement de la faute, n'auraient pas pu être indemnisées. Le risque est un enjeu de civilisation et faute de l'empêcher, ses conséquences ne devaient plus rester sans réponse juridique. En droit, le risque porte sur l'« éventualité d'un événement futur et incertain ne dépendant pas exclusivement de la volonté des intéressés et pouvant causer la perte d'une chose ou tout autre dommage »[1]. Quant à la responsabilité, elle vise, de manière générale, l'obligation de rendre compte de ses actes et en particulier, celle de réparer toute atteinte à un intérêt quelconque juridiquement protégé.

875. **La prise en compte du risque par le droit commun**. Pour réparer, cette évolution du droit a permis de combler un vide, principalement face aux atteintes provoquées par les innovations techniques. Avec cette innovation juridique, ce n'est plus seulement la faute, c'est aussi le risque qui justifie la responsabilité. Le développement des assurances a contribué à la prospérité du fondement. Nous venons de voir son lien avec le financement de la responsabilité civile nucléaire. Il ne s'agit plus tant de trouver un responsable que d'indemniser. Si cette transformation a timidement démarré avec un arrêt de 1862[2], la véritable innovation intervint avec la présomption de faute retenue par l'arrêt *Teffaine*[3] en 1896, jusqu'à la concrétisation d'une responsabilité de plein droit avec la décision dite *Jeand'heur*[4]. Ainsi, la jurisprudence « découvre » un principe général de responsabilité du fait des choses[5]. À partir de là, dangereuse ou pas, actionnée ou non par la main humaine, sans vice ou défectueuse, une chose peut causer un préjudice et le

---

[1] GOÛT (E. U.), PANSIER (F.-J.), *Petit Lexique Juridique*, Larcier, Paradigme, 2015, p. 168.
[2] Chambres Réunies, 23 juill. 1862, D. 1862, 1, 257.
[3] Civ. 16 juin 1896, DP, 1897, n° 1, p. 433, note Saleilles.
[4] Cass., Ch. réunies, 13 févr. 1930, DP, 1930, n° 1, p. 57.
[5] Al. 1 de l'ancien art. 1384 devenu art. 1242, C. civil.

droit organise sa réparation. La responsabilité civile nucléaire aurait pu répondre du fait de la chose[1], il n'en est rien.

876. **La nature de la RCN**. Conformément au droit commun, le gardien de la chose, objet du dommage, peut s'exonérer par la force majeure. En principe, si le gardien d'une chose inanimée parvient à démontrer une cause étrangère ayant les caractères de la force majeure, il est délié de sa responsabilité de plein droit. Or, un événement nucléaire, particulièrement un accident majeur, est susceptible de recouvrer cette nature. Dans sa dimension catastrophique, l'accident nucléaire prend la forme d'un événement de force majeure[2]. Nous comprenons pourquoi, en droit de la responsabilité civile nucléaire, cette cause n'autorise pas l'exonération. En bref, peu importe le fondement, la loi interne de 1968 ou les dispositifs internationaux précités, le régime œuvre sur une approche objective fondée sur le risque. Une fois creusées les fondations de la théorie du risque, le régime général de la responsabilité objective pouvait se dupliquer *avec* des régimes spéciaux, tel celui du droit des accidents nucléaires qui organise une responsabilité de plein droit supportée par les seuls exploitants d'installations nucléaires.

877. **La responsabilité des exploitants**. La responsabilité civile du fait des activités nucléaires de la loi de 1968 vise les personnes physiques ou morales, publiques ou privées, qui exploitent une installation nucléaire, civile ou militaire, entrant dans le champ d'application de la Convention de Paris et dont le régime a été défini par les décrets pris en application de l'article 8 de la loi n° 61-842 du 2 août 1961 relative à la lutte contre les pollutions atmosphériques et les odeurs et portant modification de la loi du 19 décembre 1917. La loi sur la transparence et la sécurité nucléaire dite TSN de 2006 a remplacé ce dispositif primaire. Codifiée dans le Code de l'environnement, la loi n° 2015-992 du 17 août 2015 relative à la transition énergétique a remanié la définition des exploitants. Désormais, en matière d'installations nucléaires, la responsabilité concerne toujours ces personnes physiques ou morales, publiques ou privées, mais en plus, celles qui exploitent une installation nucléaire relevant du régime des installations classées pour la protection de l'environnement entrant dans le champ d'application de la convention relative à la responsabilité civile dans le domaine de l'énergie nucléaire signée à Paris le 29 juillet 1960[3]. En France, ce fondement constitue la base juridique de la RCN. Mais, quel que soit le fondement, cette responsabilité objective canalisée sur l'exploitant a pour caractéristiques principales de limiter montant et délai d'engagement, en assurant la garantie financière obligatoire avec des règles procédurales communes aux États contractants.

878. En droit nucléaire, l'expérience du risque a nécessité des modifications normatives afin de renforcer la protection. Confrontées aux

[1] Soit l'installation et/ou la substance radioactive.
[2] PAC (H.), *Droit et politiques nucléaires*, PUF, 1994, 364 p., spéc. p. 164.
[3] Art. L. 597-2, al. 1, C. environnement.

réalités nucléaires, les réformes visent à pallier les incertitudes juridiques. Une revue des instruments s'avère nécessaire. Mais, les divers instruments créés et leurs amendements ne facilitent pas l'analyse du dispositif.

2) L'imbroglio des fondements du droit à la réparation du fait nucléaire

879. **Les différents fondements de la RCN**. Bien que la plupart des fondements aient été mentionnés, un rappel de l'évolution normative s'impose avec une présentation des apports du point de vue de la protection et des moyens juridiques qui favorisent la réparabilité des conséquences nucléaires. Les conditions de la responsabilité, et plus largement le cadre juridique de la réparation, dépendent de ces fondements. La RCN met en œuvre les conventions internationales, selon les termes applicables sur le territoire du lieu de l'événement ; chaque droit interne complète les dispositions laissées à la libre appréciation des États souverains. Au préalable, même si la France n'en fait pas partie, la Convention de Vienne est un instrument mondial auquel tout pays peut adhérer. Ensuite, la Convention de Paris est un instrument régional dont l'adhésion est limitée aux pays qui appartiennent à l'OCDE. Enfin, l'adhésion au Protocole commun est limitée à ceux des pays qui sont Parties à la Convention de Paris ou à la Convention de Vienne et permet le lien juridique entre ces instruments[1].

880. Tout commence sous l'égide de l'OCDE avec la Convention de Paris précitée du 29 juillet 1960 talonnée par celle de Bruxelles de 1963.

881. **Le dispositif Paris/Bruxelles**. Un accord international était préconisé afin, d'une part, d'étendre « autant que possible » à toute l'Europe occidentale des principes uniformisés et, d'autre part, étant entendu que les effets d'un accident nucléaire ne s'arrêteront pas aux frontières politiques ou géographiques, il fallait protéger au-delà[2]. Dix-huit pays signent la Convention de Paris[3]. Mais, déjà, il apparaît que les montants garantis seraient insuffisants et qu'il conviendrait de les augmenter[4].

882. C'est chose faite avec le régime complémentaire institué avec la Convention de Bruxelles précitée de 1963. En plus des sommes à la charge des exploitants, celles du premier palier[5], la Convention institue deux paliers supplémentaires[6], expression de la solidarité financière qui consiste à organiser une indemnisation sur fonds publics, dans le but de compenser le plafonnement de la responsabilité financière des exploitants prévu en vertu de

---

[1] McBAE (B.), 2007, *loc. cit.*, p. 24, note 24.

[2] Pt. 3 de l'exposé des motifs de la Convention Paris, Conseil de l'OCDE, 16 nov. 1982.

[3] Entrée en vigueur le 1er avril 1968, en même temps que son Protocole additionnel de 1964.

[4] §. 3 du Préambule de la Convention précitée du 31 janv. 1963 complémentaire à la Convention de Paris (Convention Bruxelles, ci-après).

[5] Voir *supra*.

[6] Voir *infra*.

la Convention de Paris. Dans le même temps, celle-ci subit un premier amendement avec le Protocole additionnel du 28 janvier 1964 aux fins d'harmonisation avec la Convention de Vienne[1]. En France, le décret n° 69-154 du 6 février 1969 procède, en même temps, à la publication de la Convention de Paris de 1960 et du protocole additionnel à ladite convention du 28 janvier 1964. Enfin, la Convention de Bruxelles ratifiée le 12 novembre 1965[2] est publiée avec le décret n° 75-196 du 18 mars 1975[3] qui concerne aussi le Protocole de janvier 1964 à vocation harmonisatrice.

883. **Harmonisation et lisibilité**. Amendée une seconde fois avec le Protocole modificatif du 16 novembre 1982, la Convention de Paris est ratifiée en France par la loi n° 90-397 du 11 mai 1990[4] et publiée avec le décret n° 91-27 du 4 janvier 1991[5]. La dernière modification concerne ledit « Protocole Paris 2004 » plusieurs fois mentionné et entré en vigueur en 2022[6]. Quant à la Convention de Bruxelles, elle a reçu modification par deux fois. La première en 1994[7] et, la seconde fois, à l'occasion du « Protocole Paris 2004 » où elle est ratifiée dans le même instrument que la Convention de Paris.

884. Cette énumération laisse augurer d'une lisibilité obscure pour concilier les fondements ; d'autant qu'il faut ajouter le dispositif de la

---

[1] VON BUSEKIST (O.), « Le Protocole commun relatif à l'application de la Convention de Vienne et de la Convention de Paris : une passerelle entre les deux conventions sur la responsabilité civile pour les dommages nucléaire », *BDN*, n° 43, 1989, dans *Le droit nucléaire international après Tchernobyl*, OCDE, 2006, pp. 145-173, spéc. p. 146.

[2] Loi n° 65-955 du 12 nov. 1965 instituant à titre transitoire un régime spécial de responsabilité nucléaire (JORF 13 nov.).

[3] Portant publication de la Convention complémentaire à la Convention de Paris du 29 juill. 1960 sur la responsabilité civile dans le domaine de l'énergie nucléaire (ensemble une annexe), faite à Bruxelles le 31 janv. 1963, et du protocole additionnel à la Convention du 31 janv. 1963 complémentaire à la Convention de Paris du 29 juill. 1960 sur la responsabilité civile dans le domaine de l'énergie nucléaire, fait à Paris le 28 janv. 1964 (JORF du 27 mars 1975).

[4] Autorisant la ratification du Protocole portant modification de la Convention du 29 juillet 1960 sur la responsabilité civile dans le domaine de l'énergie nucléaire, amendée par le Protocole additionnel du 28 janvier 1964 et du Protocole portant modification de la Convention du 31 janvier 1963 complémentaire à la Convention de Paris du 29 juillet 1960 sur la responsabilité civile dans le domaine de l'énergie nucléaire, amendée par le Protocole additionnel du 28 janvier 1964 (JORF n° 113 du 16 mai).

[5] Portant publication du Protocole portant modification de la Convention du 29 juillet 1960 sur la responsabilité civile dans le domaine de l'énergie nucléaire, amendée par le Protocole additionnel du 28 janvier 1964, fait à Paris le 16 novembre 1982 (JORF n° 01 du 11 janv. 1991).

[6] Deux instruments sont signés le 12 février 2004 à Paris, d'une part, le Protocole portant modification de la Convention de Paris du 29 juillet 1960 sur la responsabilité civile dans le domaine de l'énergie nucléaire et, d'autre part, le Protocole portant modification de la Convention dite Convention complémentaire de Bruxelles du 31 janvier 1963 complémentaire à la Convention de Paris du 29 juillet 1960 sur la responsabilité civile dans le domaine de l'énergie nucléaire.

[7] Décret n° 94-308 du 14 avr. 1994 portant publication du Protocole portant modification de la Convention du 31 janv. 1963 complémentaire à la Convention de Paris du 29 juill. 1960 sur la responsabilité civile dans le domaine de l'énergie nucléaire, amendée par le Protocole additionnel du 28 janv. 1964, fait à Paris le 16 nov. 1982 (JORF n° 94 du 22 avr.).

Convention de Vienne et le Protocole commun de 1988 qui ont vu le jour, justement, pour permettre la passerelle entre ces deux *corpus* de normes supranationales[1]. La mise en évidence des enjeux, que ce dispositif poursuit, permet de les présenter tout en constatant la persistance d'éventuelles difficultés et incertitudes dans le droit à la réparation des accidents nucléaires.

B. Les incertitudes du champ de la réparation juridique des dommages nucléaires

885. L'objectif poursuivi par le renouvellement des dispositifs au fil du temps vise, certes à harmoniser les dispositions des Conventions de Paris, Bruxelles et Vienne, mais en plus, à augmenter les moyens de la réparation pour indemniser plus de victimes sur la base d'une définition élargie du dommage. Dans ce cadre, il y a lieu de constater que des incertitudes juridiques relatives au champ de la réparation des dommages nucléaires portent, d'une part, sur les aléas de son élargissement (**1**) et, d'autre part, sur l'enjeu environnemental encore en gestation (**2**).

1) Les aléas du champ élargi des dommages réparables

886. **La définition originaire des dommages nucléaires**. Que ce soit sur le fondement de la Convention de Paris de 1960 ou sur celle de Vienne de 1963, les négociations internationales qui instituent ces régimes ont abouti à la couverture d'un même type de dommage. Une protection centrée sur les personnes physiques et morales, elle recouvre initialement les décès ou dommages corporels et les pertes patrimoniales ou dommages aux biens. Aux termes de la Convention de Paris sur la responsabilité civile dans le domaine de l'énergie nucléaire, si l'exploitant d'une installation nucléaire n'était responsable que des dommages infligés aux personnes et aux biens, ceux-ci ne couvraient pas, et ne couvre toujours pas, l'installation elle-même[2]. Les amendements des 28 janvier 1964 et 16 novembre 1982[3] n'ont rien changé à cette exclusion[4]. Quant à la Convention de Vienne relative à la responsabilité civile en matière de dommages nucléaires[5], si elle vise les mêmes dommages, elle est un peu plus explicite. En ses termes, un dommage nucléaire signifie également tout décès, dommage aux personnes, perte de biens ou dommage aux biens. Il y est également précisé que ce dernier dommage provient ou résulte des propriétés radioactives de produits ou de déchets radioactifs se

---

[1] VON BUSEKIST (O.), 2006, *loc. cit.*, pp. 145-173.

[2] Art. 3, Convention Paris 1960 précitée.

[3] Faisant de la Convention de Paris 1960 une Convention dite « révisée ».

[4] Pas plus que le Protocole de Paris en 2004.

[5] Révisée en 1997, avec la Convention sur la réparation complémentaire des dommages nucléaires (CRC, ci-après) adoptée à Vienne le 12 sept. 1997 (INFCIRC/567, 24 juill. 1998).

trouvant dans une installation nucléaire ou de matières nucléaires qui proviennent d'une installation nucléaire, en émanent ou y sont envoyées[1].

887. En dépit des aléas et de l'insuffisance des connaissances sur les conséquences des accidents nucléaires, ce déficit n'a pas empêché les législateurs et les assureurs de « créer un régime de responsabilité qui pendant vingt à vingt-cinq ans a répondu au besoin de garantie des victimes potentielles des dommages nucléaires jusqu'à ce que deux accidents, l'un mineur et l'autre majeur, aient révélé certaines insuffisances »[2]. En effet, les accidents de *Three Mile Island,* en 1979 et de Tchernobyl, en 1986, ont montré une réalité dont on ne se doutait qu'en partie. Ils furent le révélateur de conséquences dont on n'avait pas idée et donc, non prévues. Dès lors, la nécessité d'élargir le champ du dommage nucléaire réparable s'imposait.

888. **La notion élargie du dommage nucléaire**. Nous aborderons plus loin, lors de la présentation du dispositif à vocation mondiale, la Convention sur la réparation complémentaire des dommages nucléaires de 1997[3]. Il faut toutefois déjà dire qu'elle donne l'opportunité, aux États qui y ont adhéré[4], de prévoir la prise en compte de nouveaux dommages. En tout état de cause, leurs caractéristiques s'avèrent similaires à la modification opérée avec le Protocole du 12 février 2004 sur la Convention de Paris[5] que la France a promulgué en 2014. Dans ce Protocole, les moyens financiers ont été prévus avec le rehaussement de la limite monétaire garantie par les exploitants. Un principe admis avec la loi sur la transparence et la sûreté nucléaire (TSN) de 2006 et que la loi relative à la transition énergétique pour la croissance verte (TECV) de 2015 a rendu applicable par anticipation dans le droit nucléaire interne. En réalité, cet élargissement de la base financière n'a d'autre objet que de pourvoir à une plus large indemnisation.

889. **Vers une définition positive du dommage**. Si la Convention de Paris tendait à exclure certains chefs de préjudices avec une définition niant certains dommages, la tendance évoluait vers une définition positive incluant impacts environnementaux et dommages immatériels[6]. Avec l'accident de Tchernobyl, « il est apparu que les dommages immatériels, le coût des mesures de sauvegarde, le coût des mesures de restauration d'un environnement dégradé et certaines autres pertes résultant de la dégradation de l'environnement constitueront probablement la majeure partie des

---

[1] Art. 1er, 1., k), i) de la Convention Vienne 1963 précitée.

[2] OCDE, 1994, *loc. cit*, spéc. p. 163.

[3] INFCIRC/567, 24 juillet 1998, ayant vocation à rapprocher les dispositifs révisés des Convention de Paris et de Vienne.

[4] Ce que n'a pas fait la France pour le moment.

[5] Voir l'exposé des motifs du projet de loi autorisant la ratification des protocoles du 12 février 2004, Projet de loi n° 2785, 2006).

[6] Exposé des motifs de la Convention Paris, OCDE/AEN, Paris, 1989, n° 9.

dommages découlant d'un accident nucléaire »[1]. Dans le « Protocole Paris 2004 », il est finalement prévu l'élargissement du champ des dommages nucléaires. Cet apport du point de vue de la base réparable n'est devenu effectif qu'à compter de son entrée en vigueur, en 2022. Ainsi, l'un des objectifs prioritaires de la Convention de Paris révisée, en plus des dommages aux personnes et aux biens, tend à assurer une réparation adéquate des dommages causés à l'environnement par un accident nucléaire[2].

890. La protection environnementale par le droit nucléaire se poursuit.

2) L'enjeu environnemental des dommages réparables

891. **La problématique environnementale**. Au sein des normes de protection, en dépit des difficultés et des incertitudes, l'enjeu environnemental s'est introduit dans les dispositifs de sûreté. Le droit à la réparation des dommages nucléaires ne pouvait y échapper. Si la Convention de Paris a introduit la couverture du coût des mesures de restauration d'un environnement dégradé, en plus du manque à gagner en découlant, le cadre juridique strict des modalités de la réparation limite la portée de son effectivité[3]. De manière générale, la bataille pour l'environnement a été rude. Par exemple, et ils y sont parvenus, les assureurs ont bataillé afin que les risques nucléaires ne soient pas inclus dans la directive européenne sur la responsabilité environnementale[4] ; la directive 2004/35/CE du Parlement européen et du Conseil du 21 avril 2004 sur la responsabilité environnementale concernant la prévention et la réparation des dommages environnementaux[5]. Toutefois, une centrale ne crée pas que du risque nucléaire et nous avons dit que la réparation doit prendre en compte le dommage nucléaire et non nucléaire. Dans le but d'enclencher la responsabilité civile de nature nucléaire, l'accident doit être qualifié de nucléaire ; un aparté pour dire que, *a priori*, il n'est pas exclu que cette directive fournisse un fondement pour une action en justice, en l'état actuel du droit positif de la réparation des dommages nucléaires à l'environnement[6].

892. **La définition rénovée du dommage nucléaire**. Pour définir le dommage nucléaire, les rédacteurs de la Convention de Paris s'étaient d'abord inspirés de définitions provenant d'autres régimes de responsabilité civile et

---

[1] BLUM (L.), Projet de loi n° 2785 autorisant l'approbation d'accords internationaux sur la responsabilité civile dans le domaine de l'énergie nucléaire, Rapport fait au nom de la Commission des Affaires étrangères, Ass. Nationale, n° 2784 du 3 janv. 2006, spéc. p. 14.

[2] AEN, Exposé des Motifs de la Convention de Paris modifiée par les Protocoles de 1964, 1982 et 2004, Comité du droit nucléaire, NEA/NLC/DOC(2020)1/FINAL, 31 mars 2020, p. 2, n° 3.

[3] QUERE (A.), *loc. cit.*, 2018, pp. 89-118, spéc. p. 107.

[4] *Ibid.*

[5] JOUE L 143 du 30 avr. 2004, p. 56.

[6] Étant entendu que le régime spécial fourni par la Convention de Paris modifiée ne s'applique qu'aux risques exceptionnels. Cela implique qu'ils dérogent aux règles et usages du droit commun de la responsabilité civile.

notamment, la Convention internationale de 1992 sur la responsabilité civile pour les dommages dus à la pollution par les hydrocarbures. Celle-ci régit la responsabilité des propriétaires de navires pour les dommages relatifs à ce type de pollution qu'elle définit de manière très similaire. Ensuite, dans la Convention de Paris, la définition du dommage nucléaire reste proche des termes du Protocole de 1997 portant modification de la Convention de Vienne et de la Convention de 1997 sur la réparation complémentaire des dommages nucléaires (CRC, ci-après), les seules différences existantes entre les deux sont de nature rédactionnelle[1]. Enfin, l'apport du Protocole Paris 2004 précité revient, outre la définition détaillée des dommages nucléaires, aux six catégories différentes de préjudice, perte, coût ou dommage qui, depuis son entrée en vigueur en 2022, ouvre un droit à réparation sur ce fondement[2].

893. Les deux premières catégories sont celles classiquement réparées par la Convention de Paris précitée de 1960 et elles reçoivent, en général, une définition dans le droit interne de chaque État Partie. Quant aux quatre autres catégories de dommages nucléaires que ledit Protocole de 2004 introduit, elles recouvrent deux types de pertes économiques, à savoir le coût de la restauration d'un environnement dégradé et le coût des mesures prises pour prévenir ou réduire le dommage nucléaire[3]. Cela implique que ces nouvelles catégories de dommages auront besoin d'une qualification soumise aux juridictions de chaque État, corrélativement aux dispositions prises. En l'occurrence, si les Parties contractantes ont toute liberté de prévoir la nature, la forme et l'étendue de la réparation pour ces catégories, le *corpus* législatif et juridique national doit contenir des dispositions relatives à chacune[4].

894. Concernant la catégorie « tout dommage immatériel », elle vise une perte ou un dommage qui découle des deux catégories originaires, celles des dommages aux personnes et aux biens[5] ; sous réserve que la personne fondée à demander réparation de cette perte ou de ce dommage n'en ait pas déjà obtenu réparation sur leur fondement[6]. Ce peut être, comme dit, les conséquences financières sur le tourisme à la suite d'un accident nucléaire. Quant aux trois autres catégories, elles ont toutes un lien direct ou indirect avec un dommage de nature environnementale, à condition de répondre à la définition juridique de l'accident nucléaire.

895. **La considération des dommages à l'environnement**. La responsabilité civile nucléaire ne couvre que les dommages de type exceptionnel, ceux que les régimes de droit commun ne permettent pas de

---

[1] AEN, Exposé des Motifs du 31 mars 2020, *loc. cit.*, spéc. p. 24, note 18.
[2] *ibid.*, p. 23, n° 54 et les pts. 1 à 6 de l'art. I, B., vii) du Protocole Paris 2004 précité.
[3] AEN, Exposé des Motifs, i*bid.*, p. 25, n° 56 (a).
[4] AEN, *ibid.*
[5] Sur ce fondement, la perte économique du demandeur doit être la conséquence d'un dommage corporel, d'un décès, de la perte d'un bien ou d'un dommage matériel subi par lui-même.
[6] Protocole Paris 2004 précité, pt. 3. de l'art. I, B., vii) ; que la perte économique n'a pas déjà été couverte par l'une ou l'autre des deux premières catégories de dommage nucléaire.

réparer. Selon l'ampleur des dommages à l'environnement, des mesures sont susceptibles d'être couvertes conformément aux modalités prévues par le Protocole Paris 2004. Cependant, elles devront répondre à un cadre strict. D'abord, une limite est posée par rapport à la restauration effective de l'environnement dégradé. Ensuite, si les dégradations sont insignifiantes, elles seront exclues, tandis que les mesures de restauration devront être raisonnables et approuvées par les autorités compétentes. Enfin, si des mesures de réintroduction des éléments naturels détruits devaient être accordées, elles devraient comporter un caractère raisonnable[1].

896. Aux termes du dernier Protocole modificatif, la notion de dommage nucléaire inclut le coût des mesures de restauration d'un environnement dégradé, sauf si la dégradation est insignifiante, si de telles mesures sont effectivement prises ou doivent l'être, c'est sous réserve que ce coût ne soit pas inclus dans la réparation des classiques pertes et dommages aux biens[2]. C'est pareil pour le manque à gagner des dommages relatifs à un défaut de jouissance de l'environnement[3]. Sous condition de litige, il reviendra au tribunal compétent de décider du caractère signifiant ou non d'un environnement détérioré, ainsi que du caractère raisonnable ou pas des mesures dont le caractère approprié et proportionné sera apprécié en fonction des circonstances[4]. Cela demande la prise en compte de la nature et de l'ampleur du dommage subi ou risqué, de la probabilité de leur efficacité au moment de décider de ces mesures et enfin, la base des connaissances scientifiques et techniques pertinentes[5]. Sous ces derniers aspects, nous pensons à la dépollution radioactive des sols après un événement nucléaire.

897. La Convention de Paris ainsi modifiée se voit ajouter quatre points[6]. Ils détaillent une étendue élargie des dommages de nature nucléaire qui aggrave le besoin de fonds financiers. Cet ajout explique en partie la seconde modification opérée avec le Protocole de 2004 sur l'augmentation des montants garantis. Comme dit, le droit français avait déjà pris acte de ces montants. En revanche, si un accident nucléaire avait dû se produire en France avant 2022, la nature des dommages réparables restait celle des dommages aux personnes et aux biens conformément au dispositif de la Convention sur la responsabilité civile dans le domaine de l'énergie nucléaire (Convention de Paris) du 29 juillet 1960 telle qu'amendée en 1964 et 1982, puisque le Protocole de 2004 n'était pas en vigueur. C'est chose faite, depuis le 1er janvier

---

[1] DUSSART-DESART (R.), « La réforme de la Convention de Paris sur la responsabilité civile dans le domaine de l'énergie nucléaire et de la Convention complémentaire de Bruxelles. Un survol des principaux éléments de la modernisation des deux Conventions », *BDN*, n° 75, OCDE/AEN, 2005/1, pp. 7-34, spéc. p. 15.
[2] Protocole Paris 2004 précité, pt. 4. de l'art. I, B., vii)
[3] *Ibid.*, pt. 5.
[4] *Ibidem*, pt. 6, x).
[5] *Ibidem*, x), 1. 2. et 3.
[6] vii), viii), ix) et x) sont ajoutés à l'art. 1er, point a).

2022, date à laquelle sont entrés en vigueur les protocoles d'amendement des conventions de Paris et de Bruxelles signés le 12 février 2004.

898. **Transition**. Avec sa publication au Journal Officiel, le décret précité du 17 janvier 2022 fait entrer en vigueur ces protocoles amendés, près de vingt ans après leur signature. En effet, sous l'égide de l'Agence de l'énergie nucléaire de l'OCDE et comme de besoin, le 17 décembre 2021, le dépôt simultané des instruments de ratification par les États parties aux conventions d'origine a été acté. En dépit des limites d'une indemnisation effective à l'échelle planétaire par la diversité des fondements juridiques et par les enjeux tributaires des États non-signataires, c'est un grand pas pour la protection environnementale du fait du nucléaire. Dans ce cadre et même sans la nature évolutive des dommages réparables, le besoin d'un financement renforcé par la participation des États s'est fait très tôt sentir. Pour assurer la fonction curative de la RCN, les États doivent collaborer et prévoir des fonds.

§2. L'impact de la collectivisation sur la portée relative de l'indemnisation

899. Les instruments financiers de la responsabilité civile nucléaire reposent, en priorité, sur le mécanisme mutualiste de l'assurance. Sur leur fondement, les exploitants garantissent des fonds pour réparer tout fait nucléaire dommageable. Il est toutefois rapidement devenu évident que ceux-ci ne seraient pas suffisants, surtout en cas d'accident majeur. Après Tchernobyl, le constat s'est imposé ; les dispositifs conventionnels devaient être réformés, tant à l'égard des montants à garantir que par rapport à la couverture géographique. Un problème récurrent persiste : celui de la portée forcément relative du droit à une indemnisation effective en cas d'accident.

900. Pour mesurer l'impact, il s'agit à présent de constater l'évolution des instruments juridiques mis en place par les instances décisionnelles, d'une part, par rapport à l'élargissement de la base financière (**A**) et, d'autre part, pour un droit des accidents de portée mondiale (**B**).

A. La base financière élargie du droit nucléaire à l'indemnisation

901. Afin d'améliorer la portée du droit à l'indemnisation, l'inadéquation des niveaux de protection initiaux conviait à une coopération élargie. Sur le fondement de la Convention de Bruxelles précitée, deux sources financières ont été différenciées. Ainsi, à la garantie de l'exploitant, s'ajoute une double tranche de fonds publics constitués par, d'une part, chaque État Partie (**1**) et, d'autre part, un système de fonds international (**2**).

1) Le besoin d'un financement étatique

902. **La limite monétaire garantie**. Si, la plupart du temps, une limite monétaire à la responsabilité civile de l'exploitant a été instituée, « certains pays ont maintenu dans leur législation la responsabilité illimitée du droit commun »[1]. C'est-à-dire le principe d'une réparation intégrale. En dépit de ce choix[2], l'État reste susceptible d'intervenir pour combler un éventuel épuisement des fonds de l'assurance ou des biens de l'exploitant[3]. En tout état de cause, le principe d'une compensation sur fonds publics se profile.

903. **Les paliers institués en 1963**. Un système de paliers organise l'anticipation du besoin financier, pour réparer et indemniser en cas d'accident nucléaire, au moyen de fonds publics prévus à cet effet. Le principe naît avec la Convention du 31 janvier 1963 complémentaire à la Convention de Paris du 29 juillet 1960 et ses amendements, avec le Protocole additionnel du 28 janvier 1964 et celui du 16 novembre 1982. Dans l'objectif de compléter les montants assurés par la garantie financière des exploitants, en général l'assurance, conformément aux conditions et aux effets déjà présentés, la Convention complémentaire de Bruxelles du 31 janvier 1963 (CCB, ci-après) offrait la possibilité aux États Parties à la Convention de Paris de 1960 (CP, ci-après), pas encore en vigueur à ce moment-là, de recourir à des fonds publics sur la base de deux tranches d'indemnisation supplémentaires. Ainsi, un deuxième et un troisième palier se sont ajoutés au premier palier de la garantie de l'exploitant. Le deuxième palier correspond aux fonds publics de l'État, celui de l'installation à l'origine de l'accident. Le troisième palier tend à réunir la contribution de tous les États Parties. Entrée en vigueur en 1974, la CCB permettait de mobiliser des moyens supplémentaires, si la réparation disponible au titre de la Convention de Paris (CP) s'avérait insuffisante.

904. **Le cumul des paliers**. Aux termes de la Convention complémentaire de Bruxelles de 1963 (CCB) telle qu'amendée par les Protocoles additionnels du janvier 1964 et novembre 1982, la différence de montant, compris entre la somme des fonds à fournir par l'exploitant et le total de 175 millions de droits de tirage spéciaux[4], est réunie au moyen de fonds publics alloués par la Partie contractante sur le territoire de laquelle est située l'installation nucléaire de l'exploitant responsable[5]. Quant au Protocole Paris 2004 précité, entré en vigueur en 2022, il a permis de relever cette tranche. Réactualisée, elle représente la différence entre le montant des 700 millions d'euros à la charge des exploitants et la somme maximale de 1,2 milliard

---

[1] OCDE, 1994, *loc. cit*, p. 30.

[2] Simplement, dans ce cas, la législation prévoit un montant limité de garantie pour couvrir la responsabilité illimitée des exploitants, mais à hauteur d'un montant minimal et non maximal comme avec la responsabilité limitée, AEN, Exposé des Motifs 2020, *loc. cit*, p. 30, §. 64.

[3] OCDE, *ibid*., p. 31.

[4] Soit environ 210 millions d'euros.

[5] Art. 3, b., ii. Convention complémentaire Bruxelles (CCB) précitée.

d'euros. Il incombe donc à chaque État Partie de réserver des fonds publics nationaux[1], au titre du deuxième palier, en prévision de la réparation d'un éventuel accident nucléaire dont le poids financier dépasserait les capacités de l'assurance contractée par l'exploitant responsable.

905. S'agissant du troisième palier, celui de nature internationale, il regroupe les fonds alloués par toutes les Parties contractantes à la présente Convention (CCB), en proportion d'un calcul fait à partir d'une « clé de répartition » dont les modalités seront expliquées plus avant. Ces fonds forment la différence entre 175 et 300 millions de droits de tirage spéciaux[2] de l'époque et 1,5 milliard d'euros sous l'empire du Protocole Paris 2004. Cela veut dire que chaque État Partie à la Convention doit fournir une portion du maximum garanti par ce troisième échelon dévolu à la répartition des garanties financières octroyées par la CCB[3].

906. **Les conditions d'application de la Convention de Bruxelles**. Pour bénéficier des fonds publics prévus par la CCB telle qu'amendée en 1964 et 1982, plusieurs conditions cumulatives s'imposent[4]. D'abord, l'exploitant doit être responsable au sens de la Convention de Paris. Puis, sa mise en œuvre implique que l'installation à l'origine de l'accident se situe sur le territoire d'une Partie contractante à la CCB et qu'elle soit inscrite sur la liste prévue à cet effet[5]. Enfin, l'accident doit avoir lieu et le dommage doit être subi en tout ou partie sur un territoire couvert par celle-ci. Ce dispositif est lié à la Convention de Paris et aux termes prévus par chaque législation nationale. En 1982, dans le cadre de l'exposé des motifs du second amendement à la Convention de Paris, il est précisé que, si ce régime spécial concerne uniquement les accidents du fait d'une installation nucléaire ou lors d'un transport de substances radioactives, les États conservent la liberté de prévoir des mesures complémentaires applicables à des accidents non couverts. Toutefois, cela ne peut être fait qu'au moyen de fonds distincts de ceux rendus disponibles en vertu de la Convention[6]. Quant à la révision de la Convention de Bruxelles opérée par l'un des dits Protocoles Paris 2004, elle s'est imposée, tant au regard de la nécessité de rester cohérent avec le double apport de la Convention de Paris révisée, que pour assurer la disponibilité de fonds complémentaires. Nous verrons que d'autres instruments le prévoient.

907. En résumé, avec la Convention de Paris (CP), est institué le principe de la réparation dont l'optimalité de la garantie a été renforcée avec la Convention complémentaire de Bruxelles (CCB) sur la base d'une double

---

[1] Soit 500 millions d'euros dans le cadre du Protocole Paris 2004.

[2] Soit entre environ 210 et 360 millions d'euros.

[3] Aux termes des montants institués par la Protocole de 2004, cela reviendra à réunir une somme minimale de « 300 millions d'euros ».

[4] Voir art. 2 de la Convention du 31 janvier 1963 complémentaire à la Convention de Paris du 29 juillet 1960 précitée.

[5] *Ibid.*, ii, 1. et art. 13 (liste des installations répertoriées).

[6] Alinéa 1 du pt. 8 de l'Exposé des Motifs, approuvé par le Conseil de l'OCDE le 16 nov. 1982.

tranche de financements supplémentaires. Mais, ces instruments n'ont qu'une audience régionale. En raison de l'inadéquation des niveaux de protection initiaux, une coopération élargie recourt à la solidarité internationale.

2) L'objectif d'une solidarité internationale

908. **Vers une socialisation de la garantie financière**. Les sources de ce financement proviennent, jusqu'à un certain montant, de la garantie offerte par l'exploitant premier responsable et, au-delà, du relais des solidarités étatiques. En effet, si l'accident est grave au point que les fonds de l'exploitant ne suffisent pas, il faudra recourir aux fonds publics de l'État de l'installation à l'origine de l'accident (2ème palier), voire à ceux réunis par la Communauté des États qui s'y sont engagés dans le but d'assurer ce financement complémentaire (3ème palier). Afin de faire face aux limites juridiques de la mutualisation du risque nucléaire, la socialisation du risque financier permet de répartir la charge du coût. Conformément aux strates financières prévues par le régime de la responsabilité civile nucléaire, un principe de solidarité financière entre les États Parties est mis en œuvre. Chacun fournit sa contribution à proportion d'un calcul basé sur une clé de répartition.

909. **La clé de répartition de la contribution des États.** Aux termes de la Convention complémentaire de Bruxelles précitée (CCB), la troisième tranche est alimentée par des fonds publics internationaux. Financés par toutes les Parties contractantes, une clé de répartition permet de calculer leur contribution respective. Cela sous-entend de partager le coût entre les États et de fixer la part de chacun pour réunir les 300 millions d'euros de la troisième tranche. Le Protocole Paris 2004 précité a modifié la méthode pour calculer la contribution financière de chaque Partie contractante à cette tranche. Depuis 2022, la clé de répartition est passée à 35 % sur le produit intérieur brut (PIB) et à 65 % sur la capacité nucléaire installée. Des fondements d'envergure universelle prévoient aussi ce type de mécanisme et les proportions de la clé de répartition ; telle la Convention précitée sur la réparation complémentaire des dommages nucléaires (CRC) prise sous l'égide de l'AIEA.

910. **La méthode du calcul des contributions**. L'article IV de ladite CRC prévoit la méthode de calcul des contributions des États Parties. La formule se sert du montant de leur capacité nucléaire installée[1]. Puis, le rapport est fait entre le taux de contribution des Nations Unies de chaque Partie contractante et le total de ces taux pour toutes les Parties contractantes[2]. Des réserves s'appliquent pour les États Parties sans réacteur nucléaire, tandis que la contribution maximale imputable par accident nucléaire, à tous ces États en dehors de celui de l'installation à l'origine de l'accident, ne dépasse pas le pourcentage retenu par rapport au total des contributions de toutes les Parties

---

[1] Multiplié « par 300 DTS par unité de capacité installée », *ibid.*, art. IV, 1., a) i).

[2] Proportionnellement à la capacité nucléaire du pays, *ibidem*, ii).

contractantes[1]. En outre, la portée du droit à l'indemnisation en cas d'accident dépend du territoire sur lequel il se produit.

911. **La protection selon la base conventionnelle**. En 1986, lors de l'accident de Tchernobyl, seuls 24 États avaient adhéré à un régime international de RCN. Depuis, un nombre plus conséquent de pays disposant d'une industrie nucléaire sont Partie à l'une ou l'autre des conventions.

912. En 2010, on s'est rendu compte que sur les 437 centrales en exploitation dans le monde à ce moment-là, 123 n'étaient couvertes par aucun des régimes de responsabilité civile nucléaire. Pour tenter d'y remédier, la France et les États-Unis ont signé, en 2013, une déclaration conjointe sur la responsabilité civile en matière de dommages nucléaires[2]. Nous en déduisons que sur la base des relations conventionnelles entre la France, les États-Unis et d'autres pays, une coordination des actions est recherchée. Il s'agit d'encourager les États abstinents, d'une part, à adhérer aux instruments internationaux de responsabilité nucléaire et, d'autre part, à adopter des lois nationales spécifiques pour intégrer les principes nucléaires conformément aux récentes modifications, tout en mettant en œuvre les meilleures pratiques. L'objectif consiste aussi à assurer que les limites des montants garantis soient suffisamment élevées pour alimenter les fonds publics prévus et ainsi, les rendre suffisants si l'indemnisation devait avoir lieu.

913. Ces États s'engagent à participer activement à l'établissement d'un régime mondial de responsabilité civile nucléaire afin de parvenir à une juste indemnisation des accidents nucléaires, comme le recommande l'AIEA. Les termes de la déclaration encouragent les États à adhérer à un tel régime[3].

914. Notre présentation s'avère évidemment lacunaire. Elle a surtout pour objet de montrer la technicité d'un système dont la Communauté nucléaire internationale use pour prévoir les moyens alloués à la réparation, sur la base de plafonds uniformes jusqu'à un certain point. Cela revient à déterminer le coût financier de la RCN. En outre, une atteinte manifeste au principe pollueur-payeur apparaît dans le cadre des régimes où l'engagement financier semble prédéterminé et non proportionnel au risque réel créé par chaque pays, en fonction du nombre de centrales dont ces États disposent sur leur territoire. La nécessité de fonds complémentaires au système d'assurance garanti par les exploitants pour indemniser des dommages nucléaires participe à la mise en œuvre d'une protection mondiale. Elle s'avère toutefois proportionnelle à la bonne volonté des États souverains.

---

[1] *Ibidem*, art. IV, 1, c).

[2] Communiqué de presse du 29 août 2013 du ministre français de l'Écologie, du Développement durable et de l'Énergie.

[3] https://onu-vienne.delegfrance.org/Conventions-sur-la-responsabilite-civile

B. Les options d'une protection de portée mondiale

915. La Convention de Vienne précitée de 1963 instituait les normes minimales du droit international de la responsabilité civile nucléaire. Elle constitue le premier instrument de cette portée dévolu à la protection financière des dommages de l'exploitation électronucléaire que d'autres instruments sont venus conforter pour augmenter les fonds disponibles en cas d'accident nucléaire. Mais, d'une part, l'efficacité financière de ces instruments dépend du nombre d'adhérents (**1**) et, d'autre part, leur portée juridique diverge en fonction du lieu de l'événement dommageable (**2**).

1) Le fonds international dépendant de l'adhésion aux instruments juridiques

916. **Les sources juridiques de l'indemnisation des dommages**. La politique de prévention tente de réduire la potentialité de survenance, en amont, des accidents. En cas de défaillances, l'assurance de réparation prend le relais sur le fondement des régimes de responsabilité civile nucléaire (RCN). Ce dispositif juridique spécial assure l'indemnisation des victimes. Il est toutefois de compromis puisqu'au-delà d'un certain plafond, la solidarité internationale entre en jeu. Si la route a été longue, elle n'est pas encore totalement balisée. Alors que la Convention de Bruxelles précitée, à vocation régionale, instaura immédiatement un fonds international pour la couverture des dommages nucléaires pouvant atteindre 120 millions DTS[1], la Convention de Vienne, à vocation universelle, ne prévoyait rien de tel. D'ailleurs, cette absence a été invoquée comme une des raisons du peu d'engouement des États à son égard[2]. Non seulement les États Parties au *corpus* Paris/Bruxelles précité n'y trouvaient dès lors que peu d'intérêt, en plus, il est possible de penser qu'ils ont craint divers conflits entre ces instruments. Devant la faiblesse des montants d'indemnisation, un nouvel instrument de portée mondiale a été envisagé. Celui-ci permettrait de compléter les garanties financières offertes par les législations nationales fondées, soit sur le dispositif Paris/Bruxelles, soit sur la Convention de Vienne. Si, après le Protocole commun de 1988, également de portée mondiale, la Convention sur la réparation complémentaire (CRC) a bien vu le jour en 1997, qualifiée de « Convention-parapluie », elle fut parfois considérée comme favorable aux seuls États-Unis[3]. En outre, elle n'est entrée en vigueur qu'en 2015.

917. **La CRC, un dispositif à vocation mondiale**. L'objectif de la CRC repose sur l'ambition d'un outil commun, pour réduire la complexité et

---

[1] Que le Protocole additionnelle de 1982, au moment de son entrée en vigueur, a portée à 300 millions de DTS.

[2] VON BUSEKIST (O.), 2006, *loc. cit.*, spéc. p. 146.

[3] DUSSART-DESART (R.), *loc. cit.*, BDN, n° 75, OCDE/AEN, 2005/1, pp. 7-34, spéc. p. 9.

la diversité des obligations inhérentes aux différents régimes existants. « Cette convention définit des montants supplémentaires assurés par les contributions des États parties sur la base de la puissance nucléaire installée et de la quote-part dans le barème des contributions de l'ONU »[1]. L'ensemble correspond aux éléments qui entrent dans la clé de répartition pour calculer le montant des participations de chaque État Partie[2]. La Convention sur la réparation complémentaire poursuit également l'établissement d'un montant minimal de réparation à l'échelon national. Elle vise à compléter et augmenter la capacité financière de réparation des Parties contractantes, grâce à des fonds publics qui viennent compenser le montant national dans l'éventualité où il ne suffirait pas à réparer les dommages d'un accident de type nucléaire[3].

918. La CRC serait plus appropriée que le Protocole commun de 1988[4] pour instaurer un régime de portée mondiale. Nous verrons que celui-ci ne permet pas un traitement uniforme de la définition du dommage nucléaire, des montants minimaux de réparation ou encore des règles relatives à la compétence juridictionnelle. Toutefois et « intrinsèquement, la Convention sur la réparation complémentaire offre un montant dépendant du nombre des Parties contractantes et plus particulièrement de leur puissance installée »[5]. En conséquence, sans un cumul suffisant d'États Parties à forte puissance nucléaire, la CRC peinera à remplir les effets escomptés.

919. Cet instrument conclu à Vienne tend à faciliter l'adhésion de tous les États Parties à d'autres instruments de ce type, existants ou à venir. Cela implique l'éventualité d'un ajout cumulé d'États en droit de réclamer le bénéfice des fonds publics, au titre de la troisième tranche sur le fondement d'un autre accord international[6]. C'est pourquoi la Convention de 1997 (CRC) subordonne cette possibilité à l'accord simultané de toutes les Parties à la Convention complémentaire de Bruxelles (CCB)[7]. Mais, le procédé serait terriblement incertain en cas d'accident majeur, tel celui de Tchernobyl, impliquant des pays limitrophes et d'autres plus ou moins éloignés dont plusieurs sont des États contractants à l'une ou l'autre de ces conventions. Une telle démarche ne deviendra envisageable qu'à partir du jour où la CRC aura attiré suffisamment d'États dotés de nombreuses installations nucléaires. À défaut, le risque de voir les fonds publics appelés par un plus grand nombre de Parties augmenterait, sans être compensé par la perspective d'un meilleur retour. Les fonds publics seraient rapidement épuisés, ce qui rendrait le

---

[1] BLUM (L.), rapport 2006, *loc. cit.*, spéc. p. 10.
[2] Voir *supra*.
[3] Source AIEA.
[4] Voir *infra*.
[5] DUSSART-DESART (R.), *ibid.*, p. 22.
[6] D'ailleurs, la CCB prévoit la réservation des fonds prévus à ses seules Parties contractantes, ce qui implique que les victimes sur le territoire des États non contractants n'ont *a priori* pas droit à réparation si le fondement de l'action en réparation est la CCB 1963 précitée (art. 2).
[7] Art. 14, d).

système inefficace. En outre, de nombreux États Parties à la CCB ont revendiqué la difficulté de « participer à deux conventions complémentaires dont les mécanismes, les clés de répartition et les bénéficiaires seraient différents »[1]. Cela explique probablement le peu d'adhésion à la CRC et le fait qu'elle ne soit entrée en vigueur qu'en 2015.

920. **Les possibles raisons d'une entrée en vigueur tardive**. Avec l'accident de Tchernobyl, la nécessité d'une complète révision du régime international de la responsabilité civile nucléaire s'est imposée pour renforcer les dispositifs qui tendent à protéger les victimes et conforter l'option d'un régime universel permettant l'adhésion d'un maximum de pays. Ces efforts ont trouvé un aboutissement dans la conférence diplomatique de septembre 1997 qui a donné naissance à la Convention sur la réparation complémentaire des dommages nucléaires (CRC)[2]. Cependant, ouverte tant aux États Parties aux Conventions de Paris et de Vienne qu'aux pays ayant fait le choix d'une législation interne, les risques de divergences ont probablement freiné de nombreuses adhésions. Toujours selon nous, l'autre principale raison réside dans la faiblesse des fonds publics, dont la CRC permet la mise à disposition en cas d'accident nucléaire de grande envergure. Son entrée en vigueur était conditionnée. Même sous la réserve d'une adhésion des États disposant de la plus forte puissance installée, la CRC n'offrirait pas plus de 360 millions d'euros ; notamment en raison du mécanisme qui plafonne l'intervention des plus gros contributeurs[3]. Les États Parties sont donc limités dans le montant de leur contribution au fonds publics de niveau international. Néanmoins, plus cet instrument obtiendra d'adhésions, plus la masse des fonds sera importante.

2) La portée juridique incertaine de la réparation selon le lieu de l'accident

921. **Les conditions de la couverture**. Dès la décennie 1960, conformément à la Convention complémentaire de Bruxelles (CCB), de manière similaire à celle de Paris (CP), l'exploitant est responsable de tout dommage nucléaire dont la preuve est faite du lien avec l'accident survenu dans les conditions précisées. Sous l'empire de ces régimes, pour que la Convention s'applique, l'accident nucléaire devait survenir sur le territoire d'une Partie contractante et les dommages, sur le territoire d'une des Parties contractantes. En 1972, alors que seule la Convention de Paris est en vigueur, la question d'un régime universel est réexaminée. Mais, le besoin d'accroître le champ géographique du régime international de responsabilité nucléaire devient prégnant avec l'accident de Tchernobyl de 1986, alors que l'Ukraine n'avait adhéré à aucun des instruments. Par exemple, les victimes en territoire

---

[1] DUSSART-DESART (R.), *loc. cit.*, p. 32.
[2] OCDE, 2003, *loc. cit.*, spéc. p. 81.
[3] DUSSART-DESART (R.), *ibid.*

français ne pouvaient pas saisir la juridiction du territoire de l'exploitant responsable, en l'espèce celui de la centrale de Tchernobyl, pour prétendre à indemnisation. Toutefois, quand un pays est dans ce cas, cela ne veut pas dire qu'il ne dispose pas d'une législation interne de RCN, simplement que « le cas des dommages transfrontaliers dus à un accident nucléaire dans ces pays n'est [..] pas traité »[1]. Le Protocole commun précité devait permettre d'œuvrer à la mise en place d'un instrument de portée mondiale.

922. **Le Protocole commun de 1988**. Il fait le lien entre la Convention de Paris et celle de Vienne. Ce Protocole tend à produire un régime étendu de responsabilité civile. Dans un but d'unification favorable tant aux intérêts de la filière qu'à ceux des éventuelles victimes, un double choix se présentait aux instances décisionnaires[2]. *Grosso modo*, il fallait décider entre conserver une seule des deux conventions ou leur adjoindre un Protocole permettant de faire le lien entre elles. L'option de la « passerelle » a prévalu[3]. Elle n'aboutira pas tout de suite. Le texte du Protocole commun relatif à l'application de la Convention de Vienne et de la Convention de Paris fut entériné en 1988 après 16 ans de travail[4]. Si des points restaient à éclairer, la question du champ d'application territorial trouve une réponse. En effet, aucun des dispositifs ne permettait de régler les accidents intervenus et les dommages subis dans les États Parties à l'autre Convention. Le principal apport du Protocole réside dans le fait qu'il élargit le champ territorial des Conventions. En cas d'événement, la détermination du responsable et l'étendue financière de sa responsabilité dépendent de la convention applicable sur le territoire de l'installation en cause.

923. **Des effets différenciés**. Le Protocole commun règle aussi le problème de la qualification de « Partie contractante »[5]. Dès qu'un État est Partie au Protocole commun et à la Convention de Paris ou à celle de Vienne, il bénéficie d'une sorte de protection croisée. Chaque fois que les dispositions de l'une ou l'autre convention s'appliquent, les conflits sont résolus à l'aide des « facteurs de rattachement »[6]. Cependant, le Protocole commun ne concerne que les Parties aux Conventions de Paris et de Vienne précitées. En outre, il ne fait pas profiter des fonds publics alloués par la Convention complémentaire de Bruxelles. L'État Partie à cette dernière et au Protocole commun de 1988 sans avoir adhéré à la Convention de Paris de 1960 n'en bénéficie pas. La problématique peut avoir son importance en cas d'accident de transport sur un territoire non-Partie. Autre exemple, à défaut de promulgation du Protocole commun par la France, non Partie à la Convention de Vienne, si un accident se déclarait dans un pays seulement Partie à celle-

---

[1] DEL PICCHIA (R.), *loc. cit.*
[2] Dans le cadre de la collaboration entre l'AIEA et l'OCDE par le biais de l'AEN.
[3] VON BUSEKIST (O.), 2006, *loc. cit.*, p. 148.
[4] VON BUSEKIST (O.), *Ibid.*, p. 150.
[5] BLUM (L.), 2006, *loc. cit.*, spéc. p. 10.
[6] VON BUSEKIST (O.), *ibid.*, p. 152.

ci, les citoyens français n'auraient pas droit à réparation sur ce fondement. Il ne s'agit toutefois plus d'un cas d'école. Si pendant longtemps la France n'a pas adhéré au Protocole commun de 1988, c'est chose faite depuis 2014.

924. **Le positionnement français**. La catastrophe de Fukushima en mars 2011 a contribué à sa promulgation. Néanmoins, si le Protocole commun fut considéré utile au droit à la réparation, des difficultés persistent. Jusqu'à l'entrée en vigueur des Protocoles Paris 2004 précités, la réflexion devait se poursuivre. La loi transition énergétique pour la croissance verte (TECV) précitée d'août 2015 y a œuvré. Le Protocole commun participe à l'ambition d'un régime universel. Mais, les couvertures basses suggérées par les Parties à la Convention de Vienne ont conduit à l'idée de compléter avec un instrument qui fait appel à la solidarité internationale[1]. Comme dit, il s'agit de la Convention sur la réparation complémentaire (CRC).

925. **L'audience des instruments à vocation mondiale.** À vrai dire, le Protocole commun de 1988, puis la CRC de 1997, constituaient la deuxième pierre de l'édifice dont la Convention de Vienne avait vocation à fournir les fondations. Concernant le Protocole commun, d'une part, il fut signé par toutes les Parties à la Convention de Paris, qui étaient également contractantes de la Convention Complémentaire de Bruxelles, sauf la France et la Suisse. D'autre part, sur l'ensemble des États contractants à la Convention de Vienne en mesure de le signer, seuls six l'ont fait (60 %). Sans leur adhésion, « condition sine qua non de son succès », l'effet escompté était compromis[2].

926. **En conclusion**. Canalisée sur l'exploitant, la responsabilité civile nucléaire constitue un dispositif complexe qui a le mérite d'exister. Il participe au financement de la réparation du risque nucléaire. Si le cas d'un accident majeur interroge les limites du dispositif dédié à la prévention financière avec l'assurance nucléaire, il permet d'anticiper les coûts à la charge de l'exploitant dans l'objectif de garantir la disponibilité des fonds. Le mécanisme ne peut toutefois se suffire. C'est pourquoi le régime juridique repose autant sur un système de mutualisation que de socialisation du risque.

927. **Transition**. En temps normal comme de crise, pour réduire les doutes sur des réalités extrêmes qui impactent la transparence financière, le droit nucléaire génère des instruments où interfère la collaboration. Comme le droit de l'environnement, le droit des installations nucléaires de base est un droit de prudence dans lequel le principe pollueur-payeur s'inscrit. Il participe à rendre le risque socialement acceptable. En matière d'acceptabilité, le droit de l'environnement dispose d'instruments novateurs dont le droit des INB a fini par être saisi. L'autonomie des dispositifs codifiés invite à observer les différences. Si l'accident de Tchernobyl a été le déclencheur d'un renouvellement du droit positif, la condition de l'acceptabilité sociale passe par la concertation et donc, l'intensification de la démocratie participative.

---

[1] DUSSART-DESART (R.), 2005/1, *loc. cit.*, spéc. p. 9.

[2] *Ibidem*, n° 63.

Titre 2. La transparence dans l'acceptabilité sociale du risque nucléaire : un principe démocratique sous contraintes

928. Au fil du temps, l'échelle des valeurs du degré d'acceptabilité des risques sociétaux a changé. Une modification de la perception dont l'exemple des « pertes de guerre » illustre l'idée : en 1917, les généraux pouvaient « sacrifier quelque trois cent mille hommes par quinzaine » ; aujourd'hui, il ne peut être fait ouvertement mention que de « guerre à risque zéro »[1]. Pourtant, le risque, omniprésent, constitue le symptôme d'une société partiellement dépassée par le développement des connaissances théoriques[2] ; cela vise aussi -et peut-être surtout- le risque nucléaire.

929. Sous le joug étatique originaire, les normes nucléaires se discutaient dans le secret des alcôves du pouvoir. En France, la construction du droit électronucléaire sous-tendait un objectif de promotion industrielle. Des accidents majeurs ont motivé une nouvelle phase de son développement. Aux fins de faire accepter les risques générés, des instruments du droit de l'environnement se sont révélés déterminants pour la démocratie sociale et la participation à la gouvernance nucléaire. Il ressort toutefois de l'analyse juridique des contraintes matérielles qui fragilisent la mise en œuvre du principe de la transparence. La transparence en matière nucléaire est constituée par l'ensemble des dispositions prises pour garantir le droit du public à une information fiable et accessible en matière de sécurité nucléaire telle que définie à l'article L. 591-1 du Code de l'environnement.

930. Dans le cadre des réformes qui ont suivi l'accident de Tchernobyl, le droit des installations nucléaires de base intègre les occurrences de la transparence. Néanmoins, d'une part, l'éclairage juridique qui mène à l'acceptabilité sociale du risque nucléaire s'avère partiel (**chapitre 1**) et, d'autre part, des doutes subsistent sur l'optimalité du droit de participer aux décisions nucléaires qui reviennent *in fine* au gouvernement (**chapitre 2**).

---

[1] EWALD (F.), « Le risque dans la société contemporaine » dans *Qu'est-ce que les technologies ?,* Université de tous les savoirs, Vol. 5, Odile Jacob, 2001, spéc. p. 574.

[2] MOURY (J.), avant-propos dans Le risque, Cour de Cassation, Étude, 3ème partie, 2011, p. 78.

Chapitre 1. L'effectivité partielle du recours aux instruments de la démocratie sociale

931. La période dite de promotion du nucléaire civil français, de 1945 jusqu'à l'accident de Tchernobyl, rime avec opacité. Le secteur électronucléaire devait s'ouvrir à la démocratie sociale et à la transparence.

932. Le droit à l'information, corollaire du principe de transparence, est commun à tous les secteurs. Il s'impose aux autorités publiques. La particularité du droit nucléaire consiste à en faire supporter le poids aux exploitants. Secondés par des organes spécifiquement ou accessoirement tenus de gérer cette obligation, la problématique de leur indépendance à l'égard des promoteurs du nucléaire civil a cristallisé un point d'achoppement. L'accident de Tchernobyl de 1986, en particulier, a ''favorisé'' les avancées normatives et jurisprudentielles afin de rendre l'électronucléaire socialement acceptable. Au temps de la promotion nucléaire a succédé celui des risques majeurs et, avec lui, le temps de l'information et de la transparence.

933. L'autorité publique a légiféré, d'une part, pour rendre le risque nucléaire socialement acceptable (**Section 1**) et, d'autre part, sans satisfaire totalement les attentes d'une participation plus démocratique (**Section 2**).

Section 1. La prépondérance de l'information dans l'acceptabilité sociale du risque nucléaire

934. En dépit de certains événements avant Tchernobyl, jusqu'en 1986, la confiance a perduré. Les avantages ont annihilé les réticences. Le discours prônait, c'est toujours le cas, une technologie propre et peu coûteuse. Surtout, la promotion de cette industrie assénait, depuis les années 1950, la croyance d'une technique sûre avec des composants et des composés parfaitement maîtrisés. L'accident de Tchernobyl a fait voler en éclat les certitudes et mis sur le devant de la scène mondiale le besoin d'information.

935. Si l'accès à l'information n'est qu'une modalité de la transparence, elle en constitue le cœur. Mais, il ne fait pas tout d'avoir des instruments, il faut aussi vivre avec cette épée de Damoclès.

936. En raison des réticences de plus en plus exacerbées de la Société civile par rapport aux risques générés par les centrales nucléaires, leur acceptabilité a nécessité, d'une part, un dispositif spécifique à l'information (**§1**) qui a, d'autre part, fini par être intégré dans le droit nucléaire (**§2**).

§1. Le droit de l'information dans l'acceptabilité du risque nucléaire

937. Le droit de l'environnement est précurseur en matière de transmission de l'information. Tout a commencé sur la scène internationale. La Convention dite d'Aarhus de 1998[1] a permis de fixer de grands principes à visée démocratique, dont l'exigence d'information[2] par rapport aux décisions environnementales. L'information est un droit reconnu aux citoyens de tous les États qui ont ratifié cet instrument. Néanmoins et jusqu'à peu, le domaine nucléaire y était plutôt réfractaire.

938. Il a fallu attendre la loi sur la transparence et la sécurité nucléaire précitée (TSN) de 2006 pour que l'information trouve une place et s'installe vraiment dans le droit nucléaire. Sous couvert des interférences avec le droit de l'environnement, il s'agit à présent d'apprécier, d'une part, le cadre originel dans lequel s'inscrit l'exception relative aux informations nucléaires (**A**) et, d'autre part, en quoi le dispositif juridique a changé (**B**).

A. Le support originel insuffisant du droit à l'information nucléaire

939. Le secret était la norme dans le nucléaire. Le droit devait être adapté à l'exigence sociale d'informations. Alors que le droit à l'information naît en droit de l'environnement (**1**), il faut constater l'exception juridique applicable à l'information sur le risque nucléaire (**2**).

1) L'origine environnementale du droit à l'information

940. **L'obligation d'information**. Ce droit est formalisé dans de nombreux textes contraignants ou non, généraux ou sectoriels. L'information du public est visée pour la première fois en droit de l'environnement, de manière indirecte, avec la directive sur l'évaluation des incidences de certains projets publics et privés sur l'environnement de 1985. La Communauté européenne consacre la liberté d'accès à l'information environnementale en 1990[3]. C'est en 1998 que la Cour européenne des droits de l'Homme reconnaît

---

[1] Intégrée au *corpus* juridique français avec la loi n° 2002-285 du 28 févr. 2002 autorisant l'approbation de la convention sur l'accès à l'information, la participation du public au processus décisionnel et l'accès à la justice en matière d'environnement (ensemble deux annexes).

[2] Et de la participation.

[3] Directive 90/313 du 7 juin 1990 concernant la liberté d'accès à l'information en matière d'environnement (JOCE n° L158 du 23 juin 1990).

aux États une obligation positive d'information en matière nucléaire[1]. Nul doute, le droit de l'environnement y a beaucoup contribué.

941. **L'information et la protection de l'environnement**. Avec la Déclaration de Stockholm en 1972, il est admis qu'un « devoir solennel » vis-à-vis de l'environnement, contrepartie du droit à un environnement digne, passe par un éclairage de « l'opinion publique »[2]. En 1992, la Déclaration de Rio établit à son tour que « la meilleure façon » de protéger l'environnement nécessite la participation citoyenne et le libre accès des individus « aux informations relatives à l'environnement que détiennent les autorités publiques, y compris aux informations relatives aux substances et activités dangereuses dans leurs collectivités »[3]. Il revient aux États d'y veiller. C'est notamment sur cette disposition de 1992 qu'est fondée la Convention d'Aarhus du 25 juin 1998[4] qui organise au niveau international l'accès à l'information. Si plusieurs directives européennes contiennent des dispositions sur l'information[5], l'ordre communautaire l'approprie avec la directive 2003/4/CE du 28 janvier 2003 concernant l'accès du public à l'information en matière d'environnement[6]. Celle-ci reprend bon nombre des dispositions de la Convention Aarhus. Transposée dans le droit interne[7], cette directive rénove l'accès à l'information environnementale qui découle du régime général de la loi du 17 juillet 1978.

942. En France, dans le cadre de la mise en place du tout nouveau ministère de l'Environnement, le décret n° 71-94 du 2 février 1971[8] prévoyait l'association de la population à l'action environnementale du gouvernement. Cependant, le principe était encore celui du secret. Le véritable changement intervient avec la loi du 6 janvier 1978 relative à l'informatique, aux fichiers et aux libertés administratifs. Conforté avec la loi n° 78-753 du 17 juillet 1978 sur la liberté d'accès aux documents[9], le droit à l'information est lié au « droit de savoir » institué par ces dispositions légales.

943. Des incitations conventionnelles internationales naissent des dispositifs pour informer sur certains risques. Cet objectif est celui de la loi n°

---

[1] CEDH 9 juin 1998, LCB c/R-Uni (dans le cadre d'une affaire portant sur les essais nucléaires sur une île du Pacifique dans les années 1950).

[2] V. les principes 1 et 19 de la Déclaration de Stockholm précitée.

[3] Principe 10, Déclaration de Rio 1992 précité.

[4] Visée au préambule, v. JOUE L. 124/4 du 17 mai 2005.

[5] Not. Dir. 2003/35/CE dite « projets » reprise par la directive 2014/52/UE dite « évaluation environnementale des projets » ou la directive 2001/42/CE dite « évaluation environnementale des plans et programmes » ou encore la directive n° 2000/60/CE du 23/10/00 établissant un cadre pour une politique communautaire dans le domaine de l'eau.

[6] Abrogeant la directive 90/313/CEE du Conseil (JOCE n° L 41 du 14 fév. 2003).

[7] Loi n° 2005-1319 du 26 oct. 2005 portant diverses dispositions d'adaptation au droit communautaire dans le domaine de l'environnement.

[8] Relatif aux attributions du ministre délégué auprès du 1er ministre, chargé de la protection de la nature et de l'environnement, al. 3 de l'art. 3 (JORF du 3 février 1971).

[9] Portant diverses mesures d'amélioration des relations entre l'administration et le public et diverses dispositions d'ordre administratif, social et fiscal (JORF du 18 juill. 1978).

87-565 du 22 juillet 1987[1] dont un chapitre concerne l'information sur les risques majeurs. Le régime est complété avec la loi du 30 juillet 2003 relative à la prévention des risques technologiques et naturels et à la réparation des dommages[2]. Le dispositif intègre le Code de l'environnement[3] et organise le droit d'accès à l'information. Le droit à l'information nucléaire, révisé avec la loi TSN précitée de 2006, est initialement informel.

2) Le droit originaire informel de l'information nucléaire

944. **Le cadre institutionnel initial de l'information nucléaire.** Lorsqu'EDF devient l'exploitant français, en 1955, le rapport de sûreté transmis au CEA constituait le seul document susceptible de contrôle. Celui-ci avait pour unique ambition de permettre la validation des autorisations. En aucun cas, il ne s'agissait d'informer le public, ni même ses représentants. Dans un cercle très fermé, l'acceptabilité sociale du risque nucléaire devait « se fonder sur une expertise technique forte et discrète, basée sur le jugement de l'ingénieur »[4]. L'information nucléaire était distillée avec parcimonie. Pendant plusieurs décennies, elle n'a circulé qu'entre le personnel habilité et les instances gouvernementales décisionnaires. Entre 1975 et 1980, la contestation antinucléaire grandit et avec elle, la demande de plus en plus pressante d'informations. Les réponses publiques ne suffisent plus. Il n'était toutefois pas encore question de transparence. C'est avec la dernière décennie du XXe siècle que la demande sociétale de transparence explose. C'est aussi à cette époque que l'autorité de sûreté nucléaire prend de l'importance, notamment sur la scène médiatique. En 1998, un rapport public établit que la confiance des Français dans le nucléaire nécessite qu'ils acquièrent l'intime conviction qu'on leur dit la vérité et, en tout état de cause, cela passe par un renforcement de la transparence[5]. Avec les années 2000, le secteur nucléaire assimile que l'acceptation ne peut se passer d'une véritable communication publique. La loi TSN créera les outils.

945. **L'information sur le risque nucléaire**. Si les pouvoirs publics avaient conscience que le développement apaisé du nucléaire civil passe par l'adhésion des populations, le système résistait et les avis divergeaient. Par exemple, en 1981, un article imputait les retards pris par l'industrie

---

[1] Relative à l'organisation de la sécurité civile, à la protection de la forêt contre l'incendie et à la prévention des risques majeurs (JORF du 23 juillet 1987) ; abrogée par la loi n° 2004-811 du 13 août 2004, art. 102 (JORF du 17 août 2004).

[2] n° 2003-699, v. les art. 1 et 2 (JORF n° 175 du 31 juill. 2003, p. 13021, texte n° 4).

[3] art. L. 120-1 à L. 127-10, C. environnement.

[4] MANGEON (M.) et PALLEZ (F.), 2017, *loc. cit.*, spéc. p. 81.

[5] LE DEAUT (J.-Y.), Le système français de radioprotection, de contrôle et de sécurité nucléaire : la longue marche vers l'indépendance et la transparence, rapport précité.

électronucléaire à l'opposition des populations[1]. L'année suivante, un autre article mettait en exergue les peurs dites « irrationnelles » de « l'imaginaire collectif » que l'auteur raccrochait, en partie, à l'ignorance du public en dépit de l'information fournie par les littératures scientifiques[2]. Les Commissions locales d'information (CLI) furent longtemps le seul organe vers lequel le public pouvait se tourner pour obtenir des informations sur le risque nucléaire.

946. **L'origine des CLI**. En 1981, les CLI sont instituées par une circulaire[3]. Non imposée, leur mise en place était considérée comme souhaitable. Leur mission consiste à informer les populations par les moyens qu'elles jugent appropriés. Il revenait aux exploitants de mettre à leur disposition les informations et les études, les prescriptions des administrations de contrôle, sous réserve des différents secrets applicables[4]. Il faut attendre 2006 et la loi TSN pour que les CLI disposent d'une assise légale.

947. Entre-temps, le droit des risques majeurs[5], dans le sillage environnemental, avait institué les Comités locaux d'information et de concertation (CLIC) avec le décret n° 93-1410 du 29 décembre 1993 sur les déchets non nucléaires[6]. Ces comités ont été repris dans le cadre du régime Seveso, c'est-à-dire relatif aux installations classées (ICPE) présentant des risques majeurs de haut niveau[7]. De l'office des préfets, les CLIC ont pour objet de promouvoir l'information du public sur les problèmes posés, en ce qui concerne l'environnement et la santé humaine, par la gestion des déchets[8]. Le droit nucléaire a tardé à légaliser les modalités d'une communication qui impacte les tendances d'une opinion publique en dents de scie.

948. **L'impact sur l'opinion publique.** Tributaire des événements, l'opinion publique varie. L'information nucléaire est considérée depuis longtemps comme un enjeu stratégique[9]. Pourtant, en 1991, un sondage Sofres établit que 40 % du public français ignoraient à quoi sert une centrale nucléaire. Alors que la tendance antinucléaire de l'époque semblait à la hausse, le débat énergétique qui a lieu à l'Assemblée nationale en 1990 se

---

[1] TIMBAL-DUCLAUX L., « Energie nucléaire et opinion publique : la situation en Europe », *RGN*, n°2, mars-avr. 1981, p. 153.

[2] PELICIER (Y.) et PRAX (F.), « Le nucléaire : peurs et images », *RGN*, n° 2, mars-avr. 1982, p. 120.

[3] du 15 décembre relative aux conditions de création et de fonctionnement des CLI placées auprès des grands équipements énergétiques, dite « Mauroy ».

[4] « dans les conditions prévues par l'article 6 de la loi du 17 juillet 1978 relative à la communication de documents administratifs ».

[5] Sur le fondement notamment de la loi n° 76-663 du 19 juill. 1976 ICPE précité et du décret n° 77-1133 du 21 sept. 1977 pris pour son application (JORF du 8 octobre 1977).

[6] Fixant les modalités d'exercice du droit à l'information en matière de déchets prévues à l'article 3-1 de la loi du 15 juillet 1975 ; voir les art. L. 542-13 et L. 125-1-II. 2 du Code de l'environnement qui appliquent ce dispositif.

[7] Loi n° 03-699 du 3 juill. 2003 précitée, pour les ICPE classées Seveso.

[8] Art. 8 du décret 93-1410 du 29 déc. 1993 précité.

[9] CRIE (H.), « Opinion publique : entre le refus et l'acceptation du nucléaire » dans *Nucléaire, quel avenir ?* , Réalités industrielles, Annales des Mines, Ed. Eska, oct. 1992, p. 83.

serait déroulé dans une quasi-indifférence générale[1]. La période post-Tchernobyl de cette fin de siècle laissait poindre une acceptation ambivalente de la technologie au sein de l'opinion publique. L'argument de l'indépendance énergétique aurait prévalu, d'une part, sur la dangerosité sanitaire et environnementale du fait des accidents nucléaires et, d'autre part, sur la mise en danger des générations futures du fait des déchets nucléaires. En même temps que les pleins pouvoirs, les promoteurs du nucléaire civil redoutaient de perdre la confiance des individus dont le sentiment forme l'opinion publique. La qualité de l'information devenait un enjeu dans la poursuite de leur industrie. Début XXIe siècle, l'objectif du législateur cherche à « prévenir un retournement de l'attitude de l'opinion publique à l'égard d'un parc nucléaire » redevenue favorable en France[2].

949. **L'attente d'une loi-cadre**. La tendance consistait à penser que l'acceptation sociale des activités nucléaires passait par une refonte du droit *sur* l'institution d'une loi-cadre générale. Exception française, jusque-là, à part les transports de matières, certains déchets et la responsabilité nucléaire, en droit interne, les textes s'avèrent de nature réglementaire. Dépourvu de portée démocratique, du point de vue public, mais également parlementaire, le secteur électronucléaire nécessitait un fondement légal renouvelé. La réforme intervient en 2006. La loi TSN consacre son titre III à l'information du public.

B. Les apports de la loi TSN sur l'information

950. Cette loi s'avère centrale dans l'organisation du dispositif. Elle intronise, d'une part, le principe du droit à l'information en la matière (**1**) et, d'autre part, les acteurs aussi destinataires qu'émetteurs (**2.**).

1) L'intronisation du principe de l'information nucléaire

951. **Un difficile projet de loi**. Après plusieurs tentatives avortées, la loi TSN est adoptée[3]. Remanié en 2001, le projet de loi relatif à la transparence et à la sécurité nucléaire n° 326 est déposé au Sénat le 18 juin 2002. Y est proposé un Haut comité de transparence pour la sécurité nucléaire (HCTSN) dépourvu de tout pouvoir de police[4]. Pour des raisons de calendrier électoral, l'étude de ce texte à nouveau modifié ne commence qu'en février 2006. La loi

---

[1] CRIE (H.), *loc. cit.*

[2] HENRARD (O.), « L'information du public en matière de sécurité nucléaire après la loi TSN du 13 juin 2006 », *AJDA*, 2006, p. 2112.

[3] LEGER (M.) et GRAMMATICO (L.), « La loi relative à la transparence et à la sécurité en matière nucléaire : quelles évolutions pour le droit nucléaire français ? », *BDN*, n° 77, Vol. 2006/1, spéc. pp. 8-9.

[4] Cet organe devait surtout répondre de l'accès à l'information.

est toutefois rapidement votée et promulguée. Le mode d'information sur le risque nucléaire à l'œuvre aujourd'hui découle pour l'essentiel de la loi TSN de 2006 et des dispositifs réglementaires qui ont suivi.

952. **Le changement de fondement légal**. En 1977 « le monopole gouvernemental sur la définition de la politique électronucléaire est total »[1]. Il le reste jusqu'à la loi n° 2006-686 du 13 juin 2006 relative à la transparence et à la sécurité en matière nucléaire (TSN). Celle-ci devient le fondement légal de la réglementation nucléaire. Certaines dispositions du droit nucléaire avaient déjà intégré le Code de l'environnement ; bien que ce soit -c'est toujours le cas- pour les écarter du droit commun. Jusqu'en 2006, les INB dépendent de la loi n° 61-842 du 2 août 1961 relative à la lutte contre les pollutions atmosphériques et les odeurs, telle que modifiée et complétée par les I et II de l'article 44 de la loi n° 96-1236 du 30 décembre 1996 sur l'air et l'utilisation rationnelle de l'énergie que la loi TSN remplace. L'influence du droit de l'environnement et l'application aux activités nucléaires de certaines « procédures de droit commun » ont fait douter de la nécessité d'une « loi nucléaire générale »[2]. Néanmoins, le besoin de démocratisation des choix nucléaires conduit à mettre en œuvre dans le droit nucléaire des principes généraux, tel le droit à l'information. L'accès du public à l'information détenue par l'exploitant et les autorités publiques devient un droit opposable.

953. **Le droit à l'information nucléaire**. Le Code de l'environnement organise l'accès aux informations susceptibles d'impact sur l'environnement. Par exemple, l'article L. 124-2 établit ce qui constitue une information sur l'environnement, au sens du régime. L'information relative aux activités nucléaires dispose de sa section au sein d'un chapitre « autres modes d'information »[3]. En dépit du rapprochement, l'information sur le risque nucléaire est expressément traitée à part du droit commun des risques majeurs pour l'environnement. Le principe du droit à l'information nucléaire découle des articles L. 125-10 et L. 125-11 de ce même Code.

954. **Le sceau environnementaliste**. Bien avant l'ordonnance codificatrice de 2012 qui intègre dans le Code de l'environnement une partie de la loi TSN, celle-ci formalise le sceau du droit de l'environnement sur le système juridique nucléaire. En cela, l'obligation d'information, répondant à l'objectif de transparence réclamé par les acteurs de la société civile, s'avère révélatrice. Le droit de l'environnement considéré comme la « nouvelle école

---

[1] COLSON (J-P.), « Aspects juridiques de la politique nucléaire de la Ve République », *AJDA*, 1977, p. 290.

[2] COLSON (J-P.) et SCHAPIRA (J-P.), Les enjeux d'une loi nucléaire en France, Rapport, oct. 1994, p. 85.

[3] Le chapitre V est découpé en deux sections, l'une pour les « dispositions générales » (art. L. 125-1 à L. 125-9), l'autre sur les « dispositions propres aux activités nucléaires » (art. L. 125-10 à L. 125-40).

de la démocratie »[1], il n'est guère surprenant qu'on s'en soit inspiré pour formaliser le droit à l'information nucléaire. À défaut d'information du public et sans la participation de toutes les parties prenantes, la protection juridique de l'environnement serait restée virtuelle[2].

955. La loi TSN officialise l'identité des acteurs qui participent à la collecte de l'information détenue le plus souvent par les exploitants.

2) Les détenteurs légaux de l'information nucléaire

956. **L'obligation légale d'information**. Certaines dispositions européennes touchant à l'information du public influaient déjà sur le droit nucléaire[3]. Depuis la loi TSN, les exploitants d'INB, et sous certaines conditions les responsables du transport de substances radioactives, sont légalement tenus de communiquer à toutes personnes qui le demandent les informations qu'ils détiennent, d'une part, sur les risques ou inconvénients que l'installation ou le transport peuvent présenter pour les intérêts protégés et, d'autre part, sur les mesures prises pour prévenir ou réduire ces risques ou inconvénients, dans les conditions définies aux articles L. 124-1 à L. 124-6 du Code de l'environnement[4], ceux qui régissent le principe de l'accès aux informations sur l'environnement. Pour respecter la transparence nucléaire, le public doit accéder « à une information fiable » sur toutes les données relatives à la sûreté nucléaire, la radioprotection, la prévention, la lutte contre les actes de malveillance, les actions de sécurité civile en cas d'accident, c'est-à-dire tous les actes et actions de sécurité nucléaire[5]. Conformément à l'article L. 125-13 du Code de l'environnement, l'État y veille. Il est le garant de cette transmission. À cette fin, chaque exploitant produit un rapport annuel contenant les informations répertoriées par l'article L. 125-15 du même Code.

957. **La transmission de l'information nucléaire**. Aux termes des articles L. 125-17 à L. 125-33 du Code de l'environnement établissant le cadre légal de la communication des informations nucléaires, comme prévu par la loi TSN, le rapport d'activité annuel de l'exploitant représente un outil très important. Réunissant l'information à communiquer sur les activités et installations soumises au contrôle de l'ASN, le rapport annuel d'activités de chaque INB doit être remis aux commissions locales d'information (CLI) et comité d'hygiène, de sécurité et des conditions de travail (CHSCT) dont elle

---

[1] DE SADELEER (N.), Les principes du pollueur-payeur, de prévention et de précaution. Essai sur la genèse et la portée juridique de quelques principes du droit de l'environnement, Bruylant, Coll. Universitaires francophones, 1999, p. 343.

[2] PRIEUR (M.), « Le droit à environnement et les citoyens : la participation », *RJE*, 1988, p. 397.

[3] Par ex. Directive 85/337/CEE du Conseil du 27 juin 1985 modifiée dite « EIE » précitée.

[4] Art. L. 125-10, C. environnement, tel que complété par l'ordonnance n° 2016-128 du 10 févr. 2016 précitée (art. 19-I).

[5] Art. L. 125-12, C. environnement.

dépend, au Haut comité pour la transparence et l'information sur la sécurité nucléaire (HCTISN) nouvellement créé par la loi TSN et, *in fine,* au public[1]. L'exploitant est l'acteur principal de la transmission de l'information à laquelle participent plusieurs institutions.

958. **La CLI depuis 2006**. Concernant précisément les CLI, la loi TSN leur donne la base légale qu'elles n'avaient pas. Nous rappelons qu'elles existent depuis 1981. En 2006, la loi les rend obligatoires. Elles sont implantées à proximité des installations nucléaires[2]. En plus de renforcer leurs prérogatives que le décret n° 2008-251 du 12 mars 2008[3] est venu préciser[4], chaque site nucléaire doit disposer d'une CLI dont l'objet consiste surtout à répondre aux questions des riverains[5]. Son champ d'action est départemental. La loi du 17 août 2015 sur la transition énergétique pour une croissance verte (TECV) précitée renforce ses prérogatives. La CLI doit, désormais et au moins une fois par an, organiser une réunion publique ouverte à tous.

959. **Le regroupement des CLI en ANCCLI**. Depuis 2000, les CLI existantes avaient la possibilité de se regrouper en association, l'Association Nationale des CLI sous l'acronyme ANCLI. Celle-ci est devenue, en 2008, l'Association Nationale des Comités et Commissions Locales d'Information (ANCCLI)[6]. Constituant un réseau par lequel circule l'information entre les différentes CLI du territoire, cette association donne un lieu d'échange avec les pouvoirs publics et les différents organismes nationaux et internationaux intéressés à la question nucléaire[7]. Dans le but de clarifier et de renforcer le droit à l'information, la loi TSN a procédé à un élargissement des entités tenues de l'information dans le domaine nucléaire en instituant un Haut comité pour la transparence et l'information sur la sécurité nucléaire (HCTISN).

960. **La création du HCTISN**. Créé en 1973, le Conseil supérieur de la sûreté nucléaire devient le Conseil Supérieur de la Sûreté et de l'Information Nucléaires (CSSIN) avec le décret n° 87-137 du 2 mars 1987[8]. Doté d'un simple rôle consultatif, il donne des avis au sein du sérail nucléaire. Même si la loi TSN n'explicite pas qu'elle lui substitue le Haut comité (HCTISN), en raison de leurs missions et compositions respectives, la coexistence aurait été redondante en plus de rendre le dispositif illisible[9].

---

[1] Art. L. 125-16, C. environnement.
[2] En principe chaque centrale nucléaire dispose d'une CLI à proximité.
[3] Relatif aux commissions locales d'information (CLI) auprès des installations nucléaires de base (INB).
[4] Abrogé par l'art. 5 du décret n° 2019-190 du 14 mars 2019 précité.
[5] art. L. 125-17, al. 2, C. environnement.
[6] Décret n° 2008-251 du 12 mars 2008 relatif aux commissions locales d'information (CLI) auprès des installations nucléaires de base (JORF n° 063 du 14 mars 2008, texte n° 3).
[7] Art. 22, VII, de la loi TSN devenu l'art. L. 125-32, C. environnement.
[8] JORF du 3 mars 1987.
[9] Selon les termes même du Bilan de l'activité du CSSIN pendant la mandature 2005-2007 adopté par le CSSIN lors de sa 78ème séance (31 mai 2007).

961. Les articles L. 125-34 à L. 125-40 du Code de l'environnement reprennent certains articles de la loi TSN[1] qui instituent et organisent les missions de ce Haut comité. Instance d'information, de concertation et de débat sur les risques liés aux activités nucléaires et l'impact de ces activités sur la santé des personnes, sur l'environnement et sur la sécurité nucléaire, le HCTISN peut émettre des avis, se saisir ou être saisi sur ces domaines, leur contrôle et l'information en découlant[2]. Contrairement aux CLI qui, sous la réserve que l'information porte sur une INB, ont aussi une mission de suivi, le Haut comité a spécifiquement pour mission de nourrir le débat sur les risques nucléaires. Toutes ces institutions sont tenues de collaborer[3], mais le Haut comité doit en plus veiller à la bonne transmission des informations sur les risques. À ces fins, il propose toute mesure de nature à garantir ou à améliorer la transparence en matière nucléaire, désormais définie à l'article L. 125-12 du Code de l'environnement[4].

962. **Transition**. À ce stade, il faut remarquer que le droit à l'information se réclame de la volonté de transparence. En réalité, les notions de transparence et d'information ont un temps été confondues. Pourtant, il faut les distinguer. Si l'information participe à l'expression de la transparence, ses effets juridiques s'avèrent spécifiques à la situation soumise à communication.

§2. Le droit revisité de l'obligation d'information sur le risque nucléaire

963. Au niveau international, avant Tchernobyl, le cadre du droit de la transmission de l'information sur le risque nucléaire reposait sur la coutume des simples rapports de bon voisinage, tant en ce qui concernait le fonctionnement normal des installations qu'en cas de problème susceptible de conséquences dommageables hors des frontières. Avec Tchernobyl, deux problématiques se sont imposées. Elles ont conduit à rénover, voire instaurer, le droit interne de l'information nucléaire.

964. Pour mettre en évidence l'évolution juridique, il faut considérer les modalités de l'information, d'une part, à l'intérieur des frontières de chaque pays nucléarisé et, d'autre part, des États tiers en vertu du principe de souveraineté. Cela revient à appréhender l'obligation normale d'information et celle à donner en cas d'accident. La motivation de ce changement normatif vise à rendre le risque acceptable.

---

[1] Art. 23 à 27 du chapitre III.

[2] Art. L. 135-34, C. environnement.

[3] « La CLI et le Haut Comité pour la transparence et l'information sur la sécurité nucléaire mentionné à l'article 23 (de la loi TSN) se communiquent tous renseignements utiles à l'exercice de leurs missions et concourent à des actions communes d'information » (al. 8 de l'art. 22 V) ; Art. L. 125-29, C. environnement.

[4] art. L. 125-34, al. 3, C. environnement.

965. Dans cet objectif, le droit nucléaire est réformé pour prendre les dispositions nécessaires à l'information tant en situation normale (**A**) qu'en cas d'urgence (**B**).

A. L'information nucléaire en temps normal

966. Comme dit, le secret constituait la norme. Le droit nucléaire devait évoluer pour faciliter la fourniture d'une information régulière et plus sereine. En s'appuyant sur les instruments du droit de l'environnement, en France, le droit à l'information sur le risque nucléaire est fortifié (**1**) au moyen de supports légalement formalisés en 2006 (**2**).

1) L'évolution vers un socle d'informations obligatoire

967. **La promotion nucléaire et l'information**. Dans le sillage des préoccupations environnementales nées dans les années 1970 et renforcées par diverses catastrophes -marées noires, pollutions chimiques, accidents nucléaires- l'obligation d'information sur le risque nucléaire trouve son fondement dans le droit de l'environnement. De nos jours, le droit nucléaire dispose de son propre régime sur l'information. En dépit des critiques qui peuvent encore lui être opposées, il partait de loin. Par exemple, quand en 1957 l'OMS publie un rapport sur les effets génétiques des radiations chez l'homme, l'Autorité internationale sur l'énergie atomique (AIEA) réagit au point d'entraîner l'année suivante un accord entre les deux organisations membres des Nations-Unis. Dans un souci de préserver le développement du nucléaire civil, cet accord contraint l'OMS à ne plus entreprendre de recherches ni à publier de documents susceptibles de gêner la promotion des centrales[1]. Il y était stipulé que l'une et l'autre reconnaissaient qu'elles pourraient être appelées à prendre des mesures restrictives pour sauvegarder la confidentialité de certains renseignements[2]. Il s'agissait de ne pas effrayer les citoyens. Cette attitude, selon nous assimilable à de la désinformation, aura cours pendant la gestion de l'événement Tchernobyl et même plus tard. On le sait maintenant. Pour beaucoup, cette catastrophe forme le point d'ancrage du moment où le domaine électronucléaire bascule d'un droit de promotion à un droit des risques majeurs auquel se raccroche, tel un wagon, le dispositif du droit à l'information. En France, la loi TSN légalise le changement.

968. **Vers un droit à l'information nucléaire**. Avant 2006, le contrôle des installations nucléaires était dévolu à divers directions, organismes et autorités administratives. Cette diversité de structures, l'éparpillement des

---

[1] FERNEX (M.), « Interférences entre l'AIEA et l'OMS », Radioprotection et droit nucléaire. Entre les contraintes économiques et écologiques, politiques et éthiques, *op. cit.*, spéc. p. 184.
[2] Art. III, OMS, Documents fondamentaux, 40ème Éd., Genève, 1994, p. 182.

compétences et la complexité du système faisaient l'objet de nombreuses critiques. Une loi fondatrice sur l'énergie nucléaire était réclamée, en plus de la création d'une autorité indépendante pour démocratiser le domaine. C'est chose faite avec la loi TSN qui, outre la modification du paysage général des instances de contrôle, a joué un rôle prépondérant sur les considérations d'information. Depuis, si l'État reste responsable de l'information du public sur les modalités et les résultats du contrôle de la sûreté nucléaire et de la radioprotection[1], l'ASN a en cela un rôle éminent.

969. **L'importance cruciale de l'ASN**. L'Autorité de sûreté nucléaire participe à la transmission de l'information sur les risques. Légalement consacrée autorité administrative indépendante (AAI), elle échappe à la mainmise du gouvernement. La loi TSN lui attribue une mission d'information du public dans tous ses domaines d'attribution. Dans le cadre de ses différentes fonctions et missions, elle informe le public de l'état de la sûreté des installations, des éventuels rejets dans l'environnement et des risques qui en découlent pour la santé des personnes et l'environnement. Par exemple, l'ASN doit rendre public son rapport annuel d'activité. D'autres instruments permettent de transférer l'information. Ils sont les vecteurs d'une communication périodique et réglementée pour une information optimisée.

2) Les vecteurs de l'obligation normale d'information

970. **Les outils de communication de l'ASN.** Tout risque appelle en principe une communication suffisante pour faire accepter les enjeux qui en découlent. L'information est essentielle dans des domaines comme celui du nucléaire. Sa matérialité prend diverses formes.

971. Depuis quelques années, l'ASN s'emploie à instaurer une « culture du risque » à destination du public au moyen notamment d'expositions, de réunions d'information et diverses actions avec les CLI. Le citoyen est au cœur de la démarche. En parallèle, l'ASN communique avec les professionnels du nucléaire pour contribuer à leur bonne information. Elle dispose de plusieurs vecteurs de communication, le principal reste son site[2]. Si l'ASN développe ses rapports avec le public, elle met en œuvre des dispositifs d'information tenus d'être efficaces auprès des médias, des élus, des institutions et des organismes internationaux destinataires de sa communication. Tout est fait pour favoriser l'information et faciliter les échanges entre les parties prenantes. Les dispositions législatives et réglementaires relatives aux activités nucléaires permettent un large accès du public aux informations. L'ASN échange aussi avec les exploitants, sous son contrôle, ces derniers ont également une obligation d'information encadrée.

---

[1] Art. 18, loi TSN 2006 précitée.

[2] Source ASN.

972. **L'obligation d'information de l'exploitant.** Dès qu'elles lui sont demandées, l'exploitant doit fournir les informations dont il dispose. Mode d'expression du droit d'accès à l'information, chaque exploitant d'INB produit un rapport annuel destiné à l'information du public[1]. Par exemple, selon l'article L. 125-10 du Code de l'environnement, il revient à l'exploitant de définir le mode d'accès aux informations devenues publiques, de sa propre initiative ou en raison de dispositions législatives ou réglementaires. Quelle que soit la nature de la norme relative à l'information nucléaire, elle dépend des modalités du Code de l'environnement et inhibe la vie de l'installation.

973. Dans le projet de loi pour la transparence et la sûreté nucléaire de 2002, il était déjà précisé que le droit à l'information s'imposant aux exploitants nucléaires et aux responsables de matières radioactives vient en complément du droit à l'information environnementale des autorités publiques inséré à l'article L. 124-1 du code de l'environnement. Fondé sur la directive communautaire 90/313 concernant la liberté d'accès à l'information en matière d'environnement, selon un rapport sénatorial de 2002, le droit d'obtenir l'information nucléaire, auprès de ses détenteurs, traduit une innovation propre au domaine par rapport aux autres secteurs industriels non soumis à une telle obligation de transparence[2]. Il semblerait donc que l'exigence d'information soit plus sévère à l'égard du nucléaire.

974. Depuis la loi TSN, l'obligation d'information s'impose du projet de création jusqu'au démantèlement de l'installation nucléaire, en passant par les modifications notables. Étant entendu que l'on ne peut protéger que ce que l'on connaît bien[3], les situations d'urgence fournissent aussi une manne d'informations dédiée à la protection du risque nucléaire.

B. L'information nucléaire en temps de crise

975. Avec l'accident de Tchernobyl en 1986, sur le fond comme sur la forme, le Monde a compris l'impérativité de prendre des dispositions pour que de tels événements, impensables jusque-là, soient envisagés et la communication organisée. L'urgence nucléaire absolue est possible, il faut l'anticiper et le droit nucléaire a été réformé pour organiser l'information en cas de crise. Prévenir efficacement la gestion de l'urgence nucléaire nécessite l'accès à certaines informations. Leur transfert repose, en amont, sur des instruments destinés à prévoir le déroulement de l'urgence (**1**) et, en aval, sur d'autres outils également dévolus à la communication transnationale (**2**).

---

[1] Art. L. 125-15 du Code de l'environnement modifié.

[2] Projet de loi n° 326 relatif à la transparence et à la sécurité précité.

[3] TRUILHE-MARENGO (E.), *Droit de l'environnement de l'UE*, Coll. Paradigme, Ed. Larcier, 2015, 409 p., spéc. p. 185.

1) Les supports de l'information en prévision des cas d'urgence nucléaire

976. **Tchernobyl et l'information nucléaire**. Avec Tchernobyl, il a fallu se rendre à l'évidence, les sites nucléaires ne sont pas hermétiques et aucune frontière ne stoppe aucun nuage. En 1986, les considérations du transfert de l'information nucléaire deviennent un sujet mondial. Si l'opacité prédominante depuis le début de l'ère atomique a constitué un argument contre la technologie, cette catastrophe enclenche un vrai changement dans la politique nucléaire. Même si le terrain n'était pas totalement vierge, le droit à l'information devait trouver sa place et jouer son rôle.

977. **Prévention, information et urgence**. L'objectif de sécurité est prépondérant à une exploitation électronucléaire apaisée. Comme pour tout risque majeur, afin que la population se sente en sécurité, elle a besoin d'obtenir des réponses à ses interrogations et, dès lors, l'accès à un maximum d'informations. Avec l'accident de Tchernobyl, la Communauté internationale s'est rendu compte que la gestion opérationnelle des conséquences d'une urgence nucléaire réclame d'avoir été anticipée au plus tôt. En outre, tout dispositif de prévention doit être compréhensible, faute de quoi son efficacité est mise en doute ; la condition *sine qua non* pour que, quelles que soient les parties prenantes, elles donnent plus facilement leur confiance et que le risque soit mieux accepté au sein de l'opinion publique. De plus, des populations pas ou insuffisamment informées ne sauront pas réagir face aux conséquences du risque réalisé. Il devenait évident que l'information en amont est cruciale pour une gestion optimale du risque en aval de sa réalisation, c'est-à-dire dans le cadre d'une urgence nucléaire. Tout est lié. L'arrêté du 7 février 2012 précité, dit « arrêté INB », renseigne parfaitement sur ce que constitue une urgence au sens du droit des installations nucléaires de base. Dans chacune d'elles, sont mis en place le plan d'urgence interne (PUI) et le plan particulier d'intervention (PPI). Les parties prenantes doivent avoir accès aux modalités de l'information relative à ces instruments d'anticipation et de gestion du risque.

978. **Les plans d'urgences**. Avec la Convention sur la sûreté nucléaire du 20 septembre 1994 (CSN), il est préconisé aux Parties contractantes de mettre en place des plans d'urgence internes et externes destinés à anticiper et gérer les situations d'urgence[1]. Dans ce cadre, la population et les autorités compétentes des États avoisinant l'installation nucléaire reçoivent des informations appropriées aux fins des plans et des interventions d'urgence[2]. Comme dit, l'objectif consiste à prévoir l'organisation des secours à l'intérieur et à l'extérieur de l'installation, en cas d'incident ou d'accident, nucléaire ou pas, et selon des obligations répondant à la typologie du site. Tout est mis en

[1] Au 1° de l'art. 16 de la CSN précitée.
[2] *Ibid.*, 2°.

œuvre pour anticiper le risque et la population doit savoir à quoi s'attendre. Conformément au principe de la responsabilité première de l'exploitant, il revient à ce dernier de tenir informé. Par exemple, le plan d'urgence interne (PUI) constitue un volet des dispositions spécifiques du plan Orsec départemental. Il met en œuvre la politique de sécurité civile en matière de mobilisation de moyens, notamment d'information et d'alerte[1]. Le PUI fait l'objet de mises à jour ponctuelles auxquelles le public doit avoir accès. Ce document de sécurité civile, tenu à jour par l'exploitant, participe à l'information en cas d'urgence nucléaire. Lorsqu'un incident/accident se produit dans l'INB, le relais de l'information devient départemental. En plus d'informer sans délai le préfet, l'exploitant alerte l'ASN[2].

979. **L'information et l'ASN**. Sur le fondement de la loi TSN, l'État a donné à l'ASN la mission d'information. En situation d'urgence, l'Autorité de sûreté informe le public sur les questions de sûreté et les éventuels rejets dans l'environnement. Il lui revient aussi de superviser le dialogue avec l'étranger. Car, si la planification du risque nucléaire permet l'anticipation au moyen des plans de prévention, internes et externes aux INB, pour contenir et limiter les conséquences prévisibles et probables, cela ne suffit pas toujours à éviter la propagation des situations d'urgence. De la même manière qu'un danger peut s'étendre jusqu'à l'extérieur du site, ses effets peuvent atteindre les territoires d'autres pays. Cela impose le devoir d'informer. À cet égard, un droit conventionnel de l'information est intervenu.

2) Les instruments de la communication transnationale en cas d'urgence nucléaire

980. **Le droit conventionnel général de l'information**. Au niveau international, alors qu'aucune disposition ne formalisait un devoir d'information en cas d'urgence nucléaire, l'obligation d'information est concrétisée par plusieurs textes à visée générale, dès lors non spécifiques au nucléaire[3]. Par exemple, en 1992, la Déclaration de Rio énonce que les États sont tenus de prévenir suffisamment tôt tous les États susceptibles d'être affectés en communiquant toutes informations pertinentes sur les activités qui peuvent avoir des effets transfrontières sérieusement nocifs sur l'environnement. Des consultations avec ces États doivent être engagées rapidement et de bonne foi[4]. Malgré ces dispositions générales à vocation environnementale et les Conventions sur la responsabilité nucléaire précitées,

---

[1] Art. R. 741-18 du Code de la sécurité intérieure.

[2] « et les organismes et services extérieurs dont l'alerte est prévue dans le PUI mentionné au 4° du II de l'art. 20 du décret du 2 nov. 2007 » précité, voir art. 7.2, Arrêté « INB » 2012 précité.

[3] Tels la Charte de l'AG des N-U sur les pouvoirs économiques des États du 12 déc. 1974, le programme de l'ONU pour environnement du 19 mai 1978 ou la Convention de Genève sur la pollution transfrontalière à longue distance du 13 nov. 1979.

[4] Déclaration de Rio de 1992 précitée, principe 19.

la gestion de l'accident de Tchernobyl révéla les insuffisances. Il en fut toutefois rapidement pris acte.

981. **Les Conventions post-Tchernobyl**. Sous l'égide de l'AIEA, deux conventions internationales sont négociées.

982. La première consacre un système de notification aux pays proches du lieu de l'accident nucléaire susceptible de conséquences transfrontières : la Convention sur la notification rapide d'un accident nucléaire du 26 septembre 1986[1]. Sur ce fondement, les États Parties s'engagent à notifier, et donc à informer, dans les plus courts délais, les États qui sont ou peuvent être physiquement touchés par l'événement se déroulant sur leur territoire[2]. L'État du lieu des émanations radioactives doit communiquer sur la nature et le lieu de l'accident, la date à laquelle il s'est produit et fournir tous les renseignements susceptibles d'aider les États extérieurs concernés à gérer les conséquences de cette urgence radiologique[3]. De plus, l'État du lieu de l'accident doit répondre aux demandes d'informations complémentaires des autres États[4]. En dépit de l'avancée, la faiblesse du système résiderait dans le fait que l'appréciation, tant du seuil de gravité que de la pertinence de l'information, est laissée à la libre appréciation de l'État où l'événement se sera produit.

983. La seconde est la Convention sur l'assistance en cas d'accident nucléaire ou de situation d'urgence radiologique du 18 novembre 1986. Elle prévoit l'information de l'Agence Internationale de l'Energie Nucléaire (AIEA) et s'adresse donc aux États, non au public *lambda*[5]. Si un problème s'était posé en raison de la peur de l'ingérence internationale[6], l'urgence a prévalu et l'accord s'est fait.

984. Ces deux conventions mettent en œuvre un objectif de coopération destiné à renforcer la sûreté des centrales nucléaires dans le monde. À cet égard, l'information constitue un outil essentiel. Sur le plan européen, des instruments ont également vu le jour avec la même optique.

985. **Les instruments communautaires**. D'une part, la décision 87/600/Euratom du Conseil du 14 décembre 1987 concernant des modalités communautaires en vue de l'échange rapide d'informations dans le cas d'une situation d'urgence radiologique fait toujours obligation aux États membres de notifier et de communiquer des informations à la Commission européenne et aux autres États membres en cas d'urgence radiologique sur leur territoire.

---

[1] AIEA, Circ. d'information, INFCIRC/335 précitée.
[2] Art. 2, a) de la Convention précitée.
[3] Détail de la communication et des informations aux art. 2 et 5 de la Convention précitée.
[4] art. 6, *ibid.*
[5] Les ONG ne sont pas non plus destinataires de l'information.
[6] Et d'une atteinte à la souveraineté nationale considérée primordiale pour les affaires nucléaires.

D'autre part, elle précise qu'une directive de 1980[1] requérait déjà que tout accident susceptible d'exposer la population soit déclaré en urgence, lorsque les circonstances l'exigent, aux États membres voisins[2]. Alors que le règlement dit « Tchernobyl » de 1987[3] a imposé des niveaux maximaux admissibles de contamination radioactive pour les aliments à la suite d'un accident nucléaire, la directive 89/618/Euratom[4] a institué l'obligation d'information du public sur les mesures de protection sanitaire[5]. Elle concerne l'information à donner à la population sur le risque radiologique, en amont et en aval des situations d'urgences. Ces dispositions complètent, sous l'angle nucléaire, le dispositif relatif à l'information du public existant pour l'évaluation des incidences de certains projets publics et privés sur l'environnement[6] et celui des risques d'accidents majeurs de certaines activités industrielles[7] modifié[8].

986. Fukushima, en 2011, a aussi produit un renouvellement des sources communautaires. En vertu de la directive 2013/59/Euratom[9], chaque État membre doit informer sa population sur les mesures de protection sanitaire et sur le comportement à adopter en cas d'urgence radiologique, en plus de fournir régulièrement des informations actualisées aux personnes susceptibles d'être affectées par de telles urgences. Quant à la directive 2014/87/Euratom du 8 juillet 2014[10], elle rappelle que les conséquences d'un accident nucléaire peuvent déborder des frontières nationales. Elle amène à considérer que l'échange d'informations entre les autorités de réglementation compétentes des États membres situés dans le voisinage d'une installation nucléaire devrait être encouragé, que ces États membres exploitent ou non des

---

[1] Art. 45, §5, de la directive 80/836/Euratom du Conseil du 15 juill. 1980, portant modification des directives fixant les normes de base relatives à la protection sanitaire de la population et des travailleurs contre les dangers résultant des rayonnements ionisants (JOCE n° L 246/1 du 17 sept. 1980).

[2] Et à la Communauté européenne.

[3] Règlement n° 3954/87/Euratom du Conseil du 22 déc. 1987 fixant les niveaux maximaux admissibles de contamination radioactive pour les denrées alimentaires et les aliments pour bétail après un accident nucléaire ou dans toute autre situation d'urgence radiologique (JOCE n° L 371, 30 déc. 1987).

[4] n° 89/618/Euratom du Conseil du 27 nov. 1989 du Conseil concernant l'information de la population sur les mesures de protection sanitaire applicables et sur le comportement à adopter en cas d'urgence radiologique (JOCE n° L 357, 7 déc. 1989).

[5] Et sur le comportement à adopter en cas d'urgence radiologique ; JO C 103 du 19 avr.1991 relatif au contenu de l'information et à ses modalités de diffusion.

[6] Art. 6, §2, directive 85/337/CEE du Conseil du 27 juin 1985 précitée.

[7] Art. 8, §1, directive 82/501/CEE du Conseil du 24 juin 1982 concernant les risques d'accidents majeurs de certaines activités industrielles (JOCE n° L 230 du 5 août 1982, p. 1-18).

[8] Par la directive 88/610/CEE du 24 novembre 1988 modifiant la directive 82/501/CEE concernant les risques d'accidents majeurs de certaines activités industrielles.

[9] Du Conseil du 5 déc. 2013 fixant les normes de base précitée.

[10] Modifiant la directive 2009/71/Euratom établissant un cadre communautaire pour la sûreté nucléaire des installations nucléaires (JOUE n° L 219, 25 juill. 2014).

installations nucléaires[1]. La directive indique également la nécessité de préciser le type d'informations à fournir à la population[2]. Tous ces dispositifs ont leur place dans le droit interne.

987. **Transition**. Cette directive de 2014 complète ainsi le dispositif Euratom sur la transparence. L'accident de Fukushima a encore fait la démonstration, si besoin était, de son importance dans le renforcement de la sûreté nucléaire des centrales. En réalité, depuis la catastrophe de Tchernobyl, l'objectif de la transparence s'est imposé aux promoteurs nucléaires, tel un élément incontournable pour faire accepter à la Société civile le risque électronucléaire. Pourtant, la transparence n'est pas optimale.

Section 2. Les limites de la transparence dans l'acceptabilité sociale du risque nucléaire

988. La transparence nucléaire s'entend de « l'ensemble des dispositions prises par l'État pour garantir le droit du public à une information fiable et accessible concernant la sécurité et la sûreté nucléaire, et la radioprotection »[3]. Formalisée dans la loi TSN, la notion de transparence vise à renforcer favorablement la perception sociale de l'exploitation électronucléaire dans l'opinion publique française. De la même manière qu'il paraît difficile d'anticiper et d'agir sans connaître suffisamment le risque nucléaire, il semble inconcevable d'obtenir l'adhésion quand le détail des choix de gestion est partiellement tenu secret et la communication des événements laissée à la bonne volonté de ceux qui détiennent l'information. Le droit d'accès à une information large et fiable a gagné du terrain même dans le secteur nucléaire longtemps protégé par un secret opaque.

989. L'ambivalence de la transparence transparaît dans le fait que la sécurité nucléaire impose, sous plus d'un aspect, encore et toujours le secret. Entre sécurité et information, le droit nucléaire est tenu de refléter un équilibre acceptable. Sachant que la prise de risque nécessite l'aval ou au moins l'approbation publique, quels que soient le degré de certitude des aléas en jeu et l'ampleur du doute sur les informations communiquées, il y a lieu de vérifier dans quelles proportions le droit des installations nucléaires de base édicte et gère la transparence sur le risque nucléaire.

990. Avec la consécration d'un dispositif spécifique à l'information du public en matière de sécurité nucléaire, le droit des INB répond, d'une part, à la demande sociétale (**§1**) mais, d'autre part, des freins subsistent quant à la pleine transparence du domaine (**§2**).

---

[1] Directive 2014/87/Euratom du 8 juillet 2014 précitée, Considérant 10.

[2] *Ibid.*, Considérant 12.

[3] VAN LANG (A.), *Droit de l'environnement*, Thémis Droit, 4ème Ed., 2016, spéc. p. 290.

§1. Des réponses nécessaires à l'acceptabilité sociale des risques

991. En matière électronucléaire, tout ne peut pas être divulgué. Il en va de la sécurité nucléaire et par ricochet, de la sécurité publique du pays. Cependant, l'accès à l'information est apparu essentiel à la restauration, ou l'instauration, de la confiance du public dans la parole des décideurs et responsables du nucléaire civil. Devant le renforcement d'une attente générale de transparence, dans ce secteur particulier, la loi TSN poursuit l'objectif.

992. Pour obtenir l'acceptation sociale de l'ensemble des risques de cette industrie, le droit nucléaire s'est saisi de la transparence.

993. La délimitation juridique du champ de la transparence conduit à apprécier, d'une part, les modalités d'expertise en la matière (**A**) et, d'autre part, celles de l'indépendance des autorités de contrôle (**B**).

A. Le passage obligé d'une expertise nucléaire plus transparente

994. Une meilleure acceptation du risque nucléaire incitait à revoir, d'une part, le cadre juridique de la transparence scientifique (**1**) et, d'autre part, le cadre scientifique pour donner un droit d'accès aux citoyens (**2**).

1) Le recul du flou juridique pour plus de transparence scientifique

995. **Les spécificités de la transparence.** Alors que la loi TSN mentionne dès son intitulé le terme transparence, la notion avait été écartée par le Conseil d'État lors de l'examen d'un projet de loi précédent, en juin 1999, ce qui laisse présumer de la réticence des décideurs à utiliser un mot du vocabulaire politique dépourvu de sens juridique[1]. Le Parlement a choisi d'insister sur l'impérativité de la transparence. La loi TSN de 2006 définit la transparence nucléaire comme l'ensemble des dispositions prises pour garantir le droit du public à une information fiable et accessible en matière de sécurité nucléaire[2]. La notion implique l'obligation de transmission des décisions publiques qui ne peuvent rester soumises au secret, car « l'accès à l'information est aussi un moyen de faire adhérer l'opinion aux projets de la collectivité »[3]. La population avait obtenu un droit d'accès aux documents administratifs et le droit d'être informé sur les menaces qui pèsent sur son environnement bien avant que le droit nucléaire n'intervienne sur le sujet.

---

[1] LEGER (M.) et GRAMMATICO (L.), *loc. cit.*, 2006, spéc. p. 11.
[2] Al. 4 du I. de l'art. 1 de la loi n° 2006-686 du 13 juin 2006 (TSN).
[3] LEGER (M.) et GRAMMATICO (L.), *ibid.*

996. Le domaine nucléaire et sa réglementation sont longtemps restés de la seule autorité des experts. La Société civile a acquis un droit de regard, soit parce qu'elle peut demander les informations et des explications, soit parce que les informations doivent lui être automatiquement soumises[1]. Avec la loi TSN, la transparence s'impose aux aspects relatifs à l'expertise du risque, car l'accès à l'information concerne autant le risque nucléaire lui-même que les mesures mises en place pour l'éviter et en limiter les effets. Dans les deux cas, l'expertise a un rôle à jouer.

997. **Le rôle des experts**. Comme dit, souvent le contenu du droit nucléaire est dépendant de l'expertise. La matière recourt à des données physiques, chimiques et biologiques qui s'avèrent parfois lacunaires, en raison des limites de la connaissance. Malgré tout, la recherche scientifique et technique permet d'orienter la politique nucléaire, d'éclairer les débats sur le risque et de prendre ou modifier la réglementation qui s'impose. Même si les données scientifiques contenues dans la réglementation sont rarement lisibles pour les non-initiés et donc le grand public, l'expertise scientifique est essentielle à l'établissement des normes juridiques de protection.

998. **Les vertus du flou scientifique.** En 1953, lors du septième Congrès international de radiologie, de nombreux experts estimèrent « impraticable » l'inclusion des détails techniques et des chiffres « dans les lois relatives au rayonnement »[2]. Plusieurs motifs étaient invoqués, en particulier la rapide évolution des données scientifiques à retranscrire dans la norme. Pour une transparence optimale, les chiffres et autre formule restent de mise. Par exemple, le Code de la santé publique et le Code de l'environnement regorgent de valeurs numériques et de données techniques.

999. **La motivation du flou juridique**. En 1977, la commission internationale experte de la protection radiologique, la CIPR, justifiait la nécessité de rester vague pour permettre aux instances nationales concernées de s'adapter aux besoins[3]. L'expertise ne se limite pas aux données scientifiques, la norme juridique nécessite aussi la prise en compte d'éléments socio-économiques. Les conclusions tirées et la norme de protection en découlant restent du ressort et de la responsabilité des États concernés. Une raison susceptible d'expliquer le flou dont peut faire preuve la CIPR dans les divers publications, recommandations et guides qu'elle produit. D'ailleurs, elle ne s'en cache pas. Par exemple, dans le domaine du nucléaire, mais cela vaut dans le secteur chimique, l'incertitude scientifique porte essentiellement sur les effets des faibles doses. La question s'est donc posée de l'appréciation scientifique du risque pour décider de la norme réglementaire applicable.

1000. **La réglementation des faibles doses**. Dès 1950, la CIPR encourage l'énergie nucléaire sous la réserve de ne faire courir « aucun risque

---

[1] V. *infra* (sur les modalités de la participation du public aux décisions nucléaires).
[2] BELBEOCH (R.), *loc. cit.*, p. 49.
[3] Voir la publication 26 précitée.

inutile » et recommande de n'accepter les « risques que s'ils sont faibles et si le bénéfice attendu le justifie »[1]. La prise de risque, quelle qu'elle soit, nécessite de confronter ses inconvénients aux avantages escomptés pour la valider. Le résultat attendu rend le risque acceptable ou non. Cela incline à apprécier le poids de l'incertitude scientifique des faibles doses dans la politique nucléaire. À l'époque, des tenants de la thèse antinucléaire ont fait valoir que les effets des faibles doses ne pouvaient introduire qu'une donnée négative ôtant tout intérêt à la technologie[2]. En d'autres mots, ils ont considéré qu'au regard de cette incertitude scientifique, dont on ne mesure toujours pas la réalité du danger, le risque était trop grand. C'est pourquoi il ne fallait pas le prendre. L'évolution actuelle de la technologie électronucléaire démontre au contraire que la considération des faibles doses n'a pas prévalu face à l'indépendance énergétique revendiquée par ses promoteurs. Au départ, accessoirement pour ses émissions polluantes dites modérées et prioritairement parce que le risque zéro n'existe pas, ces arguments ont fait pencher la balance en faveur du nucléaire. En définitive, les avantages socio-économiques ont pris le pas sur un risque revendiqué comme maîtrisé. En dépit de ces aléas, il a fallu choisir la meilleure option par la pondération des données en jeu et décider du système juridique applicable.

1001. Si « le droit n'est intervenu qu'en fin de processus, en intégrant ces différentes données pour donner un poids ou une autorité juridique à une démarche qui ne l'était pas et avait et a toujours besoin [du] relais [scientifique] pour étayer son action »[3], le droit nucléaire permet de réguler le risque au moyen des normes de sûreté et de radioprotection. Et le public a désormais le droit d'accéder à toutes les informations, conformément à l'objectif de transparence juridique.

2) La transparence juridique nécessaire à l'acceptation du flou scientifique

1002. **L'expertise dans le droit nucléaire**. La Société civile a non seulement accès aux données scientifiques et techniques produites et détenues par les autorités nucléaires, mais en plus, elle a le droit de comprendre. C'est pourquoi la loi prévoit la possibilité de demander des explications sur les motivations dans les choix technologiques et juridiques. À cet effet, le Haut comité pour la transparence et la sécurité nucléaire (HCTISN) est essentiel. Les autorités administratives et les personnes responsables d'activités nucléaires sont tenues de lui communiquer les données et documents utiles à

[1] LAHORGUE (M-B.), 2016, *loc. cit.*, spéc. p. 4, n° 8.

[2] LOCHARD (J.) et GRENERY (M.C.), 1993, *loc. cit.* p. 12.

[3] RAINAUD (A.), « Introduction à la problématique juridique de la radioprotection en droit international » dans *Radioprotection et droit nucléaire. Entre les contraintes économiques et écologiques, politiques et éthiques*, Coll. Stratégies énergétiques, Biosphère et Société (SEBES), 1998, 414 p., spéc. p. 128.

sa mission. Pour information, le HCTISN a un pouvoir d'expertise en plus de favoriser la contradiction des débats sur le risque nucléaire. Cela participe au développement d'une expertise dite « citoyenne ».

1003. **L'expertise citoyenne**. Avec l'ouverture du nucléaire à la Société civile sur le fondement de l'obligation de transparence, cette dernière est impliquée « dans les processus de participation »[1] qui seront développés plus loin. Comme dit, en plus de la participation des citoyens à certaines prises de décisions des autorités nucléaires dans le cadre de l'évaluation du risque tout au long de la vie des installations, des lieux de savoir et de débat, à l'aune des CLI et du Haut Comité (HCTISN), permettent aux citoyens de poser des questions, d'avoir accès à des données et d'obtenir des réponses. Formant ainsi leur conviction et améliorant leur connaissance, du nucléaire en général et du risque en particulier, ces organes permettent la mise en place d'espaces de dialogue et d'échange pour les citoyens. Par exemple, l'ANCCLI leur propose « sa propre expertise au travers de ses livres blancs, ses groupes permanents et ses participations aux groupes de travail institutionnels »[2].

1004. La Société civile comprend les citoyens, mais également, des acteurs locaux et économiques telles les entreprises ou les associations. Par exemple, selon la jurisprudence, la Commission de recherche et d'information indépendante sur la radioactivité (CRIIRAD), qui a notamment pour objet de défendre le droit à l'information sur toutes les questions relatives aux rayonnements, justifie d'un intérêt à agir[3]. Sur la base du droit nucléaire, ont été mis en place les organes et les moyens de communiquer des informations aux individus hors du cénacle du savoir nucléaire. Toutes les parties prenantes veulent pouvoir exposer leurs points de vue et surtout, être entendues. C'est à cette condition que la confiance peut se restaurer. En raison de la complexité et du caractère très technique du domaine nucléaire, il n'est pas simple de les impliquer, quelle que soit la phase du processus. Il n'en demeure pas moins que la Société civile a intégré le dispositif informationnel. Elle a obtenu, dans une moindre mesure, un droit de savoir et d'interagir. L'aspect scientifique de la matière n'a pas posé de problème.

1005. Dans l'opinion publique, dès lors que l'information circule, il est admis que les aspects scientifiques et techniques soient le plus souvent hors de la compétence des non spécialistes. Pour parvenir à édifier un ensemble normatif le plus fiable possible du point de vue de la technologie nucléaire, « il a fallu s'adjoindre le concours d'experts scientifiques, seuls capables d'énoncer les normes techniques auxquelles devront se conformer les opérateurs d'installations nucléaires » sous couvert du sceau d'une

---

[1] DELALONDE (J-C.), « Comment développer la transparence et la participation dans le domaine du nucléaire civil ? », Annales des Mines – Responsabilité et environnement, n° 97, 2020/1, pp. 72-76, spéc. p. 75.

[2] DELALONDE (J-C.), *ibid.*

[3] Conseil d'État du 19 déc. 2017, *CRIIRAD*, n° 300451.

administration étatique prévue à cet effet[1] et donc, sous son contrôle. Néanmoins, en France, celui-ci est resté longtemps sous le seul joug étatique.

B. Une indépendance progressive dans le contrôle du risque nucléaire

1006. Le manque d'indépendance des autorités de contrôle du secteur nucléaire a naguère fait l'objet de virulentes critiques. L'État ne rendait aucun compte de ses choix. Cette indépendance a fini par s'imposer. Le passage de relais vers d'autres organes de contrôle a, d'une part, été lent (**1**) en plus de n'être, d'autre part, devenu véritablement effectif qu'avec l'indépendance de l'Autorité de sûreté (ASN) légalisée en 2006 (**2**).

1) Le passage de relais progressif du contrôle étatique

1007. **L'organe de contrôle**. À partir de 1973, le gouvernement français crée un organe destiné à établir la norme et à mettre en œuvre la politique de sûreté du pays avec le Service central de sûreté des installations nucléaires[2] (SCSIN) à qui revenait la charge de veiller à l'information du public. Pendant cette première période, le SCSIN n'avait aucun moyen d'expertise. Celle-ci appartenait au Commissariat à l'énergie atomique (CEA) *avec* la Direction de la Sûreté Installations Nucléaires (DSIN). Dès 1993 et dans le cadre de ses attributions, la DSIN élabore et met en œuvre les décisions gouvernementales relatives à la filière nucléaire[3]. La DSIN avait pour mission de superviser toutes les questions liées à la sûreté et d'en rendre compte à l'État qui, en quelque sorte, « s'est [..] déchargé de ses missions de surveillance et de réglementation au profit de l'ASN »[4]. Depuis la mise en place de cette dernière par la loi TSN, il lui incombe d'octroyer de manière transparente, les autorisations et les agréments nécessaires à l'exploitation, mais également, de pourvoir au contrôle des installations et des activités nucléaires tout en veillant à l'information. Ces formalités, jusque-là, appartenaient uniquement à l'État.

1008. **L'État et le contrôle nucléaire**. Avec la création de la SCSIN en 1973, les autorités publiques s'étaient résolues à « mieux distinguer le rôle de l'État en tant que promoteur de l'énergie nucléaire et le rôle des pouvoirs

---

[1] BOUSTANY (K.), « La normativité nucléaire : quelques réflexions », *BDN*, n° 51, AEN/OCDE, juin 1993, p. 7-24, spéc. pp. 13-14.

[2] Décret n° 73-278 du 13 mars 1973 portant création d'un conseil supérieur de la sûreté nucléaire et d'une direction générale de la sûreté nucléaire et de la radioprotection.

[3] Art. 16 du décret n° 93-1272 du 1er déc. 1993 relatif à l'organisation de l'administration centrale du ministère de l'industrie, des postes et télécommunications et du commerce extérieur.

[4] COHENDET (M-A.), PRIEUR (M.), MAKOVIAK (J.), BETAILLE (J.), DELZANGLES (H.) et STEICHEN (P.), *Droit de l'environnement*, Précis, Dalloz, 8e Ed, nov. 2019, spéc. p. 974, n° 1258.

publics agissant comme gardiens de la sécurité publique et de l'environnement »[1]. Depuis les débuts du nucléaire civil en France, le centre des débats et des prises de décisions se limitait à un sérail étroitement lié au pouvoir régalien, dans lequel le Parlement n'avait pas sa place. Alors qu'une loi de 1983 crée l'Office parlementaire d'évaluation des choix scientifiques et technologiques (OPECST), ce n'est qu'en 1991 que des missions de nature nucléaire lui sont confiées. La fonction parlementaire n'allait pas plus loin. La concentration des pouvoirs au sein de cette administration d'État soumise aux *desiderata* gouvernementaux, sans véritable contrôle démocratique, posait de plus en plus question, car le contrôleur était aussi le contrôlé. C'est pourquoi un des apports fondamentaux de la loi TSN précitée réside dans le désormais partage du contrôle entre l'État et l'ASN.

1009. **La réorganisation institutionnelle du contrôle**. L'article quatre de la loi TSN, particulièrement long, fonde la réorganisation du contrôle nucléaire par le biais d'une nouvelle répartition des compétences. Il transfère ainsi une grosse proportion du pouvoir réglementaire et de contrôle de l'État à l'ASN. Bien que la critique, depuis plusieurs décennies, portât essentiellement sur un contrôle centralisé au niveau des instances du CEA et sur l'hégémonie gouvernementale, l'idée de transférer des prérogatives régaliennes à une Autorité administrative indépendante (AAI) ne faisait pas l'unanimité. En 1999, lors du dépôt du premier projet de loi TSN contenant une disposition pour créer une ASN indépendante, le Conseil d'État avait rejeté la proposition. Il était toujours défavorable en 2001, pour des motifs de souveraineté nationale, « à la création de telles autorités, lorsqu'il estimait qu'il en allait de certains principes mêmes de notre organisation administrative et constitutionnelle », car il lui semblait inconcevable de donner à une simple entité administrative les pouvoirs du roi, c'est-à-dire les fonctions régaliennes de l'État[2]. Quant à l'argument principal soutenant la position réfractaire à une AAI nucléaire, il consistait à dire que le reproche social ne portait pas sur le manque d'indépendance des autorités de contrôle du nucléaire vis-à-vis de l'État, mais sur leur dépendance par rapport aux acteurs de la promotion nucléaire. À cet égard, le contrôleur ne devait plus se confondre avec le contrôlé. Dès 1998, le rapport remis au Premier ministre par le député Jean-Yves LE DEAUT mettait en porte-à-faux le fait que toute la chaîne nucléaire gravitait autour du CEA, l'exploitant nucléaire originaire. En outre, il a fallu répondre après Tchernobyl, en plus de la perte de confiance du public, à un autre déclin, celui du contrôle étatique absolu du fait de la privatisation de certaines entreprises du secteur[3].

---

[1] Rapport d'activité de la SCSIN de 1983, cité par BOURQUE (D.), *L'énergie nucléaire et le droit : les autorisations, l'environnement, les contrôles judiciaires et politiques*, Cowansville, Ed. Y. Blais, 1990, 903 p., spéc. p. 100, note 35.

[2] Rapport du Conseil d'État de 2001, p. 258, cité par LEGER (M.) et GRAMMATICO (L.), *loc. cit*, spéc. p. 23, note 52.

[3] LEGER (M.) et GRAMMATICO (L.), 2006, *ibid.*, spéc. p. 25.

1010. En tout état de cause, ce rapport a eu un impact sur les dispositions de la loi TSN qui a permis la reconnaissance légale de l'ASN en une autorité administrative indépendante (AAI).

2) La tardive reconnaissance légale du contrôle de l'ASN

1011. **Le corps des missions de l'ASN**. Sa mission consiste *in fine* à veiller à la protection des personnes et de l'environnement contre les effets délétères de l'exploitation de la radioactivité et donc, du risque nucléaire. Cette institution participe à la réglementation du domaine, contrôle les installations et les activités nucléaires, informe les diverses parties prenantes dont le public et assiste les autorités lors des situations d'urgence. Dans ses domaines de compétence, l'ASN représente un maillon incontournable du nucléaire civil, également sur le plan international. Tenue de justifier de ses activités devant le Parlement et bien que le gouvernement prenne la réglementation générale et les décisions majeures en ce qui concerne les installations nucléaires, l'ASN précise les décisions de ce dernier, contrôle les installations et délivre des autorisations.

1012. Acteur de terrain, l'ASN supervise l'aspect technique de la réglementation et contrôle son respect par les exploitants. Son expertise de l'ensemble du champ nucléaire lui donne une autorité reconnue en matière de risque nucléaire. Notamment chargée au nom de l'État du contrôle des INB, elle a aussi une mission d'information. Ainsi, « la crédibilité des décisions de l'ASN repose sur sa compétence et sa rigueur, mais aussi sur des facteurs clés que sont l'explication, la pédagogie et la transparence, indispensables à la confiance »[1]. Mais, l'institution en aurait eu beaucoup moins si elle n'avait pas obtenu la reconnaissance légale de son indépendance[2].

1013. **L'indépendance de l'ASN**. Cette indépendance lui a été donnée par la loi TSN en 2006, soit plus d'une décennie après la Convention sur la sûreté nucléaire de 1994, dont l'article huit stipulait la création ou la désignation d'un organe chargé de la mise en œuvre des dispositions législatives et réglementaires de manière à ce que cet organisme bénéficie d'une séparation effective des fonctions de l'organisme de réglementation et de celles de tout autre organisme ou organisation chargés de la promotion ou de l'utilisation de l'énergie nucléaire[3]. Cette indépendance fut toutefois octroyée avant la directive 2009/71/Euratom du Conseil du 25 juin 2009[4]

---

[1] DOROSZCZUK (B.) et EVRARD (L.), « Les enjeux du contrôle de la sûreté et de la radioprotection en France », *Annales des Mines – Responsabilité et environnement*, n° 97, 2020/1, pp. 62-65, spéc. p. 64.

[2] Par rapport aux exploitants nucléaires.

[3] Art. 7 et 8 de la Convention sur la sûreté nucléaire de 1994, INFCIRC/449 précitée.

[4] Établissant un cadre communautaire pour la sûreté nucléaire des installations nucléaires précitée.

demandant aux États membres d'instituer une autorité de réglementation de la sûreté nucléaire qui soit séparée sur le plan fonctionnel de toute autre entité s'occupant de la promotion ou de l'utilisation de l'énergie nucléaire[1].

1014. **Le fonctionnement de l'ASN**. Dirigée par un collège de cinq commissaires inamovibles, les services sont placés sous l'autorité du Directeur Général. Ainsi, « trois des membres, dont le président, sont désignés par le Président de la République. Les deux autres membres sont désignés respectivement par le président de l'Assemblée nationale et par le président du Sénat »[2]. Dans ce cadre, l'ASN donne des avis au Gouvernement, des consultations, prend ses propres décisions. L'Autorité dispose pour les décisions majeures de l'aide d'experts extérieurs et de services centraux pour faciliter leur instruction, en plus de l'appui de plusieurs divisions spécialisées[3]. La question de leur indépendance se pose aussi[4].

1015. L'indépendance de l'ASN interroge, car les moyens financiers de l'ASN dépendent toujours du budget général de l'État. Cet aspect des ressources étonne pour une institution dite indépendante du pouvoir exécutif. En effet, l'origine des financements représente un point névralgique de l'indépendance d'une autorité. Les INB sont assujetties à une taxe annuelle qui participe au financement de l'ASN et de ses experts. À ce titre, « le processus décisionnel manque d'impartialité et seule une dotation budgétaire conséquente pourrait permettre à l'ASN de disposer de moyens techniques indépendants et suffisants pour mener à bien ses propres investigations »[5].

1016. **Un régime critiqué**. Légalement reconnue indépendante, l'ASN reste sous le feu de la critique, notamment en raison « des degrés d'indépendance organique et fonctionnelle vis-à-vis des opérateurs ou du Gouvernement »[6]. Ses membres dépendent pour plus de la moitié du collège d'une nomination présidentielle ; leur donnant une majorité, ce qui laisse perplexe puisque l'ASN doit être indépendante de l'exécutif. Mais surtout, l'État français est actionnaire d'une grosse part du nucléaire français. Or, « l'indépendance vis-à-vis du Gouvernement doit être maximale pour éviter tout conflit d'intérêts susceptible de porter atteinte à la sûreté nucléaire »[7] et par ricochet, ne pas ébranler la confiance des parties prenantes et des représentants de la société civile. Par exemple, le manque d'indépendance de l'ASN japonaise avait été pointé après la catastrophe de Fukushima en 2011.

---

[1] Art. 5 de la directive 2009/71/Euratom précitée.
[2] Art. L. 592-2, al.2, C. environnement.
[3] La réglementation relative aux fonctionnaires mis à disposition de l'ASN a été codifiée aux art. R. 592-2 et s. par le décret n° 2019-190 du 14 mars 2019, art. 2 (en vigueur le 1er avr. 2019).
[4] Not. art. R. 592-24, 5°, al. 3 et 4, C. environnement.
[5] DELZANGLES (H.), « L'indépendance de l'ASN, des progrès à envisager », *RJE*, 2013/1, spéc. p. 19.
[6] *Ibid.*, pp.7-30.
[7] *Ibidem.*

Cette indépendance s'avère cruciale pour faire admettre l'impartialité des décisions nucléaires et accréditer la transparence.

1017. **Transition**. Nous venons d'expliquer comment et avec quels acteurs le domaine électronucléaire a intégré et met en œuvre le droit à l'information. Les régimes juridiques l'organisent, soit par rapport aux risques de l'activité, soit sur les mesures qui visent à les prévenir et les limiter. Corollaire de la transparence, celle-ci repose « sur l'idée que l'action de l'administration doit être publique et que ses décisions, pour pouvoir être appliquées, ne peuvent rester secrètes »[1]. Malgré la volonté de fournir des informations transparentes, bien que strictement encadrées, des limites à leur expression persistent. Des freins subsistent.

§2. La transparence nucléaire freinée pour des intérêts extérieurs

1018. La transparence constitue la condition *sine qua non* de l'adhésion sociétale à toute prise de risque dans les différents processus nucléaires. Alors que le nucléaire civil est l'enfant de la bombe atomique, il a longtemps été cultivé dans ce domaine un secret où la transparence n'avait pas vraiment sa place. C'est sur ce sujet, qu'à peine créé par la loi sur la transparence et la sûreté nucléaire (TSN) de 2006, la première réunion du tout nouveau Haut comité pour la transparence et l'information sur la sécurité nucléaire (HCTISN) a porté.

1019. Elle visait la difficile conciliation entre l'obligation de transparence et d'information en matière nucléaire et les secrets, en particulier le secret industriel et commercial, le secret de la défense nationale ou le secret médical. Si l'obligation de transparence a rendu plus délicat et affadi le goût du secret, elle reste enclavée dans des considérations, d'une part, de sécurité intérieure (**A**) et, d'autre part, d'ordre privé (**B**).

A. Le frein des considérations de sécurité intérieure

1020. Après Tchernobyl, la condition première de la confiance consiste à dire la vérité en toute transparence[2]. Cela signifie ne rien occulter, ne rien cacher. Mais, dans le nucléaire, tant pour des raisons stratégiques que du fait de la dangerosité particulière des substances utilisées, tout ne peut pas être divulgué. Dans certaines situations, ce besoin de vérité est pondéré pour des

[1] LEGER (M.) et GRAMMATICO (L.), *loc. cit.*, p. 11.

[2] LAVERGNE (R.) et MANTIENNE (D.), Entretien avec CHEVET (P-F.) et MARITON (H.), « Comment parler du nucléaire en France ? », *Annales des Mines – Responsabilité et environnement*, n° 97, 2020/1, pp. 90-97, spéc., p. 96.

raisons au demeurant compréhensibles d'intérêts, d'une part, de défense nationale (**1**) et d'autre part, d'ordre public (**2**).

1) La transparence limitée par le secret défense

1021. **La limite de l'accès à l'information nucléaire**. La transparence nucléaire trouve une réponse légale avec la loi TSN précitée qui « s'applique à toutes les activités nucléaires sauf aux activités et installations nucléaires intéressant la défense »[1]. Si celles-ci relèvent du régime des INB, leurs spécificités découlent du secret militaire. Celui-ci bénéficie d'un régime dérogatoire par rapport au nucléaire civil qui seul constitue l'objet de notre étude. Cela étant dit, au titre de l'article dix-neuf de la loi TSN, le renvoi aux articles L. 124-1 à L. 124-6 du code de l'environnement et à la loi 78-753 du 17 juillet 1978 précitée permet de déterminer les conditions actuelles de l'accès à l'information nucléaire et de déduire les situations de restrictions. Pour rappel, la transparence s'exprime, d'une part, à travers des modalités du droit à l'information et d'autre part, par la mise en place d'institutions chargées de veiller à son expression et son respect. Puisque le droit à l'information nucléaire trouve son origine dans le droit d'accès aux documents administratifs de la loi de 1978 précitée, la divulgation de l'information nucléaire peut être refusée en cas de risques d'atteintes aux différents intérêts protégés par son article six comportant le secret de la défense nationale.

1022. **Le secret défense**. Au sein des différents secrets légalement protégés, « le secret défense occupe une place particulière [..] prérogative du gouvernement au service de la raison d'État », il a servi pendant longtemps de bouclier à la curiosité « du public, mais aussi à celle du Parlement ou des juges »[2]. Si, au départ, « le secret protège seulement les opérations militaires et les négociations diplomatiques, depuis [une ordonnance de 1959] la défense nationale n'est plus limitée aux activités militaires [elle concerne aussi] les activités scientifiques, économiques [et] industrielles »[3]. Aussi, les activités nucléaires sont concernées, que ces activités touchent le militaire, l'énergie nucléaire ou plus globalement, tout le nucléaire civil[4].

1023. Des différentes sortes de secret, celui-ci se distingue par son caractère discrétionnaire, « sa capacité à imposer à tous le respect de contraintes dont l'objet et l'opportunité relèvent de la seule appréciation de l'administration »[5]. Définie par le Code pénal de manière large, l'information entre dans le périmètre de ce secret dès que son détenteur, en général les

---

[1] BOUTELET (M.), « La protection du secret de la défense nationale dans les installations nucléaires secrètes (INBS) » dans LARCENEUX (A.) et OLIVIER-LEPRINCE (J.), *Le secret nucléaire – Information et participation citoyenne*, Ed. Université de Dijon, 2014, spéc. p.36.

[2] BOUTELET (M.), *ibid.*, spéc. p. 21.

[3] *Ibidem*, note 1 et 2.

[4] Trouvant à s'appliquer dans le domaine médical, l'agro-alimentaire, le bâtiment etc.

[5] *Ibidem*, p. 22.

autorités publiques, l'identifie comme susceptible de nuire aux intérêts de la nation et donc, à la sécurité nationale. Ainsi, « le secret de la défense se caractérise par l'indétermination de sa teneur, le formalisme des procédures de classification et d'habilitation et par son absolutisme – il est opposable sans justification »[1]. Cette classification revient aux différents ministères.

1024. **La classification secret défense**. Quiconque enfreint un secret défense risque de lourdes poursuites. La jurisprudence a décidé qu'à ce titre, pour qu'une sanction pénale soit prononcée, il faut non seulement que la divulgation de l'information soit susceptible de nuire à la défense nationale, mais aussi qu'elle ait fait l'objet d'une classification formelle préalable[2]. En conséquence, cette condamnation exige le détournement de documents placés sous le sceau du secret à la suite de la procédure de classification. Dans un rapport de 2011, le HCTISN constate justement que le véritable enjeu repose sur cette étape de classification, moment où il s'agit de caractériser ce qui « relève du secret » et ce qui n'en est pas ou ne devrait pas en être[3].

1025. **Une habilitation d'accès**. Quand le document est classifié secret défense, son accès n'est possible que sur habilitation. Cette qualification d'accès aux documents secrets appelle le cumul de deux conditions. *Primo*, des personnes habilitées et, *secundo*, « il faut démontrer le besoin de connaître ou d'accéder à une information classée secrète »[4]. Le moins que l'on puisse dire c'est que le secret est bien gardé. La protection et le contrôle des substances et matières radioactives dépendent de ce cadre. Mais, d'une part, parce que le public a acquis un droit à l'information environnementale et, d'autre part, parce que le secret est anxiogène, il a fallu organiser une communication sur les effets environnementaux des installations en principe couverte par le secret défense pour des raisons plus globales de sécurité publique[5]. Il n'empêche que la suprématie de l'ordre public régule cette communication.

2) La communication restreinte pour la sécurité publique

1026. **Sécurité et ordre public**. Tout d'abord, la notion d'ordre public diffère un peu selon qu'elle s'appréhende sous l'angle privé ou public. Quoi qu'il en soit, elle concerne toujours les valeurs qui sous-tendent l'organisation

---

[1] BARRE-PEPIN (M.) et BOUTELET (M.), Secret nucléaire, information et participation citoyenne : Secret nucléaire et secret-défense, considérations conclusives, CREDESCO, Univ. Bourgogne, Dijon, 5 sept. 2018, 16 p., spéc. p. 2.

[2] Conseil d'État, requête, 25 mai 2005, *Association Reporters sans frontières et autres*, n° 260926.

[3] HCTISN, Transparence et secrets dans le domaine nucléaire – Rapport et recommandations, C/O DGPR, 10 mars 2011, 61 p., spéc. p. 6.

[4] BOUTELET (M.), 2014, *op. cit.,* spéc. p. 23.

[5] *ibid.*, spéc. p. 22.

sociale. Classiquement, l'ordre public régit les règles fondamentales nécessaires à l'organisation publique sur la base de valeurs propres à l'ordre social. La notion est un peu plus spécifique en droit administratif où elle recouvre les objectifs de tranquillité, de sécurité et de salubrité publiques. Ensuite, et peu importe l'approche, leur point commun réside dans « l'existence de valeurs fondamentales garantissant un ordre et un fonctionnement social aux dépens d'intérêts individuels qui soit ne sont pas reconnus légitimes, soit sont légitimes, mais susceptibles de remettre en cause un intérêt général jugé supérieur »[1]. Enfin, à cette mission de police administrative générale, il y a lieu d'ajouter des régimes de police spéciale dévolus à la sécurité publique.

1027. En lien avec notre étude, nous citons les dispositifs particuliers inhérents aux installations nucléaires de base (INB) et aux installations classées pour la protection de l'environnement (ICPE). Leurs régimes juridiques visent à veiller au respect du bon fonctionnement de la Société comme à la sécurité des individus et de leur environnement. Pour certains, « le principe de sécurité environnementale [serait issu] de la multiplication des obligations tendant à éviter ou à réparer les atteintes à l'environnement » et ces obligations sont autant appliquées par le biais du droit public que du droit privé[2]. En tout état de cause, le droit à la sécurité se renforce. Notamment, par l'intervention d'organes spécifiques, on cherche à repousser les limites de la protection, conformément à l'ampleur du risque considéré. Face au risque nucléaire, la nature et la portée des interventions intéressent autant le droit de l'environnement que la matière nucléaire. En outre, une obligation générale de sécurité repose sur les pouvoirs publics qui peuvent donc justifier un refus de communication d'informations sur ce fondement.

1028. **Les motifs de sécurité publique**. Pour assurer l'ordre public, l'État et ses organes affiliés aux différents niveaux institutionnels sont susceptibles de restreindre la communication de certaines informations. Ce constat vaut pour tous les domaines du droit et de la Société. Évidemment, ceux de l'environnement et du nucléaire sont particulièrement concernés. Par exemple, aux termes du II de l'article L. 124-5 du Code de l'environnement, le rejet par l'autorité publique de « la demande d'une information relative à des émissions de substances dans l'environnement » est admissible en cas d'atteinte par la consultation ou la communication « à la conduite de la politique extérieure de la France, à la sécurité publique ou à la défense nationale » (1°). De plus, sur les fondements de la loi de 1978, du Code de l'environnement[3] et de l'article dix-neuf de la loi TSN, lorsqu'une information ou un document administratif est susceptible d'atteinte à l'ordre public, la

---

[1] BELAIDI (N.), « Identité et perspectives d'un ordre public écologique », *Droit et Cultures*, 2014/2, dossier L'ordre public écologique, du concept à la juridicité, pp. 15-49.

[2] BOUTONNET (M.) et NEYRET (L.), « La consécration du concept d'obligation environnementale », *D.*, 2014, p. 1335.

[3] Art. L. 124-4 et L. 124-5, C. environnement.

demande de communication peut être refusée en matière nucléaire ; ce qui, par la force des choses, produit des contentieux.

1029. **Le contentieux sur le refus de l'accès à l'information**. Un régime dérogatoire des autorisations administratives verrouille l'information en ce qui concerne les installations nucléaires militaires. Ce n'est plus le cas du nucléaire civil et le refus d'accès à l'information est strictement encadré. En cas de contentieux sur la justification du refus de communiquer, il échoit en principe à la Commission d'accès aux documents administratifs (CADA), autorité administrative indépendante, de veiller au bon déroulé de la liberté d'accès aux documents administratifs. La loi TSN a établi que les litiges relatifs aux refus de communication d'informations sont portés devant la juridiction administrative selon les modalités prévues par la loi n° 78-753 du 17 juillet 1978[1]. En 2011, le Haut comité (HCTISN) recommandait encore « de promouvoir les possibilités de saisines de la Commission d'Accès aux Documents Administratifs (CADA) »[2].

1030. Selon le droit en vigueur, la CADA doit être saisie avant tout recours devant le juge administratif. Cependant, le contentieux sur la limitation de l'accès à l'information pour cause de secret, généralement à l'initiative des associations et des riverains de centrales nucléaires, souffre d'une critique récurrente qui consiste à dire que les exploitants usent trop facilement de cet argument pour supprimer des mentions dans les documents auxquels a accès le public[3]. En effet, il est fourni « au public des informations expurgées de tout élément susceptible de révéler des éléments couverts par le secret défense »[4]. Cela rend, d'une part, le sens des dispositions incompréhensible et, d'autre part, empêche une communication audible.

1031. Le HCTISN a fait une autre recommandation en 2011, dans laquelle il préconise « de mandater un tiers garant[5] pour l'examen des informations couvertes par le secret industriel et commercial, lorsqu'il est fait état de difficultés pour concilier complétude de l'information et défense des intérêts protégés par ce secret industriel et commercial »[6]. Cette solution, à laquelle nous souscrivons, reste inapplicable au secret défense. Néanmoins, elle amène à constater que ce type de secret n'est pas le seul à restreindre l'accès à l'information et à empêcher la pleine transparence.

---

[1] II. de l'article 19 de la loi précitée.

[2] HCTISN, rapport 2011 précité, spéc. p. 6.

[3] Il est fréquent de constater des paragraphes entiers, des morceaux de phrases, occultés dans l'*instrumentum*, par noircissement dans le corps même des divers rapports, documents mis à disposition du public, notamment sur le site internet des institutions du nucléaire.

[4] BARRE-PEPIN (M.) et BOUTELET (M.), 2018, *loc. cit.*, spéc. p. 15.

[5] Qui aurait accès à l'intégralité des informations, ces personnes ou entités auraient pour mission de se faire une opinion tout en restituant l'information sans dévoiler les éléments sensibles.

[6] HCTISN, 2011 précit., spéc. pp. 7 et 34 s. (recommandation n° 3).

B. Le frein des considérations d'intérêts privés

1032. Pendant plusieurs décennies, le secret défense recouvrait aussi le secret industriel inhérent à l'industrie nucléaire. Celui-ci fait désormais partie des secrets de nature privée qui, d'une part, bénéficient des conditions de non-divulgation (**1**) et, d'autre part, demandent de trouver un juste équilibre à la nécessité de protéger certains pans de la vie privée (**2**).

1) Les conditions de la prévalence du secret

1033. **Le champ des intérêts privés**. Dès le projet de loi déposé au Sénat, il est précisé que le chapitre I du titre sur la transparence, dans la future loi nucléaire, viserait « en premier lieu à créer les conditions effectives et démocratiques de l'exercice du droit à l'information tout en assurant notamment la protection du secret de la vie privée et des secrets en matière commerciale et industrielle »[1]. La vie privée est un droit fondamental, il va de soi qu'il fallait garantir sa protection. Comme toujours lorsque des droits légitimes se confrontent, *quid* de la primauté de l'un sur l'autre. Ainsi et à l'instar du secret défense, la loi TSN a prévu la possibilité de restreindre l'accès à l'information nucléaire pour des considérations d'ordre privé[2]. Cette limitation de la transparence répond à des conditions précises.

1034. **Les conditions de la restriction des informations**. La possibilité de limiter la transparence nucléaire découle d'abord, des prescriptions de l'article L. 124-4 du code de l'environnement au moyen duquel la demande d'accès à l'information relative à l'environnement peut être refusée en cas de risque d'atteintes aux intérêts mentionnés aux articles L. 311-5 à L. 311-8 du code des relations entre le public et l'administration (1°) ou à la protection de l'environnement à laquelle la demande d'information se rapporte (2°). Ensuite, conformément au décret n° 2007-1557 du 2 novembre 2007 tel que codifié dans le Code de l'environnement, l'exploitant est autorisé dans certains cas à fournir, sous la forme d'un document séparé, les éléments dont il estime que la divulgation serait de nature à porter atteinte à des intérêts visés au I de l'article L. 124-4 de ce même Code. Enfin, puisque les secrets de nature privée ne visent pas à protéger la nation, mais des intérêts particuliers, ceux d'individus ou groupes d'individus tels des entreprises, le secret est relatif.

1035. De manière générale, que l'information porte sur la vie privée ou le secret des affaires, elle n'est communicable qu'aux intéressés eux-mêmes. Cela veut dire que l'information ne circule qu'entre les seules personnes concernées et ces secrets s'appliquent évidemment à l'industrie du nucléaire civil susceptible de détenir des informations privées. Nous pensons

---

[1] n° 326 (https://www.senat.fr/leg/pjl01-326.html).

[2] Art. 19 de la loi TSN précitée.

évidemment au secret médical. Mais, avant toute chose, il faut se demander comment est géré le secret industriel et commercial.

1036. **Les secrets industriel et commercial**. Puisque le principe est celui de la libre concurrence dans une société attachée à la liberté du commerce et de l'industrie, il n'est guère étonnant que le secret ait été organisé de manière à protéger ces intérêts fondamentaux. Pour y parvenir, il faut par exemple « limiter la portée des obligations légales d'information, de concertation et de participation du public au processus de prise des décisions ayant un impact sur la santé et l'environnement »[1]. Il n'en demeure pas moins que l'institution de ces secrets doit rester l'exception face à un principe de transparence censé prévaloir. Cela se justifie d'autant plus que les limites des secrets industriel et commercial sont trop floues ; en dépit du fait que la CADA les distingue et a eu l'occasion de préciser leur champ respectif.

1037. Des conventions sont parfois négociées pour encadrer l'un sans trop empiéter sur l'autre. Par exemple, alors que la loi TSN n'était pas votée, lors des débats publics sur l'EPR de Flamanville entre 2005 et 2006, le Groupement de Scientifiques pour l'Information sur l'Energie Nucléaire (GSIEN) s'était engagé à la confidentialité vis-à-vis d'EDF pour accéder à certaines informations du rapport préliminaire de sûreté protégées par le secret industriel et commercial et ainsi, permettre un débat public équilibré. En contrepartie, il s'agit de veiller à la justesse et l'honnêteté des informations transmises. Notamment, il faut pouvoir assurer que celles-ci reflètent la réalité du risque et de ses impacts, puisque les personnes ont le droit d'accéder aux informations sur les risques liés aux activités nucléaires et leur impact sur la santé et la sécurité[2]. Une chose est sûre, l'opposition de ces secrets au public restreint leur liberté d'accéder à des documents administratifs. Une récente décision de première instance en a encore fait la démonstration[3].

1038. Inéluctablement, confidentialité, participation et information du public s'entrechoquent. En 2012, au cours d'un colloque sur la transparence et l'environnement, l'une des communications intitulées « Réflexions théoriques et casuistique du nucléaire français » amenait à conclure que les secrets privés ont quand même perdu leur caractère absolu avec l'obligation d'information[4]. Non seulement « les entreprises ne peuvent [plus] opposer le secret industriel et commercial, à l'administration [comme] au public, qu'à [travers] des conditions légales précises », mais en plus, la portée des clauses de confidentialité sont limitées par le juge[5]. Comme toujours en matière de droits et libertés, il faut trouver un juste équilibre entre eux.

---

[1] BARRE-PEPIN (M.), « Secret industriel et commercial, secret d'entreprise et des affaires et secret-défense » dans LARCENEUX (A.) et OLIVIER-LEPRINCE (J.), *op.cit.*, p.73.
[2] Art. 2, II, 1°, loi TSN précitée.
[3] Tribunal administratif de Lyon du 8 oct. 2020, *Association sortir du nucléaire Bugey*, n° 1808872.
[4] BARRE-PEPIN (M.), *ibid.*, p. 83.
[5] *Ibidem*, p. 85.

2) La recherche d'un équilibre entre l'information et le secret

1039. **L'exemple du secret médical.** Dans le cadre purement privé, le droit à la vie privée, duquel découle le droit au secret médical, s'applique au nucléaire. Un régime spécifique prévoit la protection sanitaire des travailleurs du nucléaire, puisque leur proximité avec les matières et substances radioactives impose un suivi dosimétrique, c'est-à-dire la mise en œuvre d'un système de mesure des doses d'exposition. La protection radiologique s'ajoute à celle des risques classiques. Dans ce contexte, le HCTISN soulève le débat par rapport à la transparence des informations dosimétriques des salariés du nucléaire sur les doses de radioactivité reçues pendant leur activité de travail, ou encore, l'information à divulguer en cas d'accident. Le Haut Comité pointe en particulier la question des données de dosimétrie contenues dans le dossier médical du travailleur exposé à des ambiances de rayonnement[1].

1040. Alors que les expositions médicales et professionnelles relèvent de cadres réglementaires différents, il existe des contradictions entre la protection du secret médical, couvrant ces données et l'obligation réglementaire de radioprotection, visant à ne pas dépasser le seuil d'exposition. Sans la persistance de ce secret, un risque pour l'emploi de ces personnes se profile. En effet, à défaut, il apparaît difficile d'assurer le suivi de la dose d'exposition des travailleurs et le respect des règles de droit du travail et de radioprotection[2]. Par exemple, le travailleur pourrait être privé de son travail sous un motif fallacieux parce qu'il a atteint la limite de doses d'exposition annuelle. Mais, qu'il s'agisse de cette catégorie de secrets ou de celle relative aux affaires, ces types de secret s'avèrent non absolus et moins attentatoires au droit d'accès et à la transparence que celui de la défense nationale. L'exception doit être justifiée et proportionnée.

1041. **La proportionnalité des droits en concurrence.** Dès 1978, la loi destinée à permettre au public d'accéder à l'information par un mécanisme d'accès aux documents administratifs est instituée[3]. À ce régime de droit commun, une loi du 26 octobre 2005 déroge en matière de documents comportant des informations de nature environnementale, dans l'intérêt de limiter les motifs de refus de communication des informations par l'administration. Point focal, l'accès à l'information constitue la règle ; la limitation de ce droit fondamental ne peut être qu'exceptionnelle. Pour protéger des secrets de type médical, commercial, industriel, financier, l'accès à certaines informations contenues dans les divers documents et dossiers administratifs est parfois réduit. Il arrive même dans le secteur nucléaire, ce

---

[1] p. 36 du rapport HCTISN de 2011 précité.
[2] BARRE-PEPIN (M.), *loc.cit.*, p. 77.
[3] Loi du 17 juillet 1978 précitée.

que déplorent certains au sein des instances censées faire circuler l'information, que les protagonistes du dossier ignorent jusqu'à l'existence de l'information. Il semble alors utopique de « demander à les consulter »[1].

1042. Le secret de la vie privée et ceux industriel et des affaires sont de nature et de dimension différentes. La protection qui en découle porte sur divers droits et libertés fondamentaux. Par exemple, le droit nucléaire assure la sécurité avec le principe de la non-prolifération des armes atomiques. C'est pourquoi « le secret défense est toujours opposé au droit à l'information du public en invoquant les exigences de la dissuasion nucléaire et les risques terroristes »[2]. De plus, la filière électronucléaire doit protéger son savoir-faire, ses techniques et ses procédés tout en respectant la transparence. Comme toujours avec ces problématiques, il faut trouver un juste équilibre en appliquant la proportionnalité de droits qui se limitent entre eux. De surcroît, « obéissant à des régimes différents, le secret de la défense et le secret industriel, commercial et des affaires ont souvent un objet et des finalités identiques »[3]. En matière nucléaire, il semble que la tendance penche en faveur de l'industriel. La récente décision au fond susmentionnée, du tribunal administratif de Lyon, en a refait la démonstration[4].

1043. **En conclusion**, le recours au secret reste d'actualité. Néanmoins, en dépit de données non divulguées pour des motifs de sécurité publique ou des dérogations d'ordre privé, des institutions veillent à la transmission de l'information sur le risque nucléaire. L'événement de Tchernobyl est vu comme le déclencheur du déclin de la première phase du droit nucléaire, celle de promotion de la technologie. La deuxième phase est recentrée sur la sûreté, suivie de près par une troisième, celle dévolue à l'information et la transparence. Sachant que le secteur s'est construit dans l'opacité, même si tout n'est pas optimal, nous voyons là une réelle avancée démocratique à laquelle les instruments du droit de l'environnement ont participé. Œuvrant à l'ouverture vers une transparence nécessaire à l'acceptabilité sociale de cette industrie, des principes généraux du droit de l'environnement ont été absorbés dans le droit nucléaire civil. Afin que chacun sache de quoi il doit se protéger, les dispositifs juridiques donnent, aux parties prenantes et aux représentants de la société civile, des moyens matériels de le faire.

1044. **Transition**. Concernant les tenants et les aboutissants du risque nucléaire, il s'agit à présent de vérifier si la Société civile a réellement un poids au sein des instances de la gouvernance nucléaire et finalement, de constater une effectivité relative du droit de participer aux décisions.

---

[1] CHAMPION (D.), Institut de la Radioprotection et de la Sureté Nucléaire (IRSN) et SENE (M.), Association nationale des CLI, Magazine Repères n° 3, sept. 2009.

[2] BARRE-PEPIN (M.) et BOUTELET (M.), 2018, *loc.cit.*, spéc. p. 15.

[3] *Ibid.*, spéc. p. 2.

[4] Tribunal administratif de Lyon du 8 oct. 2020, *Association sortir du nucléaire Bugey*, n° 1808872.

Chapitre 2. La relativité démocratique du droit de participer à la gouvernance nucléaire

1045. Au moment de l'accident de Tchernobyl, à l'échelle planétaire, la confiance a décru. Avec cet événement majeur, le risque était devenu réel. En France, la population civile s'est sentie bernée, jusqu'à être convaincue que les autorités cachaient la vérité sur le risque nucléaire. En outre, il est de notoriété publique que l'être humain est plus réfractaire aux actions dont il n'a pas la maîtrise du contrôle. Des instruments juridiques ont fait évoluer les dispositifs pour que la parole citoyenne participe aux instances de la gouvernance nucléaire. La notion de gouvernance désigne « un processus de coordination d'acteurs, de groupes sociaux, d'institutions qui ne sont pas tous étatiques ni même publiques pour atteindre des buts propres, discutés et définis collectivement dans des environnements fragmentés, incertains »[1].

1046. Plus qu'un droit d'accès et de communication, l'acceptabilité du risque nucléaire passe par la consultation publique. Il ne s'agira pas, dans ce dernier chapitre, de traiter de l'acceptabilité ou non du choix électronucléaire en lui-même. Dans un contexte de contraintes matérielles spécifiques, l'objectif vise à déterminer comment et jusqu'où le droit nucléaire a absorbé le principe de transparence du droit de l'environnement afin que les citoyens participent, mieux et plus, au processus décisionnel.

1047. Pour relativiser les imperfections du système, il faut garder à l'esprit que le secteur partait de loin. Malgré des réserves, le droit nucléaire, d'un côté, a intégré les outils de la participation du public aux décisions de gestion (**Section 1**) et, de l'autre, tend à répondre à la demande contemporaine d'une démocratie participative nucléaire optimisée (**Section 2**).

Section 1. Les difficultés résiduelles de la participation en prévision du risque nucléaire

1048. Sorti du cadre de l'enquête publique, le décret n° 63-1228 du 11 décembre 1963 relatif aux installations nucléaires ne prévoyait pas la participation du public au processus décisionnel. En réaction aux décisions unilatérales du pouvoir régalien et des administrations de l'État, une aire nouvelle s'est profilée. Au « privilège du préalable » des années 1970 succèdent des dispositifs de consultation au sein d'instances de dialogue ; puis, avec les années 2000, arrive le temps « de la concertation et de la

[1] COMMAILLE (J.) et JOBERT (B.), « Introduction. La régulation politique : l'émergence d'un nouveau régime de connaissance », dans *Les métamorphoses de la régulation politique*, L.G.D.J., Coll. Droit et Société, Tome 24, 1998, p. 28.

participation »[1]. Néanmoins, le droit nucléaire se réduisait encore à un droit d'autorisations où seul l'État avait véritablement son mot à dire. Dans le cadre de son évolution en un droit des risques majeurs, la participation intègre les dispositifs des différentes phases de la vie des installations.

1049. Pour que la transparence, de l'information et de la concertation, devienne fondamentale dans le système juridique électronucléaire, il a fallu attendre la loi n° 2006-686 du 13 juin 2006 relative à la transparence et à la sécurité en matière nucléaire. Qu'il s'agisse de planifier le risque ou d'autoriser le projet nucléaire, les conditions de la participation publique aux décisions de gestion du droit nucléaire se sont modulées dans le sillage des différents instruments du droit de l'environnement. Le droit du public de participer à la gestion du risque nucléaire reste toutefois soumis à des limites.

1050. Tout en constatant, d'une part, les avancées mitigées du dispositif (**§1**), il s'agira, d'autre part, de remarquer que le droit de participer irrigue insuffisamment la phase amont menant aux décisions nucléaires (**§2**).

§1. Les avancées mitigées de la participation du public à la gestion

1051. La démocratie représente le choix de la forme du gouvernement d'une nation. Elle se fonde sur plusieurs principes dont l'un consiste à organiser la participation du peuple aux décisions publiques. Faisant partie, d'une manière ou d'une autre, de l'environnement des individus, la gestion du risque nucléaire les concerne et ces derniers veulent participer. Confronté, d'une part, à la technicité du domaine et, d'autre part, aux retombées dites émotionnelles des réactions dans la Société civile, pour satisfaire la demande de participation aux décisions de gestion du risque nucléaire, le secteur électronucléaire ne pouvait se suffire du seul accès à l'information.

1052. Le droit nucléaire devait donner les moyens de la participation et on a fini par l'y organiser. Pourtant, des critiques persistent sur l'efficacité des modalités de son expression au sein des populations.

1053. Pour obtenir, à défaut de conserver, la confiance des représentants de l'opinion publique, il a fallu non seulement introduire le principe de la participation dans le droit nucléaire (**A**), mais également, répondre aux attentes d'une concertation légitime (**B**).

A. L'institution indirecte d'un droit nucléaire de la participation du public

1054. Absorbé dans le giron d'un droit de l'environnement considéré précurseur en matière de participation, le droit nucléaire est adapté. Toutefois,

[1] RICHARD (J.), « Aucune décision n'est estimée légitime par les citoyens si elle n'a pas été discutée », *AJDA*, 2011, p. 1292.

en son sein, la participation du public s'avère d'abord une obligation non contraignante (**1**) organisée sous l'égide du droit international (**2**).

1) L'institution non contraignante d'une obligation à la participation nucléaire

1055. **Le mode ciblé de la participation nucléaire.** Alors que la participation du public est devenue un droit fondamental constitutionnellement reconnu, les opportunités de participer aux décisions qui encadrent le risque nucléaire se sont peu à peu diversifiées et la jurisprudence y a contribué. C'est le cas des modalités d'information avant le démantèlement d'une centrale[1]. Incontestablement, les centrales nucléaires ont un impact sur l'environnement à tous les stades de la vie des installations. Chacun des instruments relatifs à la participation du public prévoit expressément leur application à certaines installations nucléaires.

1056. **La prééminence du droit de l'environnement**. En réalité, la participation n'a jamais été totalement absente du droit nucléaire français. C'est moins vrai au niveau international. Par exemple, en 2005, « les pays membres de l'OCDE s'efforcent de plus en plus de mettre en œuvre des formes de démocratie participative qui nécessitent des mécanismes d'échange inédits ou améliorés entre un nombre croissant de parties concernées »[2]. Plutôt silencieux sur ces questions, occasionnellement, l'ordre international mentionne la participation. Quand il le fait, c'est uniquement pour conseiller sans rien imposer. « Si l'importance de la participation du public aux activités nucléaires est affirmée dans les documents de l'AIEA [..] les instruments internationaux établis en droit nucléaire ne fixent pas encore d'obligations contraignantes concernant le dialogue des autorités avec le public »[3]. Cela s'explique par le fait qu'à ce niveau institutionnel, les conditions de la participation restent de l'office des États[4].

1057. Il faut aussi constater que, de manière générale, le droit nucléaire international aurait été pris de vitesse par le droit de l'environnement qui serait plus avancé en matière de participation[5]. Les modalités de la participation à la décision fournissent une des preuves de l'implication du droit de l'environnement dans le champ nucléaire[6]. Un constat que la nature universaliste de ses instruments et leur objet contribuent à expliquer.

---

[1] Conseil d'État, requête du 9 déc. 2011, n° 324294, *Association Réseau Sortir du Nucléaire*.

[2] OCDE, Favoriser la participation des parties prenantes - Guide pratique des outils et bibliographie annotée, ISBN 92-64-01074-2, 2005, AEN, n° 6040, 56 p., spéc. p. 3.

[3] RAETZKE (C.), *loc. cit.*, 2013, p. 90.

[4] EMMERECHTS (S.), 2010, *loc. cit.*, spéc. p. 172.

[5] REYNERS (P.), 2007, *loc.cit.*, spéc. p. 172.

[6] EMMERECHTS (S.), 2010, *ibid.*, spéc. p. 139.

2) Les instruments supranationaux favorables à une participation effective

1058. **Les instruments internationaux de la participation du public**. La Déclaration de Stockholm pose les bases d'un principe selon lequel la société civile doit pouvoir accéder à « une information environnementale de qualité »[1]. Mais, c'est la Déclaration de Rio de 1992 sur l'environnement et le développement qui institue le principe de participation des citoyens. En dépit d'une portée juridique non contraignante, ces principes généraux sont intégrés par les États dans leur législation respective. Toutefois, comme dit, la véritable innovation arrive avec la Convention d'Aarhus du 25 juin 1998 sur l'accès à l'information, la participation du public au processus décisionnel et l'accès à la justice en matière d'environnement. Son autorité ne fait aucun doute puisqu'il s'agit d'un instrument juridique contraignant, ratifié par la France en 2002. Il en découle, pour les autorités publiques des États Parties, certaines obligations, comme fournir des informations transparentes sur l'environnement ou organiser la concertation au sein de processus décisionnels[2]. Avec la Convention d'Aarhus, l'aire du débat participatif commence. Outre le fait de donner la possibilité de se prévaloir de ce droit en justice, elle organise la participation du public aux prises de décisions sur les projets, les plans et les programmes. Ladite Convention s'applique aux affaires nucléaires. Son article six s'avère particulièrement évocateur quant aux modalités de la participation aux décisions qui ont un impact sur l'environnement en matière d'installations nucléaires. Cela implique, par exemple, d'obtenir l'assentiment des populations pour un projet de centrale nucléaire et plus largement, sur le risque nucléaire proprement dit.

1059. **Le dispositif européen de la participation**. Au niveau communautaire, la participation du public est renforcée avec la directive 2001/42/CE dite « évaluation environnementale des plans et programmes »[3]. Elle est suivie de la directive 2003/35/CE du Parlement européen et du Conseil du 26 mai 2003[4] que reprend la directive 2014/52/UE du 16 avril 2014 modifiant la directive 2011/92/UE concernant l'évaluation des incidences de certains projets publics et privés sur l'environnement, dite « évaluation

---

[1] TRUILHE-MARENGO E., *Droit de l'environnement de l'UE*, Coll. Paradigme, Ed. Larcier, 2015, spéc. p. 184.

[2] Dans la même veine, mais avec une envergure moindre, puisque se limite à la procédure d'autorisation, on peut mentionner la Convention d'Espoo du 25 fév. 1991 sur l'évaluation de l'impact sur l'environnement (EIE) précitée, not. §. 2 de l'art. 2.

[3] Prévoyant la participation lors de l'élaboration de certains plans et programmes relatifs à l'environnement et modifiant, en ce qui concerne la participation et l'accès à la justice, les directives 85/337/CEE et 96/61/CE du Conseil précitée.

[4] Prévoyant la participation du public lors de l'élaboration de certains plans et programmes relatifs à l'environnement et modifiant, en ce qui concerne la participation du public et l'accès à la justice, les directives 85/337/CEE et 96/61/CE du Conseil - Déclaration de la Commission, elle traite de la participation du public aux procédures environnementales.

environnementale des projets »[1]. Conduites dans l'esprit des Conventions internationales précitées, ces directives visent à mettre en œuvre la consultation du public au stade de l'évaluation de l'impact pour l'environnement. Destinés à superviser la phase dite « aval » -celle post décision de faire de l'État et des autorités décisionnaires- ces dispositifs ont intégré le *corpus* du droit de l'environnement interne. Ils confortent le droit positif de la participation qui régentait la concertation préalable, celle en amont de la réalisation d'un projet tel une centrale nucléaire.

B. La mise en place progressive du droit à la participation nucléaire

1060. La protection de l'environnement a toujours joué un rôle prépondérant dans les avancées du droit de la participation citoyenne. En facilitant le droit à la parole dans le secteur nucléaire, les évolutions du dispositif environnemental s'avèrent favorables à la discussion nucléaire (**1**) puisqu'elles ont contribué à fournir les instruments nécessaires aux différentes étapes menant à la décision (**2**).

1) La réponse environnementale aux attentes d'une gestion nucléaire concertée

1061. **L'institution de la participation en amont des décisions**. En France, le principe de la participation des citoyens est institué, en premier lieu, par la loi n° 95-101 du 2 février 1995 dite « Barnier »[2]. Si celle-ci ne reconnaît que le droit d'accéder aux informations environnementales, elle pose la participation en principe et ainsi, la procédure du débat public s'instaure. Avant cette loi, seules des circulaires envisageaient l'idée d'un débat et la possibilité d'instituer une phase de concertation avant de décider d'un projet d'envergure. Par exemple, une circulaire du 15 décembre 1992[3] annonce d'emblée qu'en la matière, et « dans une démocratie moderne », ces projets « ne peuvent être réalisés qu'après un large débat auquel doivent participer tous les partenaires concernés »[4]. L'objectif consistait à organiser un débat public avant que ne s'engage la phase de l'enquête publique. Cette circulaire ne visait que les grands projets d'infrastructures de circulation[5]. Dans la même veine, la circulaire dite « Billardon » du 14 janvier 1993 relative aux procédures d'instruction des projets d'ouvrages électriques d'EDF[6], en plus d'envisager une enquête publique sur certains ouvrages électriques, portait

[1] JOUE n° L 124 du 25 avr. 2014.
[2] Désormais codifié à l'art. L. 110-1 du Code de l'environnement.
[3] Relative à la conduite des grands projets nationaux d'infrastructures (JORF du 26 févr. 1993).
[4] Alinéa 3.
[5] Ferroviaires, routières, navigables etc.
[6] Remplacée par la circulaire « Fontaine » du 9 sept. 2002.

sur le renforcement de la concertation préalable[1]. Il s'agissait d'associer les élus, les administrations, les associations et les responsables locaux afin de renforcer la protection de l'environnement.

1062. En deuxième lieu, la loi n° 2002-276 du 27 février 2002 relative à la démocratie de proximité comportait tout un chapitre sur la « participation des habitants à la vie locale ». Puis, la participation devient un principe constitutionnellement reconnu avec son inscription dans la Charte de l'environnement[2]. Après les apports du Grenelle de l'environnement et plus précisément de la loi n° 2010-788 du 12 juillet 2010 portant engagement national pour l'environnement, dite « Grenelle 2 », dans laquelle il est édicté que désormais la concertation préalable peut avoir lieu en dehors du débat public, une réforme majeure est conduite en 2016.

1063. En dernier lieu, c'est l'ordonnance n° 2016-1060 du 3 août 2016[3] qui précise les objectifs de la participation et les droits qui en découlent pour le public. Par exemple, elle facilite la concertation. Le nouvel article L. 120-1 du Code de l'environnement répertorie, au point I., les raisons de la mise en œuvre de la participation du public aux prises avec les décisions publiques ayant une incidence sur l'environnement et au point II., les droits que la participation leur confère. Désormais, sur le fondement du droit de l'évaluation environnementale, les projets, les plans et les programmes sont régis ensemble. Des modifications au niveau de la concertation préalable et des modalités du débat public sont à constater. Ce dispositif influe sur les procédures relatives aux discussions sur le risque nucléaire et les instruments juridiques qui mènent aux décisions le concernant y sont régentés.

2) Les outils nécessaires à la concertation dans le débat sur le risque nucléaire

1064. **La concertation préalable et le débat public**. Les dispositions du droit de l'évaluation environnementale concernent la phase dite « amont » du processus décisionnel, c'est-à-dire celle ayant lieu avant que les documents du dossier de demande d'autorisation ne soient finalisés, à l'initiative du demandeur d'un projet ou en vue de l'approbation d'un plan/programme. Issu du Code de l'environnement, le dispositif s'applique « à la participation du public préalable au dépôt de la demande d'autorisation d'un projet tel que défini à l'article L. 122-1, ou pendant la phase d'élaboration d'un plan ou d'un programme tel que défini à l'article L. 122-4, jusqu'à l'ouverture de l'enquête publique ou toute autre forme de participation du public »[4]. Il s'agit

---

[1] Au I., p. 2 et s.

[2] Principe 7.

[3] Portant réforme des procédures destinées à assurer l'information et la participation du public à l'élaboration de certaines décisions susceptibles d'avoir une incidence sur l'environnement.

[4] Art. nouveau L. 121-1-A, al.1, C. environnement.

d'organiser sous différents aspects le débat et la concertation. Il est désormais possible pour le public de demander un débat ou une concertation préalable à un plan, à un programme, à un projet ou à une réforme de politique publique, dès lors qu'ils ont un impact sur l'environnement. Ainsi, « « la concertation et le débat public sont des outils mis en place pour que les citoyens exercent leur droit de participation »[1]. Le droit nucléaire est concerné tant au niveau des projets, par exemple la création ou le démantèlement d'une installation nucléaire, que pour les plans et les programmes, tel le plan national de gestion des matières et déchets radioactifs[2]. L'objectif vise à renforcer le « dialogue environnemental » dès la phase prédécisionnaire pour faciliter l'acceptation avec une meilleure compréhension des enjeux dans la prise de risque.

1065. **La nécessaire compréhension des enjeux**. L'un des points communs des normes à visée préventive réside dans l'obligation d'information. Sur son fondement, il peut être tiré profit des accidents et catastrophes, dans une sorte de mise en commun des informations et autres données techniques destinées au retour d'expérience. S'ajoutent les éléments d'information de plus en plus précis à communiquer au public pour favoriser et *in fine,* obtenir son approbation au(x) risque(s) en jeu. Le droit nucléaire est particulièrement intéressé à ce double aspect de l'obligation d'information. Il n'y a pas lieu d'y revenir, sauf pour insister sur l'aspect participatif.

1066. **Les moyens de la mise à disposition des informations**. En matière de nucléaire, le retour d'expérience est non seulement constant, mais également transversal. Il ne s'arrête ni aux portes des centrales, ni à leur construction. Par exemple en 2016, une table ronde a été organisée « par les pilotes du groupe de travail d'ACN2 France portant sur la préparation des crises nucléaires et leur gestion, l'ANCCLI (Association Nationale des Comités et Commissions Locales d'information) et l'Autorité de Sûreté Nucléaire (ASN), pilotes du Groupe de Travail d'ACN 2-France en partenariat avec la Commission Locale d'Information (CLI) de Cattenom », à la frontière luxembourgeoise, dans le but de faire le point sur les aspects transfrontaliers en matière d'information et de participation dans la préparation des crises nucléaires[3]. À cette occasion, un état des lieux a été fait sur la participation du public dans ce domaine. En effet, ce n'est pas parce que les informations sont mises à disposition du public que la participation est effective.

1067. **Transition**. Encore faut-il que la population et les différentes parties prenantes puissent véritablement s'exprimer sur les considérations soumises. Le domaine nucléaire a tout intérêt à y veiller et les acteurs concernés par ces aspects y travaillent encore. Cela amène, à présent, à considérer l'étendue des modalités de la participation en amont des décisions.

---

[1] DELALONDE (J-C.), 2020, *loc. cit*, spéc. p. 76.

[2] Prévu à l'al. 9 de l'art. R. 121-1-1, C. environnement.

[3] ANCCLI, Table Ronde ACN France sur information et participation du public dans la préparation des crises nucléaires – Aspects transfrontaliers, Metz, 21 juin 2016 [en ligne] https://www.anccli.org/acn-france-2/

§2. Les insuffisances du droit de la participation en amont des décisions

1068. Le droit nucléaire n'a pas été échafaudé avec les instruments nécessaires au dialogue social. Les décisions se prenaient sans l'aval démocratique. Quand la promotion nucléaire a laissé la place à l'acceptation du risque, les instruments juridiques pouvaient faire douter de l'efficacité du dispositif. Pour perdurer, la filière devait réformer son droit où la participation s'avérait quasi inexistante. Il a fallu inclure les moyens d'une discussion préalable à la prise de risque.

1069. Pour faire accepter le risque par l'opinion publique, les décideurs ont opté en faveur d'une tendance qui conduit au verdissement du droit électronucléaire. En effet, concernant la participation, au sein du droit nucléaire, on n'a rien inventé. Sans préjuger de leur efficacité, les instruments du droit de l'environnement ont été adaptés au nucléaire, d'une part, sur la base d'un renfort de participation pour décider de la prise de risque (**A**) et, d'autre part, d'une manière pas toujours optimale pour les modalités juridiques existantes (**B**).

A. La recherche d'une participation renforcée en amont des décisions

1070. L'appréciation du droit à la participation sur le débat public relatif au nucléaire demande de constater, d'un côté, les attentes insatisfaites d'une réelle prise en compte de la participation du public (**1**) et, de l'autre, le rapport aux enjeux soumis trop tardivement à la discussion démocratique (**2**).

1) Le constat d'une effectivité insuffisante de la participation du public

1071. **Les attentes sociales**. De nos jours, entre le besoin de solutions pour répondre au défi de la sécurité nucléaire, les besoins d'informations et de concertation, la Société civile reste « en attente de davantage de sincérité, voire d'humilité de la part des acteurs du nucléaire. Mais elle est aussi et surtout soucieuse que sa participation soit effectivement prise en compte dans la prise de décision »[1].

De manière générale, depuis les années 1990, « consulter ne suffit plus, les citoyens souhaitent participer et exposer leur point de vue »[2]. C'est particulièrement vrai dans le domaine du nucléaire où, à l'instar des « derniers

---

[1] DELALONDE (J-C.), *loc. cit.*, spéc. p. 72.
[2] RICHARD (J.), *loc. cit.*, spéc. p. 1292.

grands débats nationaux [..] les différents acteurs ont, au fil du temps, pu agir pour faire évoluer la transparence en matière d'information notamment (fourniture de données techniques), mais aussi de participation »[1]. Dès lors, il faut se rappeler où sont ces lieux de discussions et se demander qui y est invité.

1072. **Les instances de la concertation**. En matière d'installations nucléaires, deux catégories d'acteurs se dégagent, hors population. Il s'agit, d'une part, des acteurs dits « de terrain » regroupant notamment des associations, les commissions locales d'information (CLI) et les élus locaux et, d'autre part, les acteurs nationaux de la filière comportant, en plus des ministères intéressés, l'Autorité de sûreté nucléaire (ASN), l'agence pour la gestion des déchets nucléaires, les opérateurs Areva et EDF regroupés au sein de Framatome et bien sûr, l' Association nationale des comités et commissions locales d'information (ANCLLI), le Haut comité pour la transparence et l'information sur la sécurité nucléaire (HCTISN) et l'Institut de radioprotection et de sûreté nucléaire (IRSN). Chacune de ces institutions, à son niveau, est intéressée à la concertation avec le public[2].

1073. Depuis la loi TSN précitée de 2006, certains acteurs sont devenus centraux pour faire le relais entre les autorités publiques, les exploitants d'installations nucléaires et la population. En plus de l'ASN, le HCTISN et l'ANCCLI au niveau national, ainsi que les CLI au plan local/départemental, tous constituent les intermédiaires du transfert de l'information nucléaire dont la participation est le corollaire. Représentant aussi des lieux de discussions, les Commissions locales d'information et le HCTISN doivent veiller à la concertation. Chaque site comportant une ou plusieurs installations nucléaires de base dépend d'une CLI à qui il revient d'assurer le suivi, l'information et la concertation. C'est aussi le cas du HCTISN. Spécifiquement créé par la loi TSN, celui-ci est une instance d'information, de concertation et de débat sur les risques liés aux activités nucléaires et l'impact de ces activités sur la santé des personnes, sur l'environnement et sur la sécurité nucléaire[3]. Mais, d'autres fondements juridiques, qui mettent en œuvre le principe de la participation, avaient déjà apporté des changements dans le droit nucléaire dont, finalement, la loi TSN a seulement pris acte.

1074. **Les occasions de la participation**. Aux termes de la Convention d'Aarhus précitée, chaque État contractant devrait, lorsqu'il y a lieu, encourager quiconque a l'intention de déposer une demande d'autorisation à identifier le public concerné, à l'informer de l'objet de la demande qu'il envisage de présenter et à engager la discussion à ce sujet avant de déposer sa demande[4]. Ces dispositions conventionnelles forment une source non négligeable. En effet, l'annexe I, qui répertorie la liste des activités

[1] DELALONDE (J-C.), *loc. cit.*, spéc. p. 75.
[2] Soit parce qu'il doit l'organiser, soit pour y contribuer, voire en bénéficier.
[3] Alinéa 1 de l'art. 24, loi TSN précitée.
[4] Au pt. 5 de son art. 6.

concernées, démarre avec les activités du secteur de l'énergie[1], notamment les centrales nucléaires et les réacteurs nucléaires, y compris le démantèlement ou le déclassement de ces centrales ou réacteurs. Étant précisé que les « centrales nucléaires et autres réacteurs » cessent d'être des installations nucléaires lorsque tous les combustibles nucléaires et tous les autres éléments contaminés ont été définitivement retirés du site d'implantation, le public doit pouvoir participer au processus décisionnel à chaque étape des projets qui ont une incidence sur l'environnement, ainsi qu'aux délibérations relatives aux plans et programmes.

1075. Le tout consiste à vérifier si cette participation se réduit à un simple transfert d'informations ou à une réelle consultation donnant lieu à la prise en compte des avis du public dans le débat, avant que la décision ne soit entérinée par l'autorité compétente. La participation du public en la matière se concrétise « de la simple présence lors d'une audition publique à la participation à des études préliminaires sur des projets liés à l'énergie nucléaire »[2]. En dépit des efforts opérés au fil des réformes pour conforter les outils juridiques, jusqu'à présent, la participation reste superficielle. Dans le nucléaire, les avis et les remarques du public, lors des phases de concertation et de débat, ne semblent pas forcément pris en compte. En tout cas, il était encore récemment regretté qu'aucune réponse ne soit expressément formulée à ce sujet par les autorités décisionnaires.

2) Les regrets d'une participation trop tardive du public au débat nucléaire

1076. **La prise en compte des interventions du public.** Selon le paragraphe quatre de l'article six de la Convention Aarhus, chaque Partie prend des dispositions pour que la participation du public commence au début de la procédure, c'est-à-dire lorsque toutes les options et les solutions sont encore possibles et que le public peut assurer une réelle influence. Cela ressemble à la phase « amont » mise en exergue par la dernière réforme du droit de l'environnement français, en plus de répondre au principe de participation du Code de l'environnement en vertu duquel toute personne est informée des projets de décisions publiques ayant une incidence sur l'environnement dans des conditions lui permettant de formuler ses observations, qui sont prises en considération par l'autorité compétente[3]. Dans la Convention Aarhus, sont mentionnés aussi des « délais raisonnables » qui ont vocation à permettre l'effectivité de la participation dans le processus décisionnel et l'objectif d'une réelle prise en compte des résultats obtenus[4].

[1] Pt. 1.
[2] EMMERECHTS (S.), 2008, *loc. cit.*, spéc. p. 100.
[3] 5° du II de l'art. L.110-1, C. environnement.
[4] §. 3 et §. 8 de l'art. 6 précité.

Autrement dit, le public doit, d'une part, disposer d'un temps suffisant pour produire ses observations sur le projet et, d'autre part, sa parole doit être entendue à un stade où il est encore possible d'opérer des changements. Cela aurait dû faire cesser les critiques récurrentes quant à l'absence de suite aux remarques et avis de la population émis lors des débats publics.

1077. L'analyse de la jurisprudence a montré une réticence dans le contrôle de ces dispositions révélant « toutes les difficultés de garantir, par le droit, que la participation produise des effets sur la décision finale »[1]. Par exemple, le Conseil d'État a décidé dans un arrêt de 2007[2], portant justement sur la valeur des dispositions de l'article six de la Convention Aarhus et plus précisément sur leur effet direct ou indirect dans l'ordre interne, que, si ses paragraphes 2, 3 et 7 sont d'effet direct, ce n'est pas le cas des paragraphes 4, 6, 8 et 9 qui ont seulement valeur d'obligations entre les États parties. Cela a vraisemblablement pour conséquence que ces dernières dispositions ne puissent pas servir de fondements aux justiciables lors d'une procédure judiciaire contre les décideurs de projets.

1078. En matière de risque nucléaire, l'Association Nationale des Comités et Commissions Locales d'Information a procédé, entre 2008 et 2012, à plusieurs analyses sur le terrain afin de déterminer l'adéquation de la participation dans le domaine nucléaire avec les attentes consécutives à la Convention Aarhus. L'ANCLLI conclut que le dispositif de la participation doit être renforcé pour assurer une intervention effective « quand toutes les options sont encore ouvertes, en amont de la prise de décision et non en aval quand la réalisation des projets a déjà été retenue et que le débat ne porte plus que sur les options techniques de ces derniers »[3]. Nous adhérons à ce souhait.

1079. **Les débats du nucléaire**. Le constat opéré par l'ANCLLI[4] devrait normalement changer, puisque le nouvel article L. 120-1 du Code de l'environnement, en plus de répertorier les raisons et les objectifs de la participation du public dans le processus décisionnel[5], confère expressément quatre droits au public dont celui « d'être informé de la manière dont il a été tenu compte de ses observations et propositions dans la décision d'autorisation ou d'approbation »[6]. Par exemple, lors du débat public de 2019 relatif à la cinquième édition du plan national de gestion des matières et des déchets

---

[1] BETAILLE (J.), « La contribution du droit aux effets de la participation du public : de la prise en compte des résultats de la participation », *RJE*, n° 2, 2010, pp. 197-217, spéc. p. 197.

[2] Conseil d'État, 6 juin 2007, *Commune de Groslay et autres*, n° 292942.

[3] Propositions de l'ANCCLI dans le cadre de la réflexion engagée sur la démocratisation du dialogue environnemental, 12 mai 2015, p. 2.

[4] Dont les recommandations formulées en 2016, consécutives à un travail d'études sur des problématiques nucléaires, toutes mises en lien avec les obligations d'information et de participation issues de la Convention Aarhus, à l'aide de recoupements opérés sur plusieurs années, Rapport de synthèse ACN-France, Convention d'Aarhus et nucléaire, 62 p.

[5] 1° à 4° du I. de l'art. L. 120-1 du Code de l'environnement.

[6] *Ibid.*, au 4° du II. ; Il s'agit du procédé de la reddition des comptes.

radioactifs (PNGMDR)[1], la présidente de la commission particulière du débat public (CPDP) instituée concluait sur la nécessité de donner des réponses argumentées aux questions évoquées dans le débat[2]. Un dispositif continu d'association du public à l'élaboration des décisions à prendre doit être mis en place de façon pérenne, tandis que, prévues par la loi, l'évaluation de la gestion et la concertation post-débat public visent à permettre l'adaptation des décisions futures aux incertitudes de l'avenir, dans un cadre concerté[3]. Néanmoins, des progrès sont à constater par rapport au dispositif applicable avant les années 2000. À une époque où, en dehors des enquêtes publiques instituées par le droit nucléaire, la participation du public à une quelconque décision nucléaire se réduisait à peau de chagrin.

1080. Le droit de l'environnement a eu un véritable impact sur la consécration du débat dans l'enceinte nucléaire. Sans nul doute, la filière ne pouvait indéfiniment se passer d'ouvrir les portes du cénacle. Il fallait libérer la parole. Toutefois, en la matière, tout ne peut pas faire sujet de débat public.

B. La limite des interférences du droit de l'environnement sur le débat nucléaire

1081. L'impact de la Convention Aarhus[4] a été déterminant. En effet, le débat a été intégré à la gestion du nucléaire au moyen du droit de l'environnement et non de la loi sur la transparence et la sûreté nucléaire précitée (TSN). Cependant et en raison des spécificités nucléaires, d'une part, la plupart du temps des intermédiaires captent le débat (**1**) et, d'autre part, les incertitudes peuvent le paralyser (**2**).

1) La mise en œuvre du débat public sous l'influence des intermédiaires

1082. **Les sujets nucléaires soumis à débat**. La percée générale des droits d'information du public et de participation dans de nombreux champs du droit, y compris le droit nucléaire, revient au droit de l'environnement[5]. En particulier, la participation passe, depuis le début des années 2000, tant par l'enquête publique que le débat. Le premier débat public de ce type en rapport avec le nucléaire a eu lieu en 2006. Il portait sur les déchets nucléaires les plus dangereux, ceux dits de haute activité et à vie longue (HAVL) et la problématique de leur lieu de stockage. Décidé par les autorités publiques, le débat visait le projet « Cigéo ». Il s'agissait d'entendre le point de vue de la

---

[1] PNGMDR, Débat public, 5ème Ed., 2019-2021, Compte-rendu établi par la Présidente de la CPDP, 200 p.
[2] Isabelle HAREL-DUTIROU, présentation du bilan et compte rendu du débat, le 25 nov. 2019.
[3] Source CNDP.
[4] Puis de la constitutionnalisation du principe de participation par la Charte de l'environnement.
[5] EMMERECHTS (S.), 2008, *loc. cit.*, spéc. p. 98.

population sur les possibles choix de gestion pour cette catégorie de déchets, afin de permettre au gouvernement d'élaborer le projet de la deuxième loi de programme sur les déchets. Un autre débat, décidé cette fois par la Commission nationale du débat public, a eu lieu du 15 mai au 15 décembre 2013. Il visait à nouveau le projet de centre de stockage réversible profond de déchets radioactifs en Meuse / Haute-Marne (Cigéo)[1]. En raison de l'empêchement des réunions publiques, ce débat a dû être prolongé et ses modalités revues. Pour assurer le contradictoire nécessaire à tout débat, il a fallu recourir à l'outil internet, à la presse locale et à la mise en place d'une permanence. À la suite de quoi, l'ajout d'une conférence de citoyens a été organisée. Sans surprise, et ceci expliquant cela, le sujet nucléaire fait l'objet de nombreuses polémiques et la sérénité des discussions, quelles que soient leur forme juridique, fait généralement défaut.

1083. D'ores et déjà, nous devons convenir que le domaine nucléaire appelle le débat au minimum dans deux types de situations. Le dispositif approprié s'enclenche, d'une part, dans le cadre des projets relatifs aux installations nucléaires de base ; d'abord, au cours de la procédure de demande d'autorisation de création, puis en cas de modifications substantielles nécessitant une nouvelle procédure d'autorisation pendant le fonctionnement de l'installation et, enfin, dans le cadre de la procédure de mise à l'arrêt et de démantèlement. D'autre part, le débat public s'instaure en vue de l'approbation du plan national de gestion des matières et déchets radioactifs. En dehors de ces cas, il revient au droit commun de déterminer les seuils du débat public nucléaire. Dit simplement, soit le sujet en fait systématiquement l'objet, soit il dépend de certaines conditions.

1084. **Le seuil du débat public**. Pour déterminer si la création d'une INB constitue un projet soumis à débat public, il faut se référer aux articles R.121-1 et suivants du Code de l'environnement. Depuis 2017[2] un tableau est annexé à l'article R. 121-2 de ce même Code. Il catégorise les activités concernées sur le fondement de l'article L. 121-8 du même Code. Cet article répertorie les activités soumises systématiquement (I.) ou au cas par cas (II.) et en fonction du coût du projet qui détermine le régime applicable. Conformément à ce même article L. 121-8 du Code de l'environnement, régissant tous les projets et les plans/programmes de la compétence de la Commission nationale du débat public, un débat public doit avoir lieu pour tous les nouveaux sites de production nucléaire. Toutefois, si l'installation idoine n'est pas électronucléaire, le régime diverge[3]. En outre, le nouveau dispositif distingue

[1] Dont le compte-rendu du président de la CPDP a été publié le 12 février 2014 [en ligne].

[2] Décret n° 2017-626 du 25 avril 2017 relatif aux procédures destinées à assurer l'information et la participation du public à l'élaboration de certaines décisions susceptibles d'avoir une incidence sur l'environnement et modifiant diverses dispositions relatives à l'évaluation environnementale de certains projets, plans et programmes (JORF n° 099 du 27 avr. 2017, text).

[3] Selon que le projet repose sur un investissement de plus de 300 millions € (art. L. 121-8-I.) ou de plus de 150 millions € (art. L. 121-8-II, C. environnement).

les procédures de participation préalable selon qu'elles sont de la compétence de la CNDP ou pas[1]. Cette institution n'est pas nouvelle.

1085. **L'institution de la CNDP et son rôle.** En France, la participation devient un principe légal avec la loi n° 95-101 du 2 février 1995 relative au renforcement de la protection de l'environnement, dite loi Barnier. Ce principe se développe au moyen de la procédure du débat public et sous l'égide d'une nouvelle instance : la Commission nationale du débat public. Pour assurer la participation, ladite CNDP, créée par cette même loi, a par la suite été transformée en autorité administrative indépendante (AAI) et son champ de compétence a été élargi. Jusqu'à la dernière réforme initiée en 2016[2], la saisine de cette Commission n'était possible que pour les projets d'aménagement ou d'équipement d'intérêt national de l'État, des collectivités territoriales, des établissements publics et des personnes privées relevant de catégories d'opérations dont la liste était fixée par décret en Conseil d'État. Sous condition de critères et de seuils, il revenait alors au Conseil d'État d'apprécier la justification d'un débat. Désormais, la Commission nationale du débat public est également compétente en matière de plans/programmes.

1086. Une chose ne change pas, la CNDP doit veiller au respect de la participation du public au processus d'élaboration des projets d'aménagement ou d'équipement d'intérêt national de l'État, des collectivités territoriales, des établissements publics et des personnes privées. Il revient à la CNDP de décider si, en fonction de l'ensemble de ces enjeux et impacts, un débat public ou une concertation préalable s'avère nécessaire. La Commission envisage aussi les principales orientations du plan ou programme afin de débattre de l'opportunité, des objectifs et des caractéristiques principales du projet ou des objectifs, voire de débattre de solutions alternatives, ou encore, dire le débat inutile lorsqu'il s'agit d'un projet[3].

1087. Des intermédiaires font en général le lien entre la Société civile et les acteurs détenteurs tant de la connaissance que du pouvoir décisionnel. Toutefois, le public veut pouvoir intervenir, d'une manière ou d'une autre, dans les étapes préalables d'un choix qui finira peut-être par s'imposer. Mais, en raison des aléas et difficultés qui demeurent dans le nucléaire, il n'est pas facile d'intégrer la population civile au débat sans une réflexion préalable et un ménagement, au risque d'être contreproductif, voire d'effrayer la société civile dont les ressentis et les avis forment l'opinion publique.

---

[1] Article nouveau L.121-1-A (1° à 4°) du Code de l'environnement.

[2] De la démocratie environnementale (2016-2018).

[3] Alinéa 1 du I. de l'art. L. 121-1, C. environnement ; tandis que l'art. 2 de la loi n° 2018-148 du 2 mars 2018 précitée a complété l'al.3 du I. de l'art. L. 121-1 du Code de l'environnement en précisant que le débat, ou la concertation, décidé(e) par la CNDP peut aussi porter sur les modalités d'information et de participation du public après sa clôture.

2) La captation nécessaire des incertitudes paralysant le débat nucléaire

1088. **Un droit d'initiative élargi**. Depuis la loi Grenelle 2 de 2010 précitée, il s'agissait, soit d'avoir recours à un garant pour assurer une participation minimale du public par le biais d'une concertation préalable aux projets répondant aux critères, soit de conforter la place de la Commission nationale du débat public (CNDP) par le biais d'une représentation plus étendue de ses représentants. Encore fallait-il, dans ce dernier cas, pouvoir décider de la saisine de l'institution.

1089. Dans le cadre des projets dits « de grande ampleur », telles les centrales nucléaires, les collectivités territoriales et les associations de protection de l'environnement disposaient, depuis 2002, de ce droit qui permet de saisir la CNDP pour demander la mise en place d'une concertation préalable ou d'un débat public. L'ordonnance précitée du 3 août 2016 a étendu ce droit aux citoyens qui n'ont donc *a priori* plus besoin d'intermédiaires pour réclamer l'organisation d'une discussion préalable à la décision de prendre ou de ne pas prendre le risque en cause. En outre, pour les projets de moindre importance, tous ces acteurs peuvent faire la même demande en s'adressant au préfet. Mais, en réalité, toutes les formes de consultation apparues au fil des décennies subsistent et « à chaque type de décision correspond un type de débat »[1]. Cependant, devant l'incertitude, les difficultés sont aggravées.

1090. **Le temps des avis devant l'incertitude.** Le droit de participer ne veut pas dire s'immiscer. Le risque en général et l'incertitude en particulier ont conditionné une participation devenue nécessaire à l'action publique. Il fallait malgré tout réfléchir à l'opportunité et à l'efficacité d'une telle procédure. De surcroît, avec l'incertitude plus que dans n'importe quelle autre situation, la décision réclame l'intervention des experts pour éclairer les décideurs et les tenants de l'opinion publique.

1091. Les experts font partie intégrante du processus décisionnel. Le public veut intervenir aussi. Nous serions même tentés de dire que plus la décision à prendre contient de d'incertitude, plus son intervention est légitime. Dès lors, en plus des modalités du processus à mettre en œuvre, se pose la question du moment de son éventuelle intervention et notamment, celle permettant de dire à quel stade du processus décisionnel il pourrait être opportun de faire appel à l'avis de tiers non-sachants. Selon nous, en situation d'incertitude, le besoin d'intervenir des non-experts est d'autant plus crucial. Des interrogations à ce sujet ont été posées en 2010. Elles ont été adressées à l'avis du Comité de la prévention et de la précaution (CPP) qui vise à apporter une expertise plus démocratique et indépendante. À cette occasion, il fut demandé à ce Comité de proposer une méthode pour caractériser les situations

---

[1] RICHARD (J.), *loc. cit.*, 2011, p. 1292.

entre prévention et précaution et, par suite, de soumettre un processus d'aide à la décision publique en situation d'incertitude.

1092. En d'autres mots, il s'agissait de fournir des clés destinées à faciliter la communication dans ces cas spécifiques. L'incertitude fut définie comme l'insuffisance de connaissances disponibles par rapport à un sujet donné, mais pas synonyme d'ignorance et le risque constitue la représentation la plus simple d'une situation d'incertitude[1]. Si le CPP n'a pas dénié la nécessité de choisir stratégiquement le moment de l'intervention des différentes parties prenantes, le Comité a conseillé de prévoir avec tous les intervenants de la société civile, dès lors qu'il y a incertitude et au cours de la phase décisionnelle, une alternance entre les phases de concertation et les phases d'expertise[2]. Nous souscrivons à ce positionnement qui impliquerait des étapes dans le processus réflexif. Celui-ci donne la possibilité au public de connaître le contenu de la réflexion et son évolution avant que la décision définitive ne soit actée ; de manière à, au moins, donner le sentiment qu'il y participe vraiment et qu'il peut donner réellement son avis.

1093. En définitive, le débat n'est qu'une des expressions de la participation. En matière de risques, puisqu'*in fine* c'est quand même généralement de risques qu'il s'agit, des délibérations jusqu'à la décision, le débat intègre le processus au même titre que des concertations et des expertises. Par l'accès à l'information, tout doit pouvoir être discuté au sein d'un dialogue alternatif entre les différents acteurs. C'est ce qui concrétise l'effectivité de la participation du public dans le processus décisionnel. Le droit de l'environnement a fourni les instruments. Décrit comme un système « inventif » pour protéger au-delà de l'espace et du temps, « à l'orée du doute, le droit de l'environnement[..] trace un chemin qui n'existe que parce qu'on y passe »[3]. En tout état de cause, que la chose soit certaine ou incertaine, il faut l'envisager pour l'affronter. Au-delà du certain, cela revient à mettre en œuvre une vision prospective du type ''rien ne sert de nier, il faut penser à temps''. Selon nous, le secteur nucléaire aurait tout intérêt à communiquer sur l'incertain. Car, malgré le caractère novateur des procédures à visée précautionneuse du droit nucléaire pour protéger des incertitudes du terrain, nous nous demandons si la participation à la gouvernance des décisions ne serait pas démocratiquement déficitaire au point de faire douter de l'effectivité des instruments pourtant appropriés par le secteur.

1094. **Transition**. Aux stades amont comme aval, les différents outils utiles à la discussion nécessitent la mise à disposition des informations pertinentes pour que tout un chacun puisse se faire une opinion sur les décisions qui engagent la Société d'aujourd'hui et de demain. Sous l'angle

---

[1] Rapport du Comité de la prévention et de la précaution (CPP), La décision publique face à l'incertitude. Clarifier les règles, améliorer les outils, Éd. Mars 2010, 50 p., spéc. p. 4.

[2] *Ibid.*, spéc. p. 6.

[3] NAIM-GESBERT (E.), « Que sont les ''limites planétaires'' ? Pour une Pax Natura à l'aune du Covid-19 », *RJE*, 2020/3, Vol. 45, pp. 419-423, spéc. p. 419.

analysé, la nuance amont/aval réside dans le fait de pouvoir encore discuter, ou pas, le bien-fondé des projets, plans et programmes de la politique électronucléaire du pays.

Section 2. L'impact nuancé de la démocratie participative dans les choix nucléaires

1095. À l'époque de la promotion électronucléaire, la pensée plus ou moins entendue et revendiquée tendait à faire accepter la prise de risque comme la normale contrepartie des avantages procurés par la technologie. En même temps que ce droit de promotion laissait la place à un droit des risques majeurs, les titulaires de la gouvernance nucléaire devaient se résoudre à introduire de la démocratie participative au sein des instances décisionnelles.

1096. Le droit de l'environnement est à l'origine des instruments de la participation du public, tant de manière générale que dans l'objectif d'un choix nucléaire plus démocratique. La notion de public recouvre « l'ensemble des personnes indirectement affectées, c'est-à-dire celles dont la liberté d'agir, la latitude d'association ou la paix sont entravées par l'impact des activités d'autrui »[1]. L'époque est à la démocratie participative, rien d'étonnant à ce que celle-ci soit revendiquée dans le domaine nucléaire. Son expression reste toutefois entravée par quelques limites.

1097. Pour vérifier dans quelle mesure cette exigence contemporaine trouve écho face aux aléas et incertitudes de l'exploitation des installations nucléaires de base, nous constaterons, d'une part, qu'un dispositif spécifique prévoit les modalités de l'enquête publique destinée à motiver la décision de prendre le risque nucléaire (**§1**) et que, d'autre part, les experts ont une place prépondérante au sein de la démocratie participative nucléaire (**§2**).

§1. La prégnance de l'enquête publique dans le processus nucléaire

1098. Toutes les modalités de la participation, enquête publique comprise, opèrent avant chaque autorisation de création pour un projet et toute approbation pour un plan ou un programme. Avant de prendre le risque, il faut en débattre sur la base d'informations fiables. Le droit des installations nucléaires incorpore l'instrument de l'enquête publique dans ses procédures.

1099. La mise en perspective de l'outil montre le lien avec les incertitudes résiduelles relatives à l'anticipation et la gestion du risque nucléaire. L'enquête publique participe à l'acceptabilité sociale du risque pris. D'une part, le droit nucléaire exploite l'enquête publique pour répondre du

[1] ZASK (J.), « Présentation », dans DEWEY (J.), *Le public et ses problèmes* (*The public and its problems*, 1925), Folio, Essais, 2010, spéc. p. 57.

risque nucléaire (**A**). D'autre part, elle est l'occasion d'appréhender les aspects particuliers du danger de l'exploitation électronucléaire (**B**).

A. Le droit de l'enquête publique appliqué au risque

1100. L'enquête publique constitue une étape importante dans le processus qui conduit une autorisation d'exploiter en situation de risques. Sur la base du droit commun, c'est le cas dans le nucléaire civil. Fruit d'un procédé juridique ancien (**1**), le droit de l'enquête publique n'a cessé d'évoluer pour permettre plus de participation (**2**).

1) Les racines du droit de l'enquête publique

1101. **Les origines de l'enquête publique**. Dans le droit nucléaire français, le dispositif de l'enquête publique existe depuis 1963. Il est calqué sur le régime environnemental. Présente dans le droit du XIXe siècle, la procédure de l'enquête publique constitue un procédé ancien. Apparue sous l'ancien régime, son cadre est à rapprocher des « enquêtes de *commodo* et *incommodo*, et autres expressions voisines » dont l'objet consistait « à établir la commodité, l'utilité publique, ou à prendre connaissance des intérêts et des droits engagés, avant de décider sur un projet »[1]. Le système organisait déjà la participation du public dans des situations particulières. Dans le but de réguler les risques et les nuisances pour les riverains, c'est-à-dire les populations résidant dans le voisinage du lieu de situation d'un projet, il fallait démontrer l'utilité publique dans le cadre de la concertation du projet.

1102. À cette époque, l'enquête publique est surtout attachée à des problématiques du droit de propriété dont la plupart des dispositions de droit commun se rapportaient au droit de l'urbanisme et à la procédure relative aux déclarations d'utilité publique (DUP). Une loi du 7 juillet 1833 avait institué la procédure d'enquête préalable à la DUP, avec une première réforme en 1959. Si cette procédure a par la suite encore évolué, le dispositif de la DUP reste valable, dans le cadre des demandes de permis de construire ou du dispositif d'expropriation[2]. Jusqu'en 1983, l'enquête publique constituait le seul instrument à disposition du public pour participer au processus décisionnel par rapport à un projet industriel ou autre, sous réserve de « critères d'envergure ». Elle se limitait toutefois à des considérations de propriété privée immobilière. Il s'agissait de protéger le droit des propriétaires confrontés à un projet d'expropriation.

---

[1] GRABER (F.), « Entre commodité et consentement. Des enquêtes publiques au XVIIIe siècle », *Participations*, De Boeck Supérieur, 2012/2, n° 3, pp. 93-117.

[2] Qui subissent toutefois les allégements programmés par la loi n° 2023-491 du 22 juin 2023 relative à l'accélération des procédures précitée, voir articles 8 et 9.

1103. **Le verdissement progressif de l'enquête publique**. En France, la loi n°83-630 du 12 juillet 1983 relative à la démocratisation des enquêtes publiques et à la protection de l'environnement, dite « Bouchardeau », a renforcé la participation en ce domaine. L'enquête publique devient un instrument pour la protection de l'environnement. Il vise à encadrer la réalisation d'aménagements, d'ouvrages, de travaux exécutés par des personnes publiques ou privées, lorsqu'en raison de leur nature ou du caractère des zones concernées, ces opérations sont susceptibles d'affecter l'environnement. Avec cette loi, le dispositif commence à évoluer.

1104. La loi « Bouchardeau » fait de l'enquête publique un procédé qui permet d'informer et de recueillir l'avis de la population sur certains projets. Il semblait alors approprié de dédoubler la procédure entre deux types d'enquêtes publiques : celles de droit commun et les autres dites loi Bouchardeau. Mais, plusieurs rapports parus au cours de la première décennie XXIe siècle critiquent l'imbroglio du régime[1]. Une réforme s'est imposée dans le but « de simplifier et rationaliser le droit des enquêtes publiques devenu un véritable maquis juridique »[2]. La dernière a été initiée avec la loi n° 2010-788 du 12 juillet 2010 portant engagement national pour l'environnement, dite « Grenelle 2 ». Partie d'une « simple procédure d'information des expropriés », cette loi a fait de l'enquête publique un élément majeur « de la démocratie participative »[3].

2) Un droit renforcé de la participation avec l'enquête publique

1105. **Une étape dans le processus décisionnel**. Sans être, de l'avis majoritaire de la doctrine, véritablement parvenue à simplifier, l'ordonnance précitée du 3 août 2016 relative à la modification des règles applicables à l'évaluation environnementale des projets, plans et programmes parachève le système. Cette étape dans le processus décisionnel forme une sorte de maillon entre le moment de la concertation préalable, quand le projet est encore discuté et le moment où la décision susceptible d'impact est prise. Alors que la complexité du système était encore décriée, cette réforme a notamment opéré un lien entre l'étude de l'impact des projets et l'enquête publique.

1106. La participation du public se justifie en raison du risque pour l'environnement[4]. Depuis la loi « Grenelle 2 » précitée, il est expressément formulé que la participation constitue l'un des objets de l'enquête publique[5]. Celle-ci est donc une modalité de la participation. Le débat public tend à

---

[1] Par ex. Mélange HOSTIOU, *L'enquête publique en débat*, Litec 2008, p. 274.

[2] JEGOUZO (Y.), « La réforme des enquêtes publiques et la mise en œuvre du principe de participation », *AJDA*, 2010, p. 1812.

[3] *Ibid.*

[4] art. L. 123-1-A à L. 123-19-11, C. environnement.

[5] Art. L. 123-1, C. environnement.

établir l'opportunité du projet en amont de la décision. Dans cet objectif, l'enquête publique intervient en aval, quand le choix de faire est arrêté par les autorités décisionnaires. En « aval » signifie qu'il n'est plus possible de discuter le projet en lui-même, uniquement ses caractères et ses modalités de réalisation. Aux termes du Code de l'environnement, les projets de travaux, d'ouvrages et d'aménagements soumis à évaluation environnementale, initiés par un organe public ou privé, requièrent une enquête publique[1].

1107. **La procédure de l'enquête publique.** Pour les projets de ce type, si la réglementation s'impose après le dépôt de la demande d'autorisation[2], la procédure se déroule avant l'obtention de l'autorisation demandée. Le public doit avoir accès aux documents, études et avis préalablement à la procédure d'enquête ; afin justement d'exercer sa participation, en formulant ses observations et ses objections avant que la décision d'autoriser ne soit actée[3]. L'enquête publique a pour objet, d'une part, d'évaluer les impacts du projet et, d'autre part, de déclarer le projet d'utilité publique. Depuis 1983, la prise en compte de l'intérêt général doit être assurée. Sous le contrôle de l'autorité compétente pour prendre la décision en vue de laquelle l'enquête est requise[4], il revient, selon l'ampleur du projet, soit à un commissaire enquêteur, soit à une commission d'enquête, de la conduire[5]. Il lui appartient de faire le lien entre le public et le maître d'ouvrage ou la personne publique responsable du projet. La durée de l'enquête est décidée par l'autorité compétente, en général le préfet du département où se situe l'installation concernée par l'enquête publique. Certaines en lien avec le déroulé de l'enquête publique, les modalités d'ouverture sont précisées à l'article L. 123-10 du Code de l'environnement. Ainsi, les installations nucléaires de grande ampleur, tels les réacteurs, font périodiquement l'objet d'enquêtes publiques.

1108. **L'enquête publique et les réacteurs nucléaires**. Ce nouveau régime s'applique aux projets soumis à étude d'impact. Il concerne tout projet de création d'installations nucléaires dès lors que la demande d'autorisation de création a été déposée après le 1er janvier 2017. Pour les demandes antérieures c'est l'ancien régime, celui issu de la loi « Grenelle 2 » précitée, qui reste pertinent. Mais, dans tous les cas, l'enquête publique du droit nucléaire découle des règles contenues dans le Code de l'environnement. Cela vaut pour toutes les demandes d'autorisation, y compris celles relatives aux modifications substantielles, à la mise à l'arrêt et au démantèlement de l'installation. Alors qu'un grand nombre de réacteurs français atteindra bientôt quarante ans, pour simplifier les procédures, l'article 9 du projet de loi relatif à l'accélération des procédures liées à la construction de nouvelles

---

[1] Des exceptions sont prévues, tels les travaux ou ouvrages exécutés en vue de prévenir un danger grave et immédiat, art. L. 123-2, III.
[2] Art. L. 123-1-A, C. environnement.
[3] Art. L. 123-13, C. environnement.
[4] Art. L. 123-3, al.1, C. environnement.
[5] Art. L. 123-4, al.2, C. environnement.

installations nucléaires à proximité de sites nucléaires existants et au fonctionnement des installations existantes prévoyait de remplacer l'article L. 593-19 du code de l'environnement qui fait référence à l'enquête publique du réexamen périodique de la sûreté après une durée de fonctionnement de trente-cinq ans. C'est chose faite avec l'article 20 de la loi précitée du 22 juin 2023 relative à l'accélération des procédures. Plus largement, le nucléaire civil est concerné par le régime de l'enquête publique à chaque autorisation requise, tout au long de la vie des installations, lorsque le risque nucléaire est évalué, ou réévalué, notamment par le biais de l'étude d'impact et du rapport de sûreté.

1109. Dans le cadre du droit des installations nucléaires, il est imposé, en plus d'autres formalités, une enquête publique pour obtenir, puis renouveler, l'autorisation d'exploiter et à la fin, pour démanteler le site. Dans tous les cas, l'autorisation répond au régime de l'enquête publique environnementale et elle doit permettre d'affronter les incertitudes qui demeurent.

B. L'appréhension de l'incertitude par le droit nucléaire de l'enquête publique

1110. En droit nucléaire, d'une part et dès l'origine, l'enquête publique est institutionnalisée pour légitimer les choix faits (**1**). D'autre part, il fallait intégrer et organiser l'approche démocratique de l'incertitude (**2**).

1) Le poids de l'enquête publique dans les choix

1111. **Les conditions originaires de l'enquête publique du droit nucléaire**. Sous l'office du décret n° 63-1228 du 11 décembre 1963 relatif aux installations nucléaires, la demande d'autorisation était systématiquement soumise à « enquête locale », sauf dans trois cas[1]. Premièrement, lorsque l'installation avait fait l'objet d'une enquête préalable à une déclaration d'utilité publique et que la demande restait conforme au projet[2]. Deuxièmement, une nouvelle enquête publique n'était pas requise dans le cas du changement d'exploitant et troisièmement, lors du transfert d'une installation de type INB vers un autre emplacement. Dans toutes ces situations, une nouvelle autorisation s'imposait, mais pas l'enquête locale.

1112. **L'assimilation au droit commun**. Pendant cette première période, les modalités de l'enquête publique découlaient des prescriptions édictées par des arrêtés interministériels[3]. Comme dit, la loi « Bouchardeau » précitée a eu pour conséquence[4] de moduler l'enquête locale nucléaire en

---

[1] Alinéa 3 de l'art. 3.

[2] *Ibid.*, a).

[3] Alinéa 4 de l'art. 3, décret 1963 précité.

[4] Avec le décret n° 85-449 du 23 avril 1985 précité.

enquête publique conforme au droit de l'environnement[1], sous réserve des dispositions énoncées au III de l'article trois dudit décret de 1963 qui sont restées valables jusqu'à l'entrée en vigueur de la loi précitée du 13 juin 2006 relative à la transparence et à la sécurité en matière nucléaire (TSN). Le régime juridique de l'enquête locale propre au nucléaire a fini par perdre sa spécificité à la faveur d'un dispositif commun à toutes les enquêtes publiques.

1113. Sans surprises, ladite loi TSN énonce que le décret d'autorisation de création d'une INB ne peut être pris qu'à la suite d'une enquête publique. Depuis sa codification en 2012[2], le premier alinéa de l'article L. 593-8 du Code de l'environnement dispose que cette enquête est réalisée conformément aux dispositions du chapitre III du titre II du livre Ier qui forme le droit commun, sous réserve des dispositions de l'article L. 593-9 de ce même Code. Il faut en déduire que si l'enquête publique de droit commun s'applique au nucléaire, des conditions particulières continuent de la régir.

1114. **La spécifique enquête publique nucléaire**. L'article L. 593-9 du Code de l'environnement restreint, d'abord, l'accès à certaines informations dont la divulgation serait de nature à porter atteinte à des intérêts mentionnés au I de l'article L. 124-4 du même Code. Sur ce fondement, il s'agit de filtrer les éléments rendus publics afin de respecter les différents secrets susmentionnés. Ensuite, une autre exclusion concerne le rapport préliminaire de sûreté[3]. Celui-ci tient lieu d'étude de dangers au sens du Code de l'environnement jusqu'à la mise en service de l'installation[4]. Bien que non inclus dans le dossier d'enquête publique, ce document n'en demeure pas moins consultable pendant toute la durée de l'enquête, dans les conditions précisées par l'arrêté qui l'organise. Enfin, l'ouverture d'une enquête publique s'impose au moins dans chacune des communes dont une partie du territoire est distante de moins de cinq kilomètres du périmètre de l'installation[5]. Dans ce cadre, des consultations publiques étaient prévues quand une partie du territoire d'un État étranger ou la condition de distance n'était pas remplie, lorsque l'autorité administrative estimait que l'installation pouvait exercer des influences notables sur l'environnement de cet autre État. Ces dispositions dudit article L. 593-9, qui renvoyaient au droit commun de l'enquête publique environnementale, ont été abrogées par l'ordonnance n° 2016-128 du 10 février 2016[6]. Au fond, cela ne change rien. La précision n'était plus nécessaire, le droit positif de l'enquête publique relative au nucléaire édicte les nuances par rapport au droit commun[7].

---

[1] Conformément aux chapitres Ier et II du décret n° 85-453 du 23 avril 1985, voir art. 3, III., al.1, décret 1963 précité.
[2] Ord. n° 2012-6 du 5 janv. 2012 précitée (art. 3).
[3] Devenu en 2016 « la version préliminaire du rapport de sûreté ».
[4] Alinéa 1 de l'art. 10 du décret « procédures » précité.
[5] Dernier alinéa de l'art. L. 593-9, C. environnement.
[6] Art. 27-III.
[7] Art. R. 122-10, Code de l'environnement (relatif aux effets transfrontières).

1115. En définitive, sous réserve des dispositions particulières, les modalités juridiques de l'enquête publique du droit nucléaire ont, encore plus, été calquées sur celles du droit de l'environnement, après les modifications opérées par la loi « Grenelle 2 » précitée. Dans la continuité de l'interprétation donnée par le juge du principe de participation, cette loi du 12 juillet 2010 a construit un dispositif complet et cohérent qui définit les conditions et les limites de la mise en œuvre de l'enquête publique[1]. Mais, en matière de risque nucléaire, il y a lieu de se demander si cette enquête rend la participation véritablement effective ou si elle permet seulement au public de recevoir l'information et de faire ses observations. Afin d'apprécier la participation du public dans la gouvernance nucléaire, inévitablement, il faut interroger son effectivité lorsqu'une incertitude sur le risque nucléaire se présente et par suite, l'influence de la Société civile sur le choix final.

2) Le poids de l'incertitude dans la participation

1116. **Un lieu de discussion plus que de décision**. L'Association nationale des comités et commissions locales d'information appelle à une adaptation des instruments de la participation. En effet, le cadre de l'enquête publique sert surtout de lieu de discussions des choix stratégiques, faute d'autres endroits pour en débattre[2]. La critique consiste à dire, de manière un peu triviale, qu'au moment où la participation du public s'engage, les ''dés sont déjà jetés''. Cela revient à constater que la parole du public ne peut plus être prise en compte. À ce stade de la procédure, les projets sont trop avancés et les investissements engagés trop importants, non seulement du point de vue financier, mais également socio-économique et politique. Cela interroge, puisque les individus sont proportionnellement réfractaires à leur perte de contrôle ; moins la personne a la maîtrise du risque, moins elle a confiance.

1117. La réflexion s'est intensifiée et recentrée, depuis les années 2000, sur la problématique du risque incertain. De manière générale, le droit de participer à la décision publique a partie liée avec l'accès à l'information et la gestion des risques. En particulier, nous nous sommes demandé comment et jusqu'où l'incertitude est susceptible d'influer sur l'acceptabilité d'un projet à potentiel catastrophique.

1118. **De la problématique à la démocratie du risque incertain**. Le processus de la gestion de risque repose sur une analyse qui conduit à rechercher un équilibre entre les avantages et les inconvénients d'une technique, d'un produit ou autre, sur la base de la balance coût/bénéfices ou bénéfices/risques. « Dans des sociétés qui portent de plus en plus d'attention aux risques et sont bien plus réactives aux flux d'information que par le passé,

---

[1] JEGOUZO (Y.), 2010, *loc. cit.*, p. 1812.

[2] Propositions de l'ANCCLI dans le cadre de la réflexion engagée sur la démocratisation du dialogue environnemental, 12 mai 2015, p. 3.

la prise en compte de la répartition des enjeux et des points de vue au sein de la société est un élément crucial »[1]. Qu'il s'agisse de gérer une incertitude, le risque nucléaire ou les deux, il faut trouver le juste équilibre pour obtenir l'adhésion du plus grand nombre aux décisions prises par les autorités publiques et les pouvoirs décisionnaires.

1119. L'adhésion à la prise de risque passe par « la transparence sur les niveaux et les transferts de risque ainsi que sur les moyens de protection mis en œuvre »[2]. Initialement, les instruments de la participation du public ont trouvé leur place dans le droit de l'environnement. Régulièrement, il est constaté toute l'importance d'y recourir en situation d'incertitude, notamment scientifique, mais pas seulement. Ces instruments servent à concevoir « la perception sociale des risques non plus en termes d'irrationalité et d'exaltation, mais comme une source d'expertise aussi pertinente que l'expertise scientifique »[3]. À partir du moment où un quelconque risque comporte une incertitude imprescriptible, la science ne suffit plus à rassurer. En matière d'incertitude, « la décision procède davantage de la négociation politico-économique que du risque environnemental » et « dans la mesure où la légitimité de l'action publique dépend de l'acceptabilité sociale du risque, il est logique que cette action soit soumise à la délibération collective »[4]. En d'autres mots, les sachants ne sont plus les seuls à donner leur avis et pour valider la prise de risque, la parole publique doit être non seulement entendue, mais également prise en compte.

1120. En situation d'incertitude, la perception du risque joue un rôle de plus en plus prépondérant. Pour prendre un risque irrésistiblement incertain, les décideurs ne peuvent plus se passer d'avoir, au préalable, obtenu l'adhésion sociale. En outre, « dans le processus conduisant à l'adoption d'une norme juridique, l'incertitude n'introduit pas seulement un facteur de complexité supplémentaire ; elle impose d'en modifier radicalement la méthode : le législateur est ici voué à s'adjoindre la participation du public »[5]. Pour faire accepter dans l'opinion publique un risque incertain, plus que pour tout type de risque, la participation du public devient un enjeu. Cela vaut particulièrement en situation de risques majeurs, tel le risque nucléaire.

1121. **Transition**. Quel que soit l'aléa sociétal, les décisions de gestion des risques nécessitent une interaction entre les différents protagonistes, populations civiles comprises. Les responsables du secteur électronucléaire, où l'opacité a longtemps régné, ont fini par se rendre à l'évidence. Le domaine

---

[1] CPP, rapport mars 2010 précité, spéc. p. 42.

[2] BOEHLER (M-C.), 1998, *loc. cit.*, spéc. p. 155.

[3] BRUNET (S.), *Société du risque : quelles réponses politiques ?*, Ed. L'Harmattan, Coll. Questions contemporaines, mai 2007, 228 p., spéc. p. 173

[4] MOLINER-DUBOST (M.), « Démocratie environnement et participation des citoyens », *AJDA*, 2011, p. 259.

[5] REMOND-GOUILLOUD (M.), « L'incertitude et le droit. Responsabilité et environnement », *Annales Des Mines*, n° 2, avr. 1996, pp. 101-106.

appartenait aux experts, les citoyens ont obtenu son ouverture. Initiée en droit de l'environnement, il fallait donner du poids à la démocratie participative dans le droit nucléaire qui a intégré les instruments. Cependant, le système rencontre encore quelques résistances et embûches dans son application. Confronté au risque particulier de cette technologie, le recours aux expertises, de toute nature et à tous les stades, reste omniprésent dans le processus décisionnel nucléaire. De fait, la réalité démocratique continue d'interroger.

§2. La prédominance des experts dans la démocratie participative nucléaire

1122. Les acteurs du secteur électronucléaire sont tenus d'assurer la mise en œuvre et l'effectivité de la démocratie participative. Dans ce cadre, l'indépendance des experts s'avère cruciale pour faire accepter les choix de gestion. Ce constat fait l'objet d'une controverse constante depuis les origines de la technologie. Il s'invite au cœur des débats sur l'acceptabilité sociétale du risque nucléaire. Peu importe le degré d'aléa, lorsqu'une décision doit être prise, le contexte radioactif pose des limites au système juridique. Le droit ne peut pas permettre de tout gérer, pas sans l'intervention des compétences d'autres domaines. Les tendances de l'opinion publique sont désormais incorporées dans un processus où la voix des experts reste centrale.

1123. D'une part, les problématiques du nucléaire ont grandement participé à l'instauration de ce que l'on appelle communément la démocratie participative, des limites à sa pleine expression en ce domaine apparaissent encore (**A**). D'autre part, les experts du nucléaire conservent une place prépondérante, bien que parfois critiquée, au sein de ce dispositif (**B**).

A. Les conditions imparfaites de la démocratie participative nucléaire

1124. Le secteur électronucléaire a longtemps résisté à l'intrusion des néophytes dans le parcours qui débouche sur la prise du risque. Le verdissement des dispositifs juridiques a permis une ouverture. Il n'empêche que des freins à la participation démocratique subsistent (**1**). Quant à la perception du risque, elle contraint diversement les décideurs (**2**).

1) Les limites à la participation démocratique

1125. **Les conditions de la démocratie participative nucléaire.** Le processus menant à la décision publique « doit être transparent, garantir l'accessibilité des informations, favoriser le pluralisme des opinions, le dépôt des observations et leur publicité »[1]. À tous les stades du parcours, quel que

[1] RICHARD (J.), 2011, *loc.cit.*, p. 1292.

soit le domaine, les questions en suspens appellent des réponses cohérentes. Avec la technicité du secteur et le caractère majeur du risque, il ne s'agit pas de minimiser la prise de risque, mais de trouver les moyens d'expliquer les choix opérés par les acteurs décisionnaires. Pour cela, il faut généralement recourir aux experts du nucléaire. En France, sous l'égide du pouvoir exécutif, le CEA[1] a longtemps centralisé la connaissance sur le risque nucléaire. Effectivement, « jusqu'au milieu des années 1970, l'expertise nucléaire en France est réservée à un cercle réduit d'experts étatiques »[2]. Les discussions avaient lieu en circuit fermé, pour ne pas dire en vase clos.

1126. Peu importait le débat, il devait faire consensus entre les seuls Pairs de l'industrie nucléaire. Par exemple, à l'époque des autorisations de création des premières centrales nucléaires, l'information transmise, tant pour l'enquête que le débat public, se limitait au contenu du dossier de demande réduit au minimum. Le manque de transparence associé à la rétention d'informations cristallisait l'essentiel des critiques, la méfiance et finalement, le rejet d'une industrie où le choix démocratique n'avait pas vraiment sa place.

1127. **L'évolution tardive des considérations démocratiques.** En 1977, « le monopole gouvernemental sur la politique électronucléaire est total »[3] ; ce qui explique les réticences rencontrées dès le début du nucléaire civil français. Dans ce domaine dévolu à l'exécutif, toutes les dispositions juridiques applicables à la matière s'avéraient de nature réglementaire. Le défaut d'une législation nucléaire d'ensemble se traduisait par l'absence de débat parlementaire dans un secteur où il devenait de plus en plus évident qu'il fallait de la concertation, vu les multiples enjeux, sanitaires, socio-économiques, environnementaux, méritant au minimum la réflexion des représentants de la nation[4]. C'est pourquoi la loi précitée du 13 juin 2006 sur les installations nucléaires a formé l'ambition de répondre à ce « déficit démocratique »[5]. Ladite loi TSN devait faire taire les récriminations sur l'obscurantisme de l'industrie électronucléaire. Mais, le moins que l'on puisse dire, c'est que tout ne s'est pas déroulé sans contretemps.

1128. Un premier paradoxe apparaît dès le stade parlementaire de la future loi TSN. Non seulement le texte n'a pas fait l'objet de discussions lors de son deuxième passage à l'Assemblée nationale, mais en plus, les débats se sont avérés particulièrement brefs devant le Sénat. Un peu comme si les représentants du peuple se refusaient à critiquer le positionnement gouvernemental et que les instances législatives ne se sentaient pas légitimes à remettre en cause les tenants et les aboutissants de ce projet de loi. A la

---

[1] Centre de recherche voué au développement de la technologie nucléaire ; devenu le Commissariat à l'énergie atomique et aux énergies alternatives en 2016.

[2] TOPÇU (S.), « Nucléaire : de l'engagement savant aux contre-expertises Associatives », *Natures Sciences Sociétés*, Vol. 14, 2006/3, pp. 249-256, spéc. p. 249

[3] COLSON (P.), *AJDA*, 1977, *loc. cit.*, p. 290.

[4] LEGER (M.) et GRAMMATICO (L.), *loc. cit.*, spéc. p. 8.

[5] *Ibid.*

même époque, l'exploitant français exigeait la main mise sur ses décisions. En effet, EDF réclamait une réglementation qui restreigne la possibilité de demander des études complémentaires afin que les choix du maître d'ouvrage, c'est-à-dire lui-même, ne puissent pas être systématiquement remis en cause lors de l'examen de sûreté de chaque nouveau projet[1]. Concrètement, jusqu'en 2000, l'approche et la réflexion sur les risques restent de la seule expertise de l'Institut de Protection et de Sûreté Nucléaire (IPSN), sous le contrôle de la Direction de la Sûreté des Installations Nucléaires (DSIN), organe dépendant du CEA, remplacée par la Direction Générale de la Sureté Nucléaire et de la Radioprotection (DGSNR) en 2002 ; *idem* pour les rapports avec les exploitants qui étaient alors EDF, le CEA et Framatome. Nous pressentons immédiatement le lien entre l'expertise nucléaire et la problématique de la démocratie participative. Néanmoins, avec le nouveau millénaire, le système tend à s'ouvrir puisque le public commence à avoir accès à certains documents, dont les avis d'expertise de l'Institut de radioprotection et de sûreté nucléaire (IRSN) qui prend la suite de l'IPSN et se voit rattaché à l'Autorité de sûreté nucléaire (ASN). Il faut quand même attendre la loi TSN de 2006 pour que la participation du public trouve ses instruments, notamment la version publique des rapports d'inspection de l'ASN.

1129. Dans la pratique, c'est corrélativement à l'accident de Fukushima que la parole tend véritablement à se libérer. À l'instar de la déclaration faite par le Président de l'ASN de l'époque, André-Claude Lacoste, dans le journal Le Point du 30 mars 2011 où il affirme sans détour que « personne ne peut garantir qu'il n'y aura jamais d'accident nucléaire en France »[2]. Cela va avoir pour conséquence de crédibiliser sa personne aux yeux du public et de généraliser l'expression « gendarme du nucléaire » pour qualifier l'ASN. En outre, Jacques Repussard, directeur général de l'IRSN, invitait presque au même moment « à imaginer l'inimaginable et à s'y préparer »[3]. Pour autant, il ne faut pas en déduire trop vite une véritable ouverture du secteur à la discussion profane. Le risque nucléaire reste le plus souvent l'affaire des groupes permanents d'experts rattachés à l'ASN[4].

---

[1] Source EDF, « Intérêt d'une réglementation française en matière de sûreté », févr. 1977.

[2] MANGEON (M.) et PALLEZ (F.), « Réguler les risques nucléaires par la souplesse : genèse d'une singularité française (1960-1985) », *Annales des Mines, Gérer et Comprendre*, n° 130, déc. 2017, p. 76-87, spéc. p. 86, note 50.

[3] TILLEMENT (S.), Quelle gouvernance des risques nucléaires français, The Conversation France, 8 mars 2018 [en ligne] www.theconversation.com/quelle-gouvernance-des-risques-nucleaires-en-france-92081

[4] Pour information, il faudra surveiller l'évolution du projet de loi relatif à l'organisation de la gouvernance de la sûreté nucléaire et de la radioprotection pour répondre au défi de la relance de la filière nucléaire qui a été déposé au Sénat le 20 décembre 2023 ; ce projet « vise à réunir les activités de l'Autorité de sûreté nucléaire (ASN) et de l'Institut de radioprotection et de sûreté nucléaire (IRSN) dans une future autorité administrative indépendante, l'Autorité de sûreté nucléaire et de radioprotection (ASNR) » [en ligne] https://www.vie-publique.fr/loi/292470-projet-de-loi-surete-nucleaire-fusion-asn-et-irsn

1130. **Les limites de la participation**. La Charte de l'environnement reconnaît à toute personne le droit d'accéder aux informations relatives à l'environnement, celles détenues par les autorités publiques et de participer à l'élaboration des décisions publiques qui ont une incidence sur l'environnement[1]. Toutefois, pas de manière absolue, le texte précise que cela se fait uniquement dans les conditions et les limites définies par la loi, ce que le Conseil d'État a explicitement et rapidement réitéré[2]. Par conséquent, le Parlement peut restreindre le droit à la participation du public. Même si le débat a vocation à « dégager un consensus sur des grands axes d'action, le législateur reste libre ensuite d'en accepter ou non les termes »[3]. De plus, les autorités décisionnaires ne sont pas obligées de prendre en considération les remarques de la population au cours des différentes formes de concertation. Chaque dispositif juridique, qui organise notamment le débat en amont ou la phase d'enquête en aval, prévoit cette limite.

1131. Tout projet confondu, les personnes du public ne sont ni habilitées à décider du résultat ni à exercer un droit de veto[4] ; ce qui conforte que « s'exprimer ne signifie pas pouvoir décider »[5]. C'est encore plus vrai en matière de risque nucléaire. Pourtant, il faut admettre que la perception de l'opinion publique joue un rôle de catalyseur incontestable.

2) L'entrave de la perception dans la prise du risque

1132. **Le constat de la perception du risque nucléaire**. Depuis les années 1970, il est apparu de plus en plus évident que la recherche du risque nul est impossible et que le développement des risques technologiques nécessite l'adhésion sociale. D'où la mise en place d'enquêtes effectuées par certains organismes, à intervalles réguliers, destinées à apprécier la perception du public à l'égard des catégories de risques majeurs desquelles relèvent les risques nucléaires. Les décideurs concluent le plus souvent au manque d'information pour expliquer en partie les réticences des représentants de l'opinion publique[6]. C'est pourquoi l'objet de ces enquêtes consiste à établir le niveau d'acceptabilité du risque considéré. Il s'agit également d'interférer sur la « réalité perçue » pour amener à une « réalité objective »[7]. Il faut en déduire que le risque ne serait pas réellement ce qu'il paraît être et que les autorités nucléaires souhaitent faire œuvre de pédagogie. Avant toute chose,

---

[1] Art. 7.
[2] Conseil d'État, Ass., 3 oct. 2008, *Commune d'Annecy*, n° 297931.
[3] MOLINER-DUBOST (M.), « Démocratie environnementale et participation des citoyens », *AJDA*, 2011, p. 259.
[4] RAETZKE (C.), 2013, *loc. cit.*, spéc. p 93.
[5] MOLINER-DUBOST (M.), *ibid.*
[6] BRENOT (J.), BONNEFOUS (S.), HUBERT (Ph.), « Perception des risques nucléaires », *Radioprotection*, Les Ed. de Physique, 1996, Vol. 31, n° 4, pp. 515-528, spéc. p. 516.
[7] *Ibid.*, pp. 519 et s.

dans ce but, les décideurs ont besoin de savoir comment le risque nucléaire est perçu. Par exemple, aux États-Unis, les travaux sur les risques perçus commencent en 1980 avec *Slovic et Al.*[1]. En France, l'Institut de protection et de sûreté nucléaire, dès 1977, met en place des études sur la perception des risques avec le concours de la Commission des communautés européennes[2].

1133. **Les outils de la perception**. Devenu l'Institut de radioprotection et de sûreté nucléaire (IRSN), depuis 1988, l'organisme public procède à une étude intitulée baromètre sur la perception des risques et de la sécurité. Publié annuellement depuis 1990, le baromètre « retrace les évolutions de l'opinion des Français sur les risques sociaux, environnementaux et technologiques »[3]. Sur la base des résultats de ces études annuelles, l'IRSN trouve un appui prépondérant « dans la gouvernance de sa politique d'ouverture à la société et de transparence »[4]. D'autres entités procèdent à des enquêtes par sondage. Par exemple, en 2013, une enquête IFOP cherchait à établir l'opinion sur le recours à l'énergie nucléaire et le souhait quant à l'évolution de la part du nucléaire en France[5]. Une autre enquête, datée d'avril 2016[6], portait sur l'adhésion à l'arrêt des centrales nucléaires en France. Par ces biais, les décisionnaires se forment une idée plus nette de l'état de l'opinion publique.

1134. Concernant les enquêtes IRSN, leur objectif était de connaître la position des citoyens français sur l'énergie nucléaire, « puis plus spécifiquement sur le risque nucléaire, avant un élargissement du champ à la confiance vis-à-vis de l'expertise »[7]. En la matière, l'un ne va pas sans l'autre. La pérennité de la filière ne peut pas se passer de l'adhésion sociale.

1135. **La perception de l'indépendance des experts**. En raison du fait que des mentions peuvent être occultées dans les documents ouverts à la consultation publique -certes pour des raisons de sécurité, mais laissant aussi penser à un abus volontaire du procédé- la confiance fait parfois défaut vis-à-vis de la réelle indépendance des experts du nucléaire. Cela affecte la crédibilité du discours. Par exemple, en 2015, l'offre d'expertise et de contre-expertise apparaît limitée, avec pour conséquence un manque de pluralisme et d'indépendance qui provoque la défiance du public sur l'analyse[8]. C'est pourquoi un dispositif juridique destiné à favoriser le développement des compétences au sein d'instances d'expertises non institutionnelles et

---

[1] « Modèle SPR Stimulus – Personnalité – Réponse », v. ibid. pp. 518-519 (figure 2).
[2] BRENOT (J.), BONNEFOUS (S.), HUBERT (Ph.), *loc. cit.*, spéc. pp. 519 s.
[3] NIEL (J-C.), Audition publique sur l'expertise des risques sanitaires et environnementaux en France et en Europe, Comptes-rendus de l'OPECST, séance du 11 oct. 2018.
[4] Revue Hygiène et sécurité au travail, n° 237, déc. 2014, p. 62.
[5] Pour le journal Dimanche ouest France en juin 2013 sur « Les français et le nucléaire ».
[6] « pour la conférence #tcherno23 » à l'occasion des 30 ans de Tchernobyl (26 avr. 1986).
[7] EL JAMMAL (M-H.), IRSN (chargée de mission à la stratégie), voir les comptes-rendus OPECST précités.
[8] Propositions de l'Association Nationale des Comités et Commissions Locales d'Information (ANCCLI) dans le cadre de la réflexion engagée sur la démocratisation du dialogue environnemental, 12 mai 2015, p. 2.

pluralistes, en dehors des milieux industriels et des instituts d'expertise de l'administration, est préconisé.

1136. Après Fukushima, selon un sondage IPSOS[1], trois quarts des personnes interrogées estimaient que les scientifiques qui mènent des études sur la sûreté des centrales nucléaires ne le font pas de manière indépendante et que leurs résultats ne sont pas fiables[2]. Cette perception reste d'actualité et plus largement, la question de l'indépendance des experts se pose.

B. Les imperfections de l'indépendance des experts

1137. Au fil du temps, quelle que soit son expression, l'idée d'une gouvernance nucléaire a nécessité l'expertise des risques par des acteurs de plus en plus nombreux. Il faut constater que, d'une part, les experts sont incontestablement nécessaires, mais insuffisants, à une effective démocratie participative nucléaire (**1**) dont, d'autre part, les réalités de la mise en œuvre laissent planer le doute sur de nombreuses difficultés (**2**).

1) La place des experts dans la démocratie participative nucléaire

1138. **Le besoin d'indépendance des experts**. Dans le courant des années 1960, un philosophe des sciences, Thomas Kuhn[3], met en exergue que le chercheur n'est pas libre et indépendant dans son travail de recherche, qu'au contraire, il s'avère tributaire d'obligations préétablies par la communauté à laquelle il appartient. Celle-ci délimiterait les critères déterminants du progrès scientifique dont seuls ses membres détiennent la connaissance et l'expertise. Ainsi, la recherche fournie par chacun, au lieu de s'additionner, s'assimilerait au tout escompté[4]. Il ne s'agit évidemment pas d'une pensée unique, mais il nous faut admettre que, en matière de risque nucléaire, ce positionnement reste valable. Dès lors et notamment, l'intervention des Commissions locales d'information (CLI) prend tout son sens. Comme dit, depuis la loi du 13 juin 2006 relative à la transparence et à la sécurité en matière nucléaire (TSN), les CLI ont la capacité d'organiser des expertises. Il peut aussi s'agir d'études épidémiologiques ou de réaliser des mesures et des analyses dans l'environnement par rapport aux émissions et rejets des installations d'un site

---

[1] Réalisé en mai pour le journal *Le Monde* et le magazine *La Recherche*.

[2] THIREAU (V.), « Loi nôme, prix de l'électricité et sûreté nucléaire », *Droit nucléaire. La sûreté nucléaire*, PUAM, 2012, pp. 125-132, spéc. p. 130.

[3] (1922-1996) aux États-Unis ; également historien et sociologue.

[4] KUHN (T. S.), *La structure des révolutions scientifiques*, 1962, 1ère Ed., traduction française (1983), Coll. Champs/Flammarion, 1987, n° 115.

nucléaire[1]. La loi sur la transition énergétique dite « TECV »[2] a d'ailleurs renforcé et étendu les missions des CLI.

1139. Aux termes de son article 123, au titre VI « renforcer la sûreté nucléaire et l'information des citoyens », les dispositions correspondantes du Code de l'environnement sont modifiées et/ou complétées. Les CLI doivent, entre autres, organiser annuellement une réunion publique ouverte à tous, en plus de pouvoir se saisir de tout sujet qui relève de ses compétences[3]. Pourtant, en 2016, il est regretté que son rôle d'interface entre le grand public et le porteur de projet ne soit pas plus exploité[4]. Nous souscrivons à cette analyse. Autre corps intermédiaire, le Haut Comité pour la transparence et l'information sur la sécurité nucléaire, institué en 2006, peut lui aussi veiller à la mise en œuvre des expertises nécessaires à l'accomplissement de ses propres missions dont celle d'organiser des débats contradictoires.

1140. **Les enjeux d'une expertise nucléaire indépendante**. En matière électronucléaire, l'indépendance des organes d'expertise est également explicitée au niveau européen. Par exemple, en complément du programme-cadre pour la recherche et l'innovation "Horizon 2020" -dit aussi « Programme Euratom » 2013 sur la recherche et l'innovation pour l'énergie- le règlement 1314/2013 du Conseil du 16 décembre 2013 sur le programme de recherche et de formation de la Communauté européenne de l'énergie atomique (2014-2018) établit que pour mener à bien ce programme sur la fusion nucléaire, il faut disposer d'une base scientifique indépendante[5]. Cet aspect renvoie automatiquement à l'indépendance des autorités de contrôle. En France, c'est l'Autorité de sûreté nucléaire. Or, dans sa prise en compte du risque nucléaire, « et bien qu'elle s'en défende, l'ASN n'est jamais totalement insensible aux enjeux politiques et économiques sous-jacents, mais omniprésents »[6]. L'alternative ne vaut pas qu'en France.

1141. Après l'accident majeur de Fukushima, l'une de ses causes premières a été expliquée par l'insuffisance d'indépendance de l'ASN japonaise[7]. Le gouvernement la garantissait sous couvert de la loi[8]. Il s'avère que l'Agence de la sûreté nucléaire et industrielle nipponne, dite *Nuclear and Industrial Safety Agency* (NISA), se trouvait sous le joug du ministère de l'Économie, dont l'une des missions consiste à promouvoir l'énergie nucléaire. Composée de juristes et d'ingénieurs, la NISA jouait un simple rôle

---

[1] Conformément au V de l'art. 22 de la loi TSN précitée.

[2] n° 2015-992 du 17 août 2015 TECV précitée.

[3] Prévues à l'alinéa 2 de l'art. L. 125-17 du Code de l'environnement.

[4] ANCCLI, ACN-France. Convention d'Aarhus et nucléaire. Rapp. de synthèse, 2016, 62 p. 23.

[5] Considérant 12 du préambule.

[6] PISSALOUX (J-L.), « Réflexions sur l'autorité de sûreté nucléaire », *Droit nucléaire. La sûreté nucléaire*, PUAM, 2012, pp. 87-110, spéc. p. 109.

[7] TAKAHASHI (N.), « Sûreté nucléaire dans le droit japonais. Les conséquences juridiques d'une catastrophe nucléaire », 2012, *op. cit.*, spéc. p. 144.

[8] *Ibid.*

de conseil auprès du ministère de l'Économie ; un organe secondé dans certaines procédures par la Commission de la sûreté (NSC) intégrée au Cabinet du Premier ministre[1]. Par conséquent, l'organe japonais de régulation nucléaire ne répondait pas aux critères d'indépendance de l'OCDE et l'AIEA. Selon le groupe d'experts indépendants formé après l'accident, sa raison principale découlerait de la « collusion entre le gouvernement, les régulateurs de TEPCO[2], et leur manque de gouvernance »[3]. Le mot est lâché, la classique gouvernance nucléaire d'un sérail fermé a fait long feu. Les tenants de l'opinion publique exigent d'avoir "voix au chapitre" et donc, d'être entendus. La décision de prendre le risque nucléaire ne peut plus se décider en cercle restreint. Il s'agit d'ouvrir le secteur pour obtenir l'adhésion sociale.

1142. Il semble bien difficile de réfuter que « la revendication du droit à l'information, l'obligation de transparence et le développement de la démocratie participative -procédures de concertation, débats publics et conférences citoyennes- sont certainement les prémisses d'un changement culturel majeur en France »[4]. Dans la mouvance de l'air du temps et comme amorcée, une expertise citoyenne tend à s'installer face au risque nucléaire.

1143. **L'expression de l'expertise citoyenne**. L'expertise citoyenne n'est pas vue comme une simple contre-expertise technique ; plutôt un moyen pour les « citoyens de s'approprier des problèmes posés par les sciences afin de politiser les enjeux qui en relèvent, revendiquer leur maîtrise ou dénoncer éventuellement l'impossibilité d'une telle maîtrise » [5]. Comme dit, redonner confiance aux populations passe par leur participation. Par exemple, pour restaurer le lien entre la science et la société civile européenne, selon le Programme Euratom 2013 sur la recherche et l'innovation pour l'énergie nucléaire précité, la participation du public est nécessaire aux activités du programme. Pour approfondir la relation science / société et renforcer la confiance, le programme Euratom devrait favoriser la mobilisation éclairée des citoyens sur les questions de recherche et d'innovation. L'objectif consiste à rendre les connaissances scientifiques plus accessibles et à établir des programmes de recherche et d'innovation responsables qui répondent aux préoccupations et aux attentes de la société civile[6]. L'ambition vise à faciliter la participation du public aux activités et décisions nucléaires. Cela ne veut

[1] TAKAHASHI (N.), *loc. cit.*, p. 141.
[2] L'exploitant nucléaire de la centrale de Fukushima, homologue d'EDF en France.
[3] TILLEMENT (S.), « Quelle gouvernance des risques nucléaires français », *loc. cit.*, 2018.
[4] « Le principe de précaution » dans *les Cahiers juridiques de l'électricité et du gaz*, n° 580, Oct. 2001, 100126.
[5] TOPÇU (S.), « ACRO vingt ans de combat pour une expertise citoyenne », *Vie de l'association*, 2012, pp. 29-40, spéc. p. 38 (https://www.acro.eu.org/wp-content/uploads/2012/09/ACRO-20ans-de-combat.pdf).
[6] Considérant 13 du préambule du Règlement précité dont l'art. 7 énonce les « règles de participation et de diffusion des résultats de la recherche ».

pas dire que les citoyens ont vocation à se substituer aux experts scientifiques et aux ingénieurs.

1144. En dépit des manques, les choses évoluent et la démocratie participative nucléaire est en route. Cependant, de nombreuses questions relatives à sa mise en œuvre restent encore sans certitude.

2) Les effets secondaires de la démocratie participative nucléaire

1145. **La réponse citoyenne au risque nucléaire**. En répercussion à l'accident de Tchernobyl, en 1986, le risque nucléaire devient un objet de « contre-expertises associatives »[1]. À vrai dire, la démarche n'est pas tout à fait nouvelle, des actions de ce type avaient déjà lieu. En ce sens, le Groupement des scientifiques pour l'information sur l'énergie nucléaire (GSIEN), à la suite de « l'appel des 400 », représente un mouvement qui a démarré en février 1975. En quelques mois, près de quatre mille chercheurs signent cet appel. Ce groupement de chercheurs et scientifiques de différentes disciplines constitue la première mise en cause du nucléaire civil dans le milieu professionnel des sciences dites « dures »[2]. Les protagonistes se présentèrent en tant que citoyens pour faire profiter de leurs expériences et de leurs compétences, mais pas comme des experts ou contre-experts. Ils refusèrent cette caractérisation en raison de la connotation attachée à ce statut dans le domaine nucléaire, considérant que les experts du nucléaire ne sont pas séparés du pouvoir décisionnaire. Partant, avec le temps, c'est quand même un rôle de contre-expertise que l'organisation finira par jouer. Face à l'État et à l'exploitant EDF qui, à cette époque, réfutent toute question et éludent les incertitudes[3], cet appel dénonce « une politique qui privilégierait la rentabilité financière au détriment des intérêts de la population »[4]. La critique reste valable et pas seulement dans le nucléaire.

1146. Non seulement ce constat n'a pas pu être empêché, mais en plus, le secteur avait besoin d'autres relais pour vérifier, faire circuler et étayer les données et les informations sur le risque nucléaire auprès du public. Il faut dire qu'à cette époque, la confiance avait été largement échaudée par divers scandales. De nature essentiellement sanitaire ou environnementale, il est loisible de penser que les accidents majeurs, et en priorité ceux du nucléaire, ont joué un rôle considérable dans l'exigence réitérée d'agents non étatiques détenteurs de la connaissance des risques.

---

[1] TOPÇU (S.), 2006, *loc. cit.*, spéc. p. 250.

[2] *Ibid.* p. 252.

[3] Par ex. J. CHIRAC, alors Premier ministre, déclare au journal Le Monde le 17 avr. 1975 : « il n'est pas sérieux de dire que l'énergie nucléaire présente pour environnement un inconvénient quelconque ».

[4] TOPÇU (S.), *ibidem*, p. 254.

1147. **Les acteurs externes dévolus au contrôle du risque**. Dans ce but, d'autres organisations se forment après Tchernobyl. C'est le cas de l'Association pour le contrôle de la radioactivité à l'Ouest (ACRO) ou de la Commission de recherche et d'information indépendantes sur la radioactivité (CRIIRAD). En plus de proposer des interlocuteurs externes aux institutions étatiques du nucléaire, ces entités ont eu pour objet de permettre aux citoyens de trouver un lieu pour faire part de leurs inquiétudes et interrogations sur l'exploitation de la radioactivité par l'industrie. Des organes « composés majoritairement d'acteurs extérieurs au milieu de la recherche et de l'expertise nucléaires », ils sont constitués d'individus en dehors du système institutionnel et sans liens avec les décideurs[1]. Ces organisations sont devenues incontournables. Elles disposent de leurs propres laboratoires d'analyses et de mesures[2]. D'ailleurs, cela renforce leur crédibilité aux yeux du public non averti. Sans l'ambition de s'opposer à la technologie nucléaire, ces organes veulent surtout proposer une alternative à l'expertise officielle qu'ils se donnent pour ambition de contrôler. Par exemple, en 1999, l'IPSN finit par reconnaître les mesures faites par la CRIIRAD après Tchernobyl, ce qui à vrai dire s'avère favorable à toutes les parties, puisque cela finit par rassurer les citoyens inquiets. Mais, la confiance ne s'acquiert pas facilement. D'autant moins que des critiques sont encore régulièrement émises et toutes n'ont pas trouvé des solutions pour valider l'efficacité et la vaillance d'une démocratie participative nucléaire à toute épreuve.

1148. **Les critiques récurrentes**. D'abord, le temps du débat s'avère souvent trop court face à la complexité des problématiques[3]. À la décharge des instances nucléaires, selon nous, cette industrie, appartenant à un marché fort concurrentiel sur le plan international, a besoin d'une réactivité qui s'avère, dès lors, peu compatible avec les attentes néophytes. Toujours est-il que le public se sent trop souvent mis à l'écart des débats d'experts[4]. Le peu « de temps accordé à la participation, à l'expression de la contre-expertise grignote la crédibilité, la confiance et l'adhésion à la durabilité des solutions de gestion qui seront adoptées »[5]. En d'autres mots, le temps accordé et la pédagogique sont insuffisants pour que les gens comprennent et adhèrent. Ensuite, les personnes se demandent ce qu'il advient de leur avis lorsqu'il est demandé. Or, pour donner envie au public de participer, il semble qu'il faille lui assurer la prise en compte des opinions exprimées au cours des discussions[6]. Cela peut expliquer le paradoxe suivant. Les représentants de l'opinion publique disent vouloir participer, mais dans les faits, ils le font peu. Par exemple, les taux de participation aux débats sur la gestion des déchets

---

[1] TOPÇU (S.), *loc. cit.*, p. 254.
[2] https://www.acro.eu.org/wp-content/uploads/2012/09/ACRO-20ans-de-combat.pdf.
[3] ANCCLI, ACN-France., 2016, *loc. cit.*, spéc. p. 17.
[4] *Ibid.*
[5] DELALONDE (J-C.), 2020, *loc. cit.*, spéc. p. 75.
[6] ANCCLI, ACN-France. *ibid.*, spéc. p. 17.

nucléaires, un sujet faisant pourtant l'objet de fortes réticences, restent souvent faibles. C'est pourquoi, en 2016, l'ANCCLI a proposé plusieurs pistes qui nous semblent pertinentes pour réduire les faiblesses de la participation.

1149. **Des propositions pour favoriser la participation**. Ces propositions proviennent en partie de la mise au jour des travaux entrepris avec l'IRSN en 2008, dont il a été fait mention avec le droit à l'information. Dans ce cadre, il est recommandé de trouver les moyens du « concernement ». En clair, les intervenants se sont demandé ce qui peut conduire le public à se sentir concerné et à agir plus qu'à réagir. Dans ce but sont mentionnés le besoin de dialogue et la nécessité de choisir avec pertinence le moment du débat. Par exemple, il s'agirait d'éviter de le faire coïncider avec les périodes de l'année occupées par d'autres manifestations ; tel le carnaval. En outre, le besoin de diversifier les lieux de discussions fait que l'accès aux concertations, enquêtes et débats doit être facilité. Selon nous, c'est le sens de la réforme de l'enquête publique environnementale. Dans cet objectif de simplification, il faudrait renforcer le dispositif légal par rapport à l'outil internet qui doit être plus utilisé. Celui-ci doit pouvoir faciliter l'échange entre la Société civile et les instances du nucléaire civil[1].

1150. Au-delà des aspects intrinsèques au public, en ce qui le concerne, pour espérer pérenniser la confiance, dans le nucléaire en général et dans l'expertise en particulier, il faut aussi envisager les possibles influences extérieures sur les décisions prises par les autorités publiques. La plus décriée d'entre elles concerne, à juste raison, les lobbies nucléaires.

1151. **Le risque de captation du débat.** Pour rassurer la population, l'indépendance des autorités de sûreté doit être effective vis-à-vis des groupes de pression. Cela inclut la garantie contre toute ingérence inappropriée des exploitants et/ou des pouvoirs publics qui sont également tenus de fournir des moyens financiers et humains suffisants[2]. En France, l'impartialité de l'ASN est rattachable à son statut d'autorité administrative indépendante. Plus largement, le public doit avoir confiance dans les entités responsables de l'accès aux informations et à la participation. Par exemple, les préfets peuvent créer une commission de suivi pour les sites de stockage de déchets[3]. Mise en place par ce représentant de l'État, certains doutent de l'indépendance et de la neutralité des commissions. C'est pareil pour les « tiers garants » des débats et des enquêtes publics. Le rôle de ces acteurs reste limité et leur neutralité pas toujours convaincante[4]. Il s'agira d'apprécier dans le futur, si la réforme du droit de l'enquête publique fait disparaître cette suspicion.

1152. ***<u>EN CONCLUSION</u>***, les principes du droit de l'environnement ont investi le champ de l'électronucléaire. Des spécialistes du domaine pensent

---

[1] DELALONDE (J-C.), *loc. cit.*, spéc. p. 75 ; rapport final ANCCLI 2016 précité.

[2] AEN, Evaluation de risques d'accidents nucléaires comparés à ceux d'autres filières énergétiques, rapport n° 6862, OCDE, Paris, 2010, 54 p., spéc. p. 43.

[3] Art. R.125-5, C. environnement.

[4] ANCCLI, ACN-France, 2016, *loc. cit.*, spéc. p. 19.

que le recours à ce mode d'énergie constitue « le moyen le plus dangereux, le plus polluant et le plus cher de ne pas émettre de [gaz à effet de serre] »[1]. Pour d'autres, « les bénéfices associés à l'énergie nucléaire sont peu connus parce que peu communiqués et, plus grave, ils sont devenus tabou »[2]. C'est dire l'ampleur de la tâche des décideurs et l'étendue des aspects qui contribuent encore à nourrir le débat démocratique. En matière de concertation et de transparence, même si le droit de savoir et de participer reste en balance avec certains secrets et intérêts supérieurs, que l'acceptation du risque par la Société civile ne l'est pas toujours de façon éclairée, une véritable expression démocratique de la gestion nucléaire a été opérée dans le droit éponyme. Le temps du droit de la promotion nucléaire a laissé la place à un droit des risques majeurs et aux instruments de la participation. Il en allait de l'acceptabilité sociétale de la poursuite de l'exploitation des installations nucléaires de base. En amont et en aval de la réalisation du danger radiologique, l'expertise a une place de choix au sein de la gouvernance nucléaire. L'anticipation du risque électronucléaire régit des incertitudes que ni le droit ni les sciences et techniques des ingénieurs n'ont pu résoudre définitivement. À défaut d'ignorer ces défis, il faut prévoir, organiser, limiter. Malgré les doutes qui subsistent, particulièrement à l'égard des conséquences sanitaires des faibles doses, en plus de celles relatives à un d'accident majeur ou par rapport à la gestion technologique et économique des effets du temps long, il s'agit de trancher les options et donc, de décider. Pour rendre acceptable la prise de risques, la participation du public devait être renforcée. L'exploitation électronucléaire constitue un choix de société qui implique des solutions de rechange. Au fil du temps, l'acceptabilité des enjeux n'a plus permis de faire l'économie d'une transparence que le droit des installations nucléaires met en œuvre. Sous l'angle financier, le principe pollueur-payeur y contribue. Une chose est sûre, l'acceptabilité du potentiel majeur des risques de l'exploitation électronucléaire passe par l'obligation d'une prudence qui se décline entre besoins financiers et impératifs sociétaux. Le droit des installations nucléaires s'est avéré un formidable terrain d'analyse, d'une part, de la démocratie environnementale qui inclut et balaie le principe pollueur-payeur et le principe de transparence, d'autre part, des mécanismes d'une prévention renforcée au gré de l'état des connaissances scientifiques et techniques où la prudence rime avec la maîtrise de l'exploitation électronucléaire.

1153. Finalement, la prudence du droit de l'environnement et du droit nucléaire renforce, mutuellement et alternativement, la matrice respective d'instruments novateurs au profit du traitement des risques et de l'incertitude où la coopération s'avère déterminante.

---

[1] LAPONCHE (B.), « La fin de l'électronucléaire – Récit anticipatif », *Annales des Mines – Responsabilité et environnement*, n° 97, 2020/1, pp. 102-106.

[2] TRIPATHI (M.), « Peut-on surmonter la peur du nucléaire ? », *Annales des Mines – Responsabilité et environnement*, n° 97, 2020/1, pp. 77-80.

BIBLIOGRAPHIE INDICATIVE[1]

OUVRAGES, MONOGRAPHIES, THESES

BOURQUE (D.), *L'énergie nucléaire et le droit : les autorisations, l'environnement, les contrôles judiciaires et politiques*, Cowansville, Éd. Y. Blais, 1990, 903 p.

DE SADELEER (N.), *Les principes du pollueur-payeur, de prévention et de précaution. Essai sur la genèse et la portée juridique de quelques principes du droit de l'environnement*, Bruyland, 1999.

FOUCHER (K.), *Principe de précaution et risque sanitaire – Recherche sur l'encadrement juridique de l'incertitude scientifique*, L'Harmattan, Collection Logiques Juridiques, 2002.

GOSSEMENT (A.), *Le principe de précaution. Essai sur l'incidence de l'incertitude scientifique sur la décision et la responsabilité publiques*, L'Harmattan, Collection Logiques Juridiques, 2003.

JAEGER (L.), *Nucléaire et santé. Recherche sur la relation entre le droit nucléaire et le droit de la santé*, Thèse, Aix-Marseille, (Dir.) VIRIOT-BARRIAL (D.) et PONTIER (J-M.), 2014, 564 p.

LARCENEUX (A.) et OLIVIER-LEPRINCE (J.), *Le secret nucléaire – Information et participation citoyenne*, Éd. Université de Dijon, 2014.

MARTIQUET (Y.), *L'autonomie du droit nucléaire : Contribution à l'étude de la nature et des caractères d'un droit nouveau*, (Dir.) ROUX (E.) et PONTIER (J-M.), Ecole doctorale Risques et Société, Nîmes, 2015, 490 p.

MILLET-DEVALLE (A.), « *L'invention d'un système juridique : nucléaire et droit* », Thèse, (Dir.) RAINAUD (J-M.), Droit public, Nice, 1991.

NAIM-GESBERT (E.), *Les dimensions scientifiques du droit de l'environnement – Contribution à l'étude des rapports de la science et du droit*, Thèse, (Dir.) UNTERMAIER (J.), Tome II., Université Lyon 3, 1997.

NICOLET (J-L.), *Le risque technologique majeur à l'épreuve du droit*, Tome 1, L'Harmattan, 2012.

PONTIER (J-M.) et ROUX (E.), *Droit nucléaire*, PUAM : *Nucléaire et transition énergétique*, 2016 ; *démocratie et nucléaire*, 2013 ; *La sûreté nucléaire*, 2012 ; *Le contentieux du nucléaire*, 2011.

PRIEUR (M.), (Dir.), *Incertitude juridique, Incertitude scientifique*, Séminaire de l'Institut Fédératif Environnement et Eau, Ed. PULIM, CRIDEAU, 2000.

RAINAUD (J-M.), *Le droit nucléaire*, Collections Que sais-je ? PUF, 1994, 126 p.

REMOND-GOUILLOUD (M.), *Du droit de détruire – Essai sur le droit de l'environnement*, PUF, 1989.

REUSS (P.), *L'énergie nucléaire*, Que sais-je ? PUF, 2012, 128 p.

STOIBER (C.), BAER (A.), PELZER (N.), TONHAUSER (W.), *Manuel de droit nucléaire*, AIEA, Vienne, sept. 2006, 191 p.

[1] Voir la bibliographie complète dans la version « soutenance » de la thèse, « L'incertitude et le droit de l'environnement. L'exemple du risque nucléaire », 6 mai 2021, Université de Nice (accessible sur le site de la bibliothèque universitaire).

TREBULLE (F. G.), « *Réflexions introductives* » dans Colloque sur *La responsabilité environnementale - prévention, imputation, réparation*, (Dir.) CANS (C.), Préface VINEY (G.), Dalloz, Thèmes et commentaires, 2009
VIROT (L.), *L'évolution du droit nucléaire*, Thèse, 2000, (Dir.) RAINAUD (J-M.), IDPD, Nice, Ed. ANRT, Lille, 2004.

Articles, Melanges

BAGHESTANI-PERREY (L.), « Le principe de précaution : nouveau principe fondamental régissant les rapports entre le droit et la science », *D.*, 1999, p. 457 ; « La valeur juridique du principe de précaution », *RJE*, n° spéc., 2000, p. 22.
BETAILLE (J.), « La contribution du droit aux effets de la participation du public : de la prise en compte des résultats de la participation », *RJE*, n° 2, 2010, pp. 197-217.
BOUTONNET (M.), « Les présomptions : un remède inefficace au refus d'influence des principes environnementaux sur la preuve de la causalité », *D.*, 2011, p. 2089 ; « Bilan et avenir du principe de précaution en droit de la responsabilité civile », *D.*, 2010, p. 2662.
CHABANNE-POUZYNIN (L.), « La 5ème édition du PNGMDR : pour une gestion durable de la filière », *BDEI*, n° 87, 1er juin 2020, 10 p.
DEGUERGUE (M.), « La relation entre le droit nucléaire et le droit de l'environnement », *Droit nucléaire – La santé environnementale*, (Dir.) PONTIER (J-M.), JAEGER (L.) et DENOLLE (A-S.), PUAM, 2019, pp. 49-65 ; « Les imperfections de la responsabilité administrative environnementale », *AJDA*, 2018, p. 2077 ; « La reconnaissance des victimes des essais nucléaires français » *Droit nucléaire - Non-prolifération et sécurité nucléaire*, Les droits et contentieux du nucléaire, Colloque Aix-en-Provence, Presses universitaires d'Aix-Marseille, 2017, pp. 103-114 ; « Retour sur la résolution parlementaire relative au principe de précaution », *Environnement*, n° 12, déc. 2012, Dossier 29 ; « La responsabilité administrative et le principe de précaution », *RJE* (spéc.), 2000, p. 105 s.
DELALONDE (J-C.), « Comment développer la transparence et la participation dans le domaine du nucléaire civil ? », *Annales des Mines – Responsabilité et environnement*, n° 97, 2020/1, pp. 72-76.
DE LESQUEN (X.), « Conditions de démantèlement d'une installation nucléaire de base », *Revue Juridique de l'Economie Publique*, 2013, n° 704, pp. 29-32.
DELMAS-MARTY (M.), « Perspectives ouvertes par le Droit de l'environnement », *RJE*, 2014/HS01, Vol. 39, pp. 7-13.
DELZANGLES (H.), « L'indépendance de l'ASN, des progrès à envisager », *RJE*, 2013/1, pp.7-30 ; « Provisions pour démantèlement des centrales nucléaires et droit communautaire des aides d'État », *Revue européenne du droit de l'environnement*, 1/2007, pp. 71-78.
DE RUBERCY (G.), « Le cadre juridique aux déchets radioactifs issus du démantèlement des INB en France » dans *Nucléaire et innovations au XXIème siècle*, *RISEO*, 2016-1, pp. 132-147 ; « Le cadre juridique du démantèlement des installations nucléaires : application complexe en France », *BDEI*, nov. 2010, n° 30, pp. 34-42 ; « Sécurisation des actifs dédiés au financement du démantèlement des installations nucléaires : questions nouvelles et propositions », *Environnement*, 2010-3, pp. 15-22.
DE SADELEER (N.), « Le principe de précaution dans le droit de l'Union européenne », *RFDA*, 2017, p. 1025 ; « Les avatars du principe de précaution en droit

public » dans *Les principes généraux du droit, permanence et renouvellement*, *RFDA*, mai-juin 2001, pp. 551 s. ; « Le principe de précaution, du slogan à la règle de droit », *Droit de l'environnement*, 2000-3, p. 14.

DOROSZCZUK (B.) et EVRARD (L.), « Les enjeux du contrôle de la sûreté et de la radioprotection en France », *Annales des Mines – Responsabilité et environnement*, n° 97, 2020/1, pp. 62-65.

DUPUY (P-M.), « Contre la ''société du risque'' », *Le risque*, 2010/1, T. 412, pp. 89-98 ; « Tchernobyl et l'invisibilité du mal », *Esprit*, 2008/3, mars-avr., pp. 67-79 ; « Le principe de précaution et le droit international de la mer », Mélanges LUCCHINI (L.) et QUENEUDEC (J-P.), *La mer et son droit*, Pedone, 2003, pp. 219-220.

DUSSART-DESART (R.), « La réforme de la Convention de Paris sur la responsabilité civile dans le domaine de l'énergie nucléaire et de la Convention complémentaire de Bruxelles. Un survol des principaux éléments de la modernisation des deux Conventions », *BDN*, n° 75, OCDE/AEN, 2005/1, pp. 7-34.

EMMERECHTS (S.), « La protection de l'environnement par le droit nucléaire : un long chemin reste à parcourir » dans *Le droit nucléaire international : Histoire, évolution et perspectives*, OCDE, 2010, pp. 136-176 ; « Droit de l'environnement et droit nucléaire : une symbiose croissante », *BDN*, n° 82, déc. 2008, pp. 95-115.

ERNE-HEINTZ (V.), « Le côté obscur du risque : son invisibilité ! », *RISEO*, Risques - Etudes et Observations, *Les risques invisibles*, 2017-2, pp. 29 s. ; « Penser le démantèlement d'une centrale nucléaire », *RISEO*, 2014-1, pp. 127-139 ; « Penser le risque résiduel : l'improbable catastrophe », *RISEO*, 2012-3, pp.15 s.

EWALD (F.), « La société assurancielle et son avenir », *Le Débat*, 2009/5, n° 157, pp. 88 à 96 ; « Le droit de l'environnement : un droit de riches ? », Le Seuil, *Pouvoirs*, 2008/4, n° 127, pp. 13-21 ; « La construction du régime juridique du principe de précaution », *D.*, 2007, p. 1548.

GARANCHER (T.), « Un exemple original de régulation dans le secteur de l'énergie : la loi NOME », *BDEI*, n° 32, 1er mars 2011, 4 p.

GARRIBBA (M.), CHIRTES (A.) et NAUDUZAITE (M.), « La directive établissant un cadre communautaire pour la sûreté nucléaire des installations nucléaires : L'approche européenne de la sûreté nucléaire », *BDN*, n° 84, Vol. 2009/2, OCDE/AEN, déc. 2009, pp. 25-36.

GILBERT (C.), « Risques nucléaires, crise et expertise : quel rôle pour l'administrateur ? », *Revue Française d'Administration Publique*, 2002/3, n° 103, pp. 461-470 ; « La fabrique des risques », *Cahiers internationaux de sociologie*, PUF, 2003/1, n° 114, pp. 55 à 72.

GREPPIN (H.), « Effets des radiations ionisantes sur la biosphère » dans *Radioprotection et droit nucléaire. Entre les contraintes économiques et écologiques, politiques et éthiques*, Coll. SEBES, 1998, 414 p., p. 19.

HEBERT (J.), « Le droit et l'emploi des rayonnements ionisants » dans *Le nucléaire et le droit*, *RGN*, n° 2, mars-avr., 1981, pp. 109-120.

HÉBERT (J.), DEMOURES (J.Y.), LAGORCE (M.), DE NERCY (B.), STEIN (R.), « Le droit de la responsabilité et l'assurance nucléaires considérés dans leurs interférences avec la radioprotection », *Radioprotection*, Dunod, n° 2, Vol. 4, 1969, pp. 89-108.

HENRARD (O.), « L'information du public en matière de sécurité nucléaire après la loi TSN du 13 juin 2006 », *AJDA*, 2006, p. 2112.

HERMITTE (M-A), « La fondation juridique d'une société des sciences et des techniques par les crises et les risques » dans Mélanges en l'honneur de M. PRIEUR, *Pour un droit commun de l'environnement*, Dalloz, 2007, pp. 145 à 179 ; « Relire l'ordre juridique à la lumière du principe de précaution », *D.*, 2007, p. 1518.

JAEGER (L.), « Propos liminaires sur le concept de santé environnementale » dans *Droit nucléaire – La santé environnementale*, PUAM, 2019, pp. 7-19 ; « Fiscalité écologique et transition énergétique » dans *Droit nucléaire -Nucléaire et transition énergétique*, 2016, pp. 155-164 ; « Les obligations de consultation des populations aux environs des sites en démantèlement », *RISEO*, 1, 2014, pp. 75-101.

JANKOWITSCH-PREVOR (O.), « La compétence normative de l'AIEA – Bases juridiques et sources du droit » dans *Le droit nucléaire international : Histoire, évolution et perspectives*, OCDE/AEN, 2010, pp. 15-34 ; « La Convention sur la Sûreté Nucléaire », *BDN*, n° 54, OCDE/AEN, déc. 1994, pp. 9-23.

JEGOUZO (Y.), « La réforme des enquêtes publiques et la mise en œuvre du principe de participation », *AJDA*, 2010, p. 1812 ; « L'évolution des instruments du droit de l'environnement », Le Seuil, *Pouvoirs*, 2008/4, n° 127, pp. 23-33 ; « De certaines obligations environnementales : prévention, précaution et responsabilité », *AJDA*, 2005, p. 1164 ; « Les principes généraux du droit de l'environnement », *RFDA*, 1996, p. 209.

KERVERN (G-Y.), « Les Cindyniques – Une science découverte à la fin du XXème siècle », *Risques*, n° 4, La *prévention*, janv. 1991, pp. 37-45.

KISS (A.), « Avant-propos » dans *L'irréversibilité*, *RJE*, n° spécial, 1998, p. 5.

LAHORGUE (M-B.), « Le droit nucléaire du XXème siècle au XXIème siècle : regards rétrospectifs » dans *Nucléaire et innovations au XXIème siècle*, Revue *RISEO*, 2016-1, pp. 22-55 ; « Les conditions juridiques de la mise à l'arrêt définitif des INB et les stratégies de démantèlement de l'AIEA : le choix de la France », *RISEO*, 2014-1, pp. 20-42 ; « Le principe de participation et d'information à nouveau devant le Conseil d'État », *AJDA*, 2007, p. 1659.

LAPONCHE (B.), « La fin de l'électronucléaire – Récit anticipatif », *Annales des Mines – Responsabilité et environnement*, n° 97, 2020/1, pp. 102-106.

LASCOUMES (P.) et MARTIN (G. J.), « Des droits épars au code de l'environnement » dans *L'environnement et le droit*, *Droit et société*, n° 30-31, 1995, pp. 323-343.

LASSERRE-KIESOW (V.), « Pensée juridique – Droit et technique », *JCPG*, n° 4, 24 janv. 2011, doctrine 93.

LAVERGNE (R.), « Le nucléaire civil, enjeux et débats », *Annales des Mines – Responsabilité et environnement*, n° 97, 2020/1, pp. 5-8.

LAZO (E.N.), « Le système international de protection radiologique » dans *Le droit nucléaire international : Histoire, évolution et perspectives*, OCDE/AEN, 2010, pp. 119-136.

LEBEAU (A.), « Réflexions sur les risques du nucléaire civil », *Revue de métaphysique et de morale*, PUF, 2012/4, n° 76, pp. 563-575.

LEGER (M.), « La fin de vie des activités, installations et sites nucléaires » dans *La mémoire industrielle, facteur de prévention du risque : le cas du démantèlement*, *RISEO*, 2019-1, pp. 106-138 ; « La loi relative à la transition énergétique : un étrange véhicule pour l'encadrement et la limitation du recours aux prestataires et à la sous-traitance dans le nucléaire » dans *Droit nucléaire – Nucléaire et transition énergétique*, PUAM, 2016, pp. 131-154 ; « L'indemnisation des victimes des essais

nucléaires français (la loi Morin et les améliorations apportées en 2013 et 2014) » dans *Droit nucléaire - Santé et nucléaire*, PUAM, déc. 2015, pp. 105-118.
LEGER (M.) et GRAMMATICO (L.), « La loi relative à la transparence et à la sécurité en matière nucléaire : quelle évolution pour le droit nucléaire français ? », *BDN* 77, OCDE, Vol. 2006/1, pp. 7-25.
LE THEULE (M-A.) et DÉJEAN (F.), « Lorsque la comptabilité reflète une réalité masquée : le cas des provisions pour démantèlement », *Revue Lamy*, droit des affaires, n° 143, 1er déc. 2018, 6 p.
LOCHARD (J.) et GRENERY (M.C.), « Les bases éthiques et juridiques du principe d'optimisation de la radioprotection », *BDN*, n° 52, déc. 1993, p. 15.
MANGEON (M.) et PALLEZ (F.), « Réguler les risques nucléaires par la souplesse : genèse d'une singularité française (1960-1985) », *Annales des Mines, Gérer et Comprendre*, n° 130, déc. 2017, pp. 76-87.
MARTIN (G. J.), « Apparition et définition du principe de précaution », *LPA*, n° 239, 30 nov. 2000 ; « Environnement : nouveau droit ou non-droit ? » *in* BOURG (D.), *La nature en politique ou l'enjeu philosophique de l'écologie*, L'Harmattan, 1993, p. 89.
MASSE (G.), « Immaturité sociétale et nouveaux risques : plaidoyer pour une culture d'aptitude juridique au risque » dans *Nucléaire et innovations au XXIème siècle, Revue RISEO*, 2016-1, pp. 5-21.
McRAE (B.), « La Convention sur la réparation complémentaire des dommages nucléaires : le catalyseur d'un régime mondial de responsabilité civile nucléaire », *BDE*, n° 79, Vol. 2007/1, pp. 17-38.
MOLINER-DUBOST (M.), « Démocratie environnementale et participation des citoyens », *AJDA*, 2011, p. 259.
MORIN (E.), « Un philosophe de l'incertain », *Risques*, n° 14, avr.-juin 1993, p. 175.
MOURY (J.), « Le droit confronté à l'omniprésence du risque », *D.*, 2012, p. 1020.
NAIM-GESBERT (E.), « Que sont les ''limites planétaires'' ? Pour une Pax Natura à l'aune du Covid-19 », *RJE*, 2020/3, Vol. 45, pp. 419-423 ; « Voir les choses à leur vrai début : de l'histoire en droit de l'environnement », *RJE*, 2019/1, Vol. 44, pp. 5-7 ; « Maturité du droit de l'environnement », *RJE*, 2010/2, Vol. 35, pp. 231-240 ; « Droit, expertise et société du risque », *RDP*, 2007, n° 1, p. 33.
PELZER (N.), « Internationaliser davantage pour améliorer la sûreté : Action concertée contre souveraineté nationale », *BDN*, n° 91, Vol. 2013/1, 2013, pp. 49-98 ; « Le renouveau du nucléaire – un nouveau droit nucléaire ? », *BDN*, n° 84, Vol. 2009/2, OCDE/AEN, déc. 2009, pp. 5-24. ; « Le regroupement international des fonds des exploitants : un moyen d'augmenter le montant de la garantie financière disponible pour couvrir la responsabilité nucléaire ? », Étude pour la réunion du Groupe INLEX de l'AIEA des 21/22 juin 2007, *BDN*, n° 79, Vol. 2007/1, pp. 39-60.
PERCEBOIS (J.), « Le nucléaire dans la loi française de transition énergétique : beaucoup d'ambiguïtés » dans *Droit nucléaire -Nucléaire et transition énergétique*, (Dir.) PONTIER (J-M.) et ROUX (E.), PUAM, 2016, pp. 41-50.
PISSALOUX (J-L.), « Réflexions sur l'autorité de sûreté nucléaire », *Droit nucléaire. La sûreté nucléaire*, PUAM, 2012, pp. 87-110.
PLOT (E.) et VIDAL (O.), « De la difficulté de rendre des comptes : le cas du risque nucléaire », *Annales des Mines - Gérer et comprendre*, 2014/4, n° 118, pp. 52-66.
PONTIER (J-M.), « L'homme et son environnement » dans *Droit nucléaire - La santé environnementale*, PUF Aix-Marseille, 2019, pp. 21-48 ; « Nucléaire et transition énergétique : antinomie, harmonie, hétéronomie » dans *Droit nucléaire -*

Nucléaire et transition énergétique, PUAM, 2016, pp. 13-40 ; « Jalons sur une approche juridique de la sûreté » dans *Droit nucléaire - La sûreté nucléaire,* PUAM, 2012 ; « La puissance publique et la prévention des risques », *AJDA*, 2003, p. 1752.
PRADEL (N.), « Le futur du droit nucléaire international », *L'Observateur des N-U*, Association française pour les Nations-Unies, 2015-1, Vol. 38, pp. 191-205.
PRIEUR (M.), « Le droit à l'environnement et les citoyens : la participation », *RJE*, 1988, p. 397 ; « L'énergie et la prise en compte de l'environnement », *RJE*, n° 3, 1982, pp. 231-274.
QUERE (A.), « Défis pour l'industrie de l'assurance après la modernisation du régime international de responsabilité civile nucléaire », *BDN*, n° 94, OCDE, 2018, pp. 89-118.
RAETZKE (C.), « Le droit nucléaire et le droit de l'environnement dans les procédures d'autorisation des installations nucléaires », *BDN*, n° 92, 2013/2, OCDE, pp. 65-102.
RAINAUD (A.), « Introduction à la problématique juridique de la radioprotection en droit international » dans *Radioprotection et droit nucléaire. Entre les contraintes économiques et écologiques, politiques et éthiques*, Coll. SEBES, 1998, p. 128.
RAMBOUR (M.), « Le démantèlement des installations nucléaires civiles. Enjeux juridiques, économiques et questions de sécurité(s) », *RISEO*, 2014-1, pp. 7-20 ; « Le stockage des déchets activés issus du démantèlement des installations nucléaires devant le Conseil d'État », *LPA*, n° 92, 8 mai 2013, pp. 16-21 ; « La jurisprudence du Conseil d'État relative à l'installation de conditionnement et d'entreposage de déchets activés (ICEDA) », *JAC 123*, 2013, Actualité juridique.
REITSMA (S.) et TETLEY (M.), « L'assurance des risques nucléaires », *Le droit nucléaire international : Histoire, évolution et perspectives*, OCDE/AEN, 2010, pp. 425-454.
REMOND-GOUILLOUD (M.), « L'incertitude et le droit. Responsabilité et environnement », *Annales Des Mines*, n° 2, avr. 1996, pp. 101-106 ; « A la recherche du futur. La prise en compte du long terme par le droit de l'environnement », *RJE*, 1992/1, pp 5-17.
RENS (I.), « Comment évaluer le droit de la radioprotection ? » dans *Radioprotection et droit nucléaire. Entre les contraintes économiques et écologiques, politiques et éthiques*, Coll. Stratégies énergétiques, Biosphère et Société (SEBES), 1998, p. 14.
ROLLAND (B.), « La charge de la remise en état d'une INB », *RISEO*, 2014-1, pp. 110-126.
ROSSIAUD (J.), « Comprendre Tchernobyl. Résistances à un défi épistémologique » dans *Radioprotection et droit nucléaire. Entre les contraintes économiques et écologiques, politiques et éthiques*, Coll. Stratégies énergétiques, Biosphère et Société (SEBES), 1998, p. 231.
RUSSO (S.), « La perspective juridique sur l'anticipation économique et financière des déchets nucléaires à vie longue », *Amplitude du droit*, 2024/3.
SCHWARTZ (J. A.), « L'agence de l'OCDE pour l'énergie nucléaire », OCDE/AEN, 2010, pp. 35-48 ; « Responsabilité civile et réparation pour les dommages résultant d'un accident nucléaire » dans *Le droit nucléaire international : Histoire, évolution et perspectives*, OCDE/AEN, 2010, pp. 339-390.
SORIN (F.), « Cigéo : vers le stockage géologique des déchets de haute activité », dans *Nucléaire et innovations au XXIème siècle*, *RISEO*, 2016-1, pp. 148-156.

TAKAHASHI (N.), « Sûreté nucléaire dans le droit japonais. Les conséquences juridiques d'une catastrophe nucléaire », (Dir.) PONTIER (J-M.) et ROUX (E.), *Droit nucléaire. La sûreté nucléaire*, PUAM, 2012, p. 133.
THIREAU (V.), « Gestion et localisation des déchets très faiblement radioactifs » dans *Nucléaire et innovations au XXIème siècle*, *RISEO*, 2016-1, pp. 157-173 ; « Loi nôme, prix de l'électricité et sûreté nucléaire », PUAM, 2012, pp. 125-132.
TURPIN (D.), « Installations nucléaires de base et installations classées pour la protection de l'environnement », *RJE*, n°1, 1982, pp. 3-17.
VARESCON (M.), « La durée de vie des centrales nucléaires : le cadre juridique innovant du réexamen périodique » dans *Nucléaire et innovations au XXIe siècle*, *RISEO*, 2016-1, pp. 120-131.
VARFIS (C-Z.), « Accidents nucléaires et droit international : remarques sur les trois Conventions de Vienne de 1986 à 1994 », dans *Radioprotection et droit nucléaire – Entre les contraintes économiques et écologiques, politiques et éthiques*, sous la direction de RENS (I.) et JAKUBEC (J.), Coll. SEBES, 1998, p. 97.
VASMANT (A.), « instruments juridiques internationaux encourageant les synergies dans les domaines de la sûreté, de la sécurité et des garanties : Mythe ou réalité ? », *BDN*, n° 84, Vol. 2009/2, pp. 89-112.
WIESSER (P.), « Traitement et gestion des déchets radioactifs issus du démantèlement des INB », *RISEO*, 2014-1, pp. 65-74.
ZWEIBAUM (C.), LE THEULE (M-A.) et DÉJEAN (F.), « Lorsque la comptabilité reflète une réalité masquée : le cas des provisions pour démantèlement », *Lamy*, droit des affaires, n° 143, 1er déc. 2018, 6 p.

RAPPORTS PUBLICS

AEN / OCDE : Exposé des motifs de la Convention de Paris modifiée par les Protocoles de 1964, 1982 et 2004, Comité du droit nucléaire, NEA/NLC/DOC(2020)1/FINAL, 31 mars 2020 ; Le droit nucléaire international : Histoire, évolution et perspectives, 2010 ; Evaluation de risques d'accidents nucléaires comparés à ceux d'autres filières énergétiques, Rapport n° 6862, 2010 ; La contribution de l'AEN à l'évolution du système international de protection radiologique, 2009 ; Étude sur le droit de la protection radiologique de l'environnement. État des lieux, 2007 ; Favoriser la participation des parties prenantes - Guide pratique des outils et bibliographie annotée, ISBN 92-64-01074-2, 2005, n° 6040 ; Protection radiologique de l'environnement : vers une nouvelle politique ? Rapport de synthèse du Forum en collaboration avec la CIPR, 2003 ; Électricité nucléaire : quels sont les coûts externes ? n° 4373, 2003 ; Responsabilité et réparation des dommages nucléaires. Une perspective internationale, 1994.
AIEA : Convention commune sur la sûreté de la gestion du combustible usé et sur la sûreté de la gestion des déchets radioactifs. Aperçu général, brochure 2017 ; Déclassement des installations, Prescriptions générales de sûreté, GSR Part. 6, 2017 ; Normes fondamentales internationales de sûreté, STI/PUB/1578, Coll. Normes de sûreté n° GSR, Part. 3, 2016 ; « Principes de sûreté » des Principes fondamentaux de sûreté – Fondements de sûreté, Coll. Normes de sûreté, n° SF-1, 2007 ; Glossaire de sûreté de l'AIEA – Terminologie employée en sûreté nucléaire et radioprotection, 2007 ; Infrastructure législative et gouvernementale pour la sûreté nucléaire, la sûreté

radiologique, la sûreté des déchets radioactifs et la sûreté du transport, Coll. Normes de sûreté, n° GS-R-1, 2004 ; Les sources radioactives : la leçon de Goiânia, 4/1988.
ASN : Rapport 2018 sur l'état de la sûreté et de la radioprotection en France, mai 2019 ; Rapport 2015 sur l'État de la sûreté et radioprotection en France, 2014 ; Mise à l'arrêt définitif, démantèlement et déclassement des installations nucléaires de base en France, guide n° 6, version du 2 avr. 2015 ; La poursuite d'exploitation des centrales nucléaires, Contrôle, n° 184, juill. 2009 ; La politique de l'ASN en matière de démantèlement et de déclassement des installations nucléaires de base en France, Indice 0.v3, avr. 2009. ; Procédures réglementaires relatives au démantèlement des installations nucléaires de base, Note n° SD3-DEM-01, Indice 1 du 03 févr. 2003.
AUBERT (J.) et ROMAGNAN (B.), La mission d'information relative à la faisabilité technique et financière du démantèlement des installations nucléaires de base, Assemblée nationale, n° 4428, 1er févr. 2017, 113 p.
BERSON (M.), Rapport d'information fait au nom de la commission des finances sur le financement public de la sûreté nucléaire, de la radioprotection et de la transparence nucléaire, n° 634, Sénat, 18 juin 2014, 59 p.
BOUILLON (C.) et AUBERT (J.), Rapport d'information déposé par la mission d'information sur la gestion des matières et déchets radioactifs, au nom de la Commission du développement durable et de l'aménagement du territoire, Assemblée nationale, n° 1218, 3 juill. 2013, 130 p.
Cour des comptes : L'arrêt et le démantèlement des installations nucléaires, Communication à la commission des finances du Sénat, févr. 2020 ; L'aval du cycle du combustible nucléaire, les matières et déchets radioactifs, de la sortie du réacteur au stockage, Rapport Public Thématique, juill. 2019 ; Le coût de production de l'électricité nucléaire, Actualisation 2014, Communication à la Commission d'enquête de l'Assemblée nationale, mai 2014 ; Les coûts de la filière électronucléaire, Rapport public thématique, janv. 2012 ; Le démantèlement des installations nucléaires et la gestion des déchets radioactifs, Synthèse du rapport public particulier, janv. 2005.
HCTISN, Transparence et secrets dans le domaine nucléaire – Rapport et recommandations, C/O DGPR, 10 mars 2011, 61 p.
IRSN : La radioprotection des travailleurs - Exposition professionnelle aux rayonnements ionisants en France : bilan 2019, Rapport de mission, 2020 ; Bilan de l'état radiologique de l'environnement français de 2015 à 2017, janv. 2019 ; Radioprotection de l'environnement. État de l'art et recommandations, 2016/3 ; Déchets radioactifs de très faible activité : la doctrine doit-elle évoluer ? Réflexions pour une gestion pérenne, équitable et responsable, IRSN/DG/2016-00002, 2016 ; Méthodologie appliquée pour l'estimation des coûts d'accidents nucléaires en France, PRP-CRI/SESUC/2013-00261, Pôle radioprotection, environnement, déchets et crise, Service des Situations d'Urgence et d'organisation de Crise, 2013 ; Examen de la méthode d'analyse coût-bénéfice pour la sûreté, Annexes au rapport DSR n° 157, Réunion du Groupe Permanent chargé des réacteurs nucléaire, 2007 ; Rayonnements ionisants et santé, Coll. Livrets des professionnels, 2004.

INDEX

(Les numéros renvoient aux pages)

TABLE DES MATIERES

Structures éditoriales du groupe L'Harmattan

L'Harmattan Italie
Via degli Artisti, 15
10124 Torino
harmattan.italia@gmail.com

L'Harmattan Hongrie
Kossuth l. u. 14-16.
1053 Budapest
harmattan@harmattan.hu

L'Harmattan Sénégal
10 VDN en face Mermoz
BP 45034 Dakar-Fann
senharmattan@gmail.com

L'Harmattan Cameroun
TSINGA/FECAFOOT
BP 11486 Yaoundé
inkoukam@gmail.com

L'Harmattan Burkina Faso
Achille Somé – tengnule@hotmail.fr

L'Harmattan Guinée
Almamya, rue KA 028 OKB Agency
BP 3470 Conakry
harmattanguinee@yahoo.fr

L'Harmattan RDC
185, avenue Nyangwe
Commune de Lingwala – Kinshasa
matangilamusadila@yahoo.fr

L'Harmattan Congo
219, avenue Nelson Mandela
BP 2874 Brazzaville
harmattan.congo@yahoo.fr

L'Harmattan Mali
ACI 2000 - Immeuble Mgr Jean Marie Cisse
Bureau 10
BP 145 Bamako-Mali
mali@harmattan.fr

L'Harmattan Togo
Djidjole – Lomé
Maison Amela
face EPP BATOME
ddamela@aol.com

L'Harmattan Côte d'Ivoire
Résidence Karl – Cité des Arts
Abidjan-Cocody
03 BP 1588 Abidjan
espace_harmattan.ci@hotmail.fr

Nos librairies en France

Librairie internationale
16, rue des Écoles
75005 Paris
librairie.internationale@harmattan.fr
01 40 46 79 11
www.librairieharmattan.com

Librairie des savoirs
21, rue des Écoles
75005 Paris
librairie.sh@harmattan.fr
01 46 34 13 71
www.librairieharmattansh.com

Librairie Le Lucernaire
53, rue Notre-Dame-des-Champs
75006 Paris
librairie@lucernaire.fr
01 42 22 67 13

www.ingramcontent.com/pod-product-compliance
Lightning Source LLC
LaVergne TN
LVHW011144061026
849535LV00003B/585